矿产品有害元素检测

李晨　刘曙　闵红　主编

东华大学出版社
·上海·

内 容 简 介

　　中国是矿产资源生产大国、消费大国、进口大国。矿产品有害元素对环境安全、冶炼安全及下游金属材料质量的危害逐渐引起政府监管部门、采矿企业、贸易商及下游用户的重视。本书概述了矿产品有害元素检验的基本原理和方法，综述了煤炭、铁矿、铬矿、锰矿、铜矿、铅矿、镍矿、铅锌矿、钴矿、钨矿、铝土矿、菱镁矿、萤石、磷矿、含硫矿物15种矿产品中有害元素的分类、危害及检测方法，总结了矿产品检测实验室建设的规划及要求。本书可为政府监管部门、检测实验室提供技术参考，能帮助采矿企业、贸易商、下游用户普及矿产品基本知识。

图书在版编目(CIP)数据

矿产品有害元素检测 / 李晨，刘曙，闵红主编. —上海：东华大学出版社，2015.12
ISBN 978-7-5669-0967-1

Ⅰ.①矿…　Ⅱ.①李…②刘…③闵…　Ⅲ.①矿产－工业产品－有害元素－检测　Ⅳ.①P578

中国版本图书馆 CIP 数据核字(2015)第 297375 号

责任编辑：竺海娟
封面设计：魏依东

矿产品有害元素检测

Kuangchanpin Youhai Yuansu Jiance

李　晨　刘　曙　闵　红　主编

出　　　版：东华大学出版社(上海市延安西路 1882 号　邮政编码：200051)
本 社 网 址：http://www.dhupress.net
天 猫 旗 舰 店：http://dhdx.tmall.com
营 销 中 心：021-62193056　62373056　62379558
印　　　刷：常熟大宏印刷有限公司
开　　　本：787 mm×1092 mm　1/16
印　　　张：18
字　　　数：514 千字
版　　　次：2015 年 12 月第 1 版
印　　　次：2015 年 12 月第 1 次印刷
书　　　号：ISBN 978-7-5669-0967-1/P・001
定　　　价：78.00 元

编写委员会

主编：李　晨　刘　曙　闵　红

编委：普旭力　张庆建　任丽萍

　　　陈贺海　朱志秀　张琳琳

　　　王　兵　蔡　婧　荆　淼

　　　应晓浒　王晓芳　周海明

前　　言

矿产资源是重要的自然资源，是社会生产发展的重要物质基础。中国是矿产资源生产大国、消费大国、进口大国，作为国民经济的重要支柱，矿产资源直接关系我国经济健康、稳定与可持续性发展。

"有害"是一个相对的概念。对人体健康而言，铅、镉、砷、汞致畸、致癌，是公认的有害元素；对环境而言，汞、硫、氟、氯等元素再大气层富集，造成大气污染，影响生态平衡，也为有害；对冶炼生产而言，氟、锌等元素腐蚀设备，硫、磷、砷、铜等元素再进入下游产品，影响产品质量，也为有害。随着社会经济的高速发展，人们慢慢认识到，矿产资源在满足社会生产发展的同时，在开采、洗选、运输、储存、冶炼过程中，也会影响人体健康、生态环境及下游产品质量。因此，矿产品中有害元素越来越受到关注。

中国经济由粗放型向集约型转变，可持续发展战略促使中国政府高度重视矿产品有害元素对环境安全的影响。2006 年，质检总局发布强制性国家标准 GB 20424－2006《重金属精矿产品中有害元素的限量规范》，从源头上加强对铜精矿、锌精矿等重金属精矿产品的管理。2013 年，国务院下发《关于印发大气污染防治行动计划的通知》（国发〔2013〕37 号），要求"禁止进口高灰分、高硫分的劣质煤炭"。2014 年，中华人民共和国国家发展和改革委员会、中华人民共和国环境保护部、中华人民共和国商务部、中华人民共和国海关总署、国家工商行政管理总局、国家质量监督检验检疫总局联合发布《商品煤质量管理暂行办法》（第 16 号令），对商品煤中 8 项环保指标加以管控，以提高终端用煤质量，推进煤炭高效清洁利用，改善空气质量。

仪器分析技术的发展促进了人们对矿产品有害元素的认识。对矿产品中某些痕量有害元素而言，传统的滴定分析、重量分析、分光光度分析已远远不能满足生产管理的工作需要，高速发展的仪器分析技术如原子吸收光谱、原子荧光光谱、电感耦合等离子体原子发射光谱、电感耦合等离子体质谱、X 射线荧光光谱、离子色谱等在矿产品检验中广泛应用。成熟的分析技术促进了各种快速检测技术、联用技术的高速发展，为政府部门加强对矿产品有害元素的监管提供了技术保障。

本书概述了矿产品有害元素检验的基本原理和方法，综述了煤炭、铁矿、铬矿、锰矿、铜矿、铅矿、镍矿、铅锌矿、钴矿、钨矿、铝土矿、菱镁矿、萤石、磷矿、含硫矿物15 种矿产品中有害元素的分类、危害及检测方法，对以上矿产品中有害元素的检测标准、参考文献进行了归纳，总结了矿产品检测实验室建设的规划及要求。本书是矿产品有害元素检测领域的一本综合性著作，可为政府监管部门、检测实验室提供技术参考，能帮助采矿企业、贸易商、下游用户普及矿产品基本知识。

本书由李晨、刘曙、闵红主编，普旭力、张庆建、任丽萍、陈贺海、朱志秀、张琳琳、王兵、蔡婧、荆淼、应晓浒、王晓芳参与编写。全书由刘曙、闵红、普旭力、张庆建、陈贺海统稿，李晨定稿。

本书在编写中引用了许多专家、学者在科研和实际工程中积累的大量资料和研究成果，由于篇幅有限，本书仅列出了主要参考文献，并按惯例将参考文献在文中一一对应列出，在此特向所有参考文献的作者表示衷心的感谢。

本书得到了国家质检总局公益性行业科研专项（201310065）、国家质检总局科技项目（2015IK217）的资助，编写工作得到了上海出入境检验检疫局工业品与原材料检测技术中心的大力支持，在此表示感谢！

由于编者水平有限，加之时间仓促，书中难免有疏漏和不当之处，敬请读者批评指正。

编　者

2015 年 11 月

目　　录

第11章　钨矿有害元素检测

第15章　磷矿石有害元素检测

第16章　含硫矿物有害元素检测

第1章 矿产品有害元素检测的基本原理

1.1 化学分析

1.1.1 重量法

1.1.1.1 概述

重量法是经典的定量分析方法，该方法通过适当的分离方法将被测组分以元素或化合物形式析出或逸出，然后通过称量进行定量。根据分离方法的不同，重量分析法可分为下列三种：

(1) 沉淀法：在重量分析中，沉淀法是最主要的方法，称为沉淀重量法。该方法是利用沉淀剂将被测组分以微溶化合物的形式沉淀出来（该形式称为沉淀形式），然后经过过滤、洗涤、烘干或灼烧，使之转化为称量形式（称量形式与沉淀形式可以相同，也可以不同），最后通过称取称量形式的重量来求得被测组分的含量。

(2) 电解法：利用电解的方法使待测元素金属离子在电极上还原析出，然后称量，根据电极增加的重量算出被测组分的含量，也称电重量分析法。

(3) 气化法：利用物质的挥发性，通过加热或其他方法把被测组分从试样中挥发掉，然后根据试样质量的减少，计算出被测组分的含量，也可以用吸收剂将逸出的组分先吸收，再根据吸收剂增加的重量来计算出待测组分的含量。与气化法相似的方法还有提取法。

无论哪种重量分析方法，都是用分析天平直接称量而获得分析结果。重量法不需要配制标准溶液和标定标准溶液的浓度，引入误差的机会比较少，相对误差约 $0.1\%\sim0.2\%$，常量的硅、硫、镍等元素的精确测量多采用重量法。此外，在校正其他分析方法的准确度时，也常用重量法的测定结果作为标准，重量分析法是定量分析的基本内容之一。但是，重量法最大的缺点是操作繁琐、费时，也不适用于微量和痕量组分的测定。

沉淀重量法在重量分析法中应用最为广泛，下面着重讨论沉淀重量法。

重量分析对沉淀形式的要求：

(1) 沉淀的溶解度必须很小，这样才能保证被测组分沉淀完全。

(2) 沉淀应易于过滤和洗涤。为此，希望尽量获得粗大的晶形沉淀。

(3) 沉淀要力求纯净，尽量避免其他杂质的污染。

(4) 沉淀应易于转化成称量形式。

重量分析对称量形式的要求：

（1）称量形式必须有确定的化学组成，否则无法计算分析结果。

（2）称量形式必须稳定，不受空气中水分、CO_2、O_2 等的影响。

（3）称量形式的分子量要大，待测组分在称量形式中含量要小，以减少称量的相对误差，提高测定准确度。

1.1.1.2 沉淀的类型及其形成过程

沉淀按其物理性质不同（指沉淀颗粒的大小和外表形状等），可把沉淀分为：晶形沉淀、凝乳状沉淀与无定形沉淀。$BaSO_4$ 是典型的晶形沉淀，$Fe_2O_3 \cdot nH_2O$ 是典型的无定形沉淀，$AgCl$ 是一种凝乳状沉淀，按其性质来说，介于两者之间。

表 1.1 三种沉淀类型的特点

名称	晶形沉淀	凝乳状沉淀	无定形沉淀
举例	$BaSO_4$	$AgCl$	$Fe_2O_3 \cdot nH_2O$
颗粒直径	$0.1\ \mu m \sim 1\ \mu m$	$0.02\ \mu m \sim 0.1\ \mu m$	$< 0.02\ \mu m$
特点	内部排列整齐、结构紧密；沉淀所占的体积最小，故比表面小；极易沉降，容易过滤；表面沾污少，容易洗涤	由结构紧密的微小晶体凝聚在一起组成；结构疏松、多孔，故比表面大；过滤时不堵塞滤纸，过滤速度比较快；洗涤液可通过孔隙将沉淀内部的表面洗干净	由细小的胶体微粒凝聚在一起组成；结构疏松且带有大量水分，体积特别庞大，故比表面最大；过滤时操作困难，还会将滤纸的孔隙堵塞，过滤速度慢；沉淀表面带有大量杂质，很难洗净

由表 1.1 可知，在重量分析中总是希望得到颗粒较大的晶形沉淀。沉淀属于哪种类型，首先取决于沉淀的性质，但也与沉淀形成的条件以及沉淀的后处理密切相关。

沉淀的形成是个复杂的过程，目前尚缺少成熟的理论来描述这一过程，只能给出定性的解释或经验公式。简单来说，沉淀的形成过程包括晶核的生长和沉淀颗粒的生长两个过程。晶核的生长过程分为两类：均相成核作用和异相成核作用。均相成核作用指在饱和溶液中构晶离子由于静电作用自发地形成晶核的过程；如果溶液中存在外来悬浮颗粒，则能诱导晶核的形成，这种构晶离子借助于第二相形成的晶核，称为异相成核作用。

溶液中有了晶核以后，过饱和的溶质就可以在晶核上沉积出来（当然这个过程是很复杂的），是晶核逐渐成长为沉淀微粒。沉淀颗粒的大小是由晶核形成速度和晶粒成长速度的相对大小所决定的。如果晶核形成的速度小于晶核成长的速度，说明均相成核作用很小或者不发生，晶核主要来自异相成核作用，于是形成的沉淀粒数较少，加上定向速度很大，故生成颗粒较大的晶状沉淀。反之，如果晶核的生长极快，则说明除了异相成核作用外，均相成核作用也很显著，这样，势必形成了大量的微晶，使过剩溶质消耗殆尽而大量微晶难于长大，只能聚集起来得到细小的胶状沉淀。

1.1.1.3 适宜沉淀条件的选择

当沉淀从溶液中析出时，由于存在共沉淀（包括表面吸附、吸留或包夹、混晶或固溶物）、后沉淀现象，不可避免地会或多或少地夹带一些杂质组分，重量分析对沉淀形式的要求其中很重要的一条就是要沉淀尽量纯净，这是获得准确分析结果的重要条件之一。为了获得一个沉淀完全、纯净、易于过滤和洗涤的沉淀来满足重量分析法的要求，应当根据不同类型沉淀的特点，选择适宜的沉淀条件。

对于晶形沉淀，吸留是晶形沉淀沾污的主要原因，所以晶形沉淀通常是在 Q/S（瞬间浓度/溶解度）比较小的条件下进行沉淀的，以 $BaSO_4$ 沉淀为例：①沉淀应该在比较稀的热的溶液中进行，沉淀剂也需要稀释和加热并在不断搅拌的情况下缓慢地滴加到溶液中去；② 为了增加硫酸钡的溶解度，在沉淀前应在溶液中加入适当的盐酸酸化；③ 沉淀完毕后要进行陈化，即在沉淀结束后，把生成的沉淀在母液中放置一段时间，在放置过程中小颗粒结晶将会自发地变成大颗粒结晶。

对于无定形沉淀，由于结构疏松且带有大量水分，故体积庞大，不吸留杂质但表面吸附非常严重，难于过滤洗涤。以 $Fe_2O_3 \cdot nH_2O$ 为例，应在比较浓的热的溶液中并且要在大量电解质（铵盐）存在的情况下边搅拌边快速地加入沉淀剂（氨水），待沉淀完毕后迅速加入大量热水稀释，充分搅拌后不必陈化立即趁热过滤并用稀的热硝酸铵溶液洗涤。为了提高纯度，可将过滤后的沉淀再用盐酸溶液溶解进行第二次沉淀。

1.1.1.4　沉淀的烘干或灼烧

沉淀的烘干或灼烧的目的是使沉淀形式转变成称量形式，称量形式和沉淀形式可能相同（$BaSO_4$），也可能不同（$Fe_2O_3 \cdot nH_2O$）。对于相同的沉淀形式，在烘干或灼烧时需要将沉淀中的水分和洗涤时使用的沉淀剂或电解质全部除去。对于不同的沉淀形式，在烘干或灼烧时除了要达到上述要求外，更重要的还要将沉淀形式定量地转化为重量分析所要求的称量形式，可以根据沉淀的热分解曲线获得烘干或灼烧时所需要的温度。

1.1.2　滴定法

滴定分析和重量分析最早被应用于分析，又称经典分析方法。滴定分析是将一种已知准确浓度的标准溶液滴加到另一种与标准溶液反应的物质中，当加入的标准溶液的量和另一种反应物的化学计量相等时，可根据标准溶液所消耗的量及化学反应的计量关系求出另一种反应物的量。整个过程通过某种信号，如溶液的颜色、pH 值、电位、电导等变化，提示化学计量点的到来，停止滴定的这一点，称为滴定终点。通常情况下，滴定分析仅适用于被测分析物质组分的含量＞0.1％的常量分析。

1.1.2.1　分类

按化学反应类型，滴定分析可以分为以下 7 类：

（1）酸碱滴定法：利用质子传递反应为基础的滴定分析方法。若反应在非水介质中进行，则称为非水滴定。

（2）配位滴定法：由配位反应作基础的滴定分析方法。

（3）氧化还原滴定法：以有电子转移的氧化还原反应为基础的滴定分析方法。

（4）沉淀滴定法：以沉淀反应为基础的滴定分析方法。

（5）电位滴定法：将滴定过程中某一个反应物或生成物量的变化转换为电位变化，用电位仪来指示终点的滴定分析方法。

（6）电流滴定法（又称安培滴定法或极谱滴定法）：是利用滴定过程中，指示电极电流的变化来指示终点的一种滴定方法。

（7）电导滴定法：利用滴定过程中溶液电导率的变化来确定终点的滴定分析方法。

按滴定方式，滴定分析可以分为 4 类：

（1）直接滴定法：用标准溶液直接滴定被测物，这种滴定方式在滴定分析中最为简便，应用较多。

（2）返滴定法：先将过量、定量的标准溶液加入到被测溶液中，而后用另外一种标准溶液滴定过量部分，根据两者量的差，求出被测物的量。如：用酸碱滴定法测定铵盐中的离子 NH_4^+ 时，可在被测物中加入过量 NaOH 标准溶液，然后加热煮沸溶液除去 NH_3 后，用 HCl 标准溶液滴定过量的 NaOH。加入的 NaOH 标准溶液的量和返滴定时消耗掉 HCl 标准溶液的量的差值即为 NH_4^+ 的量。这种方式通常运用于一些被测物与滴定剂的反应速度较慢或者无适当的方法确定滴定终点的场合。

（3）置换滴定法：对于某些被测物不能与标准溶液反应或者反应产物不稳定时，通常可采用先将被测物与另一种物质反应而定量地置换出能被标准溶液滴定的物质。如：Ag^+ 与 EDTA 的反应不稳定，可先将 Ag^+ 和 $Ni(CN)_4^{2-}$ 反应而定量地转换出能被 EDTA 滴定的 Ni^{2+}，故可根据 EDTA 的消耗量测算出 Ag^+ 的量。

（4）间接滴定法：某些不能与标准溶液直接起反应的物质，可通过另外一个反应间接滴定。如：Ca^{2+} 不能与 $KMnO_4$ 反应，要测定 Ca^{2+}，可将 Ca^{2+} 定量沉淀为 CaC_2O_4，将沉淀溶解后，用 $KMnO_4$ 滴定其中的 $C_2O_4^{2-}$，即可求出 Ca^{2+} 的量。间接滴定法分析步骤繁琐，易引进误差，只有当无适当的方法测定时才采用。

1.1.2.2 滴定分析对滴定反应的要求

滴定反应是通过一个化学反应，由标准溶液的消耗量来计算被测物质的含量。因此，并不是所有的化学反应都能应用于滴定分析，应用于滴定分析的化学反应通常需要满足以下几个条件：

（1）反应要定量完成。反应必须按照一定的方程式进行，没有副反应且进行完全，按滴定分析的要求，反应的完成程度应达到 99.9% 以上，这是定量计算的基础。

（2）反应要迅速完成。滴定过程是一个比较迅速的过程，如果反应速度慢，加入的滴定剂来不及和被测物反应而造成滴定终点延长或者终点现象不明显，会引起误差，对于某些反应速度较慢的反应，也必须添加催化剂或用加热等方法以提高反应速度。

（3）有可靠、简便的方法来指示终点。

1.1.2.3 滴定分析中的基本概念

（1）基准物质。用以直接配制标准溶液或标定溶液浓度的物质称为基准物质，需满足以下条件：物质的组成与化学式相符，试剂的纯度足够高（99.9% 以上），试剂稳定，不易与空气中的 CO_2、O_2 等作用，不易发生风化和潮解。常用基准物质有 $KHC_8H_4O_4$、$H_2C_2O_4 \cdot 2H_2O$、Na_2CO_3、$K_2Cr_2O_7$、NaCl、$CaCO_3$、金属锌等，基准物质必须以适宜方法进行干燥处理并妥善保存。

（2）标准溶液。标准溶液指已知准确浓度的溶液，在滴定分析中常用作滴定剂。配制标准溶液的方法有两种：直接法：准确称取一定量的基准物质，溶解后定量地转入容量瓶中，用去离子水稀释至刻度。根据称取物质的质量和溶液的体积，计算出该标准溶液的准确浓度。间接法：当用于配制标准溶液的试剂不满足基准物质的要求时，采用间接法，即称取一定质量的物质配成接近所需浓度的溶液，然后用基准物质的溶液来标定它的准确浓度，如络合滴定用的 EDTA、氧化还原滴定用的硫代硫酸钠、酸碱滴定用的氢氧化钠等。

（3）等物质的量规则。滴定反应中，消耗的两种反应物的物质的量相等，即待测物质和滴定剂的物质的量相等，这也是滴定分析计算的基础。

1.2　吸光光度分析

1.2.1　基本原理

当一束光强为 I_0 的平行单色光垂直照射到长度为 b 的液层、浓度为 c 的溶液时，由于溶液中吸光质点（分子或离子）的吸收，通过溶液后光的强度减弱为 I，则：

$$A = \lg(I_0/I) = Kbc$$

式中：A 是吸光度，K 为比例常数。

吸光度 A 与溶液透射比的关系为：

$$A = \lg(I_0/I) = \lg(1/T)$$

当一束单色光通过含有吸光物质的溶液后，溶液的吸光度与吸光物质的浓度以及吸收层厚度成正比，这是进行定量分析的基础。式中比例常数与吸光物质的性质、入射光波长及温度等因素有关。

在含有多种吸光物质的溶液中，由于各吸光物质对某一波长的单色光均有吸收作用，如果各吸光物质的吸光质点之间相互不发生化学作用，当某一波长的单色光通过这样一种含有多种吸光物质的溶液时，溶液的总吸光度应等于各吸光物质的吸光度之和。这一规律称为吸光度的加和性。根据这一规律，可以进行多组分的测定及某些化学反应平衡常数的测定。

K 值随 b、c 所取单位的不同而不同，当浓度用 mol/L，溶液层厚度用 cm 单位表示，则 K 用另一符号 ε 来表示。ε 称为摩尔吸收系数，单位为 $Lmol^{-1}cm^{-1}$，它表示物质的量浓度为 1mol/L，液层厚度为 1cm 时溶液的吸光度。$A=\varepsilon bc$，ε 反映吸光物质对光的吸收能力，也反映吸光光度法测定该吸光物质的灵敏度。

光度分析的灵敏度还常用桑德尔灵敏度 S 表示。S 指当仪器的检测极限为 $A=0.001$ 时，单位截面积光程内所能检测出来的吸光物质的最低含量，其单位为 $\mu g/cm^2$，S 与 ε 及吸光物质摩尔质量 M 的关系为：$S=M/\varepsilon$。

吸光光度分析可分为目视比色法和分光光度法。

目视比色法：目视比色法仪器简单，操作简便，灵敏度也高；显色反应如不遵从比尔定律，也能进行，常用于限界分析，但方法的准确度差。

分光光度法：用分光元件棱镜或光栅将光源发出的复合光分解为单色光，使选定的单色光透过狭缝照射到比色皿的溶液中测定吸光度，用工作曲线法测定吸光物质的浓度。由于使用了分光系统，可以获得纯度较高的单色光，因而大大提高了测定的灵敏度和准确度。

1.2.2　仪器结构

1.2.2.1　光源

分光光度计使用的光源有一些基本要求。首先能够产生足够强度的光辐射，便于后续检测器能检出和测量；第二要求能提供连续的辐射，其整个光谱中应包含所有可能使用的波长范围；第三，光源在使用期间必须稳定。

在可见光和红外光区，常用钨灯或碘钨灯作光源，它们能辐射出 320 nm～2 500 nm 范围的光。钨丝灯光源的辐射强度与温度有关。常用的工作温度为 2870 K。由于该光源的输出能量随工作电压的四次方而变化，因此为了获得稳定的辐射能，通常采用 6 V 蓄电池或恒压电源供电。在近紫外区，常使用氢灯或氘灯作光源，它们能辐射出 180 nm～375 nm 范围的光。在相同工作条件下，氘灯的辐射强度大于普通氢灯。由于玻璃对紫外线有吸收，所有氘灯的灯管上附有石英窗。为保证光强的稳定性，需使用稳压器提供稳定的电源电压。

1.2.2.2 单色器

单色器包括分光仪、狭缝及透镜系列。其作用是将辐射分解成不同波长部分，并选择其中的部分作为分析用入射辐射。单色仪的特点直接关系到光度分析中物质对光的选择性吸收、所用方法的灵敏度以及测定结果的精确度。

棱镜和光栅是目前应用最广泛的色散元件。棱镜分光元件有玻璃和石英两种。玻璃棱镜常用于可见区域，性能好，使用方便。石英棱镜可用于更宽的波长范围，从紫外到近红外区域。在紫外区域，石英棱镜的色散率甚至比光栅要好，不足之处是有折射现象。为此，目前常用半左旋和半右旋相结合的考纽尔或反射式的尼特鲁棱镜来加以克服。

光栅色散元件有以下优点：它可适用于紫外、可见到近红外的整个区域，而且其在整个区域的色散率是均匀一致的。所以目前光栅的应用日益趋于广泛。

为了获得理想宽度的光谱通带和准直平行的单色光束，单色器中还包含了入射和出射狭缝、透镜和准直镜等光学元件。

1.2.2.3 吸收池

吸收池是用作盛待测溶液和参比溶液的容器，用玻璃或石英制成。玻璃吸收池只能用于可见光区，而石英池既可用于可见光区，也可用于紫外光区。

1.2.2.4 检测器

检测器是一个光电转换元件，将透过的光辐射信号变成可测量的电信号。要求本身噪音小，稳定性好，灵敏度高。在应用区域对于不同波长的辐射应有相同的响应，且响应时间应快捷。目前，在一可见紫外光度计中，应用最多的是光电管和光电倍增管。与检测器连接的是放大、记录或数据直读装置，可将测量结果直接反映出来。

1.2.3 分析条件选择

1.2.3.1 溶剂

多数分光光度分析是在溶液体系中进行的，制备溶液时应考虑溶剂的选择。所选择的溶剂必须是透明的，不和被测物质发生化学作用，而且在所用的波长范围内无吸收。此外，挥发性小、不易燃、毒性低也是常须考虑的问题。

1.2.3.2 测量条件

测量波长的选择：根据待测组分的吸收光谱，选择最强吸收带的最大吸收波长为测量波长，因为在该处，吸光度随浓度的变化最大。由于在该波长处每单位浓度所改变的吸光度值最大，因此可得到最大灵敏度。但是，当最强吸收带受到共存杂质干扰时，可选择非峰值处的灵敏波长作为测量波长。

狭缝宽度及吸光度范围的选择：狭缝宽度太大，会使灵敏度降低、标准曲线线性变坏，引起偏离比尔定律的结果。但狭缝宽度太小，则会使光强度减弱，引起误差，最佳的选择应是在产生最小误差情况下的最大狭缝宽度。根据吸光度与测量误差的关系，当吸光度值在 0.2～0.8 之间时，测量结果的精度最好。为此，应控制待测物质浓度或比色皿厚度使测得吸光度值落在 0.2～0.8 范围内。

1.3 电化学分析法

电分析化学是现代分析化学的一个重要组成部分，它是根据物质在溶液中的电化学性质及其变化来进行分析的一类方法，通常以电导、电位、电流和电量等电化学参数与被测物质含量之间的关系作为计量基础。

电化学分析根据被测量的电化学参数的不同，可分为 5 类：

1. 电导分析法

电导分析法是指直接根据溶液的电导（或电阻）与被测物质浓度的关系进行分析的方法。

2. 电位分析法

电位分析法是指用一个指示电极（其电位与被测物质浓度有关）和一个参比电极（其电位保持恒定），或采用两个指示电极与被测溶液组成一化学电池，然后根据电池的电动势或指示电极的电位与被测物质浓度的关系来进行分析的一种方法。

3. 电解分析法

电解分析法是指以电子（不是化学物质）为沉淀剂，使被测物质在电极上析出，然后根据电极上所增加的质量来进行分析的方法。

4. 库仑分析法

库仑分析法是指根据电解过程中所消耗的电量来进行分析的方法。可分为控制电流库仑分析法（库仑滴定法）和控制电位库仑分析法。

5. 伏安法和极谱分析法

伏安法是指根据被测物质在电解过程中，其电流－电压变化曲线来进行分析的方法。根据所用的工作电极的不同可分为两种：一种是用液态电极如滴汞电极为工作电极，称为极谱分析法；另一种用固态电极如铂、金、石墨和玻璃等电极作为工作电极，称为伏安法。广义上讲，极谱分析法是伏安法中的一个特例。

1.3.1 电导分析法

电解质溶液存在正负离子，是一种导电体，它的导电是靠溶液中的离子迁移来完成的。导电体的导电能力用电导 G 来表示，电导是电阻 R 的倒数：

$$G = \frac{1}{R}$$

其单位是西门子（S）。

导电体的电导率 k 是电阻率的倒数：

$$k = G\frac{l}{A}$$

k 的单位是西门子·厘米$^{-1}$（S·cm^{-1}），式中：l 为导体的长度，A 为导体的横截面积。对电解质溶液来说，电导率相当于 1 cm³ 的溶液在距离为 1 cm 的两极之间的电导。

电解质溶液的电导率与电解质离解生成的离子的性质及其浓度有关，表现为：离子的价数（离子的电荷数目）愈高，电导率愈大；离子在溶液中的迁移速度愈快，电导率愈大；离子的浓度愈大，电导率愈大。

电解质的导电能力可以用摩尔电导（λ）描述，摩尔电导是指在距离为 1 cm 的两平行电极间 1 mol 电解质（或 1 mol 离子）的溶液所具有的电导：

$$\lambda = kV$$

式中：V 为含有 1 mol 电解质的溶液的体积；摩尔电导 λ 的单位为 $S \cdot cm^2 \cdot mol^{-1}$。

对于电解质浓度为 C（$mol \cdot L^{-1}$）的溶液来说，含有 1mol 电解质的溶液的体积为 $V = 1000/C$（cm^3），因此，电解质溶液的电导率和电解质的摩尔电导之间的关系可表示为：

$$k = \frac{\lambda C}{1000}$$

电解质溶液的总电导率是所有离子的电导率的总和：

$$k = \frac{\sum \lambda_i C_i}{1000}$$

电导法是直接利用电导率和电解质浓度的关系进行鉴定的方法，主要用于水的纯度鉴定和某些生产流程的控制和自动分析。

电导滴定法是以溶液的电导变化作为滴定终点的"指示剂"。容量分析中那些能引起溶液中的离子浓度变化的反应，如生成水、难离解的化合物或沉淀等反应，都能使溶液的电导在等当点出现转折，可利用电导滴定曲线的转折点来指示滴定终点。

1.3.2　电位分析法

电位分析法是利用插在溶液中的指示电极来进行测定的一种电分析化学方法。由于其电极电位随着溶液中被测离子浓度不同而不同，因此根据其电极电位的大小或变化情况可确定溶液中被测物质的浓度或含量。

电位分析中用到各种电极，按电极的用途可分为指示电极和参比电极。指示电极是指能正确反映出溶液中离子活（浓）度的电极，不同类型的反应中所用的指示电极不同，如在中和反应中常用的指示电极有氢电极、醌-氢醌电极、锑电极和玻璃电极等，在氧化还原反应中常用铂电极，沉淀反应中常用银电极，另外还有离子选择性电极。指示电极必须和另外一个电位始终不变的电极相比较，然后测定其所组成的电池的电动势，从而进一步计算出预测电极的电极电位，这种电位始终不变的电极成为参比电极。常用的参比电极有甘汞电极、银-氯化银电极等。

1.3.2.1　离子选择性电极电位测定法

离子选择性电极是一种能从含有其他离子的溶液中有选择地测出某一种离子活度的电极，pH 玻璃电极就是一种典型的选择性电极。目前，商品化的离子选择性电极有 Na^+、K^+、Ca^{2+}、F^-、S^{2-}、NO_3^-、SO_4^{2-} 等。

离子选择性电极的作用是将溶液中待测离子的活度或浓度转换为电信号输出。这种转换的基本特性及影响转换的主要因素是衡量电极性能和评价电极好坏的主要指标。其中包括电极的选择性、测定下限及响应范围、响应时间、稳定性、重现性、电极使用的 pH 范围、电极的内阻和电极的寿命等，其中前面几种参数尤为重要。

选择性：离子选择性电极的选择性常用选择性系数 $k_{i,j}$ 来表示，i 为响应离子，j 为干扰离子。选择性系数就是选择性能的量度，定义为：引起离子选择性电极的电位有相同变化时，所需被测离子的活度与所需干扰离子的活度之间的比值。可见 $k_{i,j}$ 愈小，干扰愈小，电极的选择性能愈好。选择性系数不是一个常数，在不同离子活度条件下测定的选择性系数数值各不相同，因此，$k_{i,j}$ 不能用于校正干扰值，通常仅用来估计测量误差或确定电极的使用范围。

检测下限及响应范围：检测下限是离子选择性电极的主要性能指标之一，表明离子选择性电极能够检测被测离子的最低浓度。IUPAC 规定，校正曲线偏离线性 18/n（25℃）毫伏处离子的活度成为检测下限。离子选择性电极也有检测上限，即电极与被测离子的活（浓）度的对数呈线性关系，所允许的该离子的最大活（浓）度。不同的离子的检测上限虽有差别，但一般都在 1 mol/L 左右。检测上限和检测下限之间的范围，就是电极的线性范围。

响应时间：响应时间也是离子选择性电极性能的一个重要技术指标。IUPAC 建议响应时间的定义为：从离子选择性电极和参比电极一起接触试液的瞬间算起，或事先与离子选择性电极和参比电极处于平衡的溶液的活度突然变化的瞬间算起到达到电位稳定在 1 mV 内所经过的时间。实际上，响应时间除了与离子选择性电极的响应速度有关之外，还与参比电极的稳定性、液接电位的稳定性及溶液中电荷传递等多种因素有关。另外，响应时间还与溶液的活度有关，离子活度低的响应时间比高的响应时间长，离子选择性电极由较低活度值的溶液转入较高活度值的溶液时，响应时间一般比相反方向转移时短，所以测定次序应尽可能从稀溶液到浓溶液。

利用离子选择性电极测定待测离子的浓度，一般都是在控制溶液的离子强度的条件下，以离子选择性电极为指示电极，饱和甘汞电极为外参比电极，用精密酸度计、数字毫伏表或离子计测定两极间的电动势，然后以工作曲线法、标准加入法等求出待测离子的浓度。

（1）工作曲线法：配制一系列标准溶液，其离子强度完全一样，测定其相应的电极电位，然后作 E-lgC 图，得工作曲线。要求未知液的离子强度与标准溶液相同，随后测出未知液的 E_x 值，即可在工作曲线上查出相应的浓度 C_x。

（2）标准加入法：工作曲线法虽然简单方便，但是如果未知液的体系复杂，且本来离子强度又很大，如要使系列标准溶液的体系与未知液完全一致，可采用标准加入法。

标准加入法是先测出未知溶液 C_x 的电极电位 E_1，随后在未知溶液中加入已知浓度 C_s 的标准溶液 V_s 毫升，约为未知溶液体积的百分之一左右，搅拌均匀后，再测其电极电位为 E_2，则未知溶液浓度 C_x 为：

$$C_x = C_s \times \frac{V_s}{10^{\frac{nF\Delta E}{2.303RT}}(V_x + V_s) - V_x}$$

如果加入的标准溶液体积可以忽略不计，则上式可简化为：

$$C_x = C_s \times \frac{V_s}{(10^{\frac{nF\Delta E}{2.303RT}} - 1)V_x}$$

（3）格氏（Gran）作图法：格氏作图法是多次标准加入法的一种图解求值方法。将一系列已知浓度标准溶液加到待测试液中，测定其电动势，以 $(V_x+V_s)/10^{Ei/s}$（i 为添加次数）和加入标准溶液的体积 V_s 的关系作图，可作出一直线，将直线向下延长，与横轴（V 轴）相交得 V_e（为负值）。格氏作图法的计算公式为：

$$C_x = -\frac{C_s V_e}{V_x}$$

此法适用于测量复杂成分的试液，尤其适用于低含量物质的测定。

1.3.2.2　pH 电位测定法

电位法测定溶液的 pH 值，可应用氢电极、醌-氢醌电极、锑电极、化学修饰电极及玻璃电极等做指示电极，借助于 pH 指示电极电位的高低（大小），通过计算或者直接读出溶液 pH 值。

pH 玻璃电极的结构如图 1.1 所示，在玻管的一端是由特殊成分玻璃制成的球状薄膜，它是电极的关键部分。球内装有一定 pH 值的缓冲溶液以及 Ag-AgCl 内参比电极。

pH 玻璃电极的电位与待测溶液的氢离子活度之间的关系，符合能斯特（Nernst）方程：

$$E_{玻璃} = E' - \frac{2.303RT}{F}\,pH$$

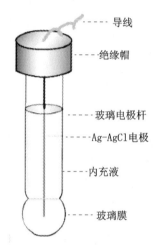

pH 玻璃电极对 H^+ 的响应是在形成水化层的情况下进行的，所以使用玻璃电极时必须预先浸泡在水中；由于玻璃电极存在着不对称电位，故使用 pH 计测定某一溶液 pH 值时，必须先用一标准缓冲溶液校正，仪器上的"定位调节"即为此目的而设置；用一般 pH 玻璃电极测定溶液 pH 值时，在 1～9 的 pH 值范围内有良好的线性响应，但当 pH＞9，Na^+ 和其他碱金属离子也有响应，因此，在碱性较强情况下测定的 pH 值就偏低，成为碱差，当溶液 pH＜1 时，玻璃电极的响应也有误差，称为酸差，酸差使测得的 pH 值偏高。

图 1.1　pH 玻璃电极结构图

右侧标注：导线、绝缘帽、玻璃电极杆、Ag-AgCl电极、内充液、玻璃膜

1.3.2.3　电位滴定法

电位滴定法就是以指示电极的电位变化作为滴定终点的"指示剂"，指示电极与参比电极、试液组成电池，当滴定剂加入试液中，被测离子的浓度将逐渐减少，指示电极的电位产生相应的变化，在接近终点时，指示电极的电位产生跃变，由此来确定滴定终点。电位滴定曲线描述了滴定过程，根据所描述的过程设计制造自动电位滴定仪，自动控制滴定终点，当到达终点时，自动关闭滴定装置，并显示滴定剂用量，自动记录滴定曲线。

酸碱滴定时，选择 pH 玻璃电极作为指示电极，采用甘汞电极为参比电极，与试液组成电池。在氧化还原滴定中，可选择铂电极作为指示电极。在配位滴定中，采用 EDTA 作为滴定剂，用第三类电极作指示电极。在沉淀滴定中，如以硝酸银滴定卤素离子时，可用银电极作为指示电极。

电位滴定具有以下特点：

（1）与普通容量分析一样，测定的相对误差可低至 0.2％。

（2）能对有色或浑浊的试液进行滴定。

（3）一般缺乏指示剂的体系，如有些有机物的滴定需要在非水溶液中进行，可采用电位滴定。

（4）能用于连续滴定和自动滴定，并适用于微量分析。

1.3.3　电解分析法

电解分析法是以电子为"沉淀剂"，使金属离子还原为金属或形成其他形式电积于已知质量的电极上，然后根据电极上所增加的质量，来计算出被测物质含量的一种电化学分析法。因为是根据电沉积后增加的质量来计算含量，所以这种方法亦称为电重量分析法。

将两电极插入试液，加上直流电压，让电流通过溶液，在两极便发生电极反应引起物质的分解，这个过程称为电解。电解时，在阴极发生还原反应，电解池的阴极应与外加直流电源的负极相连，在阳极发生氧化反应，阳极应与外加直流电源的正极相连。

常用的电解分析法主要有恒电流电解法、控制电位电解法、汞阴极电解分离法。

恒电流电解法：恒电流电解是在恒定的电解电流条件下进行电解，称量电极上析出的物质的质量来进行电解重量分析，也可用于分离。恒电流电解装置中，用直流电源作为电解电源，电解池上的电压可通过可变电阻来调节，电解电流可从电流表读出。试液置于电解池中，一般用铂网作阴极，螺旋的铂丝作阳极并兼作搅拌之用。

恒电流电解法装置简单，方法准确度高，但选择性低。用本法可以测定的金属元素有：锌、镉、汞、钴、镍、铅、锡、铜、铋、锑及银等，目前本法主要用于精铜品位的鉴定和仲裁。

控制电位电解法：控制电位法是在控制阴极电位或阳极电位为一定值的条件下进行电解的方法。当试液中存在干扰金属离子，为了防止其在阴极上还原析出，需要采用恒阴极电位电解法进行测定或分离。恒阴极电位电解装置与恒电流电解装置的主要区别是：它有控制和测量阴极电位的设备，在电解过程中，阴极电位可以用电位计或电子毫伏计准确测量，并通过变阻器来调节电解池的电压，使阴极电位保持在特定的数值或一定范围。

恒阴极电位电解的主要特点是选择性较高，可用于分离或测定银（与铜分离）、铜（与铋、铅、银、镍等分离）、铋（与铅、锡、锑等分离）、镉（与锌分离）等。

汞阴极电解分离法：汞阴极电解一般不直接用于定量测定，而是作为一种分离富集手段，除去溶液中的重金属离子。利用汞作阴极，能使许多金属离子还原生成汞齐，析出电位正移，容易分离，氢在汞上有较大的过电压，从而扩大电解分离的电压范围。如，采用汞阴极可将电位较正的 Cu、Pb、Cd 等浓缩在汞中，而与铀分离并提纯铀。用同样的方法可以除去金属离子，制备高纯度的电解质。

1.3.4　库仑分析法

库仑分析法的定量依据是法拉第定律，即如果在电解过程中物质在电极的反应是唯一的电极反应，那么参加电极反应的物质的质量与电极反应所消耗的电量应遵守法拉第定律：

$$m = \frac{M}{nF}Q$$

式中：m 为参加电极反应的物质质量；M 为该物质的摩尔质量；n 为电极反应的电子数；F 为法拉第常量（96487 C·mol^{-1}）；Q 为电极反应所消耗的电量，计算公式为：

$$Q = it$$

式中：i 为电流，t 为时间。若 $1A$ 的电流通过电解质 $1s$ 时，其电量为 $1C$。

控制电位库仑分析法：控制电位库仑分析法与控制电位电解法类似，在整个电解过程中，必须控制工作电极的电位为一恒定的值。电解过程消耗的电量可采用库仑计或者电流—时间积分仪来测量。由于不是称量在电极上析出的物质的质量，而是测量电解时所消耗的电量，所以要求所消耗的电量能全部用于被测定的物质的电极反应，必须避免在工作电极上发生其他副反应。

恒电流库仑滴定法：恒电流库仑滴定法是以恒定的电解电流进行电解，使电极反应产生一种物质，并能与被测定的物质进行定量的化学反应。与容量分析不同之处在于，滴定剂不是由滴定管加入，而是由电解产生。库仑滴定法的关键之一是确保在恒流条件下电解效率为 100%。库仑滴定法的关键之二是终点指示，可采用化学指示剂法、电位法、双铂极电流法进行终点指示。

库仑滴定法可以用于中和反应、沉淀反应、氧化还原反应及配（螯）合反应等，具有以下特点：①不需要基准物质，测定的准确度高，一般相对误差为 0.2%，甚至可以达到0.01%；②灵敏度高，相对检出限可达 $10^{-7}\,mol \cdot L^{-1}$，同时也可以用于常量分析；③易实现自动化、数字化，并可作遥控分析；④设备较简单，安装、使用较方便；⑤选择性较差，不能用于成分复杂试样的分析工作。

1.3.5 极谱法与伏安分析法

极谱分析法始创于 1922 年，该方法基于可还原物质或可氧化物质在滴汞电极上进行电解所得到的电流—电压曲线，根据曲线进行定性和定量分析。至今，极谱分析理论、技术和应用均得到了迅速发展，继经典的直流极谱外，相继出现了单扫描示波极谱、交流极谱、方波极谱、脉冲极谱、溶出伏安法、方波伏安法、半微分半积分极谱、催化极谱和交流示波极谱等，大大提高了测定的灵敏度和准确度。

随着极谱分析方法的发展，还出现了许多新型的工作电极，不再限于用滴汞电极，甚至不再限于用汞作工作电极。另外，获得极化曲线的方法也有很多创新，超出了极谱分析本来的定义。目前，把基于研究电流—电压曲线特性而建立起来的分析方法统称为"伏安法"，极谱分析法是指以滴汞电极为工作电极用于测量电流—电压曲线的伏安法。

1.3.5.1 经典极谱分析

极谱分析是应用浓差极化现象来测量溶液中待测离子的浓度的。在电流密度较大，不搅拌或搅拌不充分的条件下，由于电解反应电极表面周围的离子浓度迅速降低，溶液本体中离子来不及扩散到电极表面进行补充，而会致使电极表面附近离子浓度降低。

由于电极附近待测离子浓度的降低而使电极电位偏离原来的平衡电位的现象称为极化现象。这种由于电解时在电极表面的浓度差异而引起的极化现象称为浓差极化。当外加电压较大时，电极表面周围的待测离子浓度会降为零。此时电流不会随外加电压的变化而变化，而完全由待测离子从溶液本体向电极表面的扩散速度决定，并达到一个极限值，称为极限扩散电流。

极谱分析中的电流—电压曲线（又称极谱波）是极谱分析中的定性、定量依据。以铅的极谱图（图 1.2）为例。

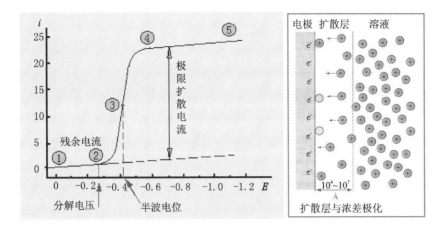

图 1.2　铅的极谱图及浓差极化示意图

（1）外加电压小于待测离子 Pb 分解电压，无反应发生，只有微弱电流（残余电流 i_r）通过。如图 1.2 中：①～②段。

（2）$V_外$ 增加，达到 Pb 的分解电压，铅离子在滴汞电极上开始还原形成铅汞齐，电解池开始有微小电流通过，如图 1.2 中②点。

阴极：$Pb^{2+}+2e+Hg=Pb（Hg）$

阳极：$2Hg+2Cl^-=HgCl_2+2e$

（3）$V_外$ 继续增大，电解反应加剧，电解池中电流也加剧，如图中②～④段。此时，滴汞电极汞滴周围的 Pb^{2+} 浓度迅速下降而低于溶液本体中的 Pb^{2+} 浓度，于是溶液本体中 Pb^{2+} 向电极表面扩散以使电解反应继续进行。这种 Pb^{2+} 不断扩散，不断电解而形成的电流称为扩散电流。这时在溶液本体与电极表面之间形成一扩散层，电流的大小只决定于该金属离子的扩散速度，而扩散速度和溶液中该金属离子与电极表面该金属离子的浓度差（$C-C_0$）成正比。

（4）当 $V_外$ 增大到一定值时，C_0 非常小，相对 C 而言可忽略，电流大小完全为溶液中待测离子浓度控制，如图中④～⑤段，有：

$$i_d = kC$$

i_d—极限扩散电流

可见，极限电流与溶液中待测离子浓度呈正比，这是极谱分析的定量基础。极谱图上的极限电流不完全由浓差极化而得，它还包括残余电流（i_r），因此极限电流减去残余电流即得到极限扩散电流（i_d）。极谱图上扩散电流为极限扩散电流一半时的滴汞电极的电位为半波电位（$E_{1/2}$）。当溶液的组成和温度一致时，每种物质的半波电位是一定的，不随其浓度的变化而变化，这是定性的依据。

1.3.5.2　溶出伏安法

溶出伏安法，是使被测物质在恒电位下、搅拌溶液中电解一定的时间，将被测物质富集到电极上。富集后，让溶液静止 30～60 s，然后改变电极的电位，使富集在电极上的物质重新溶出，根据溶出过程中所得到的伏安曲线（见图 1.3）来进行定量分析。峰电流与被测物质浓度成正比，这就是溶出伏安法的定量依据，灵敏度一般可达 $10^{-8}\sim10^{-9}$ mol/L，电流信号呈峰型，便于测量，可同时测量多种离子。

电解富集的电极可用悬汞电极、汞膜电极和固体电极等。电解富集时，悬汞电极作为阴极，溶出时，则作为阳极，称之为阳极溶出伏安法。溶出伏安法还可以测定阴离子，如氯、溴、碘、硫等，它们能和汞生成难溶盐，悬汞电极可以作为阳极来电解富集，并作为阴极进行溶出，称之为阴极溶出伏安法。

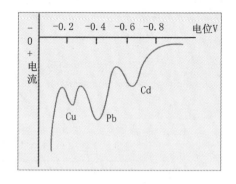

图 1.3 Cu，Pb，Cd 的溶出伏安图

1.3.5.3 伏安法应用

极谱法和伏安分析法广泛应用于测定无机化合物和有机化合物。无机极谱分析方面：特别适合于金属、合金、矿物及化学试剂中微量杂质的测定，如金属锌中的微量 Cu、Pb、Cd；钢铁中的微量 Cu、Ni、Co、Mn、Cr；铝镁合金中的微量 Cu、Pb、Cd、Zn、Mn；矿石中的微量 Cu、Pb、Cd、Zn、W、Mo、V、Se、Te 等的测定。最常见的极谱分析元素有：Cr、Mn、Fe、Co、Ni、Cu、Zn、Cd、In、Tl、Sn、Pb、As、Sb、Bi 等。这些元素的还原电位在 0 V 至 −1.6 V 的范围内，易于测定，有时往往可以在一张极谱图上同时得到若干元素的极谱波，如在氨性溶液中可同时测定 Cu、Cd、Ni、Zn 和 Mn。碱金属和碱土金属的还原电位很负，因此很难进行极谱分析，他们的盐类如 KCl、NaCl、Na_2SO_4 常常用作支持电解质。

极谱分析对一些有机化合物、高分子化合物、药物和农药等分析也非常有用。能在滴汞电极还原产生极谱波的有机化合物有共轭不饱和化合物、羰基化合物、有机卤化物、含氮化合物、亚硝基化合物、偶氮化合物、含硫化合物。在药物方面，可分析抗生素、维生素、激素、生物碱、磺胺类、呋喃类和异烟肼等。在农药化工方面，可分析六六六、DDT、敌百虫和某些硫磷类农药。在高分子化工方面可分析氯乙烯、苯乙烯、丙烯腈等单体。

极谱法还可以测定配合离子的离解常数和配位数，金属离子在溶液中的扩散系数，以及研究电极过程的可逆性。

1.4 原子吸收光谱法

1.4.1 基本原理

众所周知，任何元素的原子都是由原子核和绕核运动的电子组成，原子核外电子按其能量的高低分层分布而形成不同的能级，因此，一个原子可以具有多种能级状态。能量最低的能级状态称为基态能级（$E_0 = 0$），其余能级称为激发态能级，而能级最低的激发态则称为第一激发态。正常情况下，原子处于基态，核外电子在各自能量最低的轨道上运动。如果将一定外界能量如光能提供给该基态原子，当外界光能量 E 恰好等于该基态原子中基态和某一较高能级之间的能级差 ΔE 时，该原子将吸收这一特征波长的光，外层电子由基态跃迁到相应的激发态，而产生原子吸收光谱。

原子吸收光谱分析基本原理是将光源辐射出的待测元素的特征光谱通过样品的蒸汽中待测元素的基态原子所吸收，由发射光谱被减弱的程度，进而求得样品中待测元素的含量，它符合朗伯－比尔定律：

$$A = -\lg I/I_0 = -\lg T = KCL$$

式中 I 为透射光强度，I_0 为发射光强度，T 为透射比，L 为光通过原子化器光程，由于 L 是不变值，所以：

$$A = KC$$

该式是原子吸收分析测量的理论依据。K 值是一个与元素浓度无关的常数，实际上是标准曲线的斜率。只要通过测定标准系列溶液的吸光度，绘制工作曲线，根据同时测得的样品溶液的吸光度，在标准曲线上即可查得样品溶液的浓度。

原子吸收光谱分析具有许多分析方法无可比拟的优点，如选择性好。由于原子吸收线比原子发射线少得多，因此光谱干扰比发射光谱小得多。火焰法操作简单快捷而且精密度高，操作通常只需要乙炔和压缩空气，后期使用成本低廉。石墨炉法灵敏度相对于发射光谱法要高，可以达到 ng/mL 级，极适合于痕量重金属检测。采用石墨炉自动进样器，配合智能化软件，可实现长时间自动分析。就样品的状态而言，原子吸收法既可测定液态样品，也可测定气态样品，甚至可以直接测定固态样品。因此原子吸收分析技术已普及至各个领域，并符合各种分析标准方法。

当然，原子吸收光谱分析也存在一些不足之处。由于受光源的影响，原子吸收通常是单元素分析方法，因此也不适用于物质组成的定性分析，对于难溶元素的测定不能令人满意，另外，原子吸收对于共振线处于真空紫外区的元素灵敏度低。

1.4.2　仪器结构

原子吸收光谱仪由光源、原子化器、光学系统、检测系统和数据工作站组成。光源提供待测元素的特征辐射光谱；原子化器将样品中的待测元素转化为自由原子；光学系统将待测元素的共振线分出；检测系统将光信号转换成电信号进而读出吸光度；数据工作站通过应用软件对光谱仪各系统进行控制并处理数据结果。图 1.4 为原子吸收光谱仪的结构。

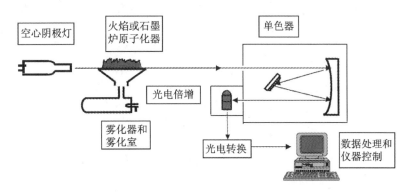

图 1.4　原子吸收光谱仪结构示意图

光源：空心阴极灯提供原子吸收分析用锐线光源，以满足峰值吸收的理论。它是由一个被测元素纯金属或简单合金制成的圆柱形空心阴极和一个用钨或其他高熔点金属制成的阴极组成。灯内抽成真空，然后充入氖气，在放电过程中起传递电流、溅射阴极和传递能量作用。

光学系统：光学系统一般由外光路与单色器组成。从外光路可以分为单光束与双光束，它们各有特点。单光束系统中，能量损失小，灵敏度高，但不能克服由于光源的不稳定而引起的基线漂移；双光束系统将来自光源的光分为样品光束与参比光束，补偿了基线漂移，但能量损失。

单色器：单色器由入射狭缝、准直装置、光栅、凹面反射镜及出射狭缝组成。焦距、色散率、杂散光及闪耀特性是衡量单色器性能的主要指标。平面光栅的色散率主要由刻线决定的；光的能量与焦距的平方成反比，因此在满足分辨率要求的前提下，要求有较小的焦距；闪耀特性是指闪耀波长与聚光本领，它与杂散光表征了光学系统的灵敏度与线性能力。目前也有一些高光学分辨率的仪器采用中阶梯单色器，由中阶梯光栅与石英棱镜组成二维色散系统，即便短焦距也可以获得高的色散率，高能量同时使得仪器外形更为小巧。

原子化系统：按原子吸收分析方法，原子化器主要分为火焰与石墨炉两种。火焰原子化系统一般包括雾化器、雾化室、燃烧器与气体控制系统。雾化器将水溶液雾化，撞击球使雾滴细化提高灵敏度；扰流器可降低火焰噪声提高稳定性。燃烧器通常有两种规格为 100 mm 和 50 mm，100 mm 只适合于空气乙炔火焰，50 mm 可用于笑气乙炔和空气乙炔分析。

火焰法气体控制系统一般有手动与自动控制，自动气体控制能自动完成空气/乙炔、笑气/乙炔的安全点火、熄火和切换，计算机对所有助燃气、燃气流量实施全自动的监控，确保测定精度和操作安全。

石墨炉原子化器一般由石墨炉电源、石墨炉炉体及石墨管组成。炉体又包括石墨锥、冷却座石英窗和电极架。它是用通电的办法加热石墨管，使石墨管内腔产生很高的温度，从而使石墨管内的试样在极短的时间内热解、气化，形成基态原子蒸气。石墨炉分为横向和纵向加热两种方式，石墨炉程序升温通常包括干燥、灰化、原子化和除残步骤，其各步骤的温度控制非常关键，目前有电压反馈和光传感控温方式。石墨管有普通管、热解涂层管、平台石墨管和高致密涂层管等，石墨管的质量将影响分析灵敏度、精密度和使用成本。

检测系统与数据处理系统：光电倍增管是原子吸收光谱仪的主要检测器，要求在 180～900 nm 测定波长内具有较高的灵敏度，并且暗电流小，也有用小型一维 CCD 配合中阶梯单色器进行信号检测。目前仪器大多通过计算机软件，进行仪器操作控制和数据处理。部分火焰法仪器采用面板控制，简化仪器操作。

1.4.3 干扰和消除

虽然原子吸收分析中的干扰比较少，并且容易克服，但在许多情况下是不容忽视的。火焰法主要是化学干扰，而石墨炉的干扰主要来自于背景干扰。

1.4.3.1 化学干扰

化学干扰是指试样溶液转化为自由基态原子的过程中，待测元素和其他组分之间化学作用而引起的干扰效应。化学干扰是一种选择性干扰，它不仅取决于待测元素与共存元素的性质，还和火焰类型、火焰温度、火焰状态、观察部位等因素有关。利用高温笑气乙炔火焰，加入释放剂如氯化镧和氯化锶、保护剂如 EDTA 和缓冲剂，以及标准加入法可以消除化学干扰。

1.4.3.2　电离干扰

电离电位较低的碱金属和碱土金属的元素在火焰中电离而使参与原子吸收的基态原子数减少，导致吸光度下降，而且使工作曲线随浓度的增加向纵轴弯曲。最常用的方法是加入消电离剂。一般消电离剂的电离电位越低越好。有时加入的消电离剂的电离电位比待测元素的电离电位还高，如铯 Cs。

1.4.3.3　背景干扰

与火焰法相比，石墨炉原子化器中的自由原子浓度高，停留时间长，同时基体成分的浓度也高，因此石墨炉法的基体干扰和背景吸收较火焰法要严重的多。背景吸收信号一般是来自于样品组分在原子化过程中产生的分子吸收和石墨管中的微粒对特征辐射光的散射。

1.4.3.4　干扰消除

目前原子吸收所采用的背景校正方法主要有氘灯背景校正、塞曼效应背景校正和自吸收背景校正。氘灯连续光源扣背景，灵敏度高，动态线性范围宽，消耗低，适合于 90% 的应用。但仅对紫外区有效，扣除通带内平均背景而非分析线背景，不能扣除结构化背景与光谱重叠。塞曼效应扣背景，利用光的偏振特性，可在分析线扣除结构化背景与光谱重叠，全波段有效。灵敏度较氘灯扣背景低，线性范围窄，仅使用于原子化。自吸收效应扣背景，使用同一光源，可在分析线扣除结构化背景与光谱重叠。灵敏度低，特别对于那些自吸效应弱或不产生自吸效应的元素，如 Ba 和稀土元素，灵敏度降低高达 90% 以上。另外，空心阴极灯消耗大。

1.5　原子荧光光谱法

在 19 世纪后期和 20 世纪初期，物理学家就研究过原子荧光现象，观察到在火焰中某些元素所发出的荧光。从 1956 年开始，Alkemade 用原子荧光研究了火焰中的物理和化学过程，并于 1962 年建议将原子荧光用于化学分析。1964 年，J. D. Winefordner 和 T. J. Vickers 等首先提出将火焰原子荧光光谱法作为一种新的分析方法。1964 年后，美国的 Winefordner 小组和英国的 West 小组对原子荧光光谱法进行了广泛深入的研究和改进，原子荧光光谱分析进入了快速发展的阶段。

1969 年，Holak 把经典的砷化氢发生反应与火焰原子光谱法相结合，创立了氢化物发生—火焰原子吸收光谱分析联用技术，测定了砷。1974 年，Tsuju 和 Kuga 首次将氢化物进样技术与无色散原子荧光分析技术相结合，在酸性体系中加入锌粒还原剂产生砷化氢，并成功用于原子荧光光谱法的测定。1975 年，Thompson 将硼氢化钠—酸体系应用到非色散原子荧光光谱法，将生成的氢化物直接导入氩氢火焰中原子化，采用碘化物无极放电灯作光源，测定了砷、锑、铋、硒和碲等氢化物元素的分析方法，在此基础上，又建立了蒸气发生测定镉的分析方法。这些工作为氢化物发生—原子荧光光谱法的发展奠定了良好的基础。但是，由于采用的碘化物无极放点灯存在着碘对铋的严重的光谱干扰，影响了方法的实际应用，同时，国外的研究工作也局限在实验室中进行，国外在 20 世纪 90 年代以前都没有这方面的商品仪器问世，国外的原子荧光光谱分析技术进入一个缓慢发展的阶段。

我国在原子荧光光谱分析技术的研究虽然比国外晚了近 10 年，但是，从 20 世纪 80 年代开始，我国在蒸气发生－原子荧光光谱商品仪器的研制及分析方法的研究和推广应用方面都得到了飞速发展。1977 年，中科院上海冶金研究所和上海机械制造工艺研究所研制了高强度空心阴极灯作为激发光源，氩屏蔽空气－乙炔火焰作原子化器的双道非色散原子荧光光谱仪，开始了 HG－AFS 的研究工作。1979 年，郭小伟、杨密云等成功研制了以溴化物无极放电灯作为激发光源的单道原子荧光光谱仪的科研样机，克服了国外碘化物无极放电灯碘对铋的严重光谱干扰，同时，提出利用 KBH₄ 与酸反应产生的氢气来产生氩、氢小火焰，大大简化了装置，为我国蒸气发生－原子荧光光谱技术的发展奠定了基础。1983 年，我国研制出第一台蒸气发生－原子荧光商品仪器。随着流动注射技术、断速流动技术先后引入蒸气发生系统，蒸气发生－原子荧光光谱技术日臻完善，仪器自动化程度有了很大提高，成为目前最具有实用价值的原子荧光光谱分析方法。

1.5.1 基本原理

原子荧光光谱法是基于测量分析物气态自由原子吸收辐射被激发后去激发所发射的特征谱线强度进行定量分析的痕量元素分析方法。蒸气发生－原子荧光光谱法的基本原理是利用强还原剂（KBH₄ 或 NaBH₄）与酸性样品溶液产生氢化反应，使被测元素形成气态的共价氢化物、挥发性的化合物或汞蒸气，然后借助载气将其导入低温石英炉原子化器中形成氩氢火焰原子化，进行原子荧光光谱法的测定。

自从硼氢化钾（钠）－酸反应体系应用于氢化物发生法以来，蒸气发生直接传输方法得到迅速发展，即将样品溶液氢化反应后的氢化物直接传输到原子化器原子化，这类方法应用比较广泛。直接传输的蒸气发生反应装置一般包括样品、载流、清洗液及还原剂的加入和氢化反应的气液分离器，它是蒸气发生－原子荧光光谱分析中十分重要的关键技术。在我国的蒸气发生－原子荧光光谱法的发展过程中，商品仪器中曾使用过多种

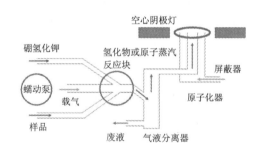

图 1.5 断速流动法蒸气发生反应装置示意图

类型的进样方式和气液直接传输的蒸气发生反应装置，目前应用比较广泛的主要为连续流动法、断速流动法和流动注射法。图 1.5 为断速流动法蒸气发生反应装置示意图。

1.5.2 仪器结构

根据仪器检测的原理及结构，氢化物发生－无色散原子荧光光谱仪主要由五部分组成：氢化物发生系统、原子化器、激发光源、光学系统和检测系统。其中原子化器、激发光源、光学系统和检测系统是原子荧光仪器的主要组成部分，仪器采用脉冲空心阴极灯或者脉冲高强度空心阴极灯作激发光源、氩氢火焰石英管原子化器、无色散光学系统和日盲光电倍增管检测器。

1.5.3 干扰及消除

原子光谱分析法中干扰的分类有很多种，根据 IUPAC 的建议，可依据干扰机理分为光谱干扰和非光谱干扰两大类。目前国内习惯性按照干扰产生的原因不同分为光谱干扰、

物理干扰、电离干扰和化学干扰等类型。其中,光谱干扰是由于原子化器本身的热发射以及样品中的钾、钙、钠、镁等原子被激发所产生的辐射,可以通过光源调制和同步检波使其与信号分离。化学干扰的消除主要通过采用高温火焰、增加火焰观察高度、加入稀释剂或保护剂及基体改进剂等方法来达到较好的消除干扰的目的,必要时可采取化学分离的手段对干扰元素进行分离。

1.5.4 蒸气发生—原子荧光光谱法的特点

蒸气发生—原子荧光光谱法是一种新的联用分析技术,可测定的元素有:可形成共价氢化物的元素 As、Sb、Bi、Se、Te、Pb、Sn、Ge,原子蒸气态 Hg 以及可形成挥发性化合物的 Zn、Cd 等 11 种元素。它集中了蒸气发生技术和结构简单的无色散原子荧光光谱仪的优点,利用蒸气发生技术使待测元素与绝大多数的基体元素分离,将生成的气态氢化物、气态单质以及挥发性化合物在氩氢火焰中原子化。蒸气发生—原子荧光光谱分析技术是一种性能优良的痕量和超痕量元素的分析方法,它的特点大致可以归结如下:

(1) 检出限低。原子荧光的发射强度与激发光源强度成正比,在非色散原子荧光系统中,从偏离入射光的方向进行检测,即在几乎无背景下检测荧光强度,且可测量在紫外波段区域中元素所有 n 条荧光强度之和,具有更高的分析灵敏度。蒸气发生方式以气体进样,与溶液直接喷雾进样相比(进样效率一般为 $10\%\sim15\%$),进样效率可近似 100%。非色散原子荧光光谱仪光路简单,激发光至原子化器的光程很短,因而光的损失很少。因此,可以获得很低的检出限。蒸气发生—原子荧光光谱法测量 As、Sb、Bi、Se、Te、Pb、Sn 的检出限为 $0.01\sim0.03$ ng/mL,Hg 和 Cd 的检出限可达 $0.001\sim0.003$ ng/mL。

(2) 选择性好。原子荧光谱线比较简单,一般不存在共存元素的光谱重叠干扰。

(3) 精密度好。蒸气发生—原子荧光光谱法测量的是平衡信号,很大程度上减少了火焰组分和分析原子相对时间变化所带来的不利影响,采用峰面积积分方式,可以获得很好的精密度,相对标准偏差一般可达到 1% 左右。

(4) 干扰少。蒸气发生技术使待测元素与绝大多数基体元素分离,可消除大量基体元素所引起的干扰。

(5) 仪器结构简单。采用无色散系统原子荧光光谱仪,基本组成包括激发光源、原子化器、光学系统和日盲光电倍增管,无需分光系统,因此仪器结构比较简单,体积小,价格便宜。

(6) 分析曲线的线性范围宽。分析曲线的线性范围可达到 $2\sim3$ 个数量级。

(7) 多元素同时测定。原子荧光的特点是向各个方向进行辐射,因此便于制作多道原子荧光光谱仪。

(8) 分析速度快。蒸气发生—原子荧光光谱法一般在 $10\sim15$ s 内即可完成一个样品的测定。

(9) 色谱与蒸气发生—原子荧光光谱仪联用,可实现 As、Hg、Se 等元素的形态分析。

1.6 原子发射光谱法

1.6.1 基本原理

原子发射光谱分析是根据试样中气态原子(或离子)被激发以后,其外层电子辐射跃迁所发射的特征辐射能（不同的光谱），来研究物质化学组成的一种方法。原子发射光谱仪按照光源的不同，通常有两类：一类是经典的电弧及火花光源，简称直读光谱仪；另一类是等离子体及辉光放电光源，其中以电感耦合等离子体光源（ICP）居多，被广泛应用在环境、金属、化工和矿产等领域的样品分析中。

等离子体（Plasma）一词首先由 Langmuir 在 1929 年提出，目前一般指电离度超过 0.1% 被电离了的气体，这种气体不仅含有中性原子和分子，而且含有大量的电子和离子，且电子和正离子的浓度处于平衡状态，从整体来看是处于中性的。电感耦合等离子体原子发射光谱（ICP-AES）技术的先驱是 Greenfield 和 Fasel，他们在 1964 年分别发表了各自的研究成果。20 世纪 70 年代后该技术取得了真正的进展，1974 年美国的 Thermo Jarrell-Ash 公司研制出了第一台商用电感耦合等离子体原子发射光谱仪。ICP 是具有 6000～7000 K 的高温激发光源，光源能量密度高，对于高温过渡金属元素如钨、钼等具有较高的检测灵敏度。ICP 光源具有基体效应小的突出优点，尤其适合于金属和矿产的等复杂基体样品检测。同时其动态线性范围宽，可达 4～5 个数量级，检测的稳定性好。ICP 光谱法具有多元素同时分析的特点，因此分析速度快，效率高。

电感耦合等离子体分析原理，液态样品经雾化器被气动吹散击碎成粒径为 1～10 um 之间的细颗粒，经雾化室除去大雾滴，雾滴由氩气经炬管的中心管导入到 ICP 中，气溶胶微滴快速地去溶、蒸发、原子化和离子化，从而发射出各元素的特征发射谱线，经光学系统分光后，根据发射谱线的强度与溶液中的已知元素浓度进行标准曲线校正，从测得的未知样品元素强度从而得到浓度值。

1.6.2 仪器结构

1.6.2.1 ICP-AES 的主要构成

ICP-AES 光谱仪主要由进样系统、RF 发生器、气体控制器、光学系统、检测器和 I/O 控制中心以及软件数据工作站构成。图 1.6 是 ICP-AES 光谱仪的结构示意图。

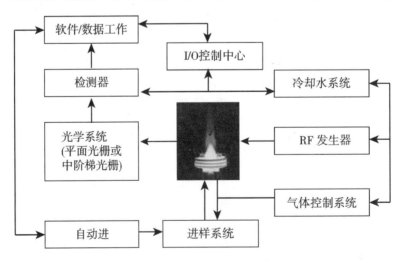

图 1.6 ICP-AES 仪器的基本构成示意图

进样系统：ICP 光谱的进样系统由蠕动泵、雾化器、雾化室和炬管构成。蠕动泵通常有 12 个辊轮，3 到 4 个通道，样品经由塑料毛细管到蠕动泵管，导入到雾化器。泵速由计算机自动可调，进样量取决于泵速和泵管的内径尺寸。雾化器通常为气动，有同心型、交叉型以及 V 型槽型。同心型雾化器具有雾化效率较高、记忆效应小、稳定性好等特点，石英材质可耐普通酸，氢氟酸需要用 PFA 或 PEEK 材质。根据不同喷嘴构造，可有普通和耐高盐雾化器。交叉型通常与双筒形雾化室配套使用，可耐氢氟酸和耐高盐。V 型槽雾化器可直接进饱和盐水而不堵塞，也可以进通常的油品。ICP 光谱的雾化室为旋流形、双筒形和梨形，旋流雾化室具有高效、快速和记忆效应小的特点而被广泛使用。双筒形雾室与交叉型雾化器配合使用，具有低的溶剂效应。同样，梨型雾化室的去溶剂能力也较强，特别适用于有机溶剂或油品直接进样。另外，通过对雾化室制冷，配合微量雾化器可以直接进如汽油等易挥发型油品，如 GE 公司的 ISOMIST 半导体制冷雾化室。炬管由三个同心的石英管组成，等离子体在此形成，中心管可以有不同的口径适用于不同基体的样品。炬管材质通常为石英，如需进含氢氟酸的样品需要更换刚玉中心管。长期进含高浓度的氯碱类样品，可以使用陶瓷材质的炬管，以延长使用寿命。

　　RF 发生器：射频（RF）发生器通过工作线圈给等离子体输送能量，维持 ICP 光源稳定放电。当炬管上的线圈有高频电流通过时，则在线圈的轴线方向上产生一个强烈振荡的环形磁场。当点火器的高频火花放电在炬管内使小量氩气电离时，一旦在炬管内出现了导电的粒子，由于磁场的作用，其运动方向随磁场的频率而振荡，并形成与炬管同轴的环形电流。原子、离子、电子在强烈的振荡运动中互相碰撞产生更多的电子与离子。产生明亮的白色 Ar-ICP 放电，最终形成稳定的等离子体光源。RF 发生器有它激式和自激式两种，其射频频率有 27.12 MHz 和 40.68 MHz 两种。

　　光学系统：ICP 光谱的外光路根据等离子体观测方式不同，通常分为径向观测（垂直炬管）或者轴向观测（水平炬管），同时在轴向观测上附加径向观测（双向观测）。径向观测通常应用于复杂基体的样品分析，如金属和矿产等，而轴向观测则多用于简单基体样品，如环境水样和食品等。目前内光路系统（光室）大多仪器采用中阶梯分光系统，即用棱镜和中阶梯光栅组成二维色散系统，以配合二维固态检测器使用。中阶梯光栅分光区别于平面光栅，平面光栅是通过增加每毫米刻线数以及长的焦距来提高线色散率和分辨率，而中阶梯光栅利用大的闪耀角和高级次谱线，即便是每毫米数十条刻线数以及小于 500 mm 的短焦距都可以获得 0.008 nm 左右（200 nm 处）的高光学分辨率。光学系统的稳定性直接影响谱线稳定性，从而影响测定的精密度。ICP 光谱的光室基本都采用精密恒温在 38±0.1℃，配合自动谱线校准工具，可保证谱线稳定性。由于大多元素的原子或离子谱线都在紫外区，甚至在 200 nm 以下的远紫外区，如 P 177.499 nm 和 S 182.034 nm，这些谱线会被空气阻挡，因此 ICP 光谱的光室通常采用高纯氩气吹扫，以提高远紫外区检测灵敏度。

　　检测器：早期的多道或单道扫描式 ICP 光谱使用光电倍增管作为检测器，但现在大多使用固态半导体检测器，即电荷耦合与电荷注入检测器（Charge－Coupled Detector and Charge－Injection Detector，简称 CCD 与 CID）。在这两种装置中，由光子产生的电荷被收集并储存在金属－氧化物－半导体（MOS）电容器中，从而可以准确地进行象素寻址而滞后极微。这两种装置具有随机或准随机像素寻址功能的二维检测器。可以将一个 CCD 看作是许多个光电检测模拟移位寄存器，在光子产生的电荷被贮存起来之后，它们近水平方向被一行一行地通过一个高速移位寄存器记录到一个前置放大器上，最后得到的信号被贮存在计算机里。

CCD 器件的整个工作过程是一种电荷耦合过程，因此这类器件叫电荷耦合器件。对于 CCD 器件，当一个或多个检测器的象素被某一强光谱线饱和时，便会产生溢流现象。即光子引发的电荷充满该象素，并流入相邻的象素，损坏该过饱和象素及其相邻象素的分析正确性，并且需要较长时间才能使溢流的电荷消失。为了解决溢流问题，应用于原子光谱分析的 CCD 器件，在设计过程中必须进行改进，例如：进行分段构成分段式电荷耦合器件（SCD），或在象表上加装溢流门，并结合自动积分技术等。

CID 是一种电荷注入器件（Charge－Injected Device），其基本结构与 CCD 相似，也是一种 MOS 结构，当栅极上加上电压时，表面形成少数载流子（电子）的势阱，入射光子在势阱邻近被吸收时，产生的电子被收集在势阱里，其积分过程与 CCD 一样。CID 与 CCD 的主要区别在于读出过程，在 CCD 中，信号电荷必须经过转移，才能读出，信号一经读取即刻消失。而在 CID 中，信号电荷不用转移，是直接注入体内形成电流来读出的。即每当积分结束时，去掉栅极上的电压，存贮在势阱中的电荷少数载流子（电子）被注入到体内，从而在外电路中引起信号电流，这种读出方式称为非破坏性读取。

与传统的光电倍增管相比，应用于原子光谱的 CID 和 CCD 具有很高的光电效应和量子效率，线性范围可达 9 个数量级。固态检测器需要制冷，采用 Peltier 半导体制冷通常在 3 分钟内可低至－40℃，此时检测器的暗电流很小。自 90 年代初以来，随着制造技术的成熟、性能的提高，固态成像器件已成为 ICP 光谱最理想的检测器。

气路控制系统和冷却系统：原子发射光谱中的 ICP 也称为 ICAP，其中 A 就是氩气 Argon 的缩写。ICP 光谱的气路控制通常分为用于等离子体、光室吹扫和固体检测器热隔离气体。用于等离子气体分三路，分别为冷却气（也称为等离子体气）、辅助气和载气。冷却气通入在炬管的外管和中管之间，气体流量为 8～20 L/min 不等，起到产生和隔离等离子体、保护石英炬管作用。如果此路气体流量不足，会导致炬管烧熔故障。辅助气进入炬管的中管和中心管之间，可抬升等离子体底部，适合于有机和高盐等样品测定。载气是将样品气化，并导入到等离子体中，其流量将影响测定的灵敏度，通常用高精密度的质量流量计调节，以保证测定的稳定性。光室吹扫气体可以是氩气或者高纯氮气，流量根据对紫外谱线检测的要求从 1 到 6 L/min 不等。固体检测器通常需要制冷到－40℃，而光室恒温为 38℃，为了防止检测器表面凝霜，需要一路经过干燥的氩气通入到检测器中，但流量较低。

ICP-AES 光谱都需配置循环冷却水装置，等离子体工作线圈、RF 发生器和固体检测器半导体制冷装置都需要通入冷却水将产生的热量带出。

1.6.3 干扰和消除

ICP 光谱的干扰主要是光谱干扰、物理干扰和基体效应干扰。

由于 ICP 的激发能力很强，几乎每一种被导入到 ICP 中的物质元素都会发射出相当丰富的谱线，如铁元素就有三千多条发射谱线。光谱干扰主要分为两类：一类是谱线重叠干扰，待测元素的分析谱线受到共存基体元素的谱线重叠干扰，如钨、钼等基体具有丰富而较宽的发射谱线；另一类是背景干扰，这类干扰与基体成分及 ICP 光源本身所发射的连续光谱的影响有关。对于谱线重叠干扰，最常用的方法是选择另外一条干扰少的谱线作为分析线，或应用干扰因子校正法（IEC）给予校正。对于背景干扰，可以用实时背景点校正技术扣除。也有一些谱线重叠剥离技术，如 MFS 和 FACT。

物理干扰的产生，由于导入到 ICP 中溶液的黏度、比重及表面张力等差异，会对雾化过程、雾滴粒径、气溶胶的传输以及溶剂的蒸发等产生影响，而黏度又与溶液的组成、酸的浓度和种类及温度等因素相关。溶液中含有机溶剂时，黏度与表面张力均会降低，雾化效率将有所提高。但有机试剂会增加等离子体负载，使样品的中心通道模糊，双碳分子的连续光谱带影响，或者积碳效应会抑制待测谱线的强度，如有机试剂中钠和钾的测定。除有机溶剂外，酸的浓度和种类对溶液的物理性质也有明显的影响。在相同的酸度时，HCl 和 HNO_3 的黏度较小，而 H_2SO_4、H_3PO_4 的黏度大且沸点高，因此在 ICP 光谱分析的样品处理中，尽可能用 HCl 和 HNO_3，而尽量避免用 H_3PO_4 和 H_2SO_4。物理干扰可通过基体匹配，使标准试液与待测试液的总盐度、有机和酸浓度等方面尽量保持一致。另外采用内标校正法或标准加入法可补偿物理干扰的影响。

基体效应干扰来源等离子体，这种效应与谱线激发电位有关，当测定钠和钾时，样品溶液含有大量易电离的碱土金属元素，就会对钠和钾产生正偏离的易电离干扰。对于垂直观察 ICP 光源，适当地选择等离子体的参数，可使电离干扰抑制到最小的程度。但对于水平观察 ICP 光源，这种易电离干扰相对要严重一些。采用的双向观察中的垂直附件，也能比较有效地解决这种易电离干扰。另外当基体物质的浓度提高，就会对待测的痕量元素信号产生抑制，如测定纯水中和 10 mg/ml 的铁基体溶液中铅时，其谱线强度有较大的差异。相对而言，水平观察 ICP 光源的基体效应要严重些。采用基体匹配、分离技术或标准加入法可消除或抑制基体效应。

1.7　电感耦合等离子体质谱法

1.7.1　基本原理

20 世纪 80 年代由美国 Iowa 大学 Ames 实验室的霍克（Houk）、法塞尔（Fassel）以及英国 Surrey 大学的 Gray 等人联名发表的"里程碑"文章，从而引领了无机质谱的发展。从第一篇文章的发布到第一台商品化的仪器问世仅 3 年的时间，1983 年，加拿大 Sciex 公司和英国 VG 公司同时推出各自的第一代商品仪器 Elan 250 和 VG PlasmaQuad，到现在，ICPMS 已经在无机分析领域占据了绝对的统治地位，被广泛应用在微量、痕量以及同位素分析等方面。

ICP-MS 是一种将等离子体技术和质谱结合在一起的分析仪器。样品溶液通过蠕动泵导入到气动雾化器中。雾化器将溶液带入到高速氩气流的尖端，从而形成很细的气溶胶。雾化后的样品根据液滴大小在喷雾室中被分散。大的液滴被阻挡，而小的液滴随着气流进入到等离子体中。

连续供给的射频场形成了由氩原子、离子和电子组成的高能量的氩等离子体。等离子体最热的部位能达到 6000～8000 K。在等离子体中，气溶胶液滴被蒸发、原子化和离子化。离子是通过一个金属锥（采样锥）的采样孔在大气压下进入到约为 2 mbar 的扩散区域，随后通过第二个金属锥（截取锥）的孔径进入到中间室。

静电离子透镜系统通过一个差式的小孔将离子束聚焦到约为 10^{-7} mbar 的分析器室。这些离子在四极杆上按照质荷比大小以微秒级的时间尺度被过滤。被选择的质量数在一个离散的打拿极电子倍增器上被检测。倍增器有两种同步操作模式：脉冲计数和模拟。使得测定的动态线性范围可达 9 个数量级。检测器的输出信号与气溶胶中元素的浓度成比例关系，因此将仪器响应值与已知浓度的标样做校准曲线就能计算未知样品的浓度。

ICP-MS 的快速多元素分析能力决定了它是个高效率的分析手段，其 ng/L 级的检出能力，使其成为无机质谱中最常用的分析技术，其应用范围包括液体和固体样品的微量及痕量元素含量及同位素分析。由于其高灵敏度，使其可与色谱联用进行元素形态分析，通过采用激光剥蚀进样等辅助进样技术，可以直接对固体样品进行分析，进一步拓展了 ICP-MS 的分析能力。

1.7.2　仪器结构

1.7.2.1　ICP-MS 仪器的主要构成

ICP-MS 通常由进样系统、离子源（RF 发生器和工作线圈）、接口、离子透镜、质量分析器（四级杆）、检测器、真空系统、气路控制系统和软件数据处理系统构成。图 1.7 为 ICP-MS 的结构示意图。

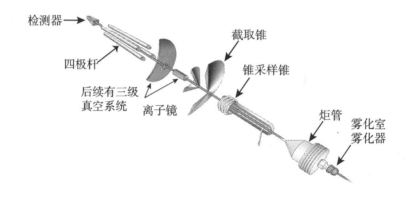

图 1.7　ICP-MS 结构示意图

进样系统：ICP-MS 由于受到基体效应和总盐份的影响，与 ICP 光谱有所区别，通常使用同心型微流量雾化器，根据样品类型可以选择石英或者 PFA 等材质。雾化室为双筒形、带碰撞球的梨形或者是带回流管的旋流雾化室，在气动雾化下，尽可能去除大的雾滴，同时可配置半导体制冷，将雾化室温度控制在 2℃（在进有机样品时可下降到 −10℃），从而进一步去溶剂化，降低由溶剂带入的多原子离子干扰。也可以连接膜去溶进样附件，进行高纯度的化学试剂分析。

对于不同类型样品，可以使用蠕动泵或者气动自吸进样。炬管与 ICP 光谱类似，同样是由外管、内管和中心管组成的石英一体化炬管，或者是中心管可拆卸式炬管，可根据不同的应用来更换，如常规为 2.5 mm 石英材质，当进有机样品时可更换为 1.0 mm 石英中心管，当进含氢氟酸的化矿样品溶液时，需要更换 2.0 mm 蓝宝石材质的中心管。

离子源：ICP-MS 是将等离子体作为离子源。高温的等离子体使大多数样品中的元素都电离出一个电子而形成了一价正离子。质谱仪通过选择不同质荷比（m/z）的离子通过并到达检测器，来检测某个离子的强度。采用氩气作为等离子体气，不仅仅是因为氩气的惰性性质，也是因为氩气具有较高的第一电离能（15.76 eV），除了 He、Ne 和 F 外，使得多数元素均能被电离。同时它又小于多数元素的第二电离能，减小二价离子的干扰。

与 ICP-AES 一样，由 RF 发生器激发等离子体并提供持续稳定的能量。新型 RF 发生器采用固体变频式设计，直接耦合无匹配箱，适合于包括有机和高盐等复杂基体样品直接进样测定。功率范围可从 500 W 到 1600 W，低功率的冷等离子体功能，可显著抑制氩、氧和氮的多原子离子的产率，适合于第一电离能低的元素测定，如钠、钾、钙、镁和铁等。另外，由于氩气载流以及离子电离过程会使 ICP 中的离子形成 10 eV 左右离子电位，而等离子电位是 ICP-MS 中二次放电效应的来源，引入较高的双电荷离子干扰。通常采用等离子体屏蔽装置来消除等离子体电位的影响，有在炬管与工作线圈之间加上贵金属的屏蔽圈，或者采用较为先进的虚拟屏蔽技术，即发生器采用两个呈 180°相反的射频，使得工作线圈中心正好呈电中性。

接口：接口（锥）在 ICP-MS 中承担着离子源与质谱仪衔接作用。由于质谱仪是在高真空下才能保证离子传输效率，而 ICP 部分是工作在常规大气压下的高温离子源，因此需要接口实现温度的隔离和真空的过渡。接口通常采用了双锥的设计，采样锥和截取锥（PE 现使用三锥设计，在截取锥后再加一超锥）。采样锥锥口直接接触 ICP，温度较高，需要水冷系统。而截取锥温度则较低，因此更容易使样品中的固体盐分沉积于此。截取锥形状很大程度上决定了离子提取效率以及灵敏度响应特性。采样锥口径 1～1.1 mm，截取锥口径 0.4～0.9 mm，不同类型的 ICP-MS 口径差别较大，这也很大程度上决定了接口耐盐度、灵敏度响应情况以及工作真空条件。

离子透镜系统：由于真空差异，样品离子以超音速穿过锥口，被提取透镜提取，同时伴随着离子扩散，产生了空间电荷效应。离子透镜系统的作用是将离子聚焦，减小扩散。它是有几组不锈钢盘或者筒组成，并施加不同的正负直流电，形成类似于光学透镜那样的静电场，引导带正电荷的离子进入质谱分析器。同时离子透镜也起到去除干扰作用，这些干扰包括中性粒子和光子，这些干扰将产生高背景。离轴或者 90°偏转透镜，采用静电场引导离子偏转，而中性粒子由于不受电场作用，然后被分子泵带走。碰撞反应池在不通入碰撞气加压时，在四极杆或多极杆上施加交流电压，也起到了离子聚焦作用。通过碰撞反应池后的离子被再聚焦，并在到达四极杆质量分析器前被 DA 差式小孔透镜组再一次离轴偏转并聚焦。

四极杆质量分析器：四极杆质量分析器，也称为四极杆滤质器，硬件结构非常简单，将 4 个双曲线或圆筒形杆状电极严格四分对称地放置在一个半径为 r_0 的圆上。这些电极上的电压是直流电压（DC）U 叠加了角频率为 ω 的交流电压（RF）$V\cos\omega t$。经提取、聚焦和偏转后的离子束被加速沿着 Z 轴方向到达四极杆。由于四极杆上的电场作用，离子在变换的条件下不断循环地向不同方向运动，振荡前进。从四级杆理论上，可以得出稳定区域，横坐标为 RF 电压的峰值，纵坐标为直流电压值。稳定区是一个满足一定的直流电压与射频电压要求的区域，每个坐标还与离子质量数相关。如果固定直流与 RF 的比值，针对于每一个质量数，都能找到一个电压，在此电压下只有质荷比为 M 的离子可以通过，而 M−1 与 M+1 均无法通过，因此只需对四极杆进行直流和 RF 交流电压的顺序扫描或者跳峰，即可实现不同质荷比离子的筛选。

检测系统：四级杆 ICP-MS 通常使用分立式打拿级电子倍增器作为检测器。由于单个离子的质量很小，且只带一个电荷，因此很难检测，检测器是将离子信号放大后进行检测的。

离子达到检测器第一个打拿级时，由于打拿级具有较高的负电压，离子因此获得较高能量，与打拿级表面碰撞时，可以产生出数个电子，在高压作用下，电子快速向下一个电极板漂移，然后撞击产生更多的电子，最后在末级产生了一个脉冲信号。ICP-MS 通常有两种计数模式，即脉冲计数和模拟检测。对于低浓度信号，仪器会同时采用脉冲（PC）和模拟（Ana）两种模式计数。但当遇到强信号，检测器关闭脉冲计数，模拟数值乘以一个与质量数相关的交叉校正换算因子，可将模拟电流转换成脉冲数值。脉冲计数可以提供大约 6 个量级的线性范围，模拟模式可以提供大约 3～4 个量级的线性范围，因此双模式检测器的整体动态线性范围可达 9 到 10 个数量级。

真空系统：良好的真空是不仅能保证离子的高传输效率，而且有效地去除中性粒子的干扰。通常四极杆 ICP-MS 分为三级真空，位于采样锥和截取锥中间区域是扩散区，其真空度约为 2 mbar，是一级真空；提取透镜之后到差式小孔透镜之间，包括聚焦和偏转透镜、碰撞反应池是处于二级真空区，其真空度为 1×10^{-4} mbar。四极杆质量分离器和检测器为三级真空，真空度通常优于 1×10^{-7} mbar。目前多数四极杆 ICP-MS 都是由一个机械泵和一个分子涡轮泵来提供高真空。

气路控制系统：ICP-MS 的气路控制比 ICP 光谱较为复杂和精密，通常分为 ICP 部分气体，碰撞反应池气体和阀启动气体，所有气路都是用质量流量计来控制。ICP 部分气体同样为三路，分别为冷却气、辅助气和载气，有的型号还有一路是补偿气，这些都用氩气。在这一部分还可以附加一到二路气体控制，比如加氧气，用于消除有机溶剂直接进样积碳的消除；或者是通入氩气，来稀释气溶胶，用于高盐份样品检测；或者通入氦气用于激光烧蚀器。碰撞反应池通常可以配置一到二路气体控制，分别通入纯氦气用于碰撞，或者通入氧气或者氢气、氨气与氩气的混合气体用于反应。另外，ICP-MS 部分阀门的开启和关闭也需要氩气来带动，需要进行控制。

1.7.3　干扰和消除

ICP-MS 中常见的干扰一般有同质异位素重叠或多原子离子干扰，后者是 ICP-MS 中最严重的干扰类型。多原子离子是由两个或多个原子结合而成的复合离子。根据其来源，可分为加合离子和难熔氧化物离子干扰。前者主要是等离子体中主要成分形成的多原子离子，如 ArO，后者主要由于样品基体在等离子体中的不完全解离形成的氧化物离子。

碰撞/反应池技术是目前四级杆 ICP-MS 首推的有效多原子离子干扰消除技术。该技术经过 10 多年的发展并得到了广泛的应用。受专利等影响，目前各仪器厂家最新型号 ICP-MS 中的碰撞反应池技术各有不同，主要有四种类型：四级杆动态反应池技术（DRC，PE 公司 NexIon350 系列）、结合 Flatpole 低质量数剔除的碰撞反应池技术（Qcell，Thermofisher 公司 iCAP Q 系列）、八极杆碰撞反应池（ORS，Agilent 公司 7900 系列）和集成式接口碰撞反应技术（iCRC，Jena 公司 PlasmaQuant 系列）。

除接口碰撞反应技术外，其他碰撞反应池均采用透镜和质量分析器之间的池子式设计来消除干扰。六、八极杆等多极杆系统具有较好的离子聚焦功能，但不具备动态扫描作用，干扰离子通过碰撞或反应消除。而四级杆碰撞反应池系统可通过对位加电压，具有动态扫描功能，可以选择特定质荷比范围的离子通过，可将处于不稳定区域的副产物离子有效排除。虽然各类碰撞反应池各不相同，但其消除干扰的方法，根据物理或化学反应过程的特点，主要分为三种：碰撞分裂、动能歧视和化学反应。碰撞分裂型属于纯物理碰撞过程，对目标元素的灵敏度损失大，应用范围不大。第二种动能歧视类型，主要利用多原子离子的碰撞截面积大于待测离子，动能损失较大，在四级杆与碰撞池间设置高于干扰离子动能的势能壁垒来消除干扰。这一过程中待测离子相对损失较少，同时由于是根据截面积不同来消干扰，这种类型不具有特定选择性，可采用同一条件进行不同多原子离子干扰消除。区别于前两者消干扰类型，反应模式主要采用一些活性反应气体有选择性地进行反应，如高纯氧气、高纯氢气、纯氨气、H_2/He 混合气和 NH_3/He 混合气等。该反应类型可消除动能歧视模式下因截面积相近无法消除的多原子离子，但由于反应气体的引入，将可能产生更多的副产物和新干扰，因此对操作人员的操作水平要求较高。

iCRC 集成式碰撞反应技术颇具特色，其碰撞反应气加在接口位置，即在离子透镜前进行碰撞反应，避免中心粒子或副产物进入质谱系统，即可在不影响其他元素灵敏度的同时完成干扰的消除，同时具有不同模式快速切换的特点，但反应消耗气体较大，一般在 $50\sim100$ mL/min。

1.8　X 射线荧光光谱法

自 20 世纪 50 年代商品化 X 射线荧光光谱仪推出以来，X 射线荧光光谱分析技术取得飞速的发展，目前已经在地质、冶金、材料、环境、工业等无极元素分析领域得到了极其广泛的应用。一些新的分析技术也不断涌现，在不同的领域发挥重要的作用，如同步辐射 XRF、全反射 XRF、质子激发 XRF 等分析技术。受篇幅所限，本章仅对矿物分析常用的波长色散型和能量色散型 X 射线荧光光谱法进行一些简要介绍，读者如需进一步深入了解，请自行参阅相关文献。

1.8.1　基本原理

X 射线也是一种电磁波，波长约在 $0.001\sim10$ nm。X 射线的辐射能是由光子进行传输，当 X 射线光子与物质作用时，主要产生荧光、吸收和散射，三种相互作用。应用 X 射线管产生的初级 X 射线作为激发源辐射样品，样品中各个元素受激发后，发出各元素的特征 X 射线，这种特征 X 射线谱称为 X 射线荧光光谱，利用 X 射线荧光的波长和强度对样品中化学元素进行定性和定量分析的方法称之为 X 射线荧光光谱法。

1.8.1.1　特征 X 射线的产生

当能量高于原子内层电子结合能的高能 X 射线与原子发生碰撞时，驱逐一个内层电子而出现一个空穴，使整个原子体系处于不稳定的激发态，然后自发地由能量高的状态跃迁到能量低的状态，这个过程称为驰豫过程。驰豫过程既可以是非辐射跃迁，也可以是辐射跃迁。当较外层的电子跃迁到空穴时，所释放的能量随即在原子内部被吸收而逐出较外层的另一个次级光电子，此称为俄歇效应，所逐出的次级光电子称为俄歇电子。它的能量是特征的，与入射辐射的能量无关。当较外层的电子跃入内层空穴所释放的能量不在原子内被吸收，而是以辐射形式放出，便产生 X 射线荧光，其能量等于两能级之间的能量差。因此，X 射线荧光的能量或波长是特征性的，与元素有一一对应的关系。图 1.8 为 X 射线荧光和俄歇电子产生过程示意图。

K 层电子被逐出后，其空穴可以被外层中任一电子所填充，从而可产生一系列的谱线，称为 K 系谱线：由 L 层跃迁到 K 层辐射的 X 射线叫 $K\alpha$ 射线，由 M 层跃迁到 K 层辐射的 X 射线叫 K_β 射线……。同样，L、M 层电子被逐出可以产生 L 系、M 系 X 射线。如果入射的 X 射线使某元素的 K 层电子激发成光电子后，L 层电子跃迁到 K 层，此时就有能量 ΔE 释放出来，且 $\Delta E = EK - EL = h$，这个能量是以 X 射线形式释放，产生的就是 $K\alpha$ 射线，同样还可以产生 K_β 射线、L 系射线等。

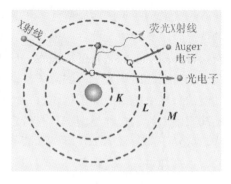

图 1.8　X 射线荧光和俄歇电子
产生过程示意图

1.8.1.2　定性和定量分析原理

1. 定性分析

H. G. Moseley 发现，受激元素辐射出的能（或波长）与元素的原子序数 Z 的二次幂成正比，其数学关系如下：

$$1/\lambda = v = k(Z - \sigma)^2$$

此即 Moseley 定律，式中 k 和 σ 均为特性常数，因此，只要测出荧光 X 射线的波长或能量，就可以知道元素的种类，这就是荧光 X 射线定性分析的基础。在波长色散 XRF 中，则通过 Bragg 定律：$n\lambda = 2d\sin\theta$ 将特征 X 射线的波长 λ 与谱峰的 2θ 角联系起来。也就是说，当所用晶体（2d）确定后，λ 便与 2θ 一一对应起来。事实上，在定性分析时，可以靠计算机自动识别谱线，给出定性结果。但是如果元素含量过低或存在元素间的谱线干扰时，仍需人工鉴别。首先识别出 X 射线管靶材的特征 X 射线和强峰的伴随线，然后根据 2θ 角标注剩斜谱线。在分析未知谱线时，要同时考虑到样品的来源、性质等因素，以便综合判断。

2. 定量分析

荧光 X 射线荧光光谱的定量分析是通过将测得的特征 X 射线荧光强度转换为浓度，在转换过程中它受四种因素影响

$$C_i = K_i I_i M_i S_i$$

式中：下标 i 为待测元素。C 为待测元素浓度；I 是测得待测元素 X 射线荧光强度，是经过背景、谱线重叠、死时间等校正后的净强度；K 为仪器校正因子，对同一台检测设备，K 为常数；M 为元素间吸收增强效应校正，可通过基本参数法、理论影响系数法或实验校正法等获得；S 与样品的物理状态有关，如试样的均匀性、厚度、表面结构等，这些因素目前尚不能通过数学计算或实验予以消除，通常借助于试样制备，尽可能减少这些因素的影响。

制定定量分析方法的基本步骤为：

（1）根据样品和标样的物理形态和对分析精确与准确度的要求，决定采用何种制样方法。制样方法一经确认，应了解所确认的制样方法的制样误差，制样误差应小于分析方法对精度的要求。

（2）用标准样品选择最佳分析条件，如 X 射线管管压、管流、晶体、测量时间、滤光片、脉冲高度分析器等。

（3）制定校准工作曲线。

（4）用标准样品验证分析方法可靠性及其分析数据的不确定度，以确认所制定分析方法的适用范围。

1.8.1.3　X射线荧光光谱法的优点

（1）分析的元素范围广，从 ^{4}Be 到 ^{92}U 均可测定。

（2）荧光 X 射线谱线简单，相互干扰少，样品不必分离，分析方法比较简便。

（3）分析浓度范围较宽，从常量到微量都可分析。重元素的检测限可达 ppm 量级，轻元素稍差。

（4）分析样品不被破坏，分析快速、准确，便于自动化。

1.8.2　仪器结构

根据分光方式的不同，X射线荧光光谱仪可分为能量色散型和波长色散型两类，也就是通常所说的能谱仪和波谱仪，缩写为 EDXRF 和 WDXRF；根据激发方式的不同，X射线荧光分析仪可分为源激发和管激发两种；根据 X 射线的出射、入射角度还可分为全发射、掠出入射 X 射线荧光光谱仪等。

波长色散型荧光光谱仪（WDXRF）是用分光晶体将荧光光束色散后，测定各种元素的特征 X 射线波长和强度，从而测定各种元素的含量。而能量色散型荧光光仪（EDXRF）是借助高分辨率敏感半导体检查仪器与多道分析器将未色散的 X 射线荧光按光子能量分离 X 色线光谱线，根据各元素能量的高低来测定各元素的量，由于原理的不同，故仪器结构也不同，图1.9为波长色散和能量色散型 X 射线荧光光谱仪的示意图。

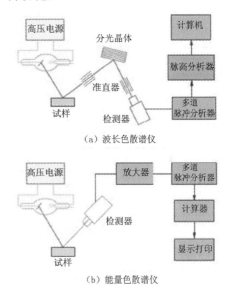

图1.9　波长色散型和能量色散型谱仪原理图

波长色散型荧光光谱仪（图1.9a）一般由激发源（X 射线管）、样品室、准直器、分光晶体和检测系统等组成。为了准确测量衍射光束与入射光束的夹角，分光晶体系安装在一个精密的测角仪上，还需要一个庞大而精密复杂的机械运动装置。由于晶体的衍射，造成强度的损失，要求作为光源的 X 射线管的功率要大，一般为 2 kW～4 kW，单 X 射线管的效率极低，只有 1% 的功率转化为 X 射线辐射功率，大部分电能均转化为热能产生高温，所以 X 射线管需要专门的冷却装置（水冷或油冷），因此波谱仪的价格往往比能谱仪高。能量色散型荧光光谱仪（图1.9b），一般由激发源（X 射线管）、样品室和检测系统等组成，与波长色散型荧光光仪的区别在于它不需要分光晶体，由于这一特点，能谱仪结构相对简单、价格便宜，但在分析精密度和准确性方面有所欠缺。以下将对 X 射线光谱仪的主要部件进行简要介绍。

1.8.2.1　X射线光管

X 射线荧光光谱仪一般采用 X 射线管作为激发光源，有侧窗型、端窗型、投射型三种，目前以端窗型较为多用。图 1.10 是端窗型 X 射线管的结构示意图。灯丝和阳极靶密封在抽成真空的金属罩内，灯丝和靶极之间加高压（一般为 50 kV），灯丝发射的电子经高压电场加速撞击在靶极上，产生 X 射线。X 射线管产生的 X 射线透过铍窗入射到样品上，激发出样品元素的特征 X 射线，正常工作时，X 射线管所消耗功率的 0.2％左右转变为 X 射线辐射，其余均变为热能使 X 射线管升温，因此必须不断的通冷却水冷却靶电极。

　　X 射线光管的阳极材料选择适当，有助于提高分析灵敏度和分析效率，常用的靶材有 Rh、Au、Mo、Cr 以及 Sc/Mo、Cr/Au、Sc/W 等双阳极靶。在许多情况下，只能用一支 X 射线管分析试样中的全部元素。因此，作为通用型仪器，还是选用 Rh 作为阳极材料为佳。

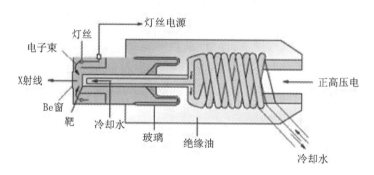

图 1.10　端窗型 X 射线管结构示意图

1.8.2.2　分光晶体

　　在波长色散 X 射线荧光光谱仪中，分光系统的主要部件是晶体分光器，它的作用是通过晶体衍射现象把不同波长的 X 射线分开，可以采用平晶，也可以采用弯晶，这两类晶体均利用 Bragg 定律来达到分离谱线的目的。

$$n\lambda = 2d\sin\theta \quad (n = 1,2,3,\cdots)$$

　　根据 Bragg 定律，当波长为 λ 的 X 射线以 θ 角射到晶体，如果晶面间距为 d，则在出射角为 θ 的方向，可以观测到波长为 $\lambda = 2d\sin\theta$ 的一级衍射及波长为 $\lambda/2$、$\lambda/3$、……高级衍射。改变 θ 角，可以对应的观测不同波长的 X 射线，因而使不同波长的 X 射线可以分开。由于样品位置固定，分光晶体靠一个晶体旋转机构带动，分光晶体转动 θ 角，检测器对应转动 2θ 角，就可以接收到不同波长的荧光 X 射线。

　　根据 Bragg 定律，晶体的 $2d$ 值必须大于待分析元素的波长，但实际上，衍射角 2θ 的范围，不仅仅取决于晶面间距，还取决于 X 射线荧光光谱仪的结构和晶体的物理性质。比如由于仪器结构的限制，大部分情况下，不允许探测器转动的 2θ 角接近 180°，一般都小于 148°；又如在高 2θ 角度条件下，谱峰的宽度增大，因而峰值强度也随着下降。因此，在选用晶体时应根据上述原则结合实际情况予以综合考虑。从经济角度考虑，实际工作中，选择 LiF（200）、PE（002）、PX1 三块晶体就可以满足要求，一般仪器还配有 LiF（220）、Ge（111）等晶体。

1.8.3　制样技术

　　进行 X 射线荧光光谱分析的样品，可以是固态，也可以是水溶液。无论什么样品，一般需要通过制样的步骤，以便得到一种均匀的能代表样品整体组成并可为仪器测试的试样。样品制备的情况对测定误差影响很大，一般应具备一定尺寸和厚度，表面平整，可放入仪器专用的样品盒中，同时要求制样过程具有良好的重现性。

对于矿产品，一般先经研磨、缩分、干燥等步骤对样品进行预加工，制成一定粒度的均匀粉末样品。在研磨过程中，要根据不同的样品和测量要求选择合适的研磨材料，避免样品受到污染。常见的研磨材料有玛瑙、碳化钨、硬质铬钢、氧化锆、烧结刚玉等。

经预处理成粉末样品的矿产品的主要制样方法有粉末直接测定法、粉末压片法和玻璃熔片法，以下对其中二种方法进行简要介绍。

1. 粉末直接测定法

粉末样品可直接放在合适的容器内直接测定，在压片不易成型或希望回收样品时，可以采用这种方法。该方法一般是将松散粉末放入塑料容器中，用高分子膜封住作为分析窗口。由于高分子膜对长波 X 射线的吸收作用，轻元素的分析灵敏度较差，重元素的分析基本不受膜吸收的影响。

粉末直接测定法的优点是制样简单，对不产生辐照分解的样品（如矿样）完全没有损失和破坏，主要缺点是其局部的不均匀性和制样的重复性问题。因此，粉末直接测定法常用于能量色散型 X 射线光谱仪的半定量或定性分析，而在定量分析方面使用不多。

2. 粉末压片法

当粉末的粒度效应和矿物结构效应可以忽略时，粉末压片是使用最多的制样方法，其步骤大体为：干燥和焙烧、混合和研磨、压片。

干燥的目的是除去吸附水，提高制样的精度。如有必要，还需对矿物进行焙烧，焙烧过程可改变矿物结构，克服矿物效应对分析结果的影响。焙烧还可除去结晶水和碳酸根。但若样品存在还原性物质，在空气中焙烧，也会引起氧化。

研磨的目的是降低或消除样品的不均匀性。如样品容易"团聚"，在研磨过程中加入助磨剂有利于提高研磨效率，如水泥生料在粉碎时，加入硬脂酸或三乙醇胺，可大大提高研磨效率，并且有利于料钵的清洗。若试料本身黏结性较小，不容易压制成片，还需要加入少量黏结剂混合研磨，常用黏结剂有硼酸、甲基纤维素、硬脂酸、石蜡等。在研磨时，需特别注意选择合适的研磨容器，防止试样的污染，在分析痕量或微量元素时，这点尤为重要，如采用碳化钨料钵时，Co 的污染严重，试样中低于 0.05% 的 Co 通常无法测定。

经研磨制备好的粉末样，可放入模具中压制成片，压制样品的压力和时间对 X 射线荧光强度有较大影响，因此需保证标样和样品的压力和时间一致。对于地质矿产样，常用的压片方法有压环法和镶边（衬里）法。

（1）压环法：一般推荐采用钢环、铝环或塑料环，其中塑料环的使用较为广泛，适合多种类型的样品，成本也比较低廉，但对有些样品，在压制后塑料压环会反弹，使样品表面与压环表面出现高度差，会影响定量分析的结果，此种情况下，采用铝环和钢环可以解决问题。

（2）镶边（衬底）法：此方法对试样量少或黏结性不好的样品特别适用。目前普遍采用的是硼酸或低压聚乙烯镶边—衬底技术，其过程是在圆柱式压模内嵌入一个带三个定位楞的圆筒，筒内装入样品，整平后，在其上方及压模与圆筒之间的缝隙加镶边衬底物质，然后取出定位圆筒后压制成片。

1.8.4 基体效应及谱线干扰校正

1.8.4.1 基体效应校正

X 射线荧光的基体效应主要包括吸收—增强效应、颗粒度效应、表面光洁度效应、化学状态效应、物理结构效应等。除吸收—增强效应外，其他基体干扰可通过选择合适的制样技术予以降低或消除，本文主要介绍吸收—增强效应的校正方法。

在 X 射线荧光光谱分析中，测得的强度值一般并不与待测元素浓度呈线性变化，这主要是由于试样内相互影响而产生，主要表现为待测元素特征荧光谱线在出射时受样品中其他元素的吸收而减弱，或待测元素受其他元素的激发而使荧光强度增强等现象，即所谓吸收—增强效应。吸收—增强效应的校正方法主要有实验校正法和数学校正法。

1. 实验校正法

即主要以实验曲线进行定量测定为特性的方法，主要包括：

（1）外标法：即校正曲线法，通过测定一系列标准样品，以浓度为横坐标，荧光强度为纵坐标，用最小二乘法进行拟合成校准曲线，曲线可以是一次曲线，也可以是二次曲线。该方法一般适用于经稀释、熔融的矿样中次量、微量组分的测定。

（2）内标法：用分析线与内标线强度比对浓度作图绘制工作曲线的方法，加入的内标元素与待分析元素之间不应存在强的吸收增强效应。内标法的优点是除了可以补偿吸收增强效应外，还可以校正仪器漂移、样品损失和不规则等带来的影响。除普通的加入内标元素外，还可以选择散射背景、靶线的康普顿散射线等作为内标线，尤其是靶线的康普顿散射线作为内标已经在地矿样品的检测中得到了广泛的应用。

（3）标准加入和标准稀释法：该方法特别适合于标准样品数量有限，但样品量足够的情况。

2. 数学校正法

将实验校正法用于基体效应的校正，多数情况下主要是应用于简单体系。当面对复杂样品或体系时，实验校正法往往难以得到满意结果，需结合数学校正法才能达到理想效果。数学校正法主要包括基本参数法、理论影响系数法两类。

（1）基本参数法：根据 X 射线荧光强度的理论公式，用原子 X 射线分布、仪器几何因子、荧光产额、质量吸收系数、吸收跃迁因子和谱线分数、晶体衍射效率、探测器探测效率等基本参数计算出纯元素的分析线的理论强度，将测量参数代入基本参数法数学模型，用迭代法计算至所要求的精度，得到分析元素含量的计算方法。

（2）理论影响系数法：Lachance 等将理论影响系数法分为基本影响系数法和推导影响系数法。这两者的差别在于：基本影响系数法是由已知或假设组分浓度的试样，以理论公式计算出"精确的"理论影响系数；二推导影响系数法是由一个或几个基本影响系数及所选的校正方程推导出理论影响系数。现有商品仪器中常用的理论影响系数法有 Lachance-Traill（L-T）方程、de Jongh 方程、Claisse-Quintin（C-Q）方程、COAL 方程等，这些方程都可以由 X 射线荧光强度理论公司 Sherman 方程进行推导，具体原理参见有关书籍。

1.8.4.2 谱线干扰校正

X 射线荧光光谱分析的一大优点就是谱线简单，相互干扰少。但对于有些元素的分析，谱线干扰也无可避免，比如 PbLα 对 AsKα 线的干扰。当存在分析谱线的重叠干扰时，一般用比列法扣除干扰。

1.9　离子色谱法

1.9.1　基本原理

离子色谱是以离子交换（IE）、离子排斥（ICE）、离子对（IP 或 MP）为主要分离作用机理，分离分析水溶性阴、阳离子型化合物的一类特殊液体色谱。自 1975 年 H. Small 等人将一根与分离柱填料带相反电荷的离子交换树脂柱接入分离柱和检测器之间，大幅降低淋洗液背景电导的同时提高了待测离子化合物的灵敏度，即标志着离子色谱技术的正式诞生。同年由原美国 Dionex 公司（现并入 ThermoFisher Scientific）生产了全球第一台离子色谱仪。历经四十余年的发展，离子色谱检测技术已在能源矿产、环境、食品、化工、制药等众多领域中得到广泛的应用。

离子交换（IE）是离子色谱中最主要的分离机理。淋洗离子和待测离子通过电场作用力、非极性吸附等作用与固定相表面离子交换基团进行连续地交换、分配，并根据离子自身的价态、极化度、水合离子半径等性质差异，逐一将待测离子进行分离区分，以标准品的相对保留时间进行相对定性分析，以流出响应曲线的峰高或峰面积进行定量。离子交换分离过程，参见图 1.11。

离子交换色谱中常用酸、碱溶液为淋洗交换剂，对整个分析系统的 pH 和盐分耐受能力要求较高。因此，色谱柱固定相通常以苯乙烯－二乙烯基苯等聚合物为基质，通过键合或接枝的方式引入离子交换功能基团。阴离子交换分离主要采用季胺基作为离子交换分离功能基，阳离子交换分离则采用羧酸基、磷酸基或磺酸基为离子交换分离功能基。

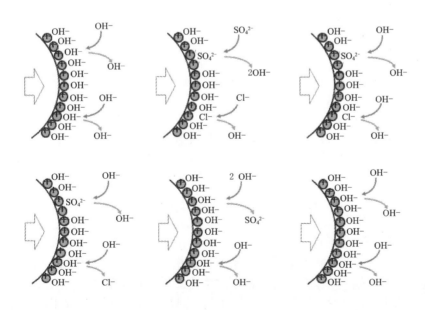

图 1.11　离子交换分离机理

离子排斥色谱（ICE）分离机理主要为 Donnan 膜平衡。在酸性淋洗条件下，固定相和淋洗液界面形成 Donnan 排斥膜，排斥所有带电阴离子（即以离子形式存在的化合物），仅允许未解离的离子化合物进入。如图 1.12 所示。在离子排斥色谱中，解离度越低，越容易穿过 Donnan 膜与固定相作用，保留就越强。酸度系数 pKa 值是离子排斥分离条件选择的主要依据。因此，离子排斥色谱主要用于有机酸、氨基酸等弱酸的分离以及从强酸溶液中分离弱酸。

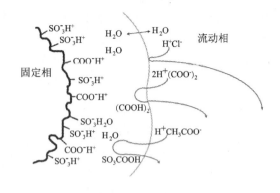

图 1.12　离子排斥分离机理

离子对色谱（IP）的分离机理主要为吸附和分配。溶质离子与淋洗液中带相反电荷的离子对试剂结合形成中性的疏水性化合物，再与固定相发生吸附和分配作用，根据固定相的选择性不同而逐一得到分离。在离子对色谱中，固定相选择性的调节主要依靠改变流动相，可用于阴、阳离子分离。通常测定对象为阴阳离子表面活性剂、离子液体以及过渡金属络合物等。

1.9.2　仪器结构

1.9.2.1　离子色谱仪器的主要构成

离子色谱由淋洗液储液系统、泵系统、进样系统、色谱柱、抑制器和检测器等六部分组成（如图 1.13 所示），其流路全为聚醚醚酮（peek）材质。通常地，待测组分和样品基质由进样系统引入，被淋洗液定量转移到色谱柱中，依据色谱柱的选择性和分离组分的性质差异而得到分离，流经抑制器去除淋洗液的高背景电导后，流入电导检测器记录电导测定信号。

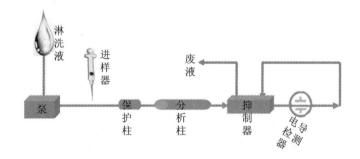

图 1.13　离子色谱系统组成结构

淋洗液储液系统提供离子色谱分析用淋洗液源。在阴离子分析中常用碳酸钠或氢氧化钠（钾）为淋洗剂，阳离子分析主要采用甲基磺酸为淋洗剂。根据淋洗液的生成方式，可分为手工配备和在线产生。手工配备对仪器硬件条件要求较低，操作人员只需要根据已知分析方法，称取淋洗液所用试剂，并以超纯水溶解、过滤后即可。此过程比较容易引入微量或痕量离子污染，对于常量分析可忽略影响，但对痕量分析则可能引起较大的分析结果误差。淋洗液在线产生则只需要提供超纯水源，以电解水和离子交换为产生机理，通过控制电流可精确产生所需浓度的淋洗液，实现淋洗液制备的零操作，杜绝了潜在的离子污染源。以阴离子分离所需的氢氧化钾淋洗液自动发生器为例（如图 1.14）。

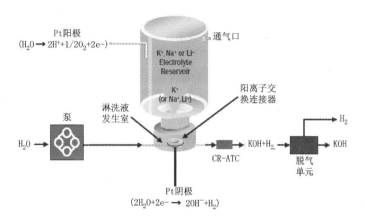

图 1.14　氢氧化钾淋洗液自动发生技术原理

在分置于淋洗液发生室和 K^+ 电解液储液罐中的 Pt 阴、阳极上施加电压，Pt 阳极电解水产生 H^+，Pt 阴极电解水产生 OH^-。在电场作用以及 K^+ 电解液储液罐中电解产生同性离子 H^+ 的排斥作用下，K^+ 通过阳离子交换连接器迁移进入淋洗液发生室，与 Pt 阴极上电解水产生 OH^- 结合生成 KOH 淋洗液。KOH 淋洗液浓度与施加的电流成正比关系，控制电流大小的线性或曲率增减，即可产生系列线性或曲率梯度。随后，产生的 KOH 淋洗液随纯水流入至图 1.16 所示连续再生阴离子捕获柱，同样基于电解水和离子交换原理，将来源于纯水源的杂质背景离子（如 Cl^-、CO_3^{2-}）等完全去除。最后经脱气去除淋洗液发生罐中 Pt 阴极电解产生的 H_2，即获得浓度精准的、无污染 KOH 淋洗液。

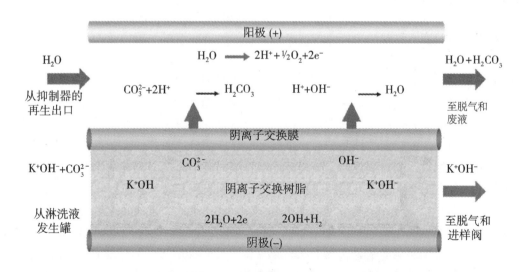

图 1.15　连续再生阴离子捕获柱（CR-ATC）工作原理

离子色谱泵系统承担淋洗液的持续平稳输送任务。由于小粒径色谱柱的研发成功、阀切换技术和仪器联用技术等潜在高压应用的增多，离子色谱分析泵一般都必备较高的输出压力（不低于 35MPa）；能够承受 pH 范围 0～14 的淋洗液；精准的流量输出，流量精度和准确度小于±0.5％等。双柱塞往复式串联泵，是离子色谱最为常见的泵结构，通过凸轮马达的不规则变速驱动主泵头和平衡泵头工作，实现淋洗液的平稳输送，具有较小的压力脉冲。此外，单柱塞泵也曾一段时间内出现在低端离子色谱配置中，必须辅助以脉冲阻尼装置减小淋洗液的脉冲传送，获得平稳的检测基线。

离子色谱进样系统主要由六通阀和进样装置组成。定量环通过两位六通阀的切换，依次完成样品装载过程和样品进样过程（图 1.16）。

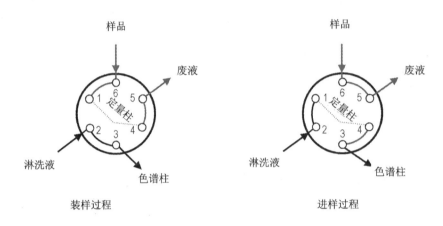

图 1.16　离子色谱进样阀工作原理

离子色谱上机测试溶液与淋洗液均为水溶液，具有 100％兼容性，常通过调整定量环的大小获得不同的检测灵敏度。按需选择 0.4 μL～10 mL 之间不同体积的定量环，即可获得 ng/L～g/L 的测定结果。色谱柱是离子色谱的最核心组件，直接影响分析方法对样品基质浓度的承载能力和对待测组分的选择性。离子色谱柱填料一般由苯乙烯－二乙烯基苯共聚物基质在磺化的基础上，键合或接枝阴阳离子交换功能基团而成（阴离子功能基主要是烷基季铵基或烷醇季铵基；阳离子功能基主要是磺酸，羧酸和羧酸－膦酸等），具有适宜的离子交换容量、较强的选择性和较宽的 pH 耐受范围（大多耐受 pH 范围为 0～14）。目前色谱柱的发展方向主要为：选择性强、高交换容量的离子交换柱的研发，以适应基质日趋复杂、组分浓差较大的样品分离；小粒径、交换容量适中的快速分析离子交换柱的研发，以适应大批量样品的常规离子分析；毛细管级的离子交换分离柱，大幅降低淋洗液的体积需求，并真正意义上实现了随时待机、样品随到随测、无人照管。高容量、高选择性的色谱柱，如 IonPac AS27 柱容量可达每柱 220 μeq，可以承载百分含量的样品基体直接进样，减小了样品稀释误差和繁琐的 SPE 过程对痕量组分的测定影响；同时，该柱通过引入特殊的离子交换功能基，实现了亚硝酸根和二氯乙酸的 20～35℃柱温范围内的基线分离，消除了其他色谱柱 23～28℃的苛刻柱温要求。4 μm 小粒径聚合物色谱柱填料的研发成功，大幅提高了离子色谱柱的峰容量和峰分离度，结合耐压达 42 MPa 的 peek 高压泵，为增加流速、提高分析速度提供了基础。如 IonPac AS18～4μm 色谱柱，在高压离子色谱系统 ICS5000＋中，在相同色谱条件下，各色谱峰的分离度显著优于 IonPac AS18～

7.5 μm色谱柱，如图 1.17 所示，在三倍于正常流速的条件下，各常见阴离子组分在 3 min 之内即可完成分离分析，且分离度非常理想。同理，图 1.18 显示了离子色谱对常见阳离子的快速分离分析。另一方面，毛细管离子色谱柱的研发成功，使得色谱柱内径从 4 mm 直降至 0.4 mm，流速消耗直降 100 倍至 0.01 mL/min，年消耗仅约 5 L 淋洗液（表 1.2）；在相同进样量条件下，0.4 mm 毛细管离子色谱的检测灵敏度是常规 4 mm 离子色谱系统的 100 倍（图 1.19），为常年开机、系统随时平衡、样品随到随测、较小的样品需求量提供了坚实基础。

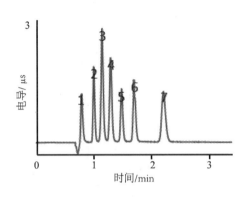

图 1.17 阴离子快速分离谱图　　　　图 1.18 阳离子快速分离谱图

色谱柱：　IonPac AG18-4 μm, 0.4 mm
IonPac AS18-4 μm, 0.4 mm
淋洗液：　33 mmol/L 氢氧化钾（KOH）；
流速：　0.03 ml/min；
检测：　抑制电导检测，ACES300阴离子电解再生抑制器；
进样量：　0.4 μL
峰：1.F⁻（0.2 mg/L）　2.Cl⁻（0.5 mg/L）3.NO₂⁻（1.0 mg/L）4.SO₄²⁻（1.0 mg/L）5.Br⁻（1.0 mg/L）6.NO₃³⁻（1.0 mg/L）7.PO₄³⁻（2.0mg/L）

色谱柱：　IonPac CS12A-5 μm, 3 mm
淋洗液：　33 mmol/L 甲基磺酸（MSA）；
流速：　0.8 ml/min；
检测：　抑制电导检测，CERS500阳离子电解再生抑制器；
进样量：　25 μL
峰：1.Li⁺（0.12 μL/L）2.Na⁺（0.5 mg/L）3.NH₄⁺（0.62 μL/L）4.K⁺（1.25 mg/L）5.Mg²⁺（0.62 μL/L）6.Ca²⁺（1.25 mg/L）

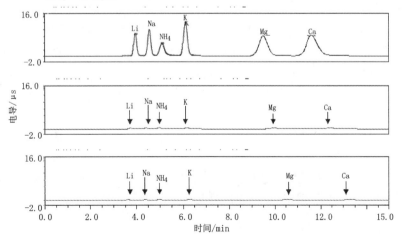

图 1.19　毛细管离子色谱分析灵敏度优势

表 1.2　毛细管离子色谱需求、消耗优势

	常规离子色谱	毛细管型离子色谱
色谱柱尺寸	4 mm	0.4 mm
流速	1.0 mL/min	10 μL/min
定量环体积	25 μL	0.4 μL
抑制器死体积	<50 μL	<1.5 μL
K^+ 消耗/年	26.3 mol (50 mmol/L · min KOH)	0.263 mol (50 mmol/L · min KOH)
H_2O 消耗/年	525.6 L	5.256 L

抑制器是离子色谱作为特殊液体色谱的标志性部件。它通过离子交换作用将高背景电导率响应的淋洗液转变为较低电导率响应的弱电离水或弱酸（碱），同时将待测阴（阳）离子转变为更高响应信号的酸（碱）。根据抑制液来源的区分，可分为外接酸（碱）型抑制和自动电解再生抑制。以阴离子分析为例，阴离子抑制器需要将淋洗液中的强碱转变为低背景电导的水或弱酸，这就需要 H^+ 源。常见无机酸，如硫酸，可以提供 H^+ 源；电解水也可以产生 H^+ 源。相较而言，电解水可以控制电流实现持续、高容量抑制，因而应用更加广泛，尤其是淋洗液浓差变化较大的梯度分析中。图 1.20 显示了阴离子电解抑制器的工作原理：阳极电解再生液通道中的水产生 H^+ 离子，在电场和

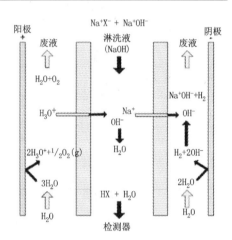

图 1.20　阴离子电解抑制器工作原理

离子交换作用下，经过阳离子交换膜交换进入淋洗液通道，与 OH^- 淋洗离子结合生成几乎无电导率响应的水介质（背景电导从大于 10 000 μS/cm 降低至小于 1.0 μS/cm），与待测阴离子 X^- 结合生成更高电导率响应值的酸（Na^+ 的极限摩尔电导率为 50 $cm^2/\Omega \cdot mol$ 小于 H^+ 的极限摩尔电导率 350 $cm^2/\Omega \cdot mol$），大幅改善了基线噪音和待测组分的信噪比；同时，淋洗液和样品引入的 Na^+ 等阳离子通过阳离子交换膜交换进入抑制器阴极所处再生液通道，进而流入到废液中。这样，通过调节抑制电流，即可较为方便地改变抑制器抑制容量，最高可实现 200 μeq/min 的动态抑制容量（相当于持续完全抑制 1.0 ml/min 流速下，200 mmol/L KOH 溶液）。阳离子电解抑制器则反之，以阴离子交换膜去除样品和淋洗液中的阴离子。

离子色谱常见检测器主要有电导检测器、安培检测器和紫外检测器三类。

电导检测器以 Kohlraush 定律为检测基础，在分置于电导池两侧的电极上施加一定的电位，流经电导池的所有离子发生迁移而产生电导率信号。由如下，Kohlraush 定律可知，在固定的电导池中（A 和 L 固定），电导信号与离子浓度成正比关系。

$$G = \frac{1}{1000} \times \frac{A}{L} \sum c_i \lambda_i$$

式中，G 为电导值，是电阻的倒数（$G=1/R$）；A 为电极截面积；L 为两电极间距离；

c_i 为离子的摩尔浓度；λ_i 为离子的摩尔电导。

由 Kohlraush 公式可知：电导检测器对所有离子均有响应，属于通用型离子检测器；电导值的测定必须基于完全解离的离子化合物，对于弱酸弱碱性化合物，受解离度的影响，可能不会呈现线性响应或线性响应范围非常窄，标准曲线需要进行曲线拟合；改变电导检测器的电极截面积或电极间距离，可改变离子的响应常数，使得离子响应值成倍地增加或减小。

安培检测器则主要测定电化学活性物质，即在一定的施加电压条件下，能发生氧化或还原反应的物质，通过记录其反应时产生的微电流或电量实现定量工作，具有极高的灵敏度。目前市场上商品化的典型安培检测器以薄层型为主。薄层型安培池的检测响应值满足法拉第定律：

$$I = 1.47 \times n \times F \times U^{1/3} \times D^{2/3} \times A^{2/3} \times h^{-2/3} \times C$$

其中，I 为池电流；n 为电子转移数；F 为法拉第常数：96 485 C/mol；U 为淋洗液流速，mL/min；D 为分析物扩散系数；A 为工作电极的表面积；h 为电化学池衬垫厚度，可通过衬垫厚度调节检测灵敏度和线性范围；C 为分析物浓度。

安培检测器的安培检测池主体由流通池和工作电极、参比电极和对电极组成。工作电极主要有四种，金、银、铂、玻璃/碳电极，是分析物发生氧化（还原）反应的场所，氧化还原过程中在电极表面产生电流，从而进行测定。工作电极的选择与分析的目标化合物有关。一般来讲，金电极主要用于检测氨基酸、糖、抗生素、硫化物、硫醇和胺类化合物，这类化合物的结构中通常含有氨基和羟基。氨基和羟基在强碱性条件下被氧化产生电流。银电极主要用于检测氰根离子、硫离子、溴离子、硫代硫酸根离子、硫氰根和碘离子。铂电极主要用于检测醇类、醛类、酮类、羧酸类、氰根和亚硫酸根。玻璃/碳电极主要用于检测儿茶酚胺和酚类物质。参比电极主要用于设定工作电极的电位，需具备一个稳定和已知的电极电位，电位不可依赖于淋洗液的组成，其中 Ag/AgCl 电极是目前最常用的参比电极。而为了监控安培池、参比电极的健康状况和淋洗液的使用正确，往往会复合一个 pH 电极，用于监控淋洗液流路的 pH 值。通过未校准时 pH 的漂移或者测量 pH 电极在 0.1 M KCl 中和贮存在 3.5 M KCl 中的银/氯化银电极的电位差异可以监测参比电极的状态。对电极一般采用惰性钛金属或者不锈钢材质，其作用在于防止工作电极上产生的电流通过参比电极，从而改变电位参考值。对电极被设计成安培检测池体，它直接从薄层通道穿过工作电极，从而使工作电极和对电极之间的电阻降至最低，从而扩大了线性范围。对电极通过入口处一定长度的金属管子接地，使液体从泵流入工作电极而产生的电流减小。

紫外/可见光（UV/VIS）检测器常用于测定具有紫外或可见光吸收的离子化合物，如 227 nm 处碘离子具有较大的吸收。紫外检测器由三大部分组成：光源、分光系统、流动池和检测系统。检测器的光源应在不同波长的光谱范围内提供有足够能量的、稳定的光源。紫外检测器使用氘灯为光源，光源的覆盖范围在 190～400 nm；可见光检测器使用钨灯为光源，其覆盖的波长范围在 381～800 nm。

1.9.3　干扰和消除

离子色谱分离中遇到的干扰物可分为有机物和无机物两大类。

在有机干扰物中，大分子量疏水性有机物最为常见，如蛋白、脂肪、多环化合物等。

这类化合物与离子色谱的聚合物基质之间共价吸附作用较为明显，以离子交换为主要作用机理的无机酸、碱、盐淋洗液对其缺乏有效的洗脱能力，随着进样次数增加，最终导致色谱柱柱效快速降低。针对这类疏水性化合物，一般采用 C18 或 Onguard RP 柱以固相萃取的形式将其去除；也可采用超滤的方式，对选定分子量以上的化合物进行截留。如分子量选择为 10000 道尔顿的超滤杯，可将小麦粉中大量的水溶性淀粉去除。有机溶剂或含有机溶剂样品也是离子色谱的常见测试样品。在溶液中添加有机溶剂可改变离子的迁移效率，引起溶液离子电导响应值的变化。同样地，当有机溶剂进入到以电导检测为基础的离子色谱分析系统中时，有机溶剂不参与离子交换作用，在死体积附近缓慢流出，当其通过电导检测器时，引起电导响应的波动。在低背景电导的氢氧根系统中，引起背景电导增加，形成比较大的"鼓包"式干扰峰；在高背景电导的碳酸盐系统中，形成比较大的负峰，影响保留相对较弱的氟离子、甲酸、乙酸等物质的有效分离和积分定量。在阳离子分析中，含醇类样品可能与磺酸、羧酸等阳离子交换功能基发生酯化反应，造成色谱柱的不可逆损伤。对于这类样品，离线前处理方法为加热蒸发，可将有机溶剂基体完全蒸发，无机离子得以保留，缺点是容易从实验器皿和实验室空气中引入离子污染，同时也可能引起有机酸类低沸点目标化合物的挥发；在线样品前处理是比较理想的色清前处理方式，利用分子态有机溶剂在离子浓缩柱上无保留的特性，以在线纯化、低离子残留的超纯水将样品定量转移到离子浓缩柱上，有机溶剂被冲洗流出至废液，而离子化合物被选择性保留，从而实现了有机溶剂类样品中痕量离子的分离分析。

在无机干扰物中，以重金属、过渡金属离子和高离子浓度基体较为常见。重金属和过渡金属离子的存在常引起离子色谱系统超压报警和色谱柱色谱峰拖尾等现象。在碱性条件下，重金属和过渡金属均会产生沉淀，直接堵塞色谱柱或系统管路，导致色谱系统压力骤升；同时，重金属和过渡金属离子与聚合物固定相之间亲和作用力较强，而众多阴离子与重金属和过渡金属离子均有不同程度的络合作用，就导致了阴离子色谱峰的拖尾现象。在离子色谱分析中常采用离线 Onguard Na 型或者 H 型阳离子交换前处理柱，以离子交换作用，将强保留的重金属和过渡金属捕集、去除。高离子浓度基体的样品主要为地下水、海水或高纯化学试剂主成份。对于这类样品，可选择以沉淀反应为作用原理的离子色谱前处理柱进行定向去除，如选择 Onguard Ag 型阳离子交换前处理柱，可选择性地将样品中大量的卤素离子去除，选择 Onguard Ba 柱可去除样品中大量的碳酸根和硫酸根等。由于这类前处理柱采用不可逆的、低溶度积的沉淀反应，在离线处理中，通常需要处理数毫升样品（初始流出液至少弃去 3 mL，收集液至少 2 mL），消耗相对较大。采用谱睿技术，引入 Inguard Ag、HRP、Na、H 等前处理柱，以超纯水将定量环中的样品（通常为 25 微升）转载通过 Inguard 系列在线前处理柱，去除样品基体后，以浓缩柱收集目标分析物，最后转入离子色谱系统分析。前处理柱在相同容量的前提下，在线谱睿技术去除样品基体更加彻底，更加节约耗材，是较为理想的选择。

1.10　红外碳硫分析方法

1.10.1　基本原理

红外线是 $0.76\sim420\ \mu m$ 间的电磁波，它又可分为近红外区、中红外区和远红外区等波段。红外波段，热功率较大，红外辐射被物体吸收后，产生显著的热效应，易于检测。

近红外波段，红外线的性能接近红光，遵守光学的折射、反射、及直线传播规律。来自光源的红外线，通过含有样品的介质时，样品吸收入射光后，将光能转化为热能，入射光强度减弱，减弱的规律服从朗伯－比尔定律。即：

$$I_i = I_0 e^{-acl}$$

式中：I_i：通过吸收池后的透过光强；I_0：特定波长的入射光强；e：自然对数的底；a：特定波长入射的吸收系数；c：被测气体的浓度；l：吸收池的长度。

从朗伯－比尔定律可知：当选定某一特定波长和吸收池长度 l 为定值时，如能测得 I_0 和 I_i，即可换算出混合气体中被测物质的浓度，此即红外吸收法测定含量的基本原理。但由于测量 I_0 和 I_i 很困难，目前我们所用的红外气体分析仪，都来自双光路系统以比较的方法求得气体的浓度。

碳元素和硫元素均是非金属元素，在高温富氧条件下，能被氧化成 CO_2 和 SO_2。CO_2 和 SO_2 都是极性分子，具有永久电偶极矩，因而都具有振动、转动等结构，按量子力学分成分裂的能级，与入射的特征波长红外辐射耦合产生吸收。红外法测定碳硫就是把试样高温氧化，将碳和硫转化成多原子的 CO_2 和 SO_2 气体，在特定的波长 CO_2 为 $4.26\ \mu m$，SO_2 为 $7.4\ \mu m$ 有最大吸收的条件下测定的。

1.10.2　仪器结构

红外碳硫分析仪是集机、光、电、计算机技术及加热技术、分析检测技术于一体的高新技术产品，能快速准确地测定钢、铁、合金、有色金属、水泥、矿石、玻璃、陶瓷等众多材料中碳、硫两元素的质量分数。仪器由燃烧系统、红外检测系统、计算为核心的机电控制系统三部分构成。

1.10.2.1　燃烧系统

燃烧系统主要有高频炉、管式炉、电弧炉三种。

高频炉是由大功率的自激式电子管振荡器组成，通过它把 50Hz 的工频电流转换成 $200 \sim 300\ kHz$ 的高频电流。这个高频电流在淬火感应器里形成强大的电磁场，被加热的金属工件在这个点磁场里由于涡流及磁滞损耗而发热，使金属在很短的时间内表面达到高温加热。高频感应是一种先进的加热方式，因为只有在样品燃烧时才有高频功率输出，燃烧完成后，高频感应即停止，高频炉在启动后，不需要升温预热时间，可随时对样品进行分析。高频炉燃烧性能稳定，操作方便，自动化程度高，碳硫转化率高于管式炉，对样品的适应性也优于管式炉和电弧炉。

高温管式炉采用碳硅棒作为加热原件，使用热电偶精确测温。管式炉膛内墙采用高温纤维板或高温砖，具有耐高温、耐酸碱、耐氧化、不易裂、使用寿命长等优点。

电弧炉燃烧，由电弧供热至燃点，在富氧条件下进行燃烧，热量主要来源于电弧热、试样的化学反应热、助熔剂化学反应热。电弧炉燃烧主要特点如下：不间断燃烧，即燃烧时不能停顿后再燃烧，因无外界热量使试样再次点燃，若再次引弧，偶然误差较大，导致测定结果不准；电弧炉要求高速绕少，使燃烧产生的热量大大高于散热速度，有利于提高炉温，促进 CO_2 和 SO_2 的生成与释放；通氧方式要采用预通氧、前大氧、后控氧的工艺，有利于高速不间断燃烧。

1.10.2.2 红外检测体系

1. 红外光源由红外辐射源、反射凹面镜和调制器等器件组成

红外辐射源。为了保证光源的稳定性，要选择合适的新光源材料。一般 Ni-Cr 丝用得最多，因为 Ni-Cr 丝抗氧化性强，热稳定性能好。为了保证激发辐射条件稳定，要求加热灯丝的电流应经稳压电源供给，如果电流改变，灯丝温度也要相应变化，这将造成光谱波长辐射能量的改变。光辐射能量的大部分应集中在待测组分特定波长范围内，即辐射的特征波长必须符合 CO_2 和 SO_2 的特征波长，这样可以增加待测组分对能量的吸收，大大提高测量的灵敏度。

反射凹面镜。它是经过特殊加工的镀金反射镜，并将光源的辐射光反射成一束平行光。这一束平行光是红外分析仪器分析测试的基础。

调制器。经过分析介质的红外谱线，由于介质吸收而减弱。因属直流信号的变化，而红外探测器属电荷性器件，不能测直流信号，必须有一个将直流信号转化为交流信号的装置。调光器又称斩光器，由同步电机与此相连的斩光片组成，可将平行光束，调制成超低频的断续光谱。根据探测器的频率特性，选择合适的调至频率和理想的正弦波形，有利于提高仪器的稳定性。

2. 滤波器

通常从光源发射的红外辐射，其波段范围比待测气体的吸收波段宽得多。如把镍铬丝加热到 $730℃$ 时，其发射波长主要集中在 $3\sim10\ \mu m$，在此波段范围内，下面几种气体有其特征吸收波段：CH_4 为 $2.3\ \mu m$；C_2H_2 为 $3.0\ \mu m$；C_2H_4 为 $3.3\ \mu m$；CO 为 $4.65\ \mu m$；NO 为 $5.3\ \mu m$。由于红外探测器对光谱的吸收是非选择性的，这些干扰气体的存在，吸收掉一部分红外光谱，就会使分析结果产生偏差。用红外分析仪测定碳、硫，其特征吸收波长分别为 $4.26\ \mu m$ 和 $7.35\ \mu m$，因此滤光片的任务是滤掉其他红外谱线，只许透过与待测组分的特征吸收光谱波段，以此消除背景气体干扰，提高仪器的选择性和灵敏度。

3. 热释电红外探测器

采用热释电材料制成 $20\ \mu m$ 厚热释电薄片，在薄片的两个表面上沉积一层金属薄膜电极，构成探测器的灵敏元，相当于平板电容器。

热释电检测器与其他类型的检测器相比，不仅响应快，灵敏度也高，能测出小于 $10^{-6}K$ 的温度变化。

由探测器检测出的交流信号，经过交流放大、频率提升、全波线性检波等过程，使之输出 $0\sim2V$ 直流电压，然后有序地进入计算机，经过 A/D 转换、数据处理，最后数显、打印测定结果。

1.10.2.3 机电控制系统

现有红外碳硫分析仪一般都配有微机控制系统，实时显示多条释放曲线和分析结果，能够多层次的线性校正和误差修正、大容量数据存储、数据计算并生成结果报告等。

1.10.3 红外碳硫分析方法影响因素

1.10.3.1 仪器分析性能

仪器系统不稳定的原因主要是由于电子器件老化、性能下降所带来的信号输出值不稳定或无输出、波纹大、输出信号噪音大、采集数据遗漏或丢失等一系列问题。如红外光源逐渐老化，光辐射减弱，则信号输出低，光源加热丝断裂或脱焊，则会无信号输出。在仪器使用过程中，应注意仪器的定期维护和保养。

1.10.3.2　空白值

空白主要来源于助熔剂、坩埚、样品表面吸附等。

钨系列助熔剂，如纯钨粒、钨＋锡、钨＋纯铁、钨＋锡＋纯铁等是常用的助熔剂。要求添加剂的空白值要小，一般应小于被测物质碳、硫含量的10%。常量碳、硫分析，要用分析纯助熔剂，低含量测定，有时用光谱或电子纯试剂，要求杂质少，碳硫含量低。另外，对助熔剂的几何形状、粒度、孔隙等物理性能也应注意，如钨系列助熔剂，粒度在 $0.84 \sim 0.42$ mm，孔隙度15%多，这样透气性好，反应快，有利于氧化燃烧。

普通坩埚碳空白值在0.0005%以上，因此使用前必须在 $1\,000 \sim 1\,200$ ℃的马弗炉内灼烧4小时以上。若用于超低碳分析，还得在 $1\,300$ ℃通氧气灼烧 $1 \sim 2$ h。也可以在坩埚中加入纯铁和钨粒，在高频炉中通氧燃烧，冷却后即使用，这样坩埚空白值更小，适用于分析超低碳硫。

空气中 CO_2 约占0.04%，久置试样、标钢或助熔剂，特别是粉末状样品，表面积很大，吸附 CO_2 不可避免，在分析超低碳时，可以用乙醚、乙醇进行洗涤处理以除去吸附碳量，烘干后再分析。

测定试验空白值时，可采用标准加入法，即加入已知量的标准样品，在分析条件下，测其碳和硫含量，空白值为测量值和标准值的差值。也可采用直接测定法，即只加助熔剂，模拟分析条件下测得碳和硫含量。为了保证空白值的代表性，空白补偿最好用三次以上测定的平均值，且注意测定空白与分析试样条件的一致性。

1.10.3.3　燃烧系统

剧烈的燃烧会引起试样飞溅，使测定结果不稳定，温度过高又能导致生成的 CO_2 分解成 CO。可以通过控制加入助熔剂的数量，调低高频炉的功率，使燃烧温度降至 $2\,123$ K以下，减小 CO_2 的分解率。

1.10.3.4　标准物质

使用的标准物质最好与分析材料成分相似、含量相近，并选用近期生产的国家一级标准物质校准，这样有利于提高精度和准确度。

1.10.3.5　试样

试样可能引入污染，分析前应先清洗表面。对超低碳、硫的分析，应用丙酮、乙醚、酒精等试剂清洗，后用纯水清洗，热风吹干。对粉末等试样不易用试剂清洗，可用红外灯烘烤，以去除水分和吸附气体。试样的不均匀性会引起分析结果无规律的波动，分析前应加工成适宜分析的均匀的细粒或碎屑。试样的添加顺序：分析块状碎屑状样品，可放在助熔剂以上，粉末状样品可加在助熔剂之间，易挥发、易飞样品可放在坩埚底部用助熔剂覆盖，或用锡箔包。试样的用量：试样的用量与试样的组成和性质有关，取量多少需通过试验决定。

1.10.3.6　水分

水不仅影响碳的测定，对硫的测定影响更大。水来自湿存水、结晶水、气象水和生成水。前两种可在 120℃和 300℃的烘箱中，经过 1～3 h 烘烤除去。气象水与空气的湿度有关，阴雨季节，空气湿度在 90%以上，开启炉子，湿空气进入分析系统，附着在系统管壁上，影响硫的测定。可预烧试样 10 余次，用热气驱赶湿存水，或加除湿剂，预烧 3 次。试样中含氢的化合物，在同样燃烧的过程中，氢与氧可生成水，影响硫的测定，必须在分析系统再多加一个除水装置，而且易取易换，每测一个样品更换一次除水装置。

第2章 矿产品取、制样方法与标准

2.1 概述

我国目前进口的矿产品主要有铁矿石、煤炭、铬矿、锰矿、锌矿、铜精矿等。进口方式主要有散装运输（如铁矿石和煤炭等）及非散装运输（如铬矿、锰矿等）。尤以铁矿石和煤炭进口量最大，2014 年我国煤炭进口 2.91 亿吨，铁矿石进口量达到了 9.325 亿吨，远超 2013 年的 8.203 亿吨，再创历史新高。

矿产品的进口检验是保证矿产品质量的一项重要手段，目的是熟悉被检验商品的质量特性并检验它们是否符合标准和合同要求。进口矿产品的检验通常由三部分组成：首先，从要检验的矿产品中抽取具有代表性的样品，然后对抽取的样品进行制样，制成可供进行物理和化学试验的试样，最后对试样进行物理和化学分析，得到试样的检验数据，根据试样的数据判定该批矿产品是否合格。

取样、制样和试验是矿产品检验的基本环节，其中取制样作为基础工作，是最重要的环节，据统计，在以上三个环节中，由于取样造成的误差约占总误差的 80%，由于制样造成的误差约占总误差的 15%，由于试验造成的误差约占总误差的 5%。由此可见，通过取制样工作获得有代表性的样品，是矿产品检验的前提和基础，具有十分重要的意义，它对试验结果的准确与否起着决定性的作用[1][2]。

目前，我国矿产品取样方式主要有手工取制样和机械取制样。手工取制样的历史悠久，使用范围也最广泛，几乎每个需要进行矿产品检验的地方都存在手工取制样。手工取制样方法几乎适用于目前已知的所有矿产品的检验。机械取制样技术最初是做为人工取制样的辅助方法，减轻人工劳动强度，改善工作环境。近几年，随着取制样技术的发展，机械取制样已从最初的取样环节扩展到整个取制样过程，尤其是引入自动化控制技术和机器人技术之后，机械取制样系统已可以承担整个取制样流程的工作。目前分布于我国沿海的专业铁矿石码头全部都配备了机械取制样设备，大幅提高了我国对进口铁矿石的检验水平，对个别不适用机械取制样的矿种则由人工取制样，减轻了手工取样的劳动强度。

---

[1] 李凤贵，张西春，郭兵. 铁矿石检验技术 [M]. 北京：中国质检出版社，中国标准出版社，2014.
[2] 王松青，应海松. 铁矿石与钢材的质量检验 [M]. 北京：冶金工业出版社，2007.

2.2　散装矿产品手工取制样

2.2.1　手工取样①②③④

2.2.1.1　手工取样的有关术语⑤

（1）手工取样：用人工的方法从确定的交货批中抽取样品，以确定该交货批的质量或特性。

（2）份样：操作取样工具动作一次所采集到的规定质量的样品。

（3）副样：由二个或以上的份样或逐个经过破碎和缩分后组成的样品。

（4）大样：由全部份样或副样或逐个经过破碎和缩分后组成的样品。

（5）交货批：一次交货的同一规格的散装矿产品为一交货批。

（6）最大粒度：筛余量约 5% 时的筛孔尺寸。

（7）系统取样：从一交货批中按一定的时间或质量间隔采取份样，首个份样从第一间隔内随机采取。

（8）分层取样：将交货批分成若干层，从不同层中按质量比例取样。

（9）二级取样：首先从交货批中选出一定的取样单元，再从选出的取样单元中采取份样。

（10）品质波动：是对交货批不均匀性的量度。

（11）变异系数 CV：以标准偏差 S 除以份样质量平均值的百分数表示，$CV(\%) = \dfrac{S}{\overline{x}} \times 100\%$。

2.2.1.2　手工取样的基本要求

一个正确的取样方案基本要求是整个交货批的所有部分都有同等的机会被取到并成为副样或大样的一部分。对该要求的任何偏离，都会有损于取样的精密度和准确度，同时也无法保证所取样品的代表性。因此为了满足该要求，最好的取样位置是在带式输送机的转接口，在这里可以方便地以固定的间隔取到矿石流的全截面，保证得到有代表性的样品。

如果在料堆、货仓、容器等静止的场所取样时，取样工具应保证能穿透整个矿石堆厚度，取到全截面的矿石样品时才允许取样。否则应在矿石从这些场所输入或输出时从带式输送机的转接口处取样。

取样偏差最小化是十分重要的。不同于精密度可以通过采取更多的份样或重复测定来改善，偏差不会因重复测定而降低。因此使可能产生的偏差最小化甚至消除，应比改善精密度更为重要。

用作粒度测定的样品应保证样品的颗粒破损最小，这对降低粒度测定偏差是很重要的。防止颗粒破损必须保证在取样时料流的自由落差最小。

---

①李凤贵，张西春，郭兵. 铁矿石检验技术［M］. 北京：中国质检出版社，中国标准出版社，2014.
②国家质量监督检验检疫总局检验监管司. 铁矿石手工取样［M］. 北京：中国标准出版社，2009.
③GB2007.1－87 散装矿产品取样、制样通则 手工取样方法［S］.
④袁晓鹰，王建军. 口岸进口铁矿石人工取样技术的研究［J］. 现代矿业，2009，485（9）：104－107.
⑤GB/T 20565－2006 铁矿石和直接还原铁术语［S］.

用作水分测定的样品应在取样后尽快地进行处理，否则应放入干燥密闭的容器内保存，使水分含量变化最小。

取样所用设备、工具、盛样容器必须保持清洁干燥、坚固耐用，在开始新一交货批取样时，应清洁取样设备，防止样品交叉污染。

取样过程中发现货物中杂质呈现非均匀分布时，应将杂质挑拣出来，进行称重，不要取到样品中；当杂质呈现均匀分布时，杂质也应当作货物正常取样。

对于粒度突然变化的交货批，应将每一粒度货物单独取样、制样，而不能混在一起。

以上取样要求在进行机械取制样时同样适用。

2.2.1.3　手工取样的一般程序

手工取样通常按下列程序制定取样方案：

（1）验明取样交货批的质量。

（2）确定交货批的最大粒度。

（3）根据最大粒度确定份样量及取样工具的容量。

（4）确定交货批的品质波动类型及要达到的取样精密度，如无法确定时，应按品质波动为"大"进行考虑。

（5）用系统或分层取样时，确定应采取的最小份样数；用二级取样时，先从全部交货批中选出规定的货车或容器，再从选出的这些货车或容器中采取份样。

（6）按时间或质量确定采取份样的间隔。

（7）确定取样部位和采取份样的方法。

（8）在装卸交货批的全过程期间，采取具有几乎相同质量的份样。

2.2.1.4　最小份样质量

份样的最小质量与矿石的最大粒度、均匀程度、整批矿石的质量等因素有关，在保证取样具有代表性的前提下，确定最小份样质量应考虑下列因素：

（1）样品的粒度大小。样品的粒度越大，则最小份样质量越大。

（2）样品的均匀程度。样品越不均匀，则最小份样质量越大。

（3）分析的准确度。要求越高，允许的误差越小，则最小份样质量越大。

份样最小重量的确定，是要保证不发生系统偏差。份样的重量必须足够大，以确保不排除大粒度矿石块，并使采取的各种颗粒的比例同整个交货批的比例相同。因此份样的最小质量主要取决于交货批的公称最大粒度。各个份样的最小质量，应根据交货批的最大粒度，在实际应用中，份样的最小质量只能增加，不能减少。

在整个交货批的取样过程中，应用能保证份样质量大致相等的方法采取份样。大致相等的质量是指质量变化以变异系数计应小于20%。

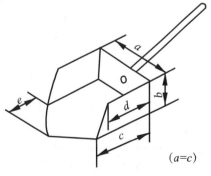

($a=c$)

图 2.1　取样铲

2.2.1.5　最小份样数

份样数的多少与取样准确度和整个交货批的均匀程度有关，同时也是影响取样精密度的一个重要因素。如果采取的份样数不足，则可能使取样的准确度降低；如采取的份样数过多，则会增加取样及后续制样的工作量并增加取制样成本。当系统取样和分层取样时，可采用下式进行计算，确定从一交货批中采取的份样数：

$$n = \left(\frac{2S_w}{\beta_S}\right)^2 \text{ 或 } n = \left(\frac{S_w}{S_S}\right)^2 \qquad \text{（式 2-1）}$$

式中：n—份样数；S_w—份样间的标准偏差；β_S—取样精密度；S_S—取样标准偏差。

式 2-1 计算所得为最小份样数，实际应用中只能增加不可减少。

2.2.1.6 取样工具

在实际工作中，所使用的取样工具只要取得规定质量的份样而不引入偏差，均是符合取样要求的。人工取样的工具主要有：尖铲、平头铲、取样框、螺旋钎子和钻管等。图 2.1 为实际工作中常用的取样铲，其尺寸及型号如表 2.1 所示。

表 2.1 取样铲的规格

最大粒度/mm	取样铲号	取样铲尺寸/mm				
		a	b	c	d	E
100	100	300	110	300	220	100
50	50	150	75	150	130	65
22.4	22.4（20）	80	45	80	70	35
15	15	70	40	70	60	30
10	10	60	35	60	50	25
5	5	50	30	50	40	20

当最大粒度超过 100 mm 时，装置的开口至少应是最大粒度的 3 倍。取样装置的有效容积至少应能容纳不少于 2 倍的最小份样量。

当使用人力采取份样困难时，也可以使用包括机械辅助装置的其他取样装置采取份样，这些取样工具应具有相当于表 2.1 中 c 的最小开口尺寸。

2.2.1.7 取样方法

基本批量时取样所需份样数的计算由下式进行：

$$n = \left(\frac{2S_w}{\beta_S}\right)^2 \qquad \text{（式 2-2）}$$

式中：n—份样数；S_w—份样间的标准偏差；β_S—取样精密度。

份样量根据交货批的最大粒度确定。

1. 从运输带上取样

当从停止后的运输带上采取份样时，应在矿石流运行方向从规定部位采取足够长与整个宽度和厚度的矿石流。

"足够长"应为足以保证能采取到规定的最小份样量的长度，该长度应大于最大粒度的 3 倍，至少应大于最小份样铲的宽度（60 mm）。

当从运输带上采取份样时，为方便起见可以使用取样框架。

当从运动的运输带上采取份样时，应用机械辅助装置从落流中采取整个宽度和厚度的矿石流。采取份样的间隔应是相同的，并且在取样过程中应保持不变，直至交货批矿石装卸作业完毕为止。

2. 从货车或容器中取样

在货车或容器（以下简称"容器"）的装货或卸货过程中，从新露出的矿石表面上随机采取份样。也可在静止的矿石表面上，采用"挖坑"的方法取样。采取份样的位置应逐车改变，以使表面的各个部分都能被取到，但取样点至少应距容器壁 0.5 m 的距离。

从全部货车或容器中取样时，此时称为分层取样，按下式计算每一货车或容器应取份样数 n_3：

$$n_3 = \frac{n_1}{n_4} \qquad (式 2\text{-}3)$$

式中，n_1—根据交货批质量确定的份样数；n_4—容器的总数量。

计算结果应修整到最接近的下一个整数，以保证足够的精密度。

当组成交货批容器数量多于标准规定应采取的份样数时，应按标准规定随机选取最少容器采取份样。从部分选出的货车或容器中取样，称为二级取样。假设容器的载荷为 60 t 时，那么应从每个选出的容器中采取 4 个份样。当容器的载荷不是 60 t 时，按下式计算应选出的货车或容器的最小数 n_5。

$$n_5 = n_2 \sqrt{\frac{60}{m_2}} \qquad (式 2\text{-}4)$$

式中，n_2—表 2.2 中规定的选取容器的最小数；m_2—货车或容器的载荷，单位为吨。

计算结果应修约至下一个数的整数，以保证足够的精密度。

然后按下式计算应从装载量不是 60 t 的容器中采取的份样数 n_6

$$n_6 = 4 \sqrt{\frac{m_2}{60}} \qquad (式 2\text{-}5)$$

式中：m_2 为容器的载荷，单位为吨。计算结果应修约至下一个数的整数。

表 2.2　选取的货车或容器最小数量

交货批质量 ($\times 10^3$ t)		品质波动 σ_b								β_s（%）	
		大			中			小		全铁或水分含量	粒度（−10mm 级）
		品质波动 σ_w									
>	≤	大	中	小	大	中	小	大	中	小	
20		95	85	80	65	55	50	45	35	30	0.50	2.28
16	20	80	70	65	55	45	40	40	30	25	0.55	
12	16	65	60	55	45	35	30	30	25	20	0.60	
8	12	50	45	40	35	30	25	25	20	15	0.65	
4	8	35	35	30	30	25	20	20	15	15	0.70	2.5
2	4	25	20	20	20	15	15	15	10	10	0.80	2.8
0.6	2	9	8	8	9	7	6	8	6	5	1.0	3.23

3. 料堆取样

此种方法采取样品的基础是：由矿堆的表面和各层中分布尽可能均匀的部位采集份样。份样的位置必须在矿堆表面上尽可能的均匀分布，最可取的办法是在取样前预先订出计划，在矿堆表面确定好份样位置，然后再取样。为使样品中的粉块比例与整个交货批的比例相近，必须保证在取样过程中不要让大块由铲中滑落或溢出取样铲。为尽量减少水分的散失，最好在取样点处挖坑，在坑底处取样。此种方法只适用于不能在堆存或拆堆过程中取样的情况，由于无法保证货物的每一部分都有被采到的可能，因此这种方法也是最容易引起误差的一种取样方法，建议尽量不采用此种方法。

2.2.2　手工制样①②③

把抽取到的样品处理成供分析或试验用的制备过程，称为制样。通常分几个阶段进行，每一阶段均包括样品的破碎、混合和缩分3项操作，必要时要对样品进行预先干燥处理。

2.2.2.1　制样工具

①颚式破碎机；②密封式振荡研磨机；③二分器；④标准筛；⑤盛样容器；⑥毛刷、样刀；⑦缩分板、十字分样板；⑧天平（精确至0.01g）；⑨干燥箱：具有调温装置，使箱内任一点的温度在设定温度±5℃以内。

2.2.2.2　制样的一般要求

样品制备按以下三个操作顺序进行（必要时可进行预干燥）：

（1）破碎：经破碎（块矿或球团矿）或研磨以减小样品的粒度；

（2）混合：使样品达到均匀；

（3）缩分：缩分样品为两部分或多份，以减少样品的质量。

以上三项操作进行一次即组成样品制备的一个阶段。

2.2.2.3　样品的破碎

样品的破碎应使用机械设备。手工破碎只限于破碎个别大块样品至第一阶段破碎机的最大给料粒度。

制样前用本批矿石（不得使用样品）先在破碎机中通过，再清扫干净。制样后残留在破碎机内部的样品，必须注意全部取出以防止损失。

2.2.2.4　样品的混合

样品连续通过二分器三次，每次通过后将两部分样品合并。小粒度样品（−1 mm）可用手工三次转堆混合。或者将样品破碎至−10 mm后使用机械设备（双锥混合器等）混合。

2.2.2.5　样品的缩分

样品的缩分可采用机械方法或手工方法。机械缩分器包括：定比缩分器（旋转容器缩分机、旋转圆锥缩分机、回转式缩分器等）和定量缩分器（转换溜槽式，切割式缩分机等）。手工缩分法包括二分器缩分法、份样缩分法和圆锥四分法。

1. 二分器缩分法

二分器是非机械式样品缩分器，样品通过被分成两等分，相邻的格槽排料至相对的接受器，样品缩分时通常用手工给料。格槽宽度至少为样品最大粒度的2.5倍。

2. 份样缩分法

本方法具有缩分比大且精密度高的定量缩分方法。但球团矿和块状的矿石，因其自由滚动，易于偏析，破碎前不宜使用本法缩分。

份样缩分法一般的缩分程序：

①李凤贵，张西春，郭兵．铁矿石检验技术［M］．北京：中国质检出版社，中国标准出版社，2014.

②GB2007.2−87 散装矿产品取样、制样通则 手工制样方法［S］.

③应海松，李斐真．铁矿石取制样及物理检验［M］．北京：冶金工业出版社，2007.

①样品充分混合后，在光滑、不吸水、不沾污的混样板上堆成厚度均匀的长方形。样品的最大粒度，样品层厚度和份样铲尺寸见表 2.3。

表 2.3　样品的最大粒度、样品层厚度和分样铲尺寸/mm

样品最大粒度	样品层厚度/mm	分样铲尺寸				分样铲材料厚度/mm	分样铲容积/mL
		a	B	c	d		
22.4	35～45	80	45	80	70	2	约300
10	25～35	60	35	60	50	1	约125
5	20～30	50	30	50	40	1	约75
3	15～25	40	25	40	30	0.5	约40
1	10～15	30	15	30	25	0.5	约15
	5～10	15	10	15	12	0.5	约2

②将样品平堆划分成等分的网格，缩分大样不得少于 20 格，缩分副样不得少于 12 格，缩分份样不得少于 4 格。

③用表 2.3 规定的分样铲，从每格中随机取一满铲，收集一个份样。

④将挡板垂直插入样品平堆底部，然后将分样铲于距挡板约等于 c 处垂直插入平堆底部，水平移动分样铲至分样铲开口端部接触挡板，使混样板上的这部分矿石颗粒全部被收集。将分样铲和挡板同时提起，防止矿石从样铲开口流掉。将各份样集合为缩分样品。

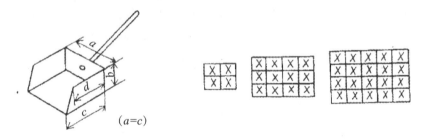

图 2.2　份样缩分法份样铲及网格划分示意图

3. 圆锥四分法（适用于粒度小于 1mm 样品）

将样品置于洁净、平整的钢板上，堆成圆锥形，每铲自圆锥顶尖落下，均匀地沿锥尖散落，注意勿使圆锥中心错位，如此反复至少转堆三次，使充分混匀。然后将圆锥顶尖压平，用十字板自上压下，分成四等分，任取二个对角的等分，重复操作数次，缩分至不少于粒度规定的最小留量。

2.2.2.6　样品包装及标注

最终送实验室的样品应装入密闭防潮的容器内，并贴上标签。标签应标注以下内容：

①样品编号；②矿石品名，产地；③样品种类（如化学分析样品，水分样品等）；④运输工具名称；⑤取样日期、地点、人员及天气；⑥其他项目（需要时）。

2.3　散装矿产品机械取制样[①②]

机械取制样通俗地说就是用机器代替人工完成取样和制样工作。机械取样通常是在输

<hr />

①ISO3082－2009 Iron ores. Sampling and sample preparation procedures [S].

②中交水运规划设计院．上海罗泾港区铁矿石机械取制样设施技术规格书 [M].

送料流的皮带转接口或落料处按照事先设定好的参数采取份样。和手工取样相比，机器取样的份样数较多，份样量较大，且能严格按照取样间隔进行取样，无人为因素影响，因此取样精密度比手工取样要高。大型机械取制样系统还能在线完成制样工作，极大地提高了工作效率。

机械取制样的一般工作原理是：初采机（也叫份样取样器）从料流皮带的转接口或落料处按照时间或质量间隔，按照设定的程序，采取份样，然后将份样通过运输皮带送入制样单元，经过破碎（块矿或球团矿）、混匀、缩分后组成一个副样（不同的取制样系统在程序设定上可能会存在差异），完成粒度及水分的测量。弃样则通过运输皮带返回到港口的料流中。

机械取样的基本要求和取样流程和手工取样基本相同，不同之处在于取样方式和所用的取样设备①。

2.3.1　机械取样系统的校核

当机械取样系统存在以下情况之一时，应对整套系统进行校核，以确定系统是否存在显著偏差：①机械系统新建完成，投入使用之前；②机械系统进行过重大的维修之后；③机械系统的取样结果存在偏差时。停带取样法是取样的参比方法，机械和手工取样方法均可与它进行对比，按校核取样偏差标准规定的方法进行校核。校核之前，应首先检查取制样系统是否满足标准规定的设计原则，系统在采取份样的过程中是否有周期性的品质波动，这些波动可能存在于粒度分布、水分或元素含量等特性中。如果存在周期性的波动，应调查波动的来源并予以消除，否则取样方式应由系统取样改为分层随机取样，以避免这些波动对结果的影响②。

2.3.2　机械取制样系统常用设备③

2.3.2.1　初采机（一次取样机）

一次取样机从速度方面可分为定速取样机和变速取样机。定速取样机其截取速度在整个取样期间是固定不变的。该类型的取样机在早期的取制样设备中用的较多，其缺点是截取速度无法根据皮带料流的变化而变化，现在已用的较少。变速取样机正好克服了定速取样机的缺点，其截取速度可根据带式输送机上的流量变化进行自动调节，并在截取料流的过程中保持速度恒定，使得每个份样在重量上基本保持一致，份样间的质量变异系数（CV）较小。从取样机的结构和运行方式上又可以分为溜槽截取型、斗式截取型、摇臂型等不同的形式。但其都可以归为截取型一次取样机，也是目前使用较为广泛的取样机。它安装在带式输送机的落料口，工作时以均匀的速度移动通过矿石流，通过截取矿石流的全截面采取份样。

2.3.2.2　二次取样机

二次取样机是位于初采机之后的用于切割料流的取样机，目的是为了减少一次取样机截取的份样质量，减轻制样设备的负担。其设计和操作要求同一次取样机相同。

---

①贺存君，杨东彪，沈逸. 全自动取制样工艺在铁矿石检测系统中的应用［J］. 宁波化工，2006（3/4）：37—40.
②应海松，李斐真. 铁矿石取制样及物理检验［M］. 北京：冶金工业出版社，2007.
③郑雪纬. 国内部分港口铁矿石采样工艺及设备现状综述［J］. 港工技术，2008，181（3）：9—12.

2.3.2.3　缩分机

缩分机是对份样进行缩分、混匀从而进一步减少样品量的一种设备。是制样系统中的关键设备。根据缩分机是否密封可分为密封式缩分机和敞开式缩分机。根据其结构和运动形式不同又可分为截取溜槽型缩分机、开口皮带型缩分机、旋转样品型缩分机、链式斗型缩分机等。

机械取制样系统中通常采用旋转式结构，通过旋转装置切割移动的料流，从而实现缩分的目的。向缩分机给料的过程要均匀，截取口的开度应符合一次取样机的截取口开度规定，截取速度应恒定。

2.3.2.4　破碎机

破碎作业常按给料和排料粒度的大小分为粗碎、中碎和细碎。常用的破碎设备有颚式破碎机、圆锥式破碎机、辊式破碎机、锤式破碎机等。

颚式破碎机，是一级破碎的首选设备，具有破碎比大、产品粒度均匀、结构简单、工作可靠、维修简便、运营费用经济等特点。颚式破碎机是利用两颚板对物料的挤压和弯曲作用，粗碎或中碎各种硬度物料的破碎机械。其破碎机构由固定颚板和可动颚板组成，当两颚板靠近时物料即被破碎，当两颚板离开时小于排料口的料块由底部排出。它的破碎动作是间歇进行的，和圆锥破碎机相比，颚式破碎机投资少，成品片石少，生产成本低。与锤式破碎机相比，耐磨件使用时间长，生产效率高，后期投资小。

圆锥破碎机，广泛应用于金属与非金属矿、水泥厂、砂石冶金等行业。适用中细碎普氏硬度≤5～16的各种矿石和岩石，如铁矿石、有色金属矿石、花岗岩、石灰岩、石英岩、沙岩、鹅卵石等。圆锥式破碎机是利用破碎锥在壳体内锥腔中的旋回运动，对物料产生挤压、劈裂和弯曲作用，粗碎各种硬度的矿石或岩石的。破碎锥绕机器中心线作偏心旋回运动，它的破碎动作是连续进行的，故工作效率高于颚式破碎机。

辊式破碎机也叫对辊式破碎机、双辊式破碎机、辊压式破碎机，是利用辊面的摩擦力将物料咬入破碎区，使之承受挤压或劈裂而破碎的机械。辊式破碎机通常按辊子的数量分为单辊、双辊和多辊破碎机，主要适用于矿山、冶金、化工、煤矿等行业脆性块状物料的粗、中级破碎，其入料粒度大，出料粒度可调，可对抗压强度≤160MPa的物料进行破碎。

在制备化学分析样品时使用的研磨机从本质上来说也是破碎机的一种。只是其研磨后样品的粒度更小，破碎比较大，属于密封式细碎机械的一种。研磨机的工作原理是将达到一定粒度的矿石样品放入磨钵中，盖上钵盖，将磨钵放入钵座中并锁紧钵盖，启动电机。电机带动磨钵中的偏心块旋转，研磨盘在偏心块的带动下产生绕着圆心的运转，磨钵中的击环、击块在磨钵中呈现滚线运动，样品受击环、击块的不断撞击而粉碎。研磨机的特点是研磨速度快，通常几分钟就可以将样品研磨到 100 目（0.15 mm）以下，密封性好，不会产生样品的泄漏，同时在研磨的过程中样品也进行了混匀。

2.3.2.5　烘箱

烘箱是矿产品实验室中常用的干燥设备，其所用的烘箱主要是热风循环烘箱。热风循环烘箱空气循环系统采用风机循环送风方式，风循环均匀高效。风源是由送风马达运转带动风轮经由电热器，将热风送至风道后进入烘箱工作室，且将使用后的空气吸入风道成为风源再度循环加热运用，如此可有效提高温度均匀性。如箱门使用中被开关，可借此送风循环系统迅速恢复操作状态温度值。所有样品的干燥均应在标准规定的温度下进行，否则样品的化学性质可能发生变化。

2.3.2.6 筛分设备

筛分设备就是利用旋转、震动、往复、摇动等动作将各种原料和各种初级产品经过筛网选别按物料粒度大小分成若干个等级，或是将其中的水分、杂质等去除，再进行下一步的加工和提高产品品质时所用的机械设备。矿产品粒度测定过程中常用的筛分设备是振筛机和各种尺寸的成套筛网。振筛机常用的有平面振动筛和高频振动筛。平面运动筛是筛网在一个平面内摆动或振动从而将样品进行分级的。按其平面运动轨迹又分为直线运动、圆周运动、椭圆运动和复杂运动。高频振动筛主要用于细颗粒物料的筛分，特别是对 1 mm 以下的物料的筛分，比普通筛分机有更高的筛分效率。

2.3.2.7 机器人

近年随着机械取制样系统自动化程度的不断提高，机器人在取制样系统中的应用越来越广泛，地位也越来越重要，已成为整个取制样系统中在线检测的核心设备。在国外的一些矿山及港口中，机器人投入使用的历史较为悠久，技术也较为成熟。我国在 1998 年由宝钢率先在铁矿石取制样系统中引入了机器人的水分在线测定系统。上海出入境检验检疫局于 2011 年在上海罗泾矿石码头建成了我国首套全机器人取制样系统。该系统和常规取制样系统相比，完全满足国际铁矿石相关标准要求，系统工艺技术先进，节能环保效益显著，是未来机械取制样系统的发展方向。具体比较情况见表 2.4。

表 2.4 机器人取制样系统与常规取制样系统工艺方案比较

比较项目	机器人取制样系统	常规取制样系统
取制样准确性	减少中间环节，最大限度减少系统误差	中间环节相对较多，一定程度上增加系统误差
系统适应性	筛分粒级灵活，机动性好，在机器人活动范围内可随意增改系统设备，通过模块化编程，容易变更或增加功能	设备布置和功能固定，较难以适应新的要求
国内外工程经验	国外机器人使用较多，技术成熟，国内采用较少，使用范围较小	国内大多数矿石取制样设施采用此种方式，经验较为丰富
节能环保	工艺流程简洁，运行能耗小，采用封闭式布置，减少粉尘污染，有利环境保护	样品需要多次提升，运行能耗大，作业环节存在粉尘污染
工艺特点	1. 主流程简化，只包括初采机、二采机和机器人单元。破碎、筛分、制样、水分在线分析等样品流通环节少，避免样品损失及堵塞 2. 采用专用样品清扫系统，清扫彻底、避免样品污染 3. 系统最大可同时测量 7 个粒度级，增加了测量范围，可最大限度满足检验要求	1. 样品要经过连接溜槽，系统易发生堵塞 2. 通过次级样品清理上级样品，清理不够彻底 3. 系统最大可同时测量 4 个粒度级，测量范围相对较小
系统制造安装	制样过程全部在一个层面上进行，设备布局简单紧凑，安装工程量小；建筑物高度大幅降低，减少土建工程成本，提高安全性	样品在各设备之间靠自身重力来完成转移，因此系统设备在空间上需要分多层布置，安装工程量大；制样楼层数达 8 层，土建工程成本高

（续表）

比较项目	机器人取制样系统	常规取制样系统
系统操作及维修	机械化、自动化水平高。系统内设备集中，数量少，减少故障发生几率，楼层低，易于检修	机械化、自动化水平相对较低。系统内设备分散，数量多，故障发生几率较高，楼层多，不便于检修及更换
总体评价	完全满足 ISO3082 的规定，采用机械人模拟手工操作，技术更先进	完全满足 ISO3082 的规定，属常规方式的取制样方法

除以上设备外，常用的设备还包括称量设备，清扫和维护设备，气源及净化设备，物流运输皮带机等。

2.3.3　机械取制样流程[1][2]

我国从 20 世纪 80 年代开始就陆续从国外引进或自主设计建造了一批机械取制样设施，几十年来，随着取制样设备的发展和自动化技术的进步，各个口岸建造的取制样设施也是形式多样，各具特色。因此很难用一个所谓的"标准"流程来描述所有的取制样过程。虽然各机械取制样设施的具体构成、工艺流程、结构形式多种多样，但都能满足矿产品的取制样要求。下面以上海罗泾港铁矿石机械取制样系统为例，说明机械取制样流程。

2.3.3.1　系统流程图

罗泾港进口的铁矿石按粒度来分主要分为三种，即块矿、粉矿及球团矿，其各自的取制样流程详见图 2.3 及图 2.4 所示。

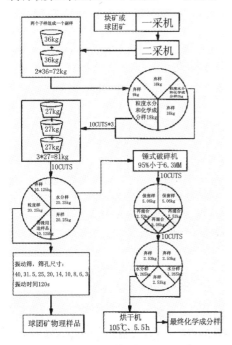

图 2.3　块矿或球团矿取制样流程

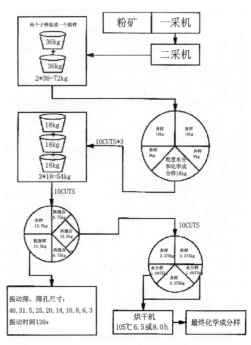

图 2.4　粉矿取制样流程

①郑小楠.日照港矿石码头机械取制样设施工艺设计［J］.中国水运，2007，6（11）：66—67.
②王春生、陈小奇、孙良，等.宝钢自动化取制样系统的应用与发展［J］.金属矿山，2010，413（11）：116—120.

2.3.3.2 港口情况及取制样系统简介

罗泾港铁矿石取制样设施土建部分共有二幢建筑，即制样楼和工作楼。制样楼共三层，其中三层布置有系统来样皮带机、空气压缩机及气罐和二采机；二层布置有系统转接皮带机、系统弃样皮带机、斗提机动力源及配电室；一层主要布置为机器人单元及备品备件室，并预留第二套设施的安装空间。工作楼共二层，一层为手工制样间及气瓶间，二层为取制样系统的控制室及球团物理实验室。

罗泾港有 2 条铁矿石卸货皮带机，分别为 DS3 和 DS4。其中 DS4 皮带机具有"水水中转"功能。在实际工作过程中，DS3 和 DS4 会同时输送一艘船的相同或不同矿石品种，当同时接卸两艘矿石船时，DS3 和 DS4 将分别服务于两艘船。目前罗泾港建设了一套铁矿石取制样系统，预留了第 2 套的建设空间及接口。一套取制样设施能够满足矿石码头两条作业线同时输送同一品种矿石时的取制样要求。

当港口两条皮带机同时接卸两种不同的矿种时，取制样系统对其中一种矿种进行作业，另外一种矿种将由所对应的来样皮带机反转，利用旋转取样机进行取样，样品送入制样间进行后续制备工作。

2.3.3.3 机械系统取制样流程描述

1. 一次取样

初采机安装在港口 T3 转运站主皮带机的落料口处，考虑到港口作业条件及已有设备布局，初采机采用移动截取料斗式。初采机处于等待状态时，完全离开主料流，取样时截取轨迹垂直于料流方向，可截取全截面的矿石流。初采机开口宽度为 150 mm，由调频电机驱动，速度变化范围为 0.10～0.60 m/s（对应主皮带机的流量为 1000～5000 t/h），但在每一个份样的截取过程中速度保持恒定。初采机截取得到的份样由 A 或 B 来样皮带机送至制样楼内的系统来样皮带机上。当港口所卸矿种粘性或水分较大时，由 A 和 B 两条来样皮带机反转，利用旋转式取样器进行取样并保存。弃样由弃样皮带机通过溜槽弃到港方的主皮带系统上。

正常情况下按矿石品质波动为"中"进行取样，取样方式以计量取样为主，计时取样为辅。在定量取样方式下，每交货批的一次份样个数除可按品质波动为"中"考虑外，也可选择按品质波动为"小"进行设定，从而使系统更好地适应于小批量矿石的取制样需要。

计量取样时，取制样系统从港方中控室获取 DS3、DS4 主皮带机电子皮带称的累计流量和瞬时流量信号，每当流经的矿石达到设定的重量时，初采机就进行一次取样操作。

机械取制样系统一次份样的平均质量 m 可按下式进行计算：

$$m = \frac{q_m \times l_1}{3.6V} \tag{式 2—6}$$

式中：q_m—港口主皮带机平均流量，正常流量为 4200 t/h；l_1—初采机开口尺寸，设定为 150 mm；V—初采机截取速度，当 q_m 为 4200 t/h 时，速度取为 0.5 m/s。

当按上述条件进行取样时，每一个份样的平均质量约为 350 kg。确保份样间的 CV 值小于标准规定的 20%。

初采机在截取份样的过程中，速度是根据主皮带机的瞬时流量进行动态调节的，但在份样的截取过程中速度保持恒定。当港口主皮带机瞬时流量过大或过小时（大于 5000 t/h 或小于 1000 t/h），初采机推迟取样操作。当两条主皮带机 DS3 和 DS4 同时接卸同一交货批时，一次取样按累计计量取样方式进行，控制系统从港口中控室取得主皮带机的累计流量和瞬时流量后，将两部分流量进行累加，当两条皮带机上流经的矿石量之和达到设定的重量间隔时，两台初采机同时进行一次取样操作。此时按最大流量 10000 t/h 考虑，份样平均质量为 694 kg，初采机最大速度按 0.6 m/s 考虑。

在 10000 t/h 的卸货流量下，当卸载船型在 45000 t 级以下时，取样系统无法在规定的取样时间内完成作业，届时系统将按副样缩分取样。

2. 旋转式取样器

在港口皮带机装卸含水量较大的矿种（含粘度较大矿种）或 DS3、DS4 同时接卸不同矿种时，取制样系统仅对其中一交货批进行取样操作，另一交货批通过旋转式取样器进行取样，然后将样品运至手工制样间进行制样。为保证等量取样，每个份样在流出初采机下的溜槽后需保持料流均匀，因此在 A、B 来样皮带机和系统来样皮带机上安装有使料流保持均匀的刮板装置。此外在来样皮带机上还安装有料流探测装置，用以测出料流的长度和通过时间。

通过旋转式取样器所取得的样品按照相关标准和工艺要求总量 600～1000 kg 左右，所有样品均需要到手工制样间进行制备，以获得水分样、粒度样和品质样。

3. 二次取样

一次取样的份样量相对制样设备来说仍然过大，如果将所有的份样都用于制样，则给制样设置造成较大的压力，也影响粒度分析时的效率，容易造成物料堵塞。因此在制样之前，有必要进行二次取样，舍弃大部分份样，仅取出少部分进行制备。

进行二次取样的设施为二采机，其结构与初采机相同。但截取次数可以进行设定，其中每一次截取为随机截取，共截取样品约 36 kg。二次取样后的弃样落到系统转接皮带机上，通过系统弃样皮带机返回到港口主皮带机上。

4. 机器人自动在线分析单元[1][2]

二次取样后的样品通过溜槽被送入机器人自动在线分析单元，完成粒度分析、水分称量及品质样的制备等工作。该单元是整个机械系统制样工作的核心。其主要的设备包括：机器人、样品收集器、缩分机、清扫器、弃料装置、称重电子称、烘箱、破碎机、振动筛、筛网存储架、粒度称量装置、研磨机、进料皮带机、弃样皮带机、斗提机等。

当二采机先后取得 2 个份样后，放入来样样品桶，通过 1 号旋转缩分机进行缩分（块矿/球团矿样品量为 27 kg，粉矿样品量为 18 kg，进料最大粒度为 50 mm），缩分后的样品放入样品收集器中储存，等到三次缩分样品收集器中的样品量达到块矿/球团矿为 81 kg，粉矿为 54 kg 时，通过 1 号旋转缩分机对样品收集器中的样品再一次进行缩分，缩分后得到 5 小桶样品，其中一桶作为粒度分析样品，一桶作为水分/品质分析样品，其余三桶作为弃样返回港口主皮带机中。

---

① 袁晓鹰，叶向勇. 日照港矿石机械化采制样系统中机器人的应用 [J]. 金属矿山，2009，393（3）：124-129.
② 鞠溯，袁晓鹰，胡首鹏，等. 利用机器人对铁矿石进行在线水分测定的方法 [J]. 金属矿山，2010，409（7）：129-131.

在 1 号旋转缩分机对样品收集器中的样品再一次进行缩分后，即可完成粒度分析、水分称量及品质样的制备等工作。

（1）矿石粒度组成分析：该单元可完成块矿、球团矿及部分粉矿的粒度在线分析。部分粉矿是指含水量小、不易造成堵塞且最大公称粒度在 5mm 以上的粉矿。所有筛分的粒级需要在取样开始前设定完毕，机器人自动根据选择的粒级在振动筛上摆放好所需要的筛网（系统设计最多可以摆放 7 个筛网，获得 8 个粒度分布数据）。

当样品为块矿/球团矿时，取得粒度样及品质/水分样品各 20 kg，当样品为粉矿时，取得粒度样及品质/水分样品各 13.5 kg，然后把粒度样品送入振动筛中进行筛分。筛分结束后，机器人自动进行粒度称量，系统记录各个筛分粒度级的重量并数据计算。称量后完成弃样及清洗筛网的工作，弃样通过弃样皮带机返回码头的主皮带机中。当样品为球团矿时还需要由缩分取得 10 kg 的样品放入样品桶中，作为球团矿物理性能试验的样品。

粒度筛分的工作流程可概括为：①机器人根据设定的粒级分布在筛网存储架和振动筛之间取/放筛网；②振动筛完成粒度分析工作后，将样品按不同粒级分别称重并记录；③称重完成后弃样；④筛网经清洗后送回筛网储存架，等待下一次筛分。

（2）水分/品质样品的制备：为保证及时进行水分测定，提高检测结果的准确性，水分测定采用在线自动完成。由机器人完成水分测定过程中的破碎、取样称量、向烘箱内取放样品、样品盘清扫的任务。

当样品为块矿/球团矿时，机器人将所取得的 20 kg 样品放入破碎机中进行破碎（系统共有两台破碎机，一台为锥式破碎机，一台为颚式破碎机，两台互为备份。具体选用哪一台，可根据实际需要进行选择）。破碎后的样品通过 2 号旋转缩分机进行 2 次缩分后得到 A 和 B 共 2 个约 1.3 kg 的水分样，分置于 2 个水分样品盘中，将其放入烘箱中进行水分测定。测量好的 A 盘样品送入研磨机中进行研磨，制备成供化学分析用样品。B 盘样品放入样品收集器中作为留样备用。

当样品为粉矿时，机器人将所取得的 13.5 kg 样品通过 2 号旋转缩分机进行 2 次缩分后得到 A 和 B 共 2 个约 1.7 kg 的水分样，分置于 2 个水分样品盘中，将其放入烘箱中进行水分测定。测量好的 A 盘样品送入研磨机中进行研磨，制备成供化学分析用样品。B 盘样品放入样品收集器中作为留样备用。

为防止样品的污染，保证样品的清洁，机器人系统具有样品盘、样品罐的清洗功能，清洗后的样品作为弃样返回港口的主皮带中。

水分测定的工作流程可概括为：①机器人将空盘从烘箱中取出放到天平上称量并记录盘重；②将样品放入水分盘中并记录总湿重；③样品送入烘箱中进行烘干；④达到设定时间后，将样品取出再次称量并记录烘干后总重量；④自动计算水分含量。

系统所用研磨机具有自我清洗功能，充分保证样品的清洁。研磨后的样品因数量较大，仍需要再次缩分。缩分后的样品经装袋、标记后方可送入实验室进行检测。

5. 机械取制样设备控制系统介绍

（1）系统流程画面。系统流程主要由三部分组成：取样部分、机器人单元和弃样部分。在该流程画面中，可了解每一台设备的运转情况（绿色表示设备有信号或正常运行，红色表示设备无信号或停止运行）和系统的工作状态。如卸货的累计重量，应取份样个数和已取份样个数，下一份样的剩余重量或剩余时间，机器人正在执行的动作等。该界面是在取制样过程中需要重点监控的界面。

（2）模式设定界面。该界面可用于设定取制样过程中的各种参数、选择系统的运行方式。系统支持三种运行方式：自动运行、现场运行和单机运行。在进行取制样操作之前，需输入该交货批的重量并选择品质波动类型，则系统会自动计算应取样数及取样间隔，选择好矿种类型、样品罐收集器和所需要的筛网规格，如果是块矿或球团矿，还需选择使用的破碎机，全部设好参数和设备后，点击"系统启动"按钮，系统即可按设定好的参数自动运行，如果没有故障发生，则无需人工介入，直至卸货完毕、取制样工作结束。

现场操作模式，当需要在现场对设备进行操作时，选择此按钮。选择该模式后，可在现场的操作箱上对单台设备进行启动、停止、解锁/锁定等操作，方便在现场排除设备故障时，对设备进行调试。

单机操作模式和现场操作模式功能类似，选择此模式后，可在中控室内远程操作单台设备，而无须到现场操作。当只需要使用某一台或某几台设备进行工作，无须启动整个系统时，使用该模式会十分方便。

（3）机器人单元界面。机器人单元界面是系统流程画面中机器人单元部分的放大版。在该界面中，可显示机器人及周边每一台设备的状态和运行情况，包括样品收集器中样品的个数、缩分机旋转次数、烘箱内各个水分盘的使用情况及已烘时间、称量天平的称量数值、研磨机内已研磨样品个数等。在该界面还可以将已测定完毕的粒度及水分数值导出，查看有无数据异常，及时发现问题并加以解决。

为保证取制样系统的清洁，防止混料情况的发生，在一交货批取制样工作结束后，应对样品收集器等设备进行清洗，防止样品残留。当需要进行清洗工作时，选择"清洗样品桶"按钮，在弹出的界面中选择需要清洗的设备，点击"清洗以上设备"按钮，则机器人会将已选的各个设备在清扫器上清扫干净并放回原位，等待下一交货批取制样工作的开始。

（4）系统状态显示画面和报警信息界面。系统状态显示画面集中显示了系统中所有的设备及传感器的状态。如设备或传感器状态正常，则显示为绿色，可正常工作。否则显示为红色，说明无法正常工作或存在故障，应及时进行检查排除。报警信息界面显示了取制样系统工作过程中所有的报警信息和提示信息，方便查找故障源和了解设备的工作状态。

2.4　矿产品取制样标准[1][2]

我国每年进口的矿产品种类繁多，矿产品产地也遍布全球。对不同的矿产品和不同的进口国，采用的检验标准也各不相同。因采用的标准不同造成最终的检验结果不同，由此造成的贸易纠纷已屡见不鲜。作为一名从事取制样工作的技术人员，在工作中熟悉和掌握每种矿产品的取制样标准并在工作中严格遵守，是保证检验结果公正、客观、准确的基础。

按照《中华人民共和国标准化法》的规定，我国将标准划分为四种，即国家标准、行业标准、地方标准、企业标准。标准要求程度依次递增。国家标准分为强制性标准和推荐

---

[1]应海松，朱波. 铁矿石商品的检验管理［M］. 北京：冶金工业出版社，2009.

[2]臧世阳，马德起，王向东. 铁矿石取制样标准的研究［J］. 检验检疫学刊，2011，（2）：63—67.

性标准，代码分别为 GB 和 GB/T。行业标准代码因行业不同而不同，如检验检疫行业标准代码为 SN，有色冶金行业代码为 YS，黑色冶金行业代码为 YB，煤炭行业代码为 MT 等。

国际标准化组织（ISO）是目前世界上最大、最有权威性的国际标准化专门机构。其主要活动是制定国际标准，协调世界范围的标准化工作，组织各成员国和技术委员会进行情报交流，以及与其他国际组织进行合作，共同研究有关标准化问题。为了提高我国的商品检验水平，与国际检验体系接轨，我国的国家标准很大一部分等同采用 ISO 标准。

2.4.1　矿产品取制样通用标准

GB/T 2007.1—1987 散装矿产品取样、制样通则 手工取样方法

GB/T 2007.2—1987 散装矿产品取样、制样通则 手工制样方法

GB/T 2007.3—1987 散装矿产品取样、制样通则 评定品质波动试验方法

GB/T 2007.4—2008 散装矿产品取样、制样通则 偏差、精密度校核试验方法

GB/T 2007.6—1987 散装矿产品取样、制样通则 水分测定方法 热干燥法

GB/T 2007.7—1987 散装矿产品取样、制样通则 粒度测定方法 手工筛分法

GB/T 14260—2010 散装重有色金属浮选精矿取样、制样通则

SN/T 3519—2013 集装箱散装矿石取样方法

2.4.2　铁矿石取制样标准

ISO 3087—2011 铁矿石 批水分含量的测定

ISO 11323—2010 铁矿石和直接还原铁 术语

ISO 3082—2009 铁矿石 取样和制样程序

ISO 7764—2006 铁矿石 化学分析用预干燥试样的制备

ISO 3086—2006 铁矿石 校核取样偏差的试验方法

ISO 10836—1994 铁矿石 物理试验用试样的取样和制样方法

ISO 4701—2008 铁矿石和直接还原铁 筛分法测定粒度分布

GB/T 10322.1—2014 铁矿石 取样和制样方法

GB/T 20565—2006 铁矿石和直接还原铁 术语

GB/T 10322.7—2004 铁矿石 粒度分布的筛分测定

GB/T 10322.5—2000 铁矿石 交货批水分含量的测定

GB/T 10322.2—2000 铁矿石 评定品质波动的实验方法

GB/T 10322.3—2000 铁矿石 校核取样精密度的实验方法

GB/T 10122—1988 铁矿石（烧结矿、球团矿）物理试验用试样的取样和制样方法

GB/T 10322.4—2014 铁矿石 校核取样偏差的实验方法

SN/T 1797.6—2008 铁矿石安全卫生检验技术规范 第 6 部分：质量评价 水分含量

SN/T 1797.1—2008 铁矿石安全卫生检验技术规范 第 1 部分：取样 手工法

SN/T 1797.7—2008 铁矿石安全卫生检验技术规范 第 7 部分：质量评价 粒度分布

SN/T 2715—2010 散装船舶运输铁矿石检验规程

YB/T 4382—2014 铁矿石中明水含量的测定方法

2.4.3　煤炭取制样标准

GB/T 483—2007 煤炭分析试验方法一般规定

GB/T 19494.1—2004 煤炭机械化采样 第 1 部分：采样方法

GB/T 19494.1—2004 煤炭机械化采样 第 2 部分：煤样的制备

GB/T 19494.3—2004 煤炭机械化采样 第 3 部分：精密度测定和偏倚试验

GB/T 30730—2014 煤炭机械化采样系统技术条件

GB/T 30731—2014 煤炭联合制样系统技术条件

GB/T 477—2008 煤炭筛分试验方法

SN/T 0067—2012 进出口煤炭机械化采样制样方法

SN/T 2952—2011 进出口煤炭检验规程

SN/T 3364—2012 散装焦炭仓库取样方法

DB13/T 1456.1—2011 煤炭机械化采样操作技术规程 第 1 部分 机械缩分

DB13/T 1456.2—2011 煤炭机械化采样操作技术规程 第 2 部分 破碎

2.4.4　铬矿取制样标准

ISO 6153—1989 铬矿石；份样取样

ISO 6154—1989 铬矿石；样品的制备

ISO 8541—1986 锰矿石和铬矿石 检验取样和试样制备偏差的实验方法

ISO 8542—1986 锰矿石和铬矿石 评定质量波动的实验方法和检验取样精度的方法

ISO 8530—1986 锰矿石和铬矿石 检验试样缩分精度的实验方法

ISO 8531—1986 锰矿石和铬矿石 检验水分测定精度的实验方法

GB/T 29517—2013 散装铬矿石手工制样方法

GB/T 24232—2009 锰矿石和铬矿石 校核取样和制样偏差的试验方法

GB/T 24233—2009 锰矿石和铬矿石 评定品质波动和校核取样精密度的试验方法

GB/T 24243—2009 铬矿石 采取份样

GB/T 24192—2009 铬矿石 粒度的筛分测定

GB/T 24222—2009 铬矿石 交货批水分的测定

SN 0066—1992 进口散装铬矿石取样，制样方法

2.4.5　锰矿取制样标准

ISO 6230—1989 锰矿石 粒度筛分

ISO 4299—1989 锰矿石 含水量的测定

ISO 8541—1986 锰矿石和铬矿石 检验取样和试样制备偏差的实验方法

ISO 8542—1986 锰矿石和铬矿石 评定质量波动的实验方法和检验取样精度的方法

ISO 8530—1986 锰矿石和铬矿石 检验试样缩分精度的实验方法

ISO 8531—1986 锰矿石和铬矿石 检验水分测定精度的实验方法

ISO 4296—1—1984 锰矿石 取样 第 1 部分：份样取样

ISO 4296—2—1983 锰矿石 取样 部分 2：试样的制备

GB/T 29653—2013 锰矿石 粒度分布的测定 筛分法

GB/T 2011—1987 散装锰矿石取样、制样方法

GB/T 29516—2013 锰矿石 水分含量测定

GB/T 24232—2009 锰矿石和铬矿石 校核取样和制样偏差的试验方法

GB/T 24233—2009 锰矿石和铬矿石 评定品质波动和校核取样精密度的试验方法

2.4.6 铅矿取制样标准

GB/T 14262—2010 散装浮选铅精矿取样、制样方法

2.4.7 锌矿取制样标准

GB/T 14261—2010 散装浮选锌精矿取样、制样方法

SN/T 0680—1997 出口散装锌精矿取制样方法

2.4.8 铜矿取制样标准

GB/T 14263—2010 散装浮选铜精矿取样、制样方法

SN/T 3357—2012 进口散装铜精砂取样、制样方法

SN/T 4111—2015 进口铜矿石取样和制样方法（2015—09—01 实施）

2.4.9 镍矿取制样标准

GB/T 25952—2010 散装浮选镍精矿取样、制样方法

YS/T 950—2014 散装红土镍矿取制样方法

SN/T 3997—2014 散装红土镍矿取样和样品制备方法

2.4.10 萤石矿取制样标准

ISO 9499—1995 萤石 取样和试样制备精度的测定方法

ISO 9497—1993 萤石 评定质量偏差的实验方法

ISO 9498—1993 萤石 检验取样和制样偏差的实验方法

GB/T 22564—2008 萤石 取样和制样

GB/T 2008—1987 散装氟石取样、制样方法

GB/T 22563—2008 萤石的水分测定

GB/T 31313—2014 萤石 粒度的筛分测定

YB/T 5217—2005 萤石

SN/T 2381—2009 出口袋装酸级氟石粉取样方法

第3章　煤炭有害元素检验

3.1　煤炭资源概况

煤炭是由植物遗体埋藏在地下经过漫长复杂的生物化学、物理化学和地球化学作用转变而成的固体有机可燃矿产，是我国最主要的能源物资，在我国经济中占有举足轻重的地位。煤中除 C、H、O、N、P、S 等元素为常量元素外（大于 1％），还含有 80 多种微量元素。煤炭在储备、搬运、洗选、燃烧及其他利用过程中，会产生大量粉尘、有毒有害气体、废物废渣，煤炭中的有害重金属也会随这些媒介进入人们生活环境。

煤炭燃烧是大气重金属污染最主要的来源，也是当前雾霾天气的元凶之一。目前，我国排入大气中 85％的二氧化硫、70％的烟尘、60％的氮氧化物和 80％的二氧化碳都来自于煤的燃烧。我国 SO_2 年排放数量居世界首位，酸雨已覆盖国土面积 30％左右。煤炭中的有害重金属含量虽然不高，但由于我国煤炭消耗量巨大，燃煤重金属污染所产生的公共安全事件给人类带来了非常大的伤害。在我国贵州省兴仁县，村民因使用高砷煤进行无排烟设施炊事、取暖、晾干粮食等日常事件，造成燃煤污染型砷中毒事件，病区砷中毒患者约 3000 人，病区因肝癌、皮肤癌、肺癌、乳腺癌、肝硬化死亡人数达 240 余人，燃煤重金属污染事件已经给我国人民带来了血的教训。

图 3.1　煤炭燃烧对大气的影响

目前，全世界各国与煤炭有关的环境法律法规和标准均呈现日益严格的趋势，部分煤炭进口国在煤炭贸易合同中明确提出对煤中硫、磷、汞、铅、硒、砷等有毒、有害及放射性元素设定限量。2013年9月，国务院下发《关于印发大气污染防治行动计划的通知》（国发〔2013〕37号），要求"禁止进口高灰分、高硫分的劣质煤炭"。2014年9月，中华人民共和国国家发展和改革委员会、中华人民共和国环境保护部、中华人民共和国商务部、中华人民共和国海关总署、国家工商行政管理总局、国家质量监督检验检疫总局发布《商品煤质量管理暂行办法》（第16号令），以强化商品煤全过程质量管理，提高终端用煤质量，推进煤炭高效清洁利用，改善空气质量。

3.1.1 煤炭的形成、组成及分类

煤的生成是一个极其漫长与极其复杂的过程，煤炭由植物→泥炭→褐煤→烟煤→无烟煤的成煤理论已经被当今社会普遍接受。煤炭的形成大体上可分为两个阶段[①]：第一阶段是泥炭化阶段，即由植物转变为泥炭的阶段。当植物枯死之后，其遗体堆积在充满水的沼泽中，在多水缺氧的情况下，在"厌氧细菌"的作用下，脱去不稳定的含氧物质，使植物残骸的氧和氢含量减少，碳含量相对增加。在其他生物化学的作用下，最后植物的遗体变成了褐色或黑褐色的淤泥物质，这就是泥炭。第二阶段是煤化阶段，即由泥炭转化为褐煤，褐煤转变为烟煤，烟煤再转变成无烟煤的阶段。当泥炭层形成后，有水经常冲刷陆地的低洼地方，带来了大量的土、石、砂，在泥炭层上面逐渐形成岩层（称为顶板）后，被埋在顶板层下的泥炭层在顶板岩石层的压力作用下，发生了压紧、失水、胶体老化、硬结等一系列的物理变化，与此同时，泥炭的化学组成也发生了缓慢变化，逐渐变成比重较大，结构较致密的黑褐色的褐煤。这一变化过程叫成岩作用阶段。在褐煤形成之后，随着地壳运动使褐煤沉降到地表下的深处，在高温、高压的作用下，煤质也发生了变化，褐煤逐渐变为烟煤、无烟煤。褐煤变化成烟煤，烟煤变化成无烟煤的过程叫做变质作用。

煤的组成归纳起来可分为两大类：即有机质和无机质。煤的有机质是其主要组成部分，是由各种复杂的高分子有机化合物所组成的混合物，主要由碳、氢、氧、氮和硫等元素组成，此外，还有少量的磷和其他元素。煤中的有机质中各元素的含量，因煤的种类、煤岩成分和变化程度不同而异，元素组成往往随着煤化程度加深而有规则地变化。煤中的无机质包括无机矿物质和水分，它们绝大多数是煤中的有害成分，对煤的加工利用起着不良的影响。煤中水分的存在形式，根据其结合状态可分为游离水和化合水两类。煤中矿物质是指煤中除水分以外所有无机物的总称，一般由各种硅酸盐矿物、碳酸盐矿物、硫酸盐矿物、金属硫化物和氧化亚铁矿物等组成。

我国煤炭的分类依据是 GB/T 5751—2009《中国煤炭分类》，在分类体系中，先根据干燥无灰基挥发分类等指标，将煤炭分为无烟煤、烟煤和褐煤；再根据干燥无灰基挥发分类和黏结指数等指标，将烟煤划分为贫煤、贫瘦煤、瘦煤、焦煤、肥煤、1/3焦煤、气肥煤、气煤、1/2中黏煤、弱黏煤、不黏煤及长焰煤。

国际煤炭分类依据是 ISO 11760—2005《煤炭分类》，该国际标准采用镜质组随机反射率、镜质组含量和灰分产率三个独立变量作为分类指标。以镜质组随机反射率作为煤阶指

---

①周尊英，胡顺峰，王磊．煤炭贸易与检验［M］．北京：中国标准出版社，2010.

标，以镜质组含量作为煤岩组成指标，以干基灰分产率作为煤的品味指标。

3.1.2　煤炭资源分布

世界煤炭资源非常丰富，据英国石油公司（BP）统计，截止 2011 年底，世界煤炭探明储量为 8609.4 亿吨，其中无烟煤和肥煤可采储量 4047.6 亿吨，占总储量的 47.0%，瘦煤和褐煤可采储量 4561.8 亿吨，占总储量的 53.0%。按当前的开采速度，全球煤炭预计还可开采 112 年。

全世界拥有煤炭资源的约有 80 个国家，共有大小煤田 2371 个。从资源的地区分布看，大部分集中在北半球，北半球北纬 30°～70°之间是世界上最主要的聚煤带，占有世界煤炭资源量的 70% 以上，尤其集中在北半球的中温带和亚寒带地区。世界煤炭资源的地理分布，以两条巨大的聚煤带最为突出，一条横亘欧亚大陆，西起英国，向东经德国、波兰、原苏联，直到我国的华北地区；另一条呈东西向绵延于北美洲的中部，包括美国和加拿大的煤田。南半球的煤炭资源也主要分布在温带地区，比较丰富的有澳大利亚、南非和博茨瓦纳。其中地质储量在 5000 亿吨以上的 7 个大煤田是苏联的勒拿、通古斯、泰梅尔、坎斯克一阿钦斯克和库兹巴斯，巴西的阿尔塔一亚马孙，美国的阿巴拉契亚。此外，储量超过 10 亿吨的煤田尚有近 200 个。

从各国拥有煤炭资源来看，储量上 100 亿万吨的有美国、俄罗斯、中国、印度、澳大利亚、南非、乌克兰、哈萨克斯坦、波兰、巴西 10 个国家。其中最多的是美国，探明储量 2466.43 亿吨，占世界煤炭储量的 27.1%；其次是俄罗斯，探明储量 1570.10 亿吨，占世界煤炭储量的 17.3%；中国和印度分别是 1145.00 亿吨和 924.45 亿吨，分别占世界煤炭储量的 12.6% 和 10.2%。

我国煤炭资源的需求及分布情况可以概括为以下几点[①]：

（1）煤炭资源与地区的经济发达程度呈逆向分布。中国煤炭资源分布总体来说是：东部南部少，西部北部多。而且非常集中，例如：山西、内蒙古、陕西、新疆、贵州、宁夏等 6 省为中国煤矿集中区。可以看到这些省区为中国经济欠发达地区。而我国广东、江苏、浙江等东部发达省份基本没有煤矿分布，这样使煤炭基地远离了煤炭消费市场，资源中心远离了消费中心，给煤炭运输带来了很大的压力，给运输带来了难题。

（2）煤炭资源与水资源呈逆向分布。中国整体水资源缺乏，人均水资源占有量仅为世界的 1/4，而且分布极为不均衡，地区差异很大。与煤矿资源相反，水资源在东部南部分布较多，与煤炭资源呈逆向分布，这样的现状给煤炭资源地区煤炭生产发展带来了不利影响，而且困难不好解决，这些都给煤炭工业的长远发展带来了不利的影响，制约了其发展，进而影响了煤炭的供应。另一方面，在煤矿地区，由于煤炭生产及煤炭洗选过程中带来了大量的工业废水，这些处理不好将影响民用水源，使原本脆弱的生态环境进一步恶化，严重的，将使煤炭地区本来严峻的沙漠化问题蔓延。

（3）优质动力煤丰富，优质无烟煤和优质炼焦用煤不多。

（4）煤层埋藏较深，适于露天开采的储量很少，适于露天开采的中、高变质煤更少。

（5）共伴生矿产种类多，资源丰富。中国的煤矿中，与煤层共生、伴生的矿产种类繁多。含煤地层中有高岭岩、耐火黏土、铝土矿、膨润土、硅藻土、油页岩、石墨、硫铁

---

①赵珊 . 中国煤炭资源现状及建议 ［J］. 广州化工，2014，42(15)：52—53.

矿、石膏、硬石膏、石英砂岩层等；在煤层中，除了煤层气，还有大量的微量元素如：镓、锗、铀、钍、钒等；而在煤层的基底和盖层中还有石灰岩、大理岩、岩盐、矿泉水和泥炭等。有用物质总共有 30 多种，分布广泛，储量丰富。其中部分矿种更是中国的优势资源。

中国的煤矿资源分布较为集中，大部分位于山西、陕西及内蒙古西部，但是国家经济发展较好的地区则在华东、华南地区，这些地区是中国的用煤"大户"。近年来虽然煤炭运输效率有了较快的提高，但仍赶不上需求增长速度，煤炭运输仍是我国经济增长的关键限制因素。

3.1.3 煤炭贸易现状

煤炭是大宗能源商品，在全球能源消费结构中有着重要地位，但价格低廉、体积庞大，且运输成本较高，使得国际煤炭市场具有很强的地域性。国际煤炭市场大致可分为两大区域市场：亚太市场和欧美大西洋市场。

亚太煤炭市场的煤炭出口国家及地区有：澳大利亚、印度尼西亚、中国、俄罗斯、越南、朝鲜、印度等；亚太煤炭市场的煤炭进口国家及地区主要有中国、日本、韩国、印度、菲律宾、马来西亚等。欧美煤炭市场的煤炭出口国家及地区主要有：澳大利亚、南非、俄罗斯、波兰、美国、加拿大、哥伦比亚、委内瑞拉等；欧美煤炭市场的煤炭进口国家及地区主要有：英国、法国、德国、意大利、荷兰、巴西、比利时、丹麦、希腊等。随着各国经济规模的发展、海运市场的运费、煤炭市场供需量和价格等因素的变化，国际煤炭销售市场区域性划分也逐渐趋于模糊。

近十多年来，随着我国经济稳步高速增长对能源的需求、国际能源尤其煤炭形势的变化以及环保要求的日益提高，我国的煤炭进出口政策也发生了相应的变化，大体上经历了出口导向型、放宽进口、鼓励进口优质煤、进口收紧等几个阶段，并在煤炭进出口关税方面得到了体现。

我国煤炭出口始于 1980 年左右。其中，1980—2001 年，我国煤炭出口总体不断上升，净出口持续增加。2001—2003 年，煤炭出口达到历史高位，每年出口量均在 9000 万吨以上，但进口也在加速，快速突破了 1000 万吨。

在 2003 年之前，我国主要是站在原料出口国的角度来看待煤炭资源，出口煤炭既可以消化部分过剩产能，更主要的是可以换取外汇，为经济发展提供支撑。故此，当时我国对煤炭实施的是出口导向型的对外贸易政策，一方面采取出口退税政策鼓励煤炭出口，另一方面采取征收进口关税等政策约束煤炭进口。

出口退税始于 1998 年。当时，亚洲金融危机爆发，为缓解煤炭行业生产经营困难，我国在 1998、1999 年先后两次大幅上调煤炭出口退税率，从 3% 升至 13%。此举大大刺激了煤企出口的积极性，煤炭出口量从 1998 年 3230 万吨猛增至 2003 年 9318 万吨的顶峰。

2003 年，我国经济开始了新一轮上升期，煤炭需求大增，煤炭出口与保证国内供应需求出现了很大的矛盾。当年，我国煤炭产量达到 16 亿吨，其中电煤总量达到 8.26 亿吨，需求较 2002 年增加量也从之前的 3000 万吨左右大增至近 1 亿吨。尽管如此，当年国内煤炭出口仍达到了 9318 万吨的顶峰，而进口也达到 1076 万吨。这一年，中国煤炭黄金十年的大幕也正式拉开。煤炭进出口的量差开始缩小，并最终发生逆转。

经济的高速发展推动了对能源的大力需求，在国内能源供应紧张的情况下，进口石油、天然气、煤炭等能源就成为必然。从可贸易程度而言，煤炭比石油、天然气的程度都要低，不到 20%，但在全社会用电量大增的情况下，电煤需求水涨船高，因而煤炭尤其是动力煤的进口就呈现爆发之势。

国家在降低煤炭出口退税率的同时，也降低煤炭进口关税，以鼓励进口。从 2005 年起，炼焦煤进口关税从 3% 降为 0，动力煤、无烟煤进口关税从 6% 降为 3%，并于 2006 年、2007 年两次调整，最后降为 0。根据海关总署关于实施《2008 年关税实施方案》的公告，我国自 2008 年 1 月 1 日起取消对煤炭的进口关税（编码 2702 开头的褐煤除外），2012 年，褐煤进口关税税率从 3% 调整为 0。

与之相对应，我国煤炭进口量呈井喷式增长。2009 年我国累计进口煤炭 1.26 亿吨，首次成为煤炭净进口国；2011 年我国进口煤炭 2.22 亿吨，首次超越日本成为全球最大的煤炭进口国；2012 年我国进口煤炭 2.89 亿吨，同比增长 30.2%，进口量再创新高；2013 年，我国已进口煤炭 3.27 亿吨，同比增长 13.1%。

近两年来，随着雾霾天气频现，以及进口煤的冲击加剧了国内煤炭市场的下行趋势，煤炭进口政策开始出现收紧迹象。2013 年 8 月 30 日起，褐煤进口关税税率恢复为 3%，但鉴于褐煤主要出口国印度尼西亚享有东盟最惠国待遇，因而对褐煤的进口影响不大。2014 年 9 月 15 日，国家发展改革委等六部委联合出台《商品煤质量管理暂行办法》，对高硫分、高灰分、低发热量的煤炭采取了限制措施，对运距超过 600 km 的褐煤提出了比其他煤炭更严格的质量要求。

3.2　煤炭中有害元素概论

煤中有害元素是指煤炭资源在加工利用、运输和存放过程中，能够以不同形式转移至大气圈、水圈或土壤圈，并对其中的环境造成污染，从而危害人类和其他生物正常生存安全的元素。

煤中常量有害元素硫、氮、磷对环境造成的巨大危害已是众所周知。然而，对煤中有害微量元素的认识，即哪些微量元素对环境与人类健康具有危害潜势，目前还没有统一的认识。

美国国家资源委员会（NRC）1980 年根据危害程度将煤中元素分为 6 类。Ⅰ类为值得特别关注的元素，如 As、B、C、Cd、Hg、Mo、N、Pb、Se、S；Ⅱ类为值得关注的元素，包括 Cr、Cu、F、Ni、Sb、V、Zn；Ⅲ类为值得加以关注的元素，有 Al、Ge、Mn；Ⅳ类为需要加以关注的放射性元素，如 Po、Ra、Rn、Th、U 等；Ⅴ类是需要关注但在煤及其残余物中很少富集的元素，如 Ag、Be、Sn、Tl；Ⅵ类为暂时不需要关注的元素，即上述 5 类之外的元素。

Finkelman（1995 年）讨论了煤中 As、B、Ba、Be、C、Ca、Cr、Cu、Cd、Cl、F、Pb、Zn、Hg、Mn、Mo、Ni、P、Se、Ag、Th、Ti、Sn、Sb、V 25 种对环境敏感的微量元素。

赵峰华（1997 年）通过对比国内外环境标准所列出的元素，认为当前环保关心的有 19 种元素 Ag、As、Ba、Be、Cd、Cl、Co、Cr、Cu、F、Hg、Mn、Mo、Ni、Pb、Se、Sb、V、Zn，并把煤中有害元素限定为 22 种元素，即上述的 19 种加上 Tl、Th、U。其中 Tl、Be、Cd、Hg、Pb 为有毒元素，Be、Cd、Cr、Ni、Pb、As 为致癌元素。

Swaine（2000 年）认为，煤中有 26 种微量元素应引起环境关注，并据其危害性分为 3 类，从 I 类到 Ⅲ 类危害程度降低。I 类元素，As、Cd、Cr 、Hg、Pb 、Se ；Ⅱ 类元素，B、Cl 、F、Mn 、Mo 、Ni 、Be 、Cu 、P、Th 、U 、V、Zn ；Ⅲ 类元素，Ba 、Co 、I、Ra 、Sb 、Sn 、Tl。

2014 年 9 月，中华人民共和国国家发展和改革委员会、中华人民共和国环境保护部、中华人民共和国商务部、中华人民共和国海关总署、国家工商行政管理总局、国家质量监督检验检疫总局发布《商品煤质量管理暂行办法》（第 16 号令），对商品煤 8 项环保项目发热量、灰分、全硫、As、Hg、P、Cl、F 提出了限量要求。

综上所述，虽然各研究者或组织对煤中有害元素的界定不尽相同，但大都包括 S、N、P、As、Hg、Cl、F、Be、Cd、Cr、Pb、Se、Co、Ni、Mn、Mo、Sb、Th、U 等元素。

3.2.1 煤中硫

硫是一种有害元素，含硫量高的煤，供燃料、气化、炼焦或液化使用时都会带来很大的危害。当高硫煤用作燃料时（如用于电厂发电），燃烧产生的二氧化硫、三氧化硫与水汽结合形成硫酸蒸汽，会严重沾污和腐蚀设备，影响锅炉、管道的安全经济运行。煤中含硫量增高将增加煤粉自燃的几率，对煤粉储存、研磨都会带来危害。硫还将降低煤灰的熔融温度，致使锅炉易于和加剧结渣的发生。更为严重的是污染大气和环境，甚至形成酸雨，危害环境和人体健康。

用高硫煤制造水煤气时，由于煤气中的硫化氢等气体较多且不容易脱干净，会使得合成氨催化剂因毒化而失效。

在炼焦工业中，煤在焦化过程中约有 80% 的硫转入焦炭中，只有 20% 左右的硫进入煤气和焦油中。高炉炉料有 80% 的硫来自焦炭，当焦炭中硫分增大时，高炉中需要增加炉渣的碱性材料，从而增大排渣量，降低高炉生产能力及冶炼效率。当钢铁中的含硫量大于 0.07% 时，就会使之产生热脆性而无法使用。

3.2.2 煤中氮

氮是煤中唯一完全以有机状态存在的元素，主要由成煤植物中的蛋白质转化而来，氮元素在煤中的比例虽然很少（一般为 0.5%～3%），但其含量还与原始成煤物质的性质有关，而且随着煤化程度的增高而降低，也随着成煤时间沉积、环境的还原程度的降低而降低。当煤化程度增加时，煤中氮的含量有所降低，以各种氨基酸及其衍生物形态存在的氮仅可在泥炭和褐煤中被发现，在烟煤中已经很少或几乎没有，而且大多以比较稳定的含氮杂环和非环有机化合物的形态存在于煤中[①]。煤燃烧产生大量的氮氧化物，是大气中氮氧化物的主要人为来源。其中的氧化亚氮（N_2O）既有产生温室效应的作用又可以破坏平流层臭氧，在全球环境变化中起着重要作用。煤在燃烧时生成氨等气体，会腐蚀燃煤设备及管道。因此，煤在环保及加工利用方面都需要测定煤中氮的含量。

3.2.3 煤中磷

磷在煤中含量不高，一般在 0.001%～0.20% 之间。磷在煤中的主要存在形态是磷灰石（$3Ca_3CPO_4)_2 . Ca. F$）和氟磷灰石 [$Ca_{10}(CH)_{2-x}F_x(PO_4)_6$] 等无机磷和微量的有机磷。

---

① 李君. 煤中氮的测定 ［J］，煤炭与化工，2014，37（3）：71－72.

有机磷的含量很低，一般可忽略它的存在。由于无机磷的沸点非常高（大于 1700℃），所以煤燃烧过程中大量磷不会挥发损失，而是全部都被转入煤灰中。

炼焦时煤中磷进入焦炭，炼铁时磷又从焦炭进入生铁，影响生铁质量，进而影响钢铁的冷脆性，在零下十几度的低温下会使钢铁制品脆裂，因此炼焦用煤要求磷的质量分数小于 0.1%。在作为动力燃料时，煤中的含磷化合物在高温下挥发，在锅炉加热面上冷凝下来，胶结一些飞灰微粒，形成难于清除的沉积物，严重影响锅炉效率。

GB/T 20475.1—2006《煤中有害元素含量分级　第 1 部分：磷》规定了煤炭中干燥基磷分分级的级别名称、代号和磷分范围，见表 3.1。

表 3.1　煤中磷含量分级

级别名称	代号	磷含量（%）
特低磷煤	P—1	<0.010
低磷煤	P—2	0.010～0.050
中磷煤	P—3	0.050～0.10
高磷煤	P—4	>0.10

3.2.4　煤中砷

砷是挥发性较强的有害元素，煤利用过程中大部分以 As_2O_3 和 As_2O_5 等化合物的形式侵入到大气环境中，煤烟是大气中砷的主要来源，砷中毒是触目惊心的，表现为永久性的皮肤损伤，如贵州西南地区因燃用高砷煤自 1976 年以来确诊的慢性砷中毒患者至少有3000 例。在冶金行业中，煤炭中的砷同样具有危害性，它能使钢铁变得冷脆。

GB/T 20475.3—2012《煤中有害元素含量分级　第 3 部分：砷》规定了煤炭中干燥基砷分分级的范围分级、命名及代号，以及煤炭加工及利用过程中对砷含量的要求，见表3.2。动力用煤中砷含量不宜超过 80 mg/kg，炼焦用煤中砷含量不宜超过 35 mg/kg，特殊行业用煤中砷含量不宜超过 4 mg/kg。

表 3.2　煤中砷含量分级

级别名称	代号	砷含量/mg/kg
特低砷煤	As—1	≤4
低砷煤	As—2	4～25
中砷煤	As—3	25～80
高砷煤	As—4	>80

3.2.5　煤中汞

煤中汞也是污染环境的有害元素之一，燃煤汞排放是大气汞污染的重要来源之一。煤炭燃烧时，汞以蒸气形态排入大气。当空气中汞浓度达到 30～35 $\mu g/m^3$ 时，就会对人体产生危害。汞蒸气进入水域后，能通过微生物作用转化成毒性更大的有机汞。有机汞能在动物体内积累，最后通过食物链危害人类。汞的慢性中毒会导致精神失常，肌肉颤抖，口腔发炎。

GB/T 20475.4—2012《煤中有害元素含量分级　第 4 部分：汞》规定了煤炭中干燥基

汞分分级的范围、命名及代号，以及煤炭加工及利用过程中对汞含量的要求，见表3.3。动力用煤中泵含量不宜超过0.60 mg/kg，炼焦用煤中汞含量不宜超过0.25 mg/kg，特殊行业用煤中汞含量不宜超过0.15 mg/kg。

表3.3　煤中汞含量分级

级别名称	代号	汞含量/mg/kg
特低汞煤	Hg—1	<0.15
低汞煤	Hg—2	0.15～0.25
中汞煤	Hg—3	0.25～0.6
高汞煤	Hg—4	>0.6

3.2.6　煤中氯

煤炭燃烧时，部分氯以HCl形态释放，当煤中氯含量超过0.3%时，就会严重腐蚀锅炉管道和炭化室炉壁，从而缩短锅炉和焦炉的寿命；部分氯会生成剧毒有机氯化物——二噁英[①]，二噁英可通过大气流动传输和食物链在高等动物体内积累，造成环境污染和人身伤害[②]。

GB/T 20475.2—2006《煤中有害元素含量分级　第2部分：氯》规定了煤炭中干燥基氯分分级的级别名称、代号和氯分范围，见表3.4。

表3.4　煤中氯含量分级

级别名称	代号	氯含量/mg/kg
特低氯煤	Cl—1	<0.050
低氯煤	Cl—2	0.050～0.15
中氯煤	Cl—3	0.15～0.3
高氯煤	Cl—4	>0.3

3.2.7　煤中氟

氟是煤中含量很低的一种有害微量元素，世界煤中氟的平均值为80 $\mu g/g$，我国煤中氟的平均值为200 $\mu g/g$，但其燃烧产物气体HF却是对人类和动植物危害最为严重的一种燃煤污染物。研究表明，HF对人体的毒性是SO_2的20倍，对植物的毒性是SO_2的20～100倍。由于植物具有强烈吸收和累积大气中HF的作用，不仅植物本身严重受害，而且通过食物链毒害人类和动物，破坏钙磷的正常代谢，抑制酶的活性，影响神经系统，产生低钙症、氟斑牙、氟骨症及氟中毒。燃煤引起的氟污染已影响和参与了氟环境迁移转化的各个环节和整个过程，并改变着全球氟的自然循环状况。工业炉窑燃煤引起的大气氟污染已给我国的农牧业造成了较大的损失，1982年和1986年，浙江杭嘉湖蚕桑产区曾发生两次大面积春蚕氟中毒事件，波及范围东西长70 km，南北宽40 km，包括8个县市区，经济损失超过1000万元。浙江省有关部门组织专家调查证实是由于当地小锅炉和燃劣质煤

---

①蒋旭光，徐旭，严建华，等.煤燃烧过程中氯析出特性的试验研究［J］.煤炭学报，2002，27（4）：398—401.
②张丽珠，杨艳伟，崔高峰.燃煤引起的有机氯污染［J］.污染防治技术，2003，13（1）：10—12.

和石煤的砖瓦厂排放的氟化物污染大气，使桑叶氟化物浓度超过 30 $\mu g/g$ 所致。工业锅炉、特别是燃煤电站锅炉排放的氟化物引起的环境问题已越来越受到人们的重视，由国际氟化物研究学会（SIFR）出版的《Ruoride》杂志自 20 世纪 70 年代以来已陆续发表多篇关于燃煤氟化物对动植物和电站附近居民的危害的文献，中国科学院地理化学研究所的郑宝山在 20 世纪 80 年代就提出煤烟型氟污染是造成我国某些地区地方性氟中毒（龋齿、氟骨症等）的原因之一。燃煤引起的氟污染已经成为氟的环境化学、生态学和流行病学研究的一个重要领域。

MT/T 966－2005《煤中氟含量分级》规定了煤炭中干燥基氟分分级的级别名称、代号和氟分范围，见表 3.5。

表 3.5　煤中氟含量分级

级别名称	代号	氟含量/mg/kg
特低氟煤	SLF	＜80
低氟煤	LF	80～130
中氟煤	MF	131～200
高氟煤	HF	＞200

3.2.8　煤中铍

我国是燃煤大国，大多数煤中铍的有机亲和性指数较高，不易在选煤过程中脱除[1]，煤在燃烧利用过程中铍富集在烟尘固体微粒的表面和煤灰中，经过雨水淋滤进入土壤和水体，对人体和环境造成污染。我国不同成煤时代煤中铍的含量大多数在 0～9 $\mu g/g$ 之间，部分地区高达 16 $\mu g/g$。1996 年我国出台的 GB 16297－1996《大气污染物综合排放标准》，铍及其化合物最高允许排放浓度仅为 0.012 mg/m^3，是各污染物限值最低的；2012 年 7 月 1 日强制实施的 GB 5749－2006《生活饮用水卫生标准》，水质非常规指标铍的限值为 0.002 mg/L。

3.2.9　煤中镉

镉是一种毒性极强并广泛存在于环境中的重金属污染物。对普通人群来说，食物链是镉进入人体并在组织器官中积累的主要途径，食物链中的镉主要来自土壤[2]。在中国普遍认为工业废物和污灌是农田污染的主要来源，而关于煤中镉对大气、土壤和水的污染关注程度较低。我国以煤炭为主要能源，自上世纪以来，由于城市和工业化步伐的加快，大气颗粒物的沉降明显增加了土壤中镉的含量[3]。

MT/T 1029－2006《煤中镉含量分级》规定了煤炭中干燥基镉分分级的级别名称、代号和镉分范围，见表 3.6。

---

[1] 白向飞，李文华，陈文敏. 中国煤中铍的分布赋存特征研究 [J]. 燃料化学学报，2004，32(2)：155－159.

[2] 崔玉静，黄益宗，朱永官. 镉对人类健康的危害及其影响因子的研究进展 [J]. 卫生研究，2006，35(5)：656－659.

[3] 崔玉静，赵中秋，刘文菊，等. 镉在土壤－植物－人体系统中迁移积累及其影响因子 [J]. 生态学报，2003(10)：2133－2143.

表 3.6　煤中镉含量分级

级别名称	代号	镉含量/mg/kg
低镉煤	LCd	≤0.2
中镉煤	MCd	0.2～1
高镉煤	HCd	1～10
特高镉煤	SHCd	>10

3.2.10　煤中铬

铬是人体正常新陈代谢作用所必需的微量元素，有益于人体的球蛋白、糖、脂肪及胆固醇的代谢作用，但也是致癌、致畸与致突变的三致元素，可致肺癌（又称铬癌）、皮肤癌，诱导染色体畸变，损害核糖核酸的形成。作为煤中有害元素之一，煤中铬的发现由来已久。燃煤是铬进入大气的主要人为源，煤中铬含量的危险极限为 $100~\mu g/g$[1]。

MT/T 965—2005《煤中铬含量分级》规定了煤炭中干燥基铬含量分级的级别名称、代号和铬含量范围，见表 3.7。

表 3.7　煤中铬含量分级

级别名称	代号	铬含量/mg/kg
低铬煤	LCr	<15
中铬煤	MCr	15～25
高铬煤	HCr	>25

3.2.11　煤中硒

在煤的开采、运输、贮存和燃烧过程中，煤中微量元素会随矿井水、煤粉飘尘、燃煤粉尘和气态污染物对生态环境造成破坏，对人体健康造成一定影响。硒是植物、动物和人体必需的微量元素，缺少和过量都会有不良影响。虽然煤中硒的含量较低，但由于煤的使用量大，且硒在燃烧过程中易挥发，因此，必须重视硒对环境的影响和控制硒污染[2]。煤燃烧后煤中硒在除尘器飞灰和灰渣中亏损，在细小飞灰中富集，这与硒在燃烧过程中发生的挥发—冷凝—吸附作用有关，同时与颗粒的形态也有关，多孔颗粒更易吸附。煤燃烧后有16.5%的硒会以气态的形式进入大气，有大量飞灰难以被除尘器捕获，对环境有一定影响[3]。

MT/T 1028—2006《煤中硒含量分级》规定了煤炭中基硒含量分级的级别名称、代号和硒分范围，见表3.8。

---

①Swaine D J. trace elements in coal. Butterworth，1990.

②单晓梅，朱书全，李中和，等．煤中有害元素对环境的影响及控制［J］．选煤技术，2003，6（3）：3－6.

③徐文东，曾荣树，叶大年，等．电厂煤燃烧后元素硒的分布及对环境的贡献［J］．环境科学，2005，26（2）：64－68.

表 3.8　煤中硒含量分级

级别名称	代号	硒含量/mg/kg
特低硒煤	SLSe	<0.50
低硒煤	LSe	0.50~2.0
中硒煤	MSe	2.0~10.0
高硒煤	HSe	>10.0

3.2.12　煤中铅

铅的环境污染随着人类活动及工业的发展而日趋严重，燃煤产生的工业废气是大气中铅污染的重要来源之一。燃煤排放的铅占大气铅总量的 6% 还多。燃煤排放大气中的铅通过人体呼吸系统进入血液从而对人体健康产生严重后果，如捷克斯洛伐克燃煤电厂排放的铅已造成附近儿童骨骼生长延缓。铅对人体神经系统有毒害作用。

MT/T 964—2005《煤中铅含量分级》规定了煤炭中干燥基铅分分级的级别名称、代号和铅分范围，见表 3.9。

表 3.9　煤中铅含量分级

级别名称	级别名称	铅含量/mg/kg
低铅煤	LPb	<20
中铅煤	MPb	20~40
高铅煤	HPb	>40

3.2.13　煤中钴

钴是煤中常见微量元素之一，是人体必需微量元素，也是维生素 B12 的组成成分，人体缺钴导致食欲不振和贫血症状。如果摄入过多的钴则引起中毒，人体对钴的最大容许量为 148 $\mu g/g$，490 $\mu g/g$ 为中毒剂量。

3.2.14　煤中镍

镍是动物必需的微量元素，适量的镍可以增加胰岛素，降低血糖，可激活酶的活性和稳定大分子结构，同时镍也是致癌元素。对人体的危害主要是大气中的镍，可致肺癌以及鼻癌等呼吸道癌症。燃煤是大气中镍的主要来源，仅次于燃油向大气释放的镍。

3.2.15　煤中锰

锰特别是锰的低价化合物 MnO 对人体有相当的危害，吸入 MnO 粉尘中毒后，表现出情绪不稳定，智力低下，严重地呈慌张状态，蹲下易跌倒等。

3.2.16　煤中钼

钼是公认的生物体必需的微量元素，生物体缺钼会产生病变。然而钼含量过高则会导致钼中毒，如食品钼过高，能阻碍铜的吸收从而导致钼中毒，钼中毒的症状与铜缺乏相似，主要是由于钼和铜的拮抗作用所致。所有钼化合物均有毒，这些有毒钼化合物主要积存在肝脏和肾脏，并造成伤害。在许多环境标准中，钼被列为有害元素。煤中钼含量虽然很低，却是煤中常见的微量元素。

3.2.17　煤中锑

锑是植物必须的微量元素，也是环境中的有毒和致癌元素，锑被美国环保局列为重要的有害大气污染物。锑的化合物一般具有毒性，且无机锑的毒性大于有机锑的毒性。锑是煤中常见的微量元素，燃煤会向大气排放锑，因此研究煤中锑具有重要意义。

3.2.18　煤中钍

钍是煤中稀散元素之一，它的用途十分广泛，可以用来制造合金以提高金属强度，还是制造高级透镜的常用原料，用中子轰击钍可以得到核燃料U233，是核能发电厂重要的燃料之一。钍是一种放射性元素，会污染环境，并危及人类的健康，因此钍的分析有着重要的作用。

3.2.19　煤中铀

铀是煤中主要的稀散元素之一，它在煤中含量甚微，通常在5 $\mu g/g$ 以下。铀是一种放射性元素，在原子能工业中，它是主要的核原料。煤炭中若含有大量的铀会散发和积累在周围环境中，造成严重的放射性污染，危及人们的生活和健康。因此为了保护环境及合理地利用煤炭资源，铀的分析有着重要作用。

3.3　煤炭中有害元素检测方法

3.3.1　煤炭中硫的检测

GB/T 214—2007规定了测定煤中全硫的艾士卡法、库仑法和高温燃烧中和法。适用于褐煤、烟煤和无烟煤的全硫测定。GB/T 25214—2010规定了测定煤中全硫的红外光谱法。在仲裁分析时，应采用艾士卡法。

3.3.1.1　艾士卡法

艾士卡法为测定全硫的仲裁分析方法，其原理为：将煤样与艾士卡试剂混合灼烧，煤中硫生成硫酸盐，使 SO_4^{2-} 生成 $BaSO_4$ 沉淀，根据 $BaSO_4$ 质量计算煤中全硫含量。该方法测定结果准确度高，重复性好，但测试步骤多，实验周期长，影响测试结果的因素较多[1]。艾士卡法适用于褐煤、烟煤、无烟煤、焦炭及水煤浆干燥煤样中全硫的测定，燃烧载气为空气。

艾士卡法测全硫注意事项：煤样与艾士卡试剂混合灼烧时，应缓慢升温，以避免二氧化硫和三氧化硫未被固定而溢出；灼烧时应保持良好的通风条件；沉淀硫酸钡时，控制酸度为0.05～0.10 mol/L；在不断搅拌下，在热的溶液中慢慢加入氯化钡溶液；每次洗涤的体积不要太大，以避免硫酸钡的溶解；灼烧硫酸钡沉淀前，一定要将滤纸完全灰化，否则纸中碳会把硫酸钡还原成硫化钡，致使结果偏低；灼烧温度不能超过1 000 ℃，否则硫酸钡会分解。

3.3.1.2　高温燃烧中和法

高温燃烧中和法测定全硫原理为：煤样在催化剂作用下于 O_2 中燃烧，煤中硫生成硫

①郭丹丹，杜鹏，张航，等. 浅析艾士卡法测定煤中全硫的影响因素［J］. 化学推进剂与高分子材料，2011，9（6）：96－98.

的氧化物，被 H_2O_2 溶液吸收形成 H_2SO_4，而后用 NaOH 溶液滴定，根据消耗的 NaOH 标准溶液量计算煤中全硫含量。与艾士卡法相比，高温燃烧中和法也适用于褐煤、烟煤、无烟煤、焦炭及水煤浆干燥煤样中全硫的测定，且测定速度快，不需昂贵设备，但该方法载气为 O_2，在测定低硫煤样时，测定结果偏高，测定高硫煤样时，测定结果偏低[1]。

高温燃烧中和法测定全硫注意事项：采用 WO_3 做催化剂，炉温要升至 1200℃，O_2 流速为 300～350 mL/min，否则会导致煤中硫酸盐硫分解不完全和燃烧产物 SO_2 吸收不充分；滴定过程中溶液体积的测量、量器的洗涤与使用、规范的滴定与读数、指示剂的用量都会影响测试结果，必须保证每个步骤的准确性；此外为消除煤中氯对全硫测定的影响，可在用 NaOH 溶液滴定到终点的溶液中加入羟基氰化汞溶液，使生成的 NaCl 转变成 NaOH，再以硫酸标准溶液反滴定生成 NaOH，计算时将总 NaOH 溶液消耗量减去 H_2SO_4 消耗量即得到用于滴定硫的 NaOH 量，从而准确计算煤中全硫含量。

3.3.1.3　库仑滴定法

库仑滴定法测定全硫原理为：煤样在催化剂作用下于空气流中燃烧分解，煤中的硫生成硫氧化物，其中 SO_2 被 KI 溶液吸收，以电解 KI 溶液所产生的碘进行滴定，根据电解所消耗的电量计算煤中全硫含量。库仑滴定法自动化程度高，测试时间较短，操作简单，测试结果准确。库仑滴定法同样适用于褐煤、烟煤、无烟煤、焦炭及水煤浆干燥煤样中全硫的测定，燃烧载气为空气。

影响该方法准确度的因素也较多，主要有空气流量、干燥剂的变质程度、搅拌速度、系统气密性、电解池内的电极片是否被污染、不同 pH 值的电解液、是否覆盖 WO_3 催化剂、仪器是否按期检定校正等[2]。此外，要定期用标准煤样对仪器进行检定和校验，以检查仪器测定值和标准值的偏离程度。

3.3.1.4　红外光谱法

红外光谱法测定全硫原理为：煤样在 1300℃ 高温下于 O_2 流中燃烧分解，气流中的颗粒和水蒸气分别被玻璃棉和高氯酸镁盐吸附滤除后送红外检测池，其中的 SO_2 由红外检测系统测定，定量依据的原理为 Lambert-Beer 定律。红外光谱法测定全硫的精密度、准确度高，测硫效率高，测定时间最短，燃烧时间一般为 100 s，适于大批量样品的测试，为新兴的快速测硫法，适用于褐煤、烟煤、无烟煤及焦炭中全硫的测定，燃烧载气为 O_2。影响该方法的主要因素有煤样燃烧温度、氧气流量、干燥剂质量、系统气密性、仪器是否按期检定校正等。

3.3.1.5　艾士卡－离子色谱法

薛程[3]采用 GB/T 214－2007《煤中全硫的测定方法》中艾士卡的前处理方法，将煤中全硫转化成硫酸根，然后经离子色谱分析。将该方法与 GB/T 214－2007《煤中全硫的测定方法》（艾士卡法和库仑法）进行 F 检验和 t 检验。结果表明：艾士卡－离子色法具有操作简单，精密度好，准确度高等特点，测试结果与 GB/T 214－2007《煤中全硫的测

---

①崔村丽．煤中全硫测定的主要影响因素分析及解决措施［J］．山西化工，2010，30（6）：12－13，17.
②陈兵．浅析提高库仑滴定法测定煤中全硫的准确性［J］．煤质技术，2010（6）：35－36.
③薛程．艾士卡－离子色谱法测定煤中全硫［J］，洁净煤技术，2015，21（3）：11－17.

定方法》无显著差异。

3.3.2 煤中氮的检测

GB/T 19227—2008 规定了半微量开氏法和半微量蒸汽法测定煤中的氮，其中，半微量开氏法适用于褐煤、烟煤、无烟煤和水煤浆，半微量蒸汽法适用于烟煤、无烟煤和焦炭。GB/T 30733—2014 规定了煤中氮的仪器测定方法（杜马斯燃烧法）。

3.3.2.1 半微量开氏法

在样品中加入混合催化剂和硫酸，加热分解，氨转化为硫酸氢铵。加入过量的氢氧化钠溶液，把氨蒸出并吸收在硼酸溶液中，用硫酸标准溶液滴定，根据硫酸的用量计算样品的氮含量。影响半微量开氏法测定结果准确性的因素主要有消化反应的温度、时间、装置的气密性和标准溶液的标定等[1]。罗道成等[2]对传统的开氏定氮法试验方法改进，采用硫酸铜、硫酸钾作催化剂代替硫酸钠、硫酸汞、硒粉，蒸馏采用直接蒸馏，适当提高消化起始温度，减少消化时间，提高了精密度，降低了误差和分析成本，操作简单，对环境污染小。

3.3.2.2 半微量蒸汽法

样品在有氧化铝作为催化剂和疏松剂的条件下，于 1050℃通入水蒸气，试样中的氮及其化合物全部还原成氨，生成的氨经过氢氧化钠溶液蒸馏，用硼酸溶液吸收后，由硫酸标准溶液滴定，根据硫酸标准溶液的消耗量来计算氮的质量分数。

3.3.2.3 杜马斯燃烧法

杜马斯燃烧法是在高温下（900～1200℃）通过控制氧气量使样品充分燃烧，产生的混合气体，通过载气携带经过氧化铜氧化，混合气体中难氧化成分通过氧化铜等混合剂进一步氧化，生成的氮氧化合物在高温下经过钨还原成氮气，其中的干扰成分及水蒸气被一系列适当的吸收剂吸收消除，然后通过热导检测器检测，测得氮气的生成量，与已知浓度标准氮气做比对，计算出氮含量。

在欧美国家已经有很多实验室用杜马斯法代替了开氏法。高质量的杜马斯快速定氮仪可以检测克级样品，并且提供高精密度和高准确可靠的数据，较之开氏法有很多优越性：在前处理方面可以直接测定固体，避免了人为操作造成的误差，所用试剂比较安全，大大缩短了分析时间。孙廷岳[3]利用杜马斯燃烧法测定煤中的氮得到了理想的实验结果。

3.3.3 煤炭中磷的检测

3.3.3.1 磷钼蓝分光光度法

ISO 622：1981（E）和 GB/T 216—2003 都采用磷钼蓝比色法测定煤中磷的含量，ISO 622：1981（E）提供了干氧化法和湿氧化法分解，利用分光光度计测定。GB/T 216—2003 修改采用自 ISO 622：1981（E），删除了 ISO 方法中的煤样湿氧化法，只采用灰样的干氧化法，采用磷钼蓝分光光度法测定。该方法灵敏度高，结果可靠，操作简便快速，干扰元素易于分离和消除，适用于微量磷的分析。

方法原理为：先将试样灰化后，用酸分解和脱除灰分中二氧化硅，然后加入钼酸铵和

①戴体伟，杨钊，王康．浅谈煤中氮含量测定的影响因素及对策 [J]，能源技术与管理，2014，39（5）：134—135.
②罗道成，陈安国．煤中氮含量测定方法的改进 [J]．煤化工，2005，1：23—24.
③孙廷岳．浅析如何利用杜马斯燃烧法测定煤中的氮 [J]．广东科技，2013（12）：192—193.

抗坏血酸，在一定的酸度条件下生成磷钼蓝，然后进行比色测定。利用硫酸—氢氟酸溶矿易引起可溶性磷酸盐变为不溶性磷氧化物，使测试结果偏低。雷翠晓等[①]以高氯酸—氢氟酸代替硫酸—氢氟酸法分解溶样，结果表明，此法操作简便，条件容易控制，重现性和精密度较高。于光[②]在 GB/T 216—2003 基础上尝试加入了硝酸铋以提高灵敏度，结果令人满意。程刚等[③]利用赤霉素代替抗坏血酸作为还原剂，结果表明，在 1.0 mol/L 盐酸介质中，将磷钼杂多酸还原成磷钼杂多蓝，其最大吸收波长为 670 nm，表观摩尔吸光系数为 $1.39 \times 10^4 L \cdot mol^{-1} \cdot cm^{-1}$，方法准确、可靠。

3.3.3.2　火焰原子吸收光谱法

在稀 HNO_3 介质中，磷与钼酸铵形成磷钼杂多酸络合物，可被乙酸丁酯萃取，用火焰原子吸收光谱法测定磷钼杂多酸中钼从而间接测定磷。谢建鹰[④]研究了钼酸铵用量、温度对络合物形成的影响以及萃取条件的选择，火焰原子吸收光谱法测定煤炭中磷，精密度在 2.0%～3.8%。

3.3.3.3　电感耦合等离子体发射光谱法

姜郁等[⑤]用微波溶样技术将已经灰化的煤样用硝酸—氢氟酸分解，使磷进入溶液，用硼酸络合游离的氟离子，用 ICP-AES 法测定溶液中的磷含量。本法操作简单，分析速度明显提高，且精密度高，结果与常规化学法一致。陈广志等[⑥]采用硝酸、硫酸、氢氟酸在高压密封微波消解体系中完全消解褐煤、烟煤和无烟煤样品，消解温度为 180℃以上，以 178.283 nm 作为磷的分析谱线，电感耦合等离子体发射光谱法测定煤样中磷的含量。通过扣除背景的方法消除了基体干扰和光谱干扰。方法简便、快速、稳定，已在实际生产中得到应用。刘华等[⑦]采用氢氟酸—高氯酸体系溶解煤样品，以 10% 盐酸溶解定容，ICP-OES 法测定，方法精密度好，检出限低，可以实现大量煤样中镓、钒、钍、磷等元素的同时快速测定。

3.3.3.4　X 射线荧光光谱法

见 3.6.20(3)。

3.3.3.5　单扫描示波极谱法

王中慧等建立了极谱法测定煤中磷的方法，对测定条件进行了探讨和改进，并用于实际煤样品的分析，获满意结果。方法原理为：磷和钼酸铵在酸性条件下与还原剂抗坏血酸作用，能形成具有电活性的磷钼杂多蓝配合物，此配合物在氨性缓冲溶液介质中（pH 值：9.5～10.4）产生一灵敏的还原波。磷在 0.03～1.5 $\mu g \cdot mL^{-1}$ 范围内与波高呈线性关系（r = 0.999）。用磷标准溶液进行标准加入回收测定，平均回收率为 98.6%，RSD =

①雷翠晓，祁亚萍，王宝旗．高氯酸—氢氟酸法测煤中磷方法探讨 [J]．陕西煤碳，2007(3)：25—27.
②于光．煤中磷的测定 [J]．贵州化工，2006，31(3)：29，41.
③程刚，潘亚利，李惠萍．赤霉素在钼蓝法测定煤中磷的应用 [J]．西安工程科技学院学报，2006，20(6)：741—744.
④谢建鹰．火焰原子吸收光谱法间接测定煤中磷 [J]．冶金分析，2004，24(4)：52—53.
⑤姜郁，笪靖样，杨淑兰．微波溶样—ICP—AES 法测定煤炭及焦炭中的磷 [J]．现代商检科技，1997，7(2)：19—20，41.
⑥陈广志，苏明跃，王昊云．微波消解—电感耦合等离子体发射光谱法测定煤中磷 [J]．岩矿测试，2011，30(4)：477—480.
⑦刘华，李健，杜东平，等．ICP-OES 法测定煤中镓、钒、钍、磷 [J]．煤质技术，2010(1)：19—21.

0.2%。该方法具有快速、方便、灵敏度高等特点。

3.3.4 煤炭中砷的检测

ISO 11723：2004《固体矿物燃料 煤中砷和硒的测定 氢化物发生－原子吸收法》和 ASTM D4606－03《煤中砷和硒的标准试验方法 氢化物发生－原子吸收法》规定的标准方法相同，皆为煤样缓慢灰化后，采用艾氏剂分解，利用氢化物发生－原子吸收法测定；GB/T 3058－2008《煤中砷的测定方法》修改采用 ISO 11723：2004，其中方法之一也是艾氏剂分解煤样，氢化物发生－原子吸收法，另一种方法是作为仲裁法使用的砷钼蓝比色法，方法操作繁琐。SN/T 1600－2005《煤中微量元素的测定 电感耦合等离子体原子发射光谱法》中砷的测定前处理同样是用艾氏剂分解煤样，而测定是用氢化物发生 ICP-AES 法。

3.3.4.1 砷钼蓝分光光度法

砷钼蓝分光光度法测定煤炭中的砷是一种广为使用的经典方法，有较高的准确度和精密度，而且测定范围较宽，方法原理为：将煤样与艾氏剂混合后灼烧，用盐酸和硫酸溶解灼烧物，加入还原剂，使 As^{5+} 还原成 As^{3+}，加入锌粒，放出氢气，使砷形成砷化氢气体释放，用稀碘溶液吸收，再氧化成砷酸，再加入钼酸铵－硫酸肼溶液生成砷钼蓝。着色溶液的吸光度与样品中砷含量成正比，依次进行比色测定。

煤中磷在钼酸铵－硫酸肼作用下，也能生成磷钼蓝，但除某些磷化物被水分解时会生成 PH_3 外，磷不会与氢生成挥发性物质，因此在砷化氢发生过程中磷就留在溶液中，而使砷与磷分离。试验证实，样品溶液中含有 6 mg 以下的磷，对砷的测定无影响。

三价锑在新生态氢的作用下，也能生成锑化氢气体而析出，但它在还原剂作用下并不生成有色物质，因而没有干扰。试验证实，样品溶液中含有 0.3 mg 以下的锑，对结果无影响。

硫化物硫存在时，在酸性溶液中会生成硫化氢气体而析出，此硫化氢能被碘吸收溶液氧化，并析出元素硫，致使溶液混浊，影响比色测定；同时，也因它消耗了碘而使碘溶液不能将砷化氢定量地氧化成砷酸。为此在气体进人碘吸收溶液之前，用乙酸铅棉花来吸收硫化氢气体以消除其干扰。试验表明，煤中硫化物硫的含量在样品溶液中为 0.5 mg 以下时，对砷的测定无干扰，超过 0.5 mg 时，砷的回收率显著下降，乙酸铅棉花几近全黑。但是，如果煤样的处理是采取干式氢化法，则在艾氏剂作用下，煤中的硫基本上都已转化为硫酸盐，加锌粒后不会生成硫化氢，所以，煤中硫化物对砷的测定也无影响。试验表明：含硫量高达 10% 以上的煤样，与艾氏剂混合灼烧后，煤中的硫都已转化为硫酸盐，对砷的测定并无影响。

含砷溶液加入钼酸铵－硫酸肼混合溶液后，在沸水浴中加热能加速显色。煮沸时间越长，颜色越深。如煮沸时间太短，显色不完全，使测定结果偏低，但时间太长，则耗费时间。试验结果表明，当煮沸 20 ~ 25 min 时，吸光度保持不变，超过 25 min 后颜色又稍加深。所以，应控制煮沸时间为 20 min。

砷测定中的"空白"主要来源于样品处理时所使用的艾氏剂中的氧化镁。市场上出售的氧化镁根据其纯度的不同，多少都含有一定量的砷。砷测定中其他所有的试剂也含有少量的砷。因此，每换一批试剂，特别是艾氏剂时，都应测其空白值，以便从煤样测定结果中扣除，否则，砷测定值就会偏高。

3.3.4.2 原子吸收法

刘要治[1]提出了微波消解原子吸收法测定煤中砷的分析方法。采用在密闭容器中，用王水和少量氢氟酸做溶剂来消解煤，样品溶解完毕泄压后定容，用内置氢化物和耐氢氟酸装置的原子吸收仪测定砷的含量。微波消解技术结合原子吸收技术测定煤中的砷，具有快速、高效、试剂用量少、空白值低、减少酸气对分析人员的伤害等优点，并满足了煤中砷的测定。

3.3.4.3 原子荧光光谱法

砷钼蓝分光光度法前处理繁琐、耗时，而原子吸收法，砷作为一种低温元素长时间高温灰化极易造成损失，且灰化所用试剂易造成空白值偏高，影响测定结果；而且这两种方法灵敏度较低。采用原子荧光光谱法测定砷有独特的优势：一是因为砷的荧光谱线位于 200～290 nm，是日盲光电倍增管灵敏度的最好波段；二是砷易形成气态氢化物，能够与可能引起干扰的样品基体分离，气体进样方法使进样效率接近 100％氢化物可以在氩氢焰中得到很好的原子化，氩氢焰又具有很高的荧光效率及较低的背景，这些因素的结合使得采用简单的仪器装置即可得到很好的检出限[2]。

潘亚利等[3]将样品置于 65％硝酸中进行微波消解，消解完毕将消解液置于电热板上加热赶酸，通过硫脲－抗坏血酸将砷全部还原为三价，利用氢化物发生－原子荧光光谱法测定煤中砷含量。刘瑞卿等[4]将煤样置于自制消解罐中，加入消解液在定温定时的烘箱中消解，消解完毕后再将消解液转移至烧杯中加入盐酸放置在加热板上加热以赶走剩余消解液，加入硫脲－抗坏血酸还原五价砷，采用原子荧光测定煤中总砷含量。

3.3.4.4 电感耦合等离子体原子发射光谱法

李东[5]对煤样在氧弹燃烧后获得的试液进行砷的分析测定，利用氧弹法分解样品消除了基体元素对测定砷的干扰，用 ICP-AES 法测定煤中砷，大大地提高了分析的灵敏度。系统地研究了基体元素对被测元素分析线的光谱干扰，选择了氧弹分解 ICP-AES 法测定的最佳条件，方法检出限为 0.013 μg/mL。

3.3.4.5 电感耦合等离子体质谱法

SN/T 2263－2009《煤或焦炭中砷、溴、碘的测定 电感耦合等离子体质谱法》规定了微波消解－电感耦合等离子体质谱法检测煤炭中的砷含量。试样采用高温压力微波密闭消解－混合酸溶处理，再经氧化剂稳定，稀释定容后，用铟做内标进行 ICP-MS 测定，以质荷比强度与其元素浓度的定量关系进行定量。

3.3.5 煤炭中汞的检测

GB/T 16659－2008《煤中汞的测定方法》修改采用 ISO 15237：2003《固体矿物燃料

①刘要治. 微波消解氢化物原子吸收法测定煤中的砷 [J]. 广州化工，2011，39(13)：113－114.

②生金峰，王俊霞，王智慧，解萌，姬平如，高光甫，马金伟. 国内钢铁中砷锡锑元素测定方法进展 [J]. 石油化工设备，2014，43(4)：48－54.

③潘亚利，赵发宝，姚亚婷，等. 微波消解－原子荧光光谱法测定煤中砷含量 [J]. 检验检疫学刊，2014，24(5)：18－20.

④刘瑞卿，杨建丽，肖勇. 聚四氟乙烯罐消解－HG－AFS 法测定煤中砷 [J]. 煤炭转化，2009，32(4)：26－29.

⑤李东. 氧弹分解 ICP-AES 法测定煤中砷的应用研究 [J]. 光谱学与光谱分析，2003，23(5)：979－981.

—煤中总汞的测定》，规定了煤中汞的冷原子吸收分光光度法和基于原子荧光吸光度测定为原理的测汞仪法，适用于褐煤、烟煤和无烟煤。与 ISO 15237：2003 相比，GB/T 16659—2008 根据中国国情，增加了测汞仪测定煤中汞的方法，删除了氧弹燃烧法分解煤样的表述，增加了化学法分解煤样的表述。

3.3.5.1 原子吸收光谱法

原子吸收光谱是早期用于测定煤中元素含量的方法之一，基本原理是将样品中元素原子化，处于激发态的不同种类的气态原子将对白光产生不同的吸收，通过分光光度计可以定量地测定这种吸收，并通过与标准样品比较而定量地得到被测物质的含量。该法主要优点是仪器比较成熟，设备成本和分析成本较低，操作简单。目前常用的测汞方法主要有流动注射—氢化物发生—原子吸收法、冷原子吸收法。

流动注射氢化物发生技术与原子吸收联用，能使汞与基体分离并得到富集，汞的氢化物得到更好的原子化，从而获得了很低的检出限和很高的灵敏度，且进样效率高，分析速度快，取得了不错的效果。流动注射氢化物发生技术结合了连续流动和断续流动进样的特点，通过程序控制蠕动泵，将还原剂 $NaBH_4$ 溶液和载液 HCl 注入反应器，样品溶液吸入后储存在取样环中，待清洗完成后，再将样品溶液注入反应器发生反应，然后通过载气将生成的汞的氢化物送入石英原子化器进行测定。皮中原[1]采用该法测定煤中的汞，其相对标准偏差为 1.92%～8.60%，准确度高，回收率为 94.37%～105.26%，检出限为0.12 ng/mL，该法具有较高灵敏度和较低检出限、操作简便、基体干扰少等优点。

冷原子吸收法是专门分析汞的一种方法[2][3]，也是目前分析汞的最常用方法。这种方法是基于汞在常温下有很高的蒸气压，并且极易从化合物中还原成金属的特点，利用氯化亚锡将二价汞还原为金属汞蒸气，并与银或金形成银汞剂或金汞剂，最后用载气导入吸收池，在 253.7 nm 波长下进行原子吸收测定。GB/T 16659—2008 以五氧化二钒为催化剂，用硝酸—硫酸分解煤样，使煤中汞转化为二价汞离子，再将汞离子还原为汞原子蒸汽，用冷原子吸收分光光度计测定。

3.3.5.2 原子荧光光谱法

原子荧光光谱的仪器结构和原理与原子吸收相似，不同的是它通过检测原子所释放出的荧光而获得元素的浓度。因此相对原子吸收光谱法具有灵敏度高、检测限低的优点。GB/T 16659—2008 以五氧化二钒为催化剂，用硝酸—硫酸分解煤样，使煤中汞转化为二价汞离子，再将汞离子还原为汞原子蒸汽，用基于原子荧光吸光度测定方法为原理的测汞仪测汞的浓度。郭欣等[4]采用微波消解—原子荧光光谱法测定煤中汞，选择体系为 $V_2O_5\text{-}HNO_3\text{-}H_2SO_4\text{-}H_2O_2$，取得结果令人满意。

①皮中原. 流动注射氢化物发生—原子吸收法测煤中汞 [J]. 煤质技术，2005，(2/3)：53—55.

②Depoi FS, Pozebon D, Kalkreuth W D. Chemicalcharacterization of feed coal sand combustion—by—products from Brazilian power plants [J]. International Journal of Coal Geology，2008，76(3)：227—236.

③Goodarzi F, Huggins F E, Sanei H. Assessment of elements, speciation of As, Cr, Ni and emitted Hg for a Canadian powe rplant burning bituminous coal [J]. International Journal of Coal Geology，2008，74(1)：1—12.

④郭欣，贾小红，郑楚光，孙涛. 采用微波消解原子荧光光谱法测定煤中的汞 [J]. 华中科技大学学报（自然科学版），2003，31(11)：66—68.

3.3.6　煤炭中氟的检测

3.3.6.1　高温燃烧水解－氟离子选择电极法

GB/T 4633—2014《煤中氟的测定》规定了高温燃烧水解－氟离子选择电极法测定煤中氟含量，适应于褐煤、烟煤和无烟煤。测定原理为：煤样在氧气和水蒸气混合气流中燃烧和水解，煤中氟全部转化为挥发性氟化物（SiF_4 及 HF）并定量溶于水中。以氟离子选择性电极为指示电极，饱和甘汞电极为参比电极，用标准加入法测定样品溶液中氟离子浓度，计算出煤中氟含量。

ASTM D3761—2010《氧弹燃烧－氟离子选择电极法测定煤中氟》采用氧弹燃烧法前处理煤炭样品，氟离子电极法测定煤中氟。

3.3.6.2　高温燃烧水解－离子色谱法

ISO 11724—2004《固体矿物燃料　煤、焦炭和飞灰中总氟的测定》采用高温水解法提取煤中氟元素，用离子色谱测定其含量。

ASTM D5987－2007《高温水解/离子选择性电极法或离子色谱法测定煤和焦炭中全氟含量的试验方法》采用高温水解法提取煤中氟元素，用离子选择性电极或离子色谱测定其含量。

3.3.6.3　比色法

比色法的操作方法是使煤中氟元素通过化学反应形成氟化锆或氟化钍，与茜素生成络合物的有色溶液，再通过置换反应把锆、钍金属离子分离出来，使溶液褪色，根据褪色程度与比色卡进行比较，测定溶液中氟离子的含量，同时也就测量出煤中氟元素的含量。操作过程复杂，各种化学试剂配制要求高，测量的灵敏度和精度较低。

3.3.7　煤炭中氯的检测

GB/T 3558—2014《煤中氯的测定方法》非等效采用 ISO 587—1997《固体矿物燃料氯的测定（艾士卡法）》，采用高温燃烧水解－电位滴定法和艾氏剂熔样－硫氰酸钾滴定法测定煤中总氯含量。ISO 587—1997《固体矿物燃料氯的测定（艾士卡法）》采用艾氏试剂熔样，用硫氰酸钾滴定法、Mohr 指示剂法、电位滴定法进行测定。ASTM D4208－2013《氧弹燃烧－离子选择电极法对煤中总氯含量的试验方法》采用氧弹燃烧－离子选择电极法测定氯。ASTM D6721《高温燃烧水解－电位滴定法规定煤中氯含量与试验方法》采用高温燃烧水解－电位滴定法测定煤中氯含量。

概括来讲，煤样前处理方法有艾氏剂熔样、氧弹燃烧法和高温燃烧水解法。测定可采用化学滴定法、电位法。艾氏剂熔样需要缓慢高温灰化，试验周期长；氧弹燃烧法前处理耗时短，不引入其他元素，干扰少，但在煤样燃烧后溶液的提取时，若操作不当，易造成回收率低，同时可能存在某些煤样爆燃导致氧弹炸裂的不安全因素；高温燃烧水解耗时介于二者之间，所得样品溶液成分简单，样品回收完全。

3.3.7.1　高温燃烧水解－电位滴定法

煤样在氧气和水蒸气混合气流中燃烧和水解，煤中氯全部转化为氯化物并定量地溶于水中。以银为指示电极，银－氯化银为参比电极，用硝酸银电位法直接滴定冷凝液中的氯离子浓度，根据硝酸银标准溶液用量计算煤样中总氯含量。

3.3.7.2 艾氏剂熔样－硫氰酸钾滴定法

硫氰酸钾滴定法系经典的容量分析法，它的原理是利用被测物与滴定剂之间的反应，并在等当点时有化学的或物理的反应作终点指示，根据消耗的反应物的体积和浓度计算出所测元素的含量。将氯化物溶液酸化后，加入过量的 $AgNO_3$ 溶液，以 $NH_4Fe(SO_4)_2$ 作指示剂，用 KCNS 溶液滴定，以 $AgNO_3$ 溶液的实际消耗量计算煤中氯的含量。

艾士卡法测定煤炭中氯时，应减少以下干扰因素：①采用艾士卡法测定煤中氯含量时，应严格避免盐酸的干扰，特别是同一实验室内有几个实验项目，不能有用盐酸操作的项目同时进行；②夏季气温高，更应注意发烟盐酸的干扰。另外在试验过程中，滤纸的折叠也应注意避免污染；③每次试验前，都应将所用的玻璃器皿，用蒸馏水反复冲洗后使用，过滤时最好用沸水，以使煤灰中的氯化物能完全浸入滤液中，使氯离子转移完全。过滤前应将试验台擦拭干净，勿将含有盐酸的溶液残留于试验台，以免给实验带来误差；④过滤后的溶液应严格控制体积，每次冲洗待漏斗中水份漏净，再进行下次的冲洗，滤液体积不应超过 110 mL；⑤控制正己醇（或硝基苯）加入量，过多会造成浪费，带来污染，过少不能使氯化银沉淀充分吸附于表面，会导致测试结果偏低；⑥滴定时，应轻轻均匀搅拌，不能过快或过慢，避免吸附在正己醇表面的氯化银二次进入溶液，影响测定结果。

3.3.7.3 离子色谱法

彭炳先等[①]在 1050℃下，选用高温水解提取煤中卤素，吸收液为 7.2 mM Na_2CO_3 ＋ 6.8 mM $NaHCO_3$ ＋5 $\mu g/L$ Na_2SO_3 混合溶液，通过离子色谱测定消解液中卤素离子的含量。氟、氯、溴、碘的回收率均在 90%～110% 之间，高温水解法消除了试剂的基质效应和管道的记忆效应，从而在测定卤素时干扰小，通过增加取样量可进一步降低检测限，方法操作简单、分析灵敏且准确、测试费用低廉。

刘建权等[②]建立了氧弹燃烧－离子色谱测定煤中氯含量的方法。在加有 $(NH_4)_2CO_3$ 溶液和过量氧气的氧弹中燃烧煤样，释放的氯被 $(NH_4)_2CO_3$ 溶液吸收，过滤溶液后，采用离子色谱外标法测定滤液中氯的浓度，最后计算出煤中氯的含量。

3.3.7.4 高效液相色谱法

高效液相色谱法的原理是样品溶液中欲分离的几种元素或化合物在流动相和固定相之间有不同的分配比，从而达到分离测定的目的。煤中氯的特征检测一般是将 HPLC 的信号与标准的保留时间相比较得到的。煤中氯经柱后电化学分离，能发射出其特征信号，经紫外可见光检测器吸收，以标准氯化钠为参照物外标法定量，最后经化学工作站处理数据。李东等[③]以密闭氧弹燃烧或艾氏卡试剂熔融分解样品，利用高效液相色谱法测定煤矿中氯含量，检出限可达到 0.006 $\mu g/mL$。

HPLC 法的准确度和精密度均高于容量法，由于其具有较高的灵敏度和较低的检出限，更适合于低含量样品的检验。另外 HPLC 法一次进样可以同时测定多个元素的含量，

①彭炳先，吴代赦，李萍，等．高温热水解－离子色谱法同时测定煤中卤素［J］．医学地理研究回顾与前景，2009，72－73．

②刘建权，赵峰华，刘璟，等．氧弹燃烧－离子色谱法测定煤中氯含量［J］．分析化学研究报告，2009，37（8）：1152－1156．

③李东，孙家义，赵军．高效液相色谱法和硫氰酸钾滴定法检测煤中氯的比较研究［J］．光谱实验室，2003，20（5）：686－689．

所以在煤质分析范围上有待于进一步拓宽和研究。但是 HPLC 仪器成本较高，因此不易推广。从分析结果看出容量法的精密度低于 HPLC 法，但仍可满足定量分析的要求。

3.3.7.5　电感耦合等离子体发射光谱法

岳春雷等[1]采用煤发热量测定的高压氧弹装置处理样品，定量加入银的标准溶液使氯沉淀，将沉淀离心分离后，ICP-AES 测定溶液中沉淀 Cl^- 后过量的 Ag^+ 含量，从而间接测定煤中的氯含量。该方法提高了分析速度，具有操作简便、准确度高、精密度好的特点，是一个较理想的测定煤中氯含量的方法，同时，该方法可推广到原子吸收等仪器上使用，具有较好的推广价值，弥补了光谱仪器不能对阴离子进行定量检测的缺陷。

3.3.7.6　X 射线荧光光谱法

见 3.3.18.3。

3.3.8　煤炭中铍的检测

3.3.8.1　电感耦合等离子体质谱法

见 3.3.18.1。

3.3.8.2　石墨炉原子吸收光谱法

采用石墨炉原子吸收光谱法测定煤样中铍含量，需要加入合适的基体改进剂，赵秀宏等[2]比较了 7 种基体改进剂（硝酸镧、硝酸镁、硝酸铝、磷酸氢二铵、氯化钯、碳酸钙、酒石酸）对煤样中铍的增敏效果，结果表示，在 2% 的硝酸介质中，以硝酸镧为基体改进剂，石墨炉灰化温度提高到 1100 ℃，原子化温度仅为 2300 ℃时，即可消除基体中铝、铁、钙、镁、磷等共存元素的干扰。铍的浓度在 0～8 $\mu g/L$ 范围内线性关系良好，方法检出限为 0.008 $\mu g/g$，定量限为 0.025 $\mu g/g$，精密度（RSD，n＝11）为 1.8% ～ 2.8%。硝酸镧作基体改进剂的作用机理是镧与干扰元素结合生成了热稳定的难熔、难蒸发、难解离的化合物，将铍释放出来，镧起到既提高灰化温度，又相对降低原子化温度的双重作用。

3.3.9　煤炭中镉的检测

3.3.9.1　原子吸收光谱法

GB/T 16658—2007《煤中铬、镉、铅的测定方法》采用原子吸收法测定煤样中镉含量，煤样灰化后，用氢氟酸－高氯酸分解，在硝酸介质中加入硫酸钠消除镁等共存元素对铬的干扰，用原子吸收法进行测定。ISO 15238—2003《固体矿物燃料煤中总镉含量的测定》采用盐酸－硝酸－氢氟酸混酸体系消解煤样，用石墨炉原子吸收法测定镉含量。

3.3.9.2　电感耦合等离子体质谱法

康俊等[3]将煤炭样品低温灰化，通过对比硝酸－高氯酸－氢氟酸混酸分解和王水提取 2 种预处理方法，确定用王水提取法预处理煤灰，电感耦合等离子体质谱法同时测定样品

---

[1]岳春雷，刘稚．电感耦合等离子体发射光谱法间接测定煤中氯 [J]．岩矿测试，2003，22（1）：64—66.

[2]赵秀宏，王鑫焱，郭沛，等．硝酸镧为基体改进剂石墨炉原子吸收光谱法测定煤样中的铍 [J]．岩矿测试，2015，34（1）：60—66.

[3]康俊，杨春茹，等．王水提取－电感耦合等离子体质谱法测定煤中微量银和镉 [J]．煤质技术，2013（5）：23—26.

中的微量镉。采用王水提取法分解样品，大大减少了 Nb 和 Mo 的溶出，从而降低了 Cd 元素测定的质谱干扰，实现了对微量 Cd 的准确测定。

其他见 3.3.18.1。

3.3.10 煤炭中铬的检测

3.3.10.1 原子吸收光谱法

见 3.3.9.1。

3.3.10.2 电感耦合等离子体质谱法

见 3.3.18.1。

3.3.11 煤炭中硒的检测

3.3.11.1 氢化物发生－原子吸收光谱法

ISO 11723：2004《固体矿物燃料 煤中砷和硒的测定 氢化物发生－原子吸收法》和 ASTM D4606－03《煤中砷和硒的标准试验方法 氢化物发生－原子吸收法》规定的标准方法相同，皆为煤样缓慢灰化后，采用艾氏剂分解，利用氢化物发生－原子吸收法测定；GB/T 16415－2008 修改采用 ISO 11723：2004。贾淑玲等[1]采用氢化物发生－原子吸收法测定煤中硒含量，将煤样与艾氏剂混合，在 780℃下灼烧后，用盐酸溶解，加热使六价硒还原为四价，再用硼氢化钠将四价硒还原为氢化硒，以氮气为载气将其导入石英管原子化器，以原子吸收法测定。

3.3.11.2 比色法

3，3－二氨基联苯胺在酸性条件下与四价硒反应生成黄色化合物，在 pH＝7 左右时能被甲苯萃取，进行比色定量。水样需要经酸混合液消解后，将四价以下的无机和有机硒氧化成四价硒，再与盐酸反应将六价硒还原至四价硒，然后再测定总硒含量。该法样品中若存在大量铁、铜、钼及钒等重金属离子时，可用 Na_2-EDTA 消除干扰，强氧化剂能将 3，3－二氨基联苯胺试剂氧化产生棕红色，因此水样用混合酸消解时一定要加热至大量可用盐酸羟胺消除。

3.3.11.3 氢化物发生－原子荧光光谱法

倪润祥等[2]采用硝酸－高氯酸混酸加热消解煤炭样品，在盐酸介质中，采用氢化物发生－原子荧光法测定硒的含量。与 GB/T 16415－2008（氢化物发生－原子吸收光谱法）相比，该方法具有操作简单、步骤少、准确性高等优点。

3.3.11.4 氢化物发生－电感耦合等离子体发射光谱法

刘晶等[3]采用硝酸－盐酸－氢氟酸体系微波消解煤炭样品，氢化物发生－电感耦合等离子体发射光谱法测定煤炭中痕量硒。该方法检出限为 0.3 $\mu g/L$，测定国家标准物质的结果与参考值一致，并与艾氏剂灼烧法测定结果一致。

①程道文，李鑫，兰民. 用 D-T 中子发射器快速检测煤中铅含量的可行性研究 [J]. 长春工业大学学报，2012，32（6）：566－569.

②倪润祥，雒昆利. 湿消解－原子荧光法测定煤中硒和砷 [J]. 光谱学与光谱分析，2015，35（5）：1404－1408.

③刘晶，郑楚光，张军营，等. 微波消解和氢化物发生－电感耦合等离子体发射光谱法测定煤中痕量硒 [J]. 光谱学与光谱分析，2004，24（3）：351－353.

3.3.12　煤炭中铅的检测

3.3.12.1　电感耦合等离子体质谱法

见 3.3.18.1。

3.3.12.2　石墨炉原子吸收光谱法

李家铸[1]采用石墨炉原子吸收法测定煤中 14 种微量、痕量元素，采用偏硼酸锂熔样时，As、Pb、Cd、Sb 损失严重，采用氢氟酸—硝酸混酸消解分解试样，获得满意结果。

3.3.12.3　D-T 中子发射器

中子感生瞬发伽马射线分析法检测铅含量的原理：中子与靶核作用时，快中子非弹性散射反应和热中子俘获反应都释放出瞬发伽马射线。选择产额高、受其他元素干扰小的伽马线作为此元素的特征伽马射线。然后根据特征伽马射线的能量确定元素种类，利用伽马射线计数（通常称为伽马射线峰面积）计算元素含量。

程道文等[2]用 MCNP 程序模拟了 D-T 中子发射器产生的 14MeV 中子与铅作用释放出的瞬发伽马射线，用线性回归找出铅含量和其特征伽马射线计数间的关系，用此关系式检测煤样中铅。结果表明，当煤炭中铅含量超过 0.002% 时，D-T 中子发生器可以快速检测其含量。

3.3.12.4　示波极谱法

周翠珍[3]在盐酸—抗坏血酸—碘化钾—醋酸钠体系中，利用 $[PbI_4]^{2-}$ 产生极敏锐的吸附波的波高与铅浓度的线性关系，准确测定了煤炭中的铅含量。该体系中，抗坏血酸可消除 Fe^{3+} 对铅的干扰，I^- 和抗坏血酸并存可消除 Cu^{2+} 干扰。该方法检测限达到 $5 \times 10^{-8} \mu g/mL$。

3.3.12.5　电感耦合等离子体原子发射光谱法

见 3.3.18.2。

3.3.13　煤炭中钴、镍、锰的检测

3.3.13.1　电感耦合等离子体原子发射光谱法

见 3.3.18.2。

3.3.13.2　电感耦合等离子体质谱法

见 3.3.18.1。

3.3.14　煤炭中钼的检测

3.3.14.1　催化褪色光度法

在 $Na_2B_4O_7-NaOH$ 缓冲溶液中，痕量钼（Ⅵ）对 $KBrO_3$ 氧化胭脂红的褪色反应有催化作用，褪色程度与 Mo（Ⅵ）量在一定范围内呈线性关系，由此建立测定痕量 Mo（Ⅳ）

①李家铸.石墨炉原子吸收法测定煤中 14 种微、痕量元素 [J].煤炭分析及利用，1990(1)：10—15.

②程道文，李鑫，兰民.用 D-T 中子发射器快速检测煤中铅含量的可行性研究 [J].长春工业大学学报，2012，32(6)：566—569.

③周翠珍.煤中微量铅的示波极谱测定 [J].山西煤炭管理干部学院学报，2004(2)：58—59.

的分光光度法。李晓湘等[①]采用催化退色光度法测定石煤渣中痕量钼含量，Mo（Ⅵ）量在 $0.0\sim50~\mu g/L$ 范围内退色程度符合比尔定律，EDTA 为掩蔽剂可排除部分共存离子干扰，得到满意的结果。

3.3.14.2　电感耦合等离子体原子发射光谱法

见 3.3.18.2。

3.3.15　煤炭中锑的检测

3.3.15.1　原子荧光光谱法

常青[②]采用艾氏试剂溶解煤炭样品，氢化物－原子荧光光谱法测定煤炭中砷、锑、铋、硒、锗，该方法具有准确度高、灵敏度好的特点，满足实际样品分析条件。

3.3.15.2　电感耦合等离子体原子发射光谱法

见 3.3.18.2。

3.3.16　煤炭中钍的检测

3.3.16.1　分光光度法

曲静[③]采用分光光度法测定煤中钍：试样经过过氧化钠熔融、热水浸取、过滤，沉淀用稀盐酸溶解于容量瓶中，在掩蔽剂作用下，盐酸介质中，用偶氮胂Ⅲ显色，然后用分光光度计于波长 650 nm 处测定吸光值，根据吸光值通过工作曲线来确定钍元素的含量。结果表明，该法测定煤中钍的含量快速、简便，是测定钍的常用分析方法。

3.3.16.2　催化极谱法

谢建鹰[④]进行了钍－聚三氟氯乙烯反相色层分离，催化极谱法测定煤中痕量钍的研究。试验表明：在 pH 值为 4～5 的 0.02% 草酸铵－0.5% NH_4Cl－0.025% 二苯胍－0.01% 铜铁试剂介质中，钍于示波极谱上－1.40V（对银片电极）附近处有一灵敏的导数极谱波，线性范围为 0～0.5 $\mu g/10mL$。煤中常见元素经分离处理后，不干扰钍的测定。

3.3.16.3　电感耦合等离子体原子发射光谱法

见 3.3.18.2。

3.3.17　煤炭中铀的检测

3.3.17.1　分光光度法

MT/T 384－1994《煤中铀的测定方法》规定了煤中铀的 5－Br－PADAP 分光光度测定方法。方法原理为：煤样灰化，然后用混合铵盐熔融、再用含硝酸盐的稀硝酸浸取。浸取液通过磷酸三丁酯色层柱，使干扰元素分离，用洗脱液洗下柱上吸附的铀。在弱碱性溶液（pH＝8）中，铀与 2－（5－溴－2－吡啶偶氮）－5－二乙胺基苯酚（Br－PADAP）形成有色的二元络合物，然后进行光度测量，求得铀含量。

---

①李晓湘，唐冬秀，宋和付. 催化退色光度法测定石煤渣中痕量钼［J］. 化学试剂，2002，24（1）：24－25.

②常青，张培新，高孝礼，等. 煤样中 As、Sb、Bi、Ge 的测定方法探讨［J］. 江苏科技信息，2015，20（7）：58－61.

③曲静. 煤中钍的测定方法［J］. 煤炭与化工，2014，37（6）：144－145.

④谢建鹰. 煤中钍的催化极谱测定［J］. 上饶师专学报，1999，19（6）：35－37.

周秀林[①]建立了苯基荧光酮分光光度法测定煤灰中微量铀的方法。在 pH＝10 的氨性缓冲溶液中，CTMAB 存在下，铀与苯基荧光酮生成稳定的有色络合物。其表观摩尔吸光系数为 $1.07×10^5$，最大吸收波长为 560 nm，络合物组成比为铀∶苯基荧光酮＝1∶3。在 25 mL 溶液中，铀质量在 0～20 μg 范围内遵守比尔定律。方法灵敏度高，络合物稳定时间长。煤灰经溶解处理后，采用三辛胺－二甲苯萃取分离干扰离子，该法测定其中微量铀，获得满意结果。

林发[②]研究了在曲拉通 X－100 存在下，用 4，5－二溴邻硝基苯基萤光酮（DBON － PF）在 pH 值为 9 的氨性缓冲溶液中测定微量铀的分光光度法。在 600 nm 处测得表观摩尔吸光系数为 0.00077 L/(mol · cm)。铀含量在 0～0.6 μg/mL 内符合比耳定律。采用 TBP 萃淋树脂除去大部分干扰离子，方法用于测定煤灰中的微量铀，结果满意。

3.3.17.2　电化学发光分析法

采用恒电位电解技术，使不具发光活性的铀（Ⅵ）通过自制的流通式碳电解池后，在 －0.70 V 电位下在线还原为铀（Ⅲ），铀（Ⅲ）与鲁米诺在 pH＝12 的碱性条件下产生化学发光，从而建立了铀的流动注射电化学发光分析法。方法的线性范围为 $1.0×10^{-9}$～$1.0×10^{-5}$ g/mL，检出限为 $2.0×10^{-10}$ g/mL。该方法用于煤灰中微量铀（Ⅵ）的测定，结果良好[③]。

3.3.17.3　电感耦合等离子体质谱法

见 3.3.18.1。

3.3.18　煤炭中多元素同时检测

3.3.18.1　电感耦合等离子体质谱

姚春毅等[④]以硝酸和氢氟酸作为消解试剂，采用高压密闭微波消解仪及功率控制梯度消解模式消解煤样，样品消解完全后加入一定量硼酸，除去过量的氢氟酸，采用电感耦合等离子体质谱法测定煤样中铅、铬、镉、砷、汞、铍的含量。测定时，选择 [202]Hg、[208]Pb、[9]Be、[75]As、[53]Cr、[114]Cd 作为测定同位素，同量异位素的干扰采用无干扰元素校正方式来消除，基体效应产生的信号漂移采用 [103]Rh 作为内标进行校正。方法应用于 SARM 19 煤和 GBW07430 土壤有证标准物质的分析，测定值与认定值吻合，相对标准偏差（RSD，n＝8）在 1.5%～5.6% 范围，回收率在 88%～110% 之间。

张彦辉等[⑤]采用硝酸－高氯酸－氢氟酸混酸在电热板上加热分解，利用高分辨电感耦合等离子体质谱法测定煤质样品中 Li、Be、Sc、Ti、V、Cr、Mn、Co、Ni、Cu、Zn、Ga、Ge、A s、Se、Rb、Sr、Zr、Nb、Mo、Cd、Sn、Sb、Cs、Ba、Hf、Ta、W、Re、T l、Pb、Bi、Th、U、La、Ce、Pr、Nd、Sm、Eu、Gd、Tb、Dy、Er、Ho、Tm、Yb、Lu、Y 49 种痕量元素，方法的准确度高、测试速度快、重复性好，可满足煤样中痕量元

①周秀林，周文辉.苯基荧光酮分光光度法测定煤灰中微量铀 [J].冶金分析，2005，25(2)：56-58.

②林发，许中坚.煤灰中微量铀的分光光度测定研究 [J].湘潭矿业学院学报，1999，14(2)：55-58.

③杨玲娟.流动注射电化学发光分析法测定煤灰中微量铀 [J].冶金分析，2008，28(2)：15-18.

④姚春毅，马育松，贾海涛，等.微波消解－电感耦合等离子体质谱法测定煤炭中铅镉铬砷汞铍 [J].冶金分析，2014，34(8)：22-26.

⑤张彦辉，武朝晖，郭虹，等.高分辨电感耦合等离子体质谱法测定煤质样品中 49 种痕量元素 [J].质谱学报，2013，5：23-26.

素的分析测定。

杨金辉等[1]将样品经混酸溶解后，采用电感耦合等离子体质谱法（ICP-MS）测定了煤中磷、钒、铬、钴、镍、铜、锌、镓、镉、铅、铀的含量，对仪器工作参数进行了优化；选择适宜待测元素的同位素以及选用干扰元素校正方程克服了质谱干扰；以^{103}Rh 和^{187}Re 为内标进行校正，降低了分析信号漂移对测定结果的影响。

李佗[2]采用 HNO_3、HCl、HF、$HClO_4$ 混酸溶解煤炭样品，采用电感耦合等离子体原子发射光谱法测定试样中 V、Mg、Zn、Fe、Co、Mn 含量。选择波长为 210.230 nm、285.213 nm、213.856 nm、259.940 nm、327.396 nm、257.610nm 的谱线分别作为 V、Mg、Zn、Fe、Co、Mn 的分析线，共存元素对测定没有影响。

3.3.18.2 电感耦合等离子体原子发射光谱

SN/T 1600－2005《煤中微量元素的测定 电感耦合等离子体原子发射光谱法》规定了煤炭中 Ba、Be、Cr、Co、Cd、Cu、Ga、Mn、Mo、Ni、Pb、Sr、V、Zn、Zr、B、As、Se、Ge、Hg 含量的电感耦合等离子体原子发射光谱测定方法。其中，Ba、Be、Cr、Co、Cd、Cu、Ga、Mn、Mo、Ni、Pb、Sr、V、Zn、Zr 的前处理方法为：煤样灰化后，采用硝酸、高氯酸、氢氟酸分解，在硝酸介质中保温、定容；B 的测定采用艾氏卡试剂灼烧、盐酸溶取灼烧物、电感耦合等离子体原子发射光谱直接测定；As、Se 的测定采用艾氏卡试剂灼烧、盐酸溶取灼烧物，但需采用氢化物发生方式进样、电感耦合等离子体原子发射光谱测定；Ge 的测定：煤样灰化后用硝酸、磷酸和氢氟酸溶解，试样溶液在磷酸介质中与硼氢化钠溶液同时通入氢化物发生器，产生的氢化锗气体被辅助气带入电感耦合等离子体炬内，进行光谱测定；汞的测定：将煤样放入氧弹中燃烧分解，用硝酸溶液吸收，使煤中汞转化为二价汞离子，用硼氢化钠还原二价汞离子为汞原子蒸气，产生的气体用辅助气带入电感耦合等离子体炬内，进行光谱测定。

周万峰[3]用硝酸－氢氟酸－高氯酸在电热板上加热消解煤样，采用电感耦合等离子体原子发射光谱测定煤中钼含量。并且与比色法相比，其检出限和精密度具有明显优势。

李建红[4]采用 HNO_3-HF-$HClO_4$ 消解处理样品，电感耦合等离子体发射光谱法测定灰化煤样中钍、钒、镓、锗 4 种金属元素含量。实验结果表明，该方法对这 4 种待测元素的加标回收率范围在 93.46%～106.10% 之间，相对标准偏差范围在 0.91%～4.78% 之间，方法的准确度和精密度均符合要求，本方法操作简单，灵敏度高，检测速度快结果准确，能满足煤中多种金属元素同时测定的分析需求。

3.3.18.3 X 射线荧光光谱

ASTM D4326－13 采用 X 射线荧光光谱仪测定煤和焦炭灰分中主要和次要元素，只需将煤炭低温缓慢灰化后，熔融成玻璃片即可测定。宋义等[5]采用人工混配有限煤炭标准

①朱健，马程程，赵磊，等．高压密闭消解－电感耦合等离子体质谱法测定煤中 17 种金属元素［J］．理化检验－化学分册，2014，50（8）：960－963.

②李佗，杨军红．电感耦合等离子体原子发射光谱法测定石煤矿中钒镁锌铁铜锰［J］．冶金分析，2012，32（2）：70－72.

③周万峰．ICP－AES 测定石煤中钒和钼［J］．贵州地质，2010，27（3）：240－241.

④李建红，李熹．电感耦合等离子体发射光谱测定煤中钍、钒、镓、锗［J］．广州化工，2015，43（12）：128－129.

⑤宋义，郭芬，谷松海．X 射线荧光光谱法同时测定煤中砷硫磷氯［J］．岩矿测试，2006，25（3）：285－287.

样品粉末直接压片制样，X 射线荧光光谱仪同时测量煤中的砷、硫、磷、氯。优化了样品粒度、样品量、助磨剂、制样压力和保压时间等实验条件，用可变 α 系数法进行基体校正。分析试样过程仅需大约 10 min 即可完成，测试准确性符合标准方法要求。较之经典法具有精密度高、操作简单等优点，可满足大批量煤炭中有害元素检验的需要。

第4章 铁矿有害元素检验

4.1 铁矿资源概况

钢铁工业在国民经济发展中发挥着举足轻重的作用，是国民经济发展的重要基础产业。近年来，随着我国经济快速的发展，我国国内市场对钢铁材料的需求不断提高，带来的对铁矿石的需求也不断提高。

铁矿与炼铁、炼钢密切相关，是一种重要的不可再生的战略资源。已知自然界含铁矿物有300多种，但目前作为铁矿开采的矿物主要是赤铁矿、褐铁矿、磁铁矿及菱铁矿等。铁矿石按主矿物特性可分为赤铁矿、磁铁矿、褐铁矿、菱铁矿等，按加工工艺可分为粗精粉铁矿、细精粉铁矿、天然块铁矿、烧结矿、球团矿等[①]。

4.1.1 世界铁矿石资源分布

世界铁矿资源储量丰富，2012年美国地质调查局（USGS）对全球范围内的铁资源分布进行了详尽调查，据其报告，截至2012年底，世界铁矿石基础储量为3700亿吨，储量为1700亿吨。分国别看，世界铁矿石储量主要集中在澳大利亚、巴西、俄罗斯和中国，储量分别为350亿吨、290亿吨、250亿吨和230亿吨，分别占世界总储量的20.6%、17.1%、14.7%和13.5%，四国储量之和占世界总储量的65.9%；另外，印度、乌克兰、哈萨克斯坦、美国、加拿大和瑞典铁矿资源也较为丰富。从铁矿石品位来看，世界各国的差异较大，俄罗斯、澳大利亚、巴西、印度、南非、加拿大、瑞典等国的品位较高，均在50%以上，而中国、美国、哈萨克斯坦等国虽然铁矿石的储量较大，但品位低、开采成本高，有的不具备开采价值。世界铁矿平均品位44%，澳大利亚赤铁矿铁含量56%～63%，成品铁矿粉含铁一般62%，块矿含铁一般能达到64%，巴西矿含铁品位53%～57%，成品铁矿粉一般为65%～66%，块矿64%～67%。

表4.1 世界铁矿石分布及知名铁矿企业

国家	折算铁品位/%	含铁基础储量/亿吨	含铁储量/亿吨	相关著名铁矿企业
巴西	53.5	170	89	淡水河谷（CVRD）公司、MBR公司
俄罗斯	56	310	140	列别金、米哈依洛夫、斯托依连公司
澳大利亚	61	280	100	力拓、BHP公司

①王松青，应海松. 铁矿石与钢材的质量检验. 北京：冶金工业出版社，2007.

（续表）

国家	折算铁品位/%	含铁基础储量/亿吨	含铁储量/亿吨	相关著名铁矿企业
乌克兰	30	200	90	英古列茨、南部、北部、中部采选公司
中国	33	150	70	本钢、首钢、鞍钢等
哈萨克斯坦	40	74	33	坦库斯塔奈州索科洛夫斯克——萨尔拜矿业生产联合体股份公司
印度	63.5	62	42	MMTC 公司
瑞典	60	50	22	LKAB 公司
美国	30	46	21	明塔克、帝国铁矿、希宾公司、蒂尔登公司等
委内瑞拉	60	36	24	CVG Ferrominera Orinoco CA
加拿大	65	25	11	加拿大铁矿公司（IOC）魁北克、卡蒂尔矿山公司（QCM）
南非	65	15	6.5	Kumba 资源公司、南非 Assmang 公司和 Highveld 钢钒有限公司

来自美国地质调查局（USGS，Mineral CommoditySum—Maries2009）

我国是铁矿资源的储量大国，我国铁矿石资源具有以下特点：①铁矿分布广泛但又相对集中；②矿床类型齐全；③贫矿多、富矿少、矿石类型复杂，贫矿储量占总储量的 80%；④多元素共生的复合矿石较多，有些贫铁矿床上部为赤铁矿，下部为磁铁矿。但我国铁矿石含铁品位较低，铁矿山分布不均衡，矿产开采难度较大，规模较小，开采成本高，经过选矿后的成品铁矿石的数量仍然较少，国内现有铁矿已远远不能满足我国钢铁工业发展的要求。

进口铁矿石具有整体品位高、杂质含量低、冶炼价值高的优点，我国铁矿石越来越多的依赖进口。自 2003 年以来中国铁矿石进口量一直保持着世界第一的位置，进口量不断攀高。

4.1.2　世界铁矿石贸易现状

从世界铁矿石出口来看，主要集中在少数几个国家，巴西是世界第一大铁矿石出口国，第二位澳大利亚，其次是印度。其他主要铁矿石出口国还有俄罗斯、南非、加拿大等。世界铁矿石的贸易主要受三大公司控制，包括巴西淡水河谷矿业公司、澳大利亚力拓公司和必和必拓矿业公司，三家公司掌握国际市场铁矿石贸易供应量的 75%，其中，仅巴西淡水河谷矿业公司就占国际市场铁矿石贸易供应量的三分之一，国际市场铁矿石贸易是一个卖方垄断的市场。

从世界铁矿石进口来看，由于全球钢铁生产布局和铁矿石资源布局并不完全一致，很多国家和地区在铁矿石生产和供给商方面无法达到平衡，目前铁矿石贸易在全球基本形成了由澳大利亚、巴西、印度等国家向中国、日本、欧盟等国家和地区输送的格局。中国是目前全球最大的铁矿石需求国，几乎占世界铁矿石进口量一半。日本、德国、法国、英国、意大利等国家也是铁矿进口量很大的净进口国。值得注意的是，全球铁矿石海运贸易增量主要流向了中国、日本、欧盟、韩国等主要消耗进口铁矿石的国家和地区，总体上进口数量基本稳定。

中国自 2003 年后，进口铁矿量超过日本成为世界第一。据统计总消费量，从 2004 年到 2014 年 10 年间我国铁矿石从年进口量 2.08 亿吨增长到 9.32 亿吨，增长近 5 倍。虽然我国采取了一系列措施希望降低国内钢铁行业高速发展的产能以降低铁矿石的需求，但是面对国内目前持续不退的房地产开发热潮，迅速发展的造船业和汽车业，大批上马的铁路建设和输油管道铺设，规模宏大的跨江跨海大桥以及水利工程，我国的用钢需求只增不减。从长期来看，我国铁矿石的进口量还会在相当长的一段时间内保持较高的增长速度，然后进入相对稳定期。

表 4.2　我国近十年铁矿石进口量

年份	2004	2005	2006	2007	2008	2009	2010	2011	2012	2013	2014
重量（亿吨）	2.08	2.75	3.26	3.83	4.44	6.28	6.19	6.86	7.44	8.13	9.32

4.2　铁矿石中有害元素概论

铁矿石中存在的有害元素可分为两类，一是对钢铁产品及冶炼设备有害或导致生产成本增加的，二是对人体健康及环境有不利影响的[1][2][3][4][5][6]。

4.2.1　铁矿中有害元素对钢铁冶炼和冶炼设备的影响

铁矿中常有对冶炼造成直接影响的有害物质，这些物质主要指硅、铝、磷、硫、砷、铅、铜、钾、钠、锌、钛、氟等元素的化合物。

脉石：铁矿石中除含铁矿物之外的岩石统称。铁矿石中的脉石成分绝大多数为酸性，以 SiO_2 为主。在现代高炉冶炼条件下，为了得到一定碱度的炉渣，就必须在炉料中配加一定数量的碱性溶剂（石灰石）与 SiO_2 作用造渣。铁矿石中 SiO_2 含量越高，需加入的石灰石也越多，生成的渣量也越多，这样将使焦化比升高，产量下降。

三氧化二铝（Al_2O_3）：在高炉冶炼时，全部进入炉渣。增加燃料消耗，增加渣量，引起高炉冶炼焦比升高和产量降低，影响炉渣流动性和降低脱硫能力。

磷（P）：磷以磷化物形态溶于铁水，也是钢材的有害成分。因为铁矿石中的磷和铁结合生成 Fe_3P，它与铁形成二元共晶的 Fe_3P-Fe，冷凝时聚集于钢的晶界周围，减小晶粒间的结合力，使钢材在冷却时产生很大的脆性，从而造成钢的冷脆现象。由于磷在选矿和烧结过程中不易除去，在高炉冶炼中又几乎全部还原进入生铁。所以控制生铁含磷的唯一途径就是控制原料的含磷量，根据生铁品种的不同，允许入炉矿石的磷含量为 0.03%～0.8%。

硫（S）：硫在矿石中主要以硫化物状态存在。硫的危害主要表现在：当钢中的含硫量超过一定量时，会使钢材具有热脆性，并且硫会显著地降低钢材的焊接性、抗腐蚀性和耐磨性。虽然高炉冶炼可以去除大部分硫，但需要高炉温、高炉渣碱度，不利于增铁节焦。

①李凤贵，张西春，郭兵．铁矿石检验技术．北京：中国质检出版社，中国标准出版社，2014.

②应海松，朱波．铁矿石商品的检验管理．北京：冶金工业出版社，2009.

③任春生，付冉冉，王艳，廖海平，鲍惠君．谈进口铁矿石中的有害元素［J］．金属矿山，2007，370（4）：6—9.

④钟莹，蔡志群，王成云，王楼明，等．进口铁矿石中有毒有害元素对环境安全影响的研究［J］．广州化工，2006，34（3）：64—67.

⑤纪雷，林雨霏，孙健，等．我国进口铁矿石有害元素含量代表值估计及整体特征分析［J］．分析试验室，2007，26（6）：58—61.

⑥潘宏伟，谷松海，魏伟，等．进口铁矿石中有毒有害元素对人身健康及环境安全影响的评价［J］．口岸卫生控制，2008，10（6）：11—13.

高炉硫允许含量≤0.3%。

砷（As）：砷在矿石中含量较少，与磷相似，在高炉冶炼过程中全部被还原进入生铁。钢中含砷也会使钢材产生"冷脆"现象，并会降低钢材焊接性能，因此要求矿石中的含砷质量分数小于0.07%。

铅（Pb）：入炉矿石要求含量≤0.1%。铅不溶于铁而密度又比铁大，还原后沉积于炉底，渗入高炉砖缝，破坏炉底砌砖，甚至使砌砖浮起，破坏性很大。铅在1750℃时沸腾，挥发的铅蒸汽在炉内循环能形成炉瘤。

铜（Cu）：铁矿石中铜在高炉冶炼时全部还原到生铁中，炼钢时又进入到钢中，钢材中少量铜（不超过0.3%）能增加钢材耐蚀性，量多则使钢材产生"热脆"现象，不易轧制和焊接。

锌（Zn）：允许含量≤0.1%。锌常以ZnS状态存在，以磷酸盐或硅酸盐存在的锌矿物，入炉后会很快分解成ZnO，在高温区还原成锌。锌在900℃挥发，沉积在炉墙，使炉墙膨胀，破坏炉壳；与炉尘混合易形成炉瘤。烧结过程中能除去50%～60%的锌，含量大于0.3%时不允许其直接入炉。

钛（Ti）：允许含量≤13%。铁矿石含有TiO_2时，一般是以钙钛矿（$CaO \cdot TiO_2$）存在，它无相变，抗压强度高，有一定的贮存能力，但矿石脆性大，烧结矿的平均粒度小。钛能改善钢的耐磨性和耐腐蚀性，但在高炉冶炼时，含TiO_2较高的高钛渣会自动变稠，甚至难以流动，原因是TiO_2还原后生成TiO、TiC、TiN，后两者会形成固溶体。这些物质熔点很高，在炉渣中呈固相分散状。同时，TiC和TiN还常常密集在渣内铁球表面，形成壳状物，不仅使炉渣粘度增高，也使渣中带铁，降低铁的回收率。钛含量不超过1%时对炉渣及冶炼过程影响不大，超过4%～5%时，会使炉渣变稠，流动性差，对冶炼过程影响很大，而且易结炉瘤。

碱金属（$K_2O + Na_2O$）：允许含量≤0.6%。钾、钠对高炉的影响不是正比例性质，高炉本身有一定的排碱能力，碱金属在控制范围内对高炉影响不大。但是入炉铁矿石碱金属含量太多，超过高炉排碱能力，就会形成碱金属富集，铁矿石含有较多的碱金属，冶炼时极易造成软化温度降低，软熔带上移，不利于发展间接还原，造成焦比升高，产量下降，增加低温还原粉化，造成球团恶性膨胀，降低矿石的强度。

氟（F）：允许含量≤2.5%。在高温下气化，腐蚀金属，危害农作物和人体。铁矿石中的CaF_2使高炉炉渣易熔，流动性好，但对炉衬维护不利，会侵蚀破坏炉衬，冶炼时要选择特殊的造渣制度。

4.2.2　铁矿中有害元素对人体健康及环境的影响

除对钢铁冶炼及冶炼设备有害的杂质元素外，铁矿石中还存在对人体健康及环境有影响的有害元素，目前，世界上公认的有害元素主要有铅、砷、汞、镉、铬，此类有害重金属元素在生物体内有蓄积性，与生物体内大分子共价结合，引起分子正常功能的改变，还有可能使人体引起致畸、致癌和基因突变等，时刻刻威胁着人们的健康。

铅、砷、汞、镉、铬等有害元素中汞、镉并不是主要铁矿石矿物伴生形式，但不外乎个别特殊铁矿石矿物，汞一般与黄铁矿、闪锌矿、汞银矿伴生或重晶石－多金属矿石的伴生矿物。镉有时也存在于黄铁铅锌矿，但镉很少有独立矿物，绝大部分镉以类质同象分散在闪锌矿。铅、砷、铬存在于大多数的矿石中，铬很容易与铁矿中伴生，如铬铁矿中铁的含量就很高。砷与铁矿也少量伴生，但主要存在于毒砂、雄黄和雌黄，另外还存在于砷锑矿、砷锑铋矿、砷铁镍矿、砷铜银矿等，且多与钨、锡等金属矿产密切伴生。铅也与铁矿少量伴生，但主要存在于铅锌铜矿。铝主要存在于铝土矿，在铁矿中以脉石存在，也有约少于10%的含量。个别铁矿伴生少量放射性元素，如铀、钍、镭、氡等。

4.2.3 国内外对铁矿中有害元素的监管

目前，国外对铁矿石中有害元素对环境的污染相当重视，欧盟的采矿、矿石废弃物处置管理的资料显示，在高敏感土壤（农田等土壤）中砷、镉、铜、铅、锌含量分别不允许超过 52 mg/kg、5 mg/kg、250 mg/kg、350 mg/kg、700 mg/kg，在其他低敏感土壤中砷、镉、铜、铅、锌含量分别不允许超过 100 mg/kg、10 mg/kg、500 mg/kg、500 mg/kg、1200 mg/kg。

我国是个铁矿石消耗大国，对于铁矿石中所含的有害元素也十分重视。国家质检总局 2005 年对进口铁矿石进行有害元素专项抽查，以硫（S）、磷（P）、二氧化硅（SiO_2）、氧化铝（Al_2O_3）、砷（As）、镉（Cd）、铬（Cr）、铜（Cu）、铅（Pb）、锌（Zn）、氟（F）、氯（Cl）12 个有害项目为检测对象，并对进口铁矿有害元素进行整体评价。2014 年颁布的黑色冶金行业标准 YB/T4383－2014 规定了铁矿石中铅、砷、镉、汞、氟、氯的限量，即铅含量不大于 0.20%，砷含量不大于 0.10%，镉含量不大于 0.10%，汞含量不大于 0.01%，氟含量不大于 0.10%，氯含量不大于 0.10%。正在制定的《铁矿石产品等级划分》国家标准从铁矿石原料对高炉、燃料及环境带来的影响，从全铁、二氧化硅、三氧化二铝、磷、硫、五氧化二钒、二氧化钛、氟、碱金属（氧化钾和氧化钠）、稀土总量、砷、水分、粒度指标对铁矿石块矿、粉矿和精矿进行等级划分。

国内生产企业对于入炉的铁矿石原料中有害元素含量也有明确要求，邢台钢铁[①]要求硫不大于 0.45%，磷不大于 0.08%，三氧化二铝不大于 15%，二氧化钛不大于 0.5%，碱金属不大于 0.4%，锌不大于 0.038%，铅不大于 0.006%，铜不大于 0.018%。新疆八钢[②]也要求入炉铁矿硫不大于 0.3%，磷不大于 0.25%，铜 0.1%～0.2%，铅不大于 0.1%，砷 0.04%～0.07%，锌 0.05%～0.1%，氟不大于 0.1%，锡不大于 0.08%，钛不大于 0.09%。

4.3 铁矿中有害元素检测方法

本节主要对铁矿中含有的有毒有害元素现有的检测技术进行概述，考虑到对高炉炼铁炼钢的危害和对环境、人体的危害，主要集中论述下列元素及其化合物的检测方法：硫、磷、二氧化硅、氧化铝、砷、铅、镉、铬、汞、碱金属（钾和钠）、锌、铜、钛、氟、氯。

4.3.1 铁矿中硫的检测[③④]

4.3.1.1 硫酸钡重量法

方法原理：GB/T6730.16－1986 和 ISO 4689－1986 中，试样与过氧化钠－碳酸钠或碳酸钠－氧化锌（或加高锰酸钾）等混合熔剂混合，经高温焙烧，硫被氧化为可溶性的硫

① 田宝山. 高炉有害元素的分析及处理 [J]. 黑龙江冶金, 2008(4): 27－29.
② 吕小芳, 刘玉江. 关于高炉有害微量元素的控制 [G] //2008 年中小高炉炼铁学术年会论文集, 2008, 245－248.
③ 孙丽君, 陈平, 吕宪俊, 杜飞飞. 铁矿石中硫含量的测定 [J]. 金属矿山, 2009, 4(394): 70－73.
④ 杨莲瑛. 铁矿石中硫含量测定方法研究现状 [J]. 广州化工, 2013, 41(17): 48－50.

酸盐，水浸取，过滤除去氢氧化物、碳酸盐等沉淀，在酸性介质中，用氯化钡使硫酸根定量生成硫酸钡沉淀，将硫酸钡沉淀过滤后在 750～800 ℃的马弗炉中灼烧至恒重，称量。铅、锑、铋、锡、硅、钛、铁、锰元素均能在碳酸钠—氧化锌半熔后浸取过滤除去，铬、锡和磷的干扰分别用过氧化氢、柠檬酸和碳酸钙消除。测试时应注意：①试样半熔温度不宜过高，大于 800℃时熔块不易浸取；②硫酸钡沉淀灼烧时温度高于 850℃，将导致硫酸钡分解；③滴加氯化钡时，1 g 氯化钡溶液可沉淀约 0.16 g 硫；④硫含量低时，硫酸钡沉淀必须静置过夜。

4.3.1.2　燃烧碘量法

GB/T 6730.17—2014、ISO 4690—1986、ISO 4689—2：2004 均使用燃烧碘量法测定硫含量，试样置于 1200～1250 ℃的管式高温燃烧炉中，通氧燃烧，使硫氧化成二氧化硫，以淀粉及碘化钾的稀盐酸溶液吸收析出的二氧化硫，用碘酸钾标准溶液滴定，根据消耗碘标准溶液的体积计算出硫含量。测试中应注意：①吸收液褪色时，要及时滴定，以免空气中的氧将亚硫酸氧化为硫酸，使结果偏低；②碘标准溶液的浓度一般应用标准样随时标定，也可采用亚砷酸钠标准溶液进行标定；③硫含量为 0.01％左右时，应称取 0.5000～1.000 g 试样进行测定；或将碘标准溶液稀释 10 倍，此时需做空白试验。

4.3.1.3　燃烧—中和法[1]

试样在 1150～1250℃空气（氧气）流中燃烧，硫化物及硫酸盐中的硫转变为二氧化硫后，用过氧化氢溶液吸收并氧化生成硫酸，以甲基红—次甲基蓝混合溶液作指示剂，用氢氧化钠标准溶液滴定。试样中含碳、氟量较高时，由于吸收后生成碳酸和硅氟酸而消耗氢氧化钠，所以对于含碳、氟量较高的试样应采用燃烧—碘量法或硫酸钡重量法。

测试中应注意：①炉温应达到 1 250℃才能进行测定。在测定过程中，炉温应保持稳定；②当试样中含有足够量的二氧化硅和三氧化二铁时，由于它们能起助熔作用，因此不必再另外加入助熔剂；③测定时，通人气流速度不宜过快，以开始时有连续小气泡发生为宜，但近终点时，可加大气流速度将二氧化硫全部驱出；④每测定 3～5 个试样后，更换一次吸收液；⑤含硫量低和含硫量高的试样应先后分批进行测定，以免互相影响；⑥碳含量低于 20％时一般不干扰硫的测定，若硫低碳高则影响硫的测定。

4.3.1.4　红外吸收法[2][3][4][5][6]

将试样和一种或几种助熔剂按一定次序、定量放入坩埚中，在高频振荡电流的作用下产生高温，在氧气的作用下，其中的硫被氧化，经过催化反应后，生成为 SO_2 和 SO_3 比例固定的混合气体进入红外吸收池检测。检测器对一定时间内吸收信号进行积分，计算机通过对样品和标准参照物的积分强度比较从而计算样品浓度。

①王丽，段心翠，苏佳新 . 燃烧中和滴定法测定铁矿石中高含量硫 [J] . 冶金分析，2002，22（6）：68—69.
②徐金龙，田琼，黄健，等 . 高频红外光谱法测定铁矿中硫的检测方法研究 [J] . 广东化工，2012，39（15）：159—160.
③张殿英，刘伟，李超，等 . 红外碳硫测定仪测定铁矿石中硫 [J] . 理化检验（化学分册），2002，38（8）：404—405.
④张东升 . 高频燃烧—红外吸收法测定铁矿石中硫 [J] . 冶金分析，2005，25（6）：91—92.
⑤王艳 . 高频红外吸收法测定铁矿石中高含量硫 [J] . 金属矿山，2008（12）：77—78.
⑥闻向东 . 微机碳硫分析仪在测定铁矿石中硫的应用 [J] . 武钢技术，2008，46（2）：23—25.

GB/T 6730.61—2005、ISO 4689—3—2004 中，试样置于烧过并铺有纯铁助熔剂的坩埚中，加入锡粒或锡管，再覆盖纯铁助熔剂和钨粒，于高频感应炉的氧气流中加热燃烧，生成二氧化硫由氧气载至红外线分析器的测量室，二氧化硫吸收某特定波长的红外能，其吸收能与其浓度成正比，根据检测器接受能量的变化测得硫的含量。测定范围 $0.001\% \sim 2.0\%$。

应海松等人[1][2][3][4]针对称样量、助熔剂、样品结晶水对高频红外吸收法测定硫含量的影响进行了深入探讨，结果发现，加铁屑 SO_2 释放率比不加铁屑更稳定，铜助熔剂对硫检测有影响，钨、锡助熔剂助熔效果好但量大了易飞溅、腐蚀坩埚，易产生粉尘，所以采用钨锡混合助熔剂并控制量和比例，能有效提高燃烧温度，稳定释放 SO_2。称样量大小直接影响仪器信号的检出和样品是否燃烧充分，含量低于 0.1% 的铁矿称样量越小检出信号越不稳定，含量高于 0.1% 的铁矿检出信号高称样量比低称样量更不稳定。控制称样量，尽最大可能提高 SO_2 释放率，选择合适的校正样，对提高铁矿石中硫含量检测的准确度有重大意义。冯淑媛等人[5]也发现，载气流量不稳定、载气有水、工作板流太低、助熔剂配比不合适、标样线性化区间不合适、分析空白不稳定等六大因素是影响结果准确性的关键因素，经过多次的实验，分析总结出用红外吸收法测定含铁矿中硫的最佳方法分析条件，提高检测结果的准确度和精密度。尤其伸[6]等在红外测定仪上增加了新的除水装置，即在通常的吸水柱前加上一根易于拆卸的石英玻璃柱，其长约 6 cm，两头充填石英棉，中间装干燥的无水高氯酸镁，然后接入气路中并保证密封性，每次测定后就更换一支吸水柱，该法可以克服结晶水对检测的干扰。

4.3.1.5 库仑滴定法[7][8]

测定原理：矿样在不低于 1 150℃的高温和催化剂（三氧化钨）作用下，于净化的空气流中燃烧分解。生成的二氧化硫及少量的三氧化硫被空气流带到电解池内，与水化合生成亚硫酸和少量的硫酸。以电解碘化钾－溴化钾溶液生成的碘或溴来氧化滴定亚硫酸。电生碘和电生溴所消耗的电量由库仑积分仪积分，并显示矿样中所含硫的质量。

4.3.1.6 其他

铁矿石中硫含量的测定方法还有电感耦合等离子体原子发射光谱法[9][10]、X 射线荧光

① 应海松，孙立群，谢荣耀，等．影响进口铁矿中硫含量检测的重要因素 [J]．理化检验（化学分册），2003，39（5）344—348．
② 应海松．高频红外法测定铁矿中硫的样品称样量的确定 [J]．冶金分析，2002，22（6）：43—45．
③ 应海松，孙立群，余青．称样量与助熔剂对高频红外吸收法测定进口铁矿中的硫的影响 [J]．检验检疫科学，2001，11（6）：19—20．
④ 应海松，余青，孙锡丽．高频燃烧红外吸收法测定铁矿中的硫 [J]．光谱实验室，2000，17（6）：631—634．
⑤ 冯淑媛，郑盛开，张柱威．分析用红外线吸收法测定含铁矿中硫的影响因素 [J]．广东建材，2011（12）：41—43．
⑥ 尤其伸，吴太白，万皆宝，张水梅．含结晶水铁矿中硫的红外吸收测定 [J]．冶金分析，1993，13（2）：53—55．
⑦ 张寒，张平建．库仑滴定法测定高硫铁矿中硫 [J]．冶金分析，2003，4（23）：71—72．
⑧ 姜郁，王通胜，王新．库仑滴定法测定铁矿石中的硫 [J]．化工矿物与加工，2000（11）：25—28．
⑨ 马振营，孟彩霞，祁之军．逆王水低温湿法 ICP－OES 测定铁矿石中的硫 [J]．科技与企业 2012（5）：256—257．
⑩ 苏凌云．低温逆王水溶样－电感耦合等离子体原子发射光谱法测定铁矿中硫和磷 [J]．冶金分析，2014，34（11）：69—72．

光谱法[①]等，这些方法将在 4.3.16 节铁矿石中有害元素的多元素同时检测中进一步论述。

不同测定方法的比较：

①硫酸钡重量法的特点是结果准确、重复性好，可作为仲裁分析使用。但试验周期长，测试步骤多，对每一步骤影响测定结果的因素都要注意，否则也会引起测定结果的不准确；②高温燃烧中和法方法简便，设备也比较简单，但在测高含量硫的铁矿石样品时结果偏低，而测低含量硫的铁矿石样品时结果偏高，准确度较差；③燃烧碘量法的特点是试验周期短，但仪器复杂；④高频红外吸收法自动化程度高，检测结果精确，但仪器设备较为昂贵。同时由于燃烧时间短，一般在 60 s 内完成测定。对高含量硫的测定，易产生"爆燃"现象，使得硫燃烧释放不稳定，硫含量越高，释放曲线越容易拖尾，与标准值的 RSD 也越大，标准曲线也有向下弯曲的趋势，说明此方法检测铁矿石中的硫含量在 3% 已经基本达到上限；⑤库仑滴定法测定结果比较准确，自动化程度高，操作也简单，测定时间短，尤其在大批量测定中被广泛应用，但不能作为仲裁分析使用。

4.3.2 铁矿中磷的检测

4.3.2.1 分光光度法[②③④⑤⑥⑦⑧⑨⑩⑪⑫⑬⑭⑮⑯]

铋磷钼蓝分光光度法：GB/T 6730.19－1986 中，样品经盐酸、硝酸、氢氟酸分解后，使用高氯酸冒烟赶氟，并除去氮氧化物和氯离子，高氯酸冒烟还将磷氧化成正磷酸。在硫酸介质中磷与铋及钼酸铵形成黄色络合物，用抗坏血酸将铋磷钼黄还原为铋磷钼蓝，在分光光度计于波长 810 nm 处测量其吸光度。显色液中 50 mg 铁，20 mg 钴，12 mg 钛，10 mg 锰、铜、铈，5 mg 锆，3 mg 铬（VI）、镍，0.5 mg 钒（IV）无干扰，大于此量的有色离子可用含此离子的底液作为参比抵消其干扰，砷在处理试样时用氢溴酸消除，五氧化二铌含量在 0.3% 以下无干扰。测定范围 0.01%～0.50%。铁矿石试样经酸溶后，在酸性介质中磷、砷以正态酸与硝酸铋、钼酸铵生成各自的铋钼杂多酸，用抗坏血酸还原成磷铋

①艾焰华，王文芳. X 射线荧光光谱测定铁矿石中全铁和硫 [J]. 科技信息，2012(19)：87.

②迟少婷. 分光光度法连续测定铁矿石中磷和钛 [J]. 冶金分析，2001，22(1)：68－69.

③蔡成金. 铁矿一磷含量的测定—铋磷钼蓝光度法 [J]. 科技创新导报，2012，28：3.

④郑勇军，范志荣. 氟化钠－氯化亚锡分光光度法测定还原钛铁矿中磷 [J]. 现代冶金，2011，39(2)：1－4.

⑤潘永平. 双波长分光光度法同时测定铁矿中磷和砷 [J]. 冶金分析，2002，22(4)：42－46.

⑥梁中. 碱熔、铋磷钼蓝分光光度法测定钒钛铁矿、钛精矿的磷含量 [J]. 矿业快报，2002(18)：4－5.

⑦雷丽萍，吕敏丽. 铋磷钼蓝光度法测定钛铁矿中的磷 [J]. 广西化工，1998.27(3)：61－63.

⑧王鹏辉. 铁矿石中磷、砷量的快速测定 [J]. 云南冶金，2001，30(3)：44－45.

⑨徐辉，王金玲，孙超，杨爱民. 浅析铁矿石、烧结矿中磷的快速分析方法——磷钼兰光度法、磷铋钼兰光度法 [J]. 莱钢科技，2009(1)：76－78.

⑩刘金，彭元，程先忠. 铋盐－钼蓝分光光度法测定铁矿石中的微量磷 [J]. 武汉工业学院学报，2012，31(4)：35－37.

⑪迟少婷. 锑磷钼蓝光度法测定铁矿石中磷含量 [J]. 山东冶金，199，21(3)：46－47.

⑫杨莲瑛. 分光光度法测定铁矿石中的二氧化硅和五氧化二磷 [J]. 中国石油和化工标准与质量，2013(14)：20.

⑬覃丹柳. 测定铁矿石中磷磷钼蓝快速分析法的改进 [J]. 柳钢科技，2004(3)：33－35.

⑭陶俊. 铋磷钼蓝光度法测定铁矿石中磷含量的不确定度评定 [J]. 云南冶金，2011，40(1)：59－60.

⑮何久康. 铁矿石中磷的测定——抗坏血酸还原磷钼蓝光度法 [J]. 内蒙古大学学报：自然科学版，1982，13(3)：275－276.

⑯姚桂兰，王春英. 铁矿石、磷灰石等矿石中磷的快速测定——稀硝酸溶样比色法 [J]. 青海科技，2006(4)：45－46

钼蓝和砷铋钼蓝，在 700 nm 左右波长下均有吸收，王鹏辉[1]利用硫代硫酸钠在一定酸度下可将 As^{5+} 迅速还原为 As^{3+}，破坏砷铋钼蓝的生成而磷不被还原的原理制取参比消除磷的干扰，实现了磷、砷联测。

陶俊[2]对铋磷钼蓝分光光度法测定铁矿石中磷含量的不确定度进行了评估，该方法的不确定度的主要来源是绘制工作曲线产生的不确定度，其次是测量方法的重复性的不确定度。其中移取标准溶液的体积（1.00～8.00）mL，由于其体积较小，引入的相对不确定度较大。由此，在分析测试中绘制工作曲线时宜采用适中浓度的标准溶液，使移取的体积适当。而试液稀释体积和天平称量引起的不确定度分量可以忽略不计。

磷钒钼黄分光光度法：高氯酸冒烟并将磷氧化成正磷酸后，在 5％～8％硝酸溶液中，磷酸根离子与钒酸铵及钼酸铵反应生成可溶性磷钒钼黄络合物，在分光光度计于波长 420 nm 处测量其吸光度。可以用试液本身做参比消除干扰，可通过蒸发、氧化除去 NO^{2-}、Fe^{2+}、S^{2-}、$S_2O_3^{2-}$ 等还原性物质，可加氢溴酸蒸发除去砷，该法灵敏度不如磷钼蓝分光光度法。

磷钼酸分光光度法：可在酸性介质中加入钼酸铵，用乙酸丁酯萃取生成磷钼酸，再用氯化亚锡还原，并反萃取到水相中，在分光光度计于波长 720 nm 处测量其吸光度值，测定范围 0.1％～2％。有机试剂萃取比色法虽为经典之作，但具有毒性且污染严重。迟少婷[3]建立的锑磷钼蓝光度法，在排除了硅、铬、砷等元素的干扰后，参照 GB6730.18－86，在残渣回收的基础上进行显色反应。在显色液中存在 50 μg 铈，200 μg 锆，600 μg 铜、钛、钒，10 mg 锰，20 mg 铁、镍不干扰测定。大于 600 μg 铬（Ⅵ）对测定有影响，可加入高氯酸将铬氧化成高价时，滴加盐酸将其挥除；大于 200 μg 硅，可加入高氯酸、氢氟酸去除；由于砷磷是共存的，因此在分析步骤中，以盐酸、氢溴酸混合酸挥除砷。

磷钼蓝分光光度法：GB/T6730.18－2006（ISO 4687－1：1992，MOD）中，试样用碳酸钠和四硼酸钠熔融，冷却后，以盐酸浸取。移取部分试液，用亚硫酸钠还原和高氯酸处理后，加入钼酸盐和硫酸肼，使磷形成钼蓝配合物，在吸收峰波长 820 nm 处，测定钼蓝配合物的吸光度，该标准测定范围 0.003％～2.00％。郑勇军[4]等以氟化钠－氯化亚锡替代肼类和亚硫酸盐作为磷钼杂多酸的还原剂，提高还原能力，缩短还原磷钼杂多酸时间，提高分析效率。

4.3.2.2 容量法

试样用盐酸、硝酸、高氯酸分解，残渣用氢氟酸除硅，碳酸钠熔融，用稀盐酸浸取后加三氯化铁，用氨水沉淀回收磷，在适当硝酸和硝酸铵条件下加钼酸铵使生成磷钼酸铵沉淀，此沉淀用过量定量的氢氧化钠标准溶液溶解，过量的氢氧化钠用硝酸标准溶液滴定。GB/T 6730.20－1986 中该法适用于 0.030％～3.00％含量的测定，ISO 2599—2003 中规定 Ti 含量大于 18 mg 时需使用碱熔分离。该方法的分析步骤主要有试样称量、试样分解、沉淀分离、中和滴定等 4 个步骤，其中沉淀分离涉及氢氧化铁沉淀的出现、溶解，室温静置 2h 使磷钼酸沉淀完全，减压过滤等操作，操作复杂、耗时长。

---

① 王鹏辉. 铁矿石中磷、砷量的快速测定 [J]. 云南冶金，2001，30(3)：44－45.

② 陶俊. 铋磷钼蓝光度法测定铁矿石中磷含量的不确定度评定 [J]. 云南冶金，2011，40(1)：59－60.

③ 迟少婷. 锑磷钼蓝光度法测定铁矿石中磷含量 [J]. 山东冶金，1999，21(3)：46－47.

④ 郑勇军，范志荣. 氟化钠－氯化亚锡分光光度法测定还原钛铁矿中磷 [J]. 现代冶金，2011，39(2)：1－4.

磷钼酸铵中和滴定法比分光光度法操作复杂、耗时长，而且中和滴定的两次滴定终点都依赖于肉眼观察和主观判断，这样就无法避免误差的存在。而分光光度法在比色环节是使用精密仪器，将化验结果的判定量化，易操作且误差小[①]。

4.3.2.3 其他

铁矿石中磷含量的测定方法还有电感耦合等离子体原子发射光谱法、X 射线荧光光谱法等，这些方法将在 4.3.16 节铁矿石中有害元素的多元素同时检测中进一步论述。

电感耦合等离子体原子发射光谱法（ICP-AES）具有基体效应小、灵敏度高和线性范围宽等特点。黄惠琴等人[②]对 ICP-AES 测定的样品分解环节进行了改进，采用简便、快速的王水分解方法，解决了铁矿石中磷的快速测定问题，提高了测试速度，缩短了测试周期。测试结果与四酸分解、熔融分解 ICP—AES 测定结果一致，试验表明使用 P 178.222 nm 谱线测定时没有基体铁光谱干扰，可以直接用于测定. 苏凌云[③]使用逆王水和溴水在低温电炉上溶解样品，以 P213.618 nm 作为分析谱线，使用扣除左背景的方法消除铜的干扰，实现了铁矿中磷的快速准确测定。王卿等人[④]使用过氧化钠碱熔的方式进行样品前处理，为消除钠盐基体的影响，确定稀释因子为 1000，标准曲线基体与样品基体保持一致；为避免过氧化钠熔矿后溶液碱度较大对进样系统造成腐蚀，加入 2.00 mL 盐酸对溶液进行酸化。

4.3.3 铁矿中硅的检测

4.3.3.1 重量法

高氯酸脱水重量法：GB/T6730.10—2014 中试样用盐酸分解、过滤、灼烧，残渣用碳酸钠—硼酸混合溶剂熔融，稀盐酸浸取，与主液合并。（或者参考 ISO 2598—1—1992 试样使用过氧化钠熔融，然后用盐酸和高氯酸处理。）加高氯酸冒烟，使硅酸脱水，过滤，灼烧，用盐酸—乙醇除硼，再灼烧，恒量，用氢氟酸挥散除硅，由前后两次重量差求得纯二氧化硅含量。该标准测定范围为 1.50%～25.00%。

动物胶重量法：适用于 0.5% 含量以上硅的测定，试样经碱熔分解后，盐酸酸化，并蒸发至湿盐状，在浓盐酸溶液中加动物胶使硅胶凝聚，过滤，洗涤，灼烧，称量，即为二氧化硅含量。

4.3.3.2 光度法[⑤⑥]

硅钼蓝光度法：GB/T6730.9—2006 中，试样用混合熔剂熔融，稀盐酸浸取，使硅呈硅酸状态，在 0.20～0.25 mol/L 的酸度下，使硅酸与钼酸铵形成黄色硅钼杂多酸，用硫酸亚铁铵将硅钼杂多酸还原为硅钼蓝，在分光光度计上于波长 760 nm 处测量其吸光度值。磷、砷与钼酸铵生成黄色络合物也能被还原成蓝色，通过加入草酸，磷、砷杂多酸迅速被

①秦芬，杨焦鄂. 铁矿石中磷含量的常用测定方法选用 [J]. 鄂钢科技，2012(1)：12—13.

②黄惠琴，张志喜，蒋春林，刘长河. 王水溶解—电感耦合等离子体发射光谱法测定铁矿石中的微量磷 [J]. 分析测试技术与仪器，2012，18(4)：222—224.

③苏凌云. 低温逆王水溶样—电感耦合等离子体原子发射光谱法测定铁矿中硫和磷 [J]. 冶金分析，2014，34(11)：69—72.

④王卿，赵伟，张会堂，等. 过氧化钠碱熔—电感耦合等离子体发射光谱法测定钛铁矿中铬磷钒 [J]. 岩矿测试，2012.31(6)：971—974.

⑤林波. 分光光度法测定钛铁矿中二氧化硅的含量 [J]. 南方国土资源，2006(10)：37—38.

⑥陈平，吕宪俊，孙丽君. 铁矿石中二氧化硅含量的快速测定 [J]. 金属矿山，2009，392(2)：102—104.

分解，干扰被消除，该标准适用于 0.10%～5.00% 含量。ISO2598－2：1992 中使用抗坏血酸还原硅钼杂多酸，在波长 600 nm 处用分光光度法测定钼蓝吸光度，测定范围为 0.1%～5.0%。

郑丽华等[1]对硅钼蓝分光光度法的原理及相关技术问题进行了探讨，同时针对方法中的主要影响因素进行了实验研究，对于该法操作提出了多项注意事项：①试样中有锰，可加入双氧水消除；②为防止二氧化硅析出，可加入 5 mL 0.1% 的氟化铵溶液；③硫酸亚铁铵溶液储存时间不宜超过一周；④熔融物提取后要立即加入盐酸溶解，因熔融物腐蚀玻璃，玻璃的成分是二氧化硅，时间过长使结果偏高；⑤加入草硫混酸后，要立即加入硫酸亚铁铵，因草酸也能破坏已生成的硅钼黄，加混酸与硫酸亚铁铵间隔时间长，结果偏低；⑥Fe^{3+}、Al^{3+}、Ca^{2+}、Mg^{2+} 离子对硅的测定无干扰，在溶液中有 F^- 离子存在时，其含量不超过硅之含量，对硅的测定无影响，反而有利，特别是二氧化硅含量高时更为有利，能避免硅酸的聚合作用，因高聚合硅酸能阻止硅钼黄的生成。

硅钼蓝分光光度法根据硅酸在酸性溶液中与钼酸铵生成可溶性硅钼杂多酸，此黄色硅钼杂多酸被还原剂还原成钼蓝进行定量测定；但由于硅酸极易聚合，使钼蓝比色法测定 SiO_2 结果偏低。赵玲等人[2]利用氟化物使聚合硅酸呈 SiF^{2-} 而解聚，然后加入硫酸钾铝与钼酸铵使溶液中的硅酸能充分形成硅钼酸黄色络合物，再通过莫氏盐还原成硅钼蓝络合物进行比色，测定结果与标准样品标准值相符。

蔡玉曼、赵孟群等[3][4]对硅钼蓝分光光度法测定钛铁矿中二氧化硅不确定度进行了评定，认为测量过程中不确定度主要来源于标准物质、样品制备、曲线拟合，以及重复实验产生的不确定度。

对于钛含量高的钛铁矿，由于 Ti（IV）与钼酸根生成白色沉淀，干扰硅钼蓝分光光度测定，蔡玉曼等人[5]用 $NaOH-Na_2O_2$ 混合熔剂熔融分解试样，加入 Na_2SO_3 消除熔矿中产生的 H_2O_2，在水浴条件下促使钛全面水解，消除钛的干扰，继而使用硅钼蓝分光光度法测定硅含量。

4.3.3.3 容量法

氟硅酸钾滴定法：适用于大于 0.5% 含量的测定。将试样碱熔浸取，酸化后于强酸性溶液中，在过量钾离子存在下，加入氟离子使硅酸生成氟硅酸钾沉淀，在热水中水解析出，以酚酞做指示剂，用氢氧化钠标准溶液滴定。

4.3.3.4 其他

铁矿石中硅含量的测定方法还有电感耦合等离子体原子发射光谱法、X 射线荧光光谱法等，这些方法将在 4.3.16 节铁矿石中有害元素的多元素同时检测中进一步论述。

方法比较：用重量法测定 SiO_2 存在着流程长、手续繁多、不利于快速测定的缺陷。由

---

①郑丽华，张文勇. 铁矿石中硅元素测定方法的试验研究［J］. 矿业快报，2008，470（6）：89—90.

②赵玲，李胜生，冯永明，等. 氟化物解聚快速测定铁矿石中二氧化硅［J］. 安徽地质，2012，22（4）：305—307.

③蔡玉曼. 硅钼蓝分光光度法测定钛铁矿中二氧化硅不确定度评定［J］. 岩矿测试，2008，27（2）：123—126.

④赵孟群，田静，陈瑞光. 硅钼蓝分光光度法测定铁矿石中二氧化硅含量测量不确定度评定［J］. 南方金属，2011（6）：42—47.

⑤蔡玉曼，许又方. 铁矿中二氧化硅的硅钼蓝分光光度法测定［J］. 岩矿测试，2007，26（1）：75—77.

于铝、钛的干扰，加之灵敏度的局限，生产中一般很少使用容量法测定 SiO_2，目前较为常用的是硅钼蓝分光光度法。

4.3.4　铁矿中铝的检测

4.3.4.1　氟盐取代 EDTA 滴定法[1][2][3][4][5][6]

氟盐取代 EDTA 滴定法主要原理是试样用酸或碱分解后，使用不同的手段将铝和铁、钛、锰、钙、镁等干扰元素分离后，在含铝试液中加入过量 EDTA，锌或铜标准溶液滴定过量的 EDTA，加入氟化铵取代与铝结合的 EDTA，再以锌或铜标准溶液滴定。该法一般适用于 0.25% 以上铝的测定。

该法中关键是将被测物铝与铁、钛、锰、钙、镁等干扰元素分离，主要有以下手段：①碱熔分离：试样以过氧化钠熔融，热水浸取，干过滤使铝与铁、钛、锰等分离；②为了更好地去除钙、镁等元素的干扰，也可在样品混合熔剂熔融后，盐酸浸取，用氨水沉淀分离钙、镁、锰等元素，氢氧化物沉淀用盐酸溶解后以氢氧化钠分离铁、钛等元素；③GB/T 6730.11—2007（ISO6830—1986，MOD）中试样用釉质碳坩埚或锆坩埚中，用碳酸钠和过氧化钠混合溶剂熔融，盐酸浸取，以氨水将 Al_2O_3 沉淀过滤后用盐酸溶解。用铜铁试剂三氯甲烷萃取铁、钛等元素，水相以硝酸、高氯酸处理，再用盐酸溶解过滤，加过量 EDTA，以二甲酚橙为指示剂，锌标准溶液滴定过量的 EDTA，加入氟化铵取代与铝结合的 EDTA，再以锌标准溶液滴定，适用于 0.25%～5.0% 含量；④酸溶回渣分离：试样用酸分解，过滤滤液，以甲基异丁基酮萃取，除去大部分铁残渣，去硅后用焦硫酸钠熔融，用六次甲基四胺沉淀铝、铁、钛等元素，在 EDTA 存在下碱分离除去钛、铁、稀土等元素。

车万里[7]在使用 EDTA 滴定法测定铁矿中铝时发现，为了获得较明显的滴定终点，可在溶液中加入 5 mL 乙醇，煮沸后，再使用硫酸铜标准溶液进行滴定。

4.3.4.2　光度法

在 pH 为 5.6 条件下，铝与铬天青 S 生成紫红色络合物，在分光光度计上于波长 560 nm 左右处测量其吸光度。该法适用于 0.05% 以上含量的测定。

可通过不同手段将被测物铝与铁矿石中的铁、锰等干扰离子分离，如：①抗坏血酸还原法——试样以氢氧化钠熔融，盐酸浸取，在 pH5.6 的六次甲基四胺缓冲溶液中，用抗坏血酸还原铁；②锌-EDTA 掩蔽法——试样用混合熔剂熔融，稀盐酸浸取，以锌-EDTA 掩蔽铁、锰等离子；③萃取分离法——GB/T 6730.12—1986 中试样经碳酸钠-硼酸混合熔剂熔融，盐酸浸取，将铝及其他离子与氨三乙酸络合，在氨性溶液中以乙酰丙酮-四氯化碳选择性萃取铝，用盐酸反萃取铝，再以甲基异丁基酮萃取出去残留的铁，测定范围为 0.050%～0.50%。

冯兴仁[8]研究了甲基百里酚蓝光度法测定铝的条件和影响碱性分离铝的因素，利用铝

①陈荣飞．探讨铁矿石中测定三氧化二铝的含量碱融分离氟盐取代 EDTA 容量法 [J]．才智，2011(7)：60.
②刘向东，苏丹，周春阳．碱熔除铁氟化物置换容量法测定铁矿石中的三氧化二铝 [J]．吉林地质，2014，33(2)：132—134.
③左平，胡郑毛．用 EDTA 容量法快速测定铁矿石中的铝含量 [J]．金属矿山，2008，382(4)：77—79.
④陈丽芳，吕杏玲．用 EDTA 滴定法测定铁矿石中的铝含量 [J]．涟钢科技与管理，2007：54—55.
⑤陈春玲，陈丽红．铁矿石中三氧化二铝含量的测定 [J]．一重技术，2002(8)：99.
⑥赵树宝．EDTA 络合滴定法连续测定铁矿石中铝铅锌 [J]．冶金分析，2011，31(11)：66—69.
⑦车万里．如何提高铁矿石中铁、铝测定的准确性 [J]．广东建材，2002(12)：27.
⑧冯兴仁．甲基百里酚蓝光度法测定铁矿中铝 [J]．冶金分析与测试：冶金分析分册，1984(4)：64.

在乙醇存在和加热条件下，通过控制一定酸度，可与甲基百里酚蓝形成稳定的有色络合物，基于甲基百里酚蓝分子中甲胺二乙酸螯合基的作用，络合物有一个五元环和两个五元环两种互变异构体，在 585 nm 和 575 nm 处分别有最大吸收。

4.3.4.3　原子吸收光谱法

GB/T 6730.56—2004、ISO 4688-1-2006 中试样以盐酸、硝酸分解，蒸发成脱水二氧化硅，残渣经灼烧以氢氟酸和硫酸蒸发出去硅，再经碳酸钠熔融制成盐酸溶液，提升溶液到原子吸收光谱仪的氧化亚氮乙炔火焰中，于波长 396.2 nm 处测量铝的吸光度，测定范围为 0.1%～5.0%。

4.3.4.4　其他

铁矿石中铝含量的测定方法还有电感耦合等离子体原子发射光谱法、X 射线荧光光谱法等，这些方法将在 4.3.16 节铁矿石中有害元素的多元素同时检测中进一步论述。

4.3.5　铁矿中砷的检测

4.3.5.1　砷钼蓝光度法[①]

砷化氢分离－钼蓝光度法：GB/T 6730.45—2006 中试样用过氧化钠烧结分解后，用水和硫酸浸取。在硫酸介质中，用氯化亚锡和碘化钾将砷酸还原成亚砷酸，然后用金属锌将亚砷酸还原成砷化氢气体。逸出的砷化氢气体用次溴酸钠吸收氧化生成正砷酸，与钼酸铵作用生成砷钼黄杂多酸配合物，用硫酸肼还原成砷钼蓝，于分光光度计上波长 840 nm 处测定，该标准规定测定范围 0.003%～0.50%。郑小敏等[②]对于该标准方法中的关键步骤和要点如锌粒粒度、砷化氢气体导管插入吸收液深度、吸收管的干燥等进行探讨，并提出意见，以拓宽其适用性和可选择性，使操作更加简单、快速。

蒸馏分离－砷钼蓝分光光度法：GB/T 6730.46—2006(ISO 7834-1987，MOD) 用过氧化钠熔融分解试料，用水和盐酸浸取，将溶液移入蒸馏瓶中蒸去部分溶液，加溴化钾和硫酸肼调节酸度，于蒸馏器中蒸馏三氯化砷，馏出物吸收于硝酸中，加钼酸铵－硫酸肼试剂使其形成砷钼蓝络合物，在分光光度计上于波长 840 nm 处测量其吸光度，测定范围 0.0001%～0.1%。

碘化砷萃取分离－钼蓝光度法：试样以硝酸、盐酸分解，在盐酸介质中，用硫酸联胺将砷还原为三价，三价砷与碘化钾生成的 AsI_3，用三氧甲烷萃取，与其他干扰元素分量，再用水反萃取，在 0.4 mol/L 的硫酸酸度下加钼酸铵使砷形成砷钼杂多酸络合物，用抗血酸还原为砷钼蓝，在分光光度计上于波长 830 nm 处测量其吸光度。

光度法测定铁矿中微量砷，通常是将砷转化为气态后用溶液吸收或经过萃取处理后进行测定，操作繁琐，周期长。潘永平[③]对铋砷钼蓝分光光度法进行研究，在 0.50 mol/L 硫酸介质中，砷在水相中能形成稳定的络合物。在 50 mL 溶液中，砷的质量在 0～100.0 μg 范围内符合比尔定律。由于在此反应条件下，大多数常见的金属离子不干扰测定，磷的干扰又可通过两次比色扣除，故该方法灵敏度及选择性都较好，用于铁矿石中砷的测定，结果良好。

4.3.5.2　砷溶胶比色法

试样用过氧化钠熔融，水浸取，在硫酸－碘化钾介质中，用氯化亚锡将砷还原为低

---

①赵树宝．砷化氢分离砷钼蓝分光光度法测定铁矿石中的砷[J]．福建分析测试，2008，17(1)：53－55.

②郑小敏，周礼仙，李弘．砷化氢分离－砷钼蓝分光光度法测定铁矿石中砷的国家标准方法探析[J]．冶金分析，2010，30(7)：30－34.

③潘永平，海冰，徐修平．分光光度法直接测定铁矿中砷[J]．冶金分析，2003，23(5)：54－55.

价，然后用金属锌将低价砷全部还原为砷化氢。逸出的砷化氢气体用二乙基二硫代氨基甲酸银（Ag－DDC）的含少量有机碱类的氯仿溶液或 Ag－DDC 的吡啶溶液吸收。这时析出棕红色的胶状银，在分光光度计上于波长 530 nm 处测量其吸光度值。但该法使用试剂较多，其中包含有毒的有机溶剂，且操作复杂，容易造成重复性较差，同时，分析时间长，无法满足钢厂对原料检验的效率要求[1]。黄睿涛[2][3]使用硫－磷混酸溶解铁矿石样品后进行 Ag－DDTC 法测定砷，同样取得满意效果。

4.3.5.3　原子吸收光谱法

周含英等[4]研究了空气－乙炔火焰原子吸收法测定硫铁矿中砷的方法，使用盐酸和硝酸溶样后直接上机测定，样品中主要共存元素为铁、钙、镁、锰、锌、硅等，故对样品进行了上述离子的干扰试验。$5.0\ \mu g \cdot mL^{-1}$ 的砷标准溶液，加入 500 倍的 Fe^{3+}、Mn^{2+}、Zn^{2+}，150 倍的 Ca^{2+}、Mg^{2+}，100 倍的 Si^{4+} 时，对测定结果无影响。张锂等[5]在铁矿样品酸分解后，采用 717 型强碱性苯乙烯阴离子交换树脂定量富集并洗脱后进行石墨炉原子吸收光谱法测定。

4.3.5.4　氢化物原子吸收光谱法

氢化物发生进样方法，是利用某些能产生原生态的还原剂或通过化学反应，将样品溶液中的待测组分还原为挥发性共价氢化物，然后借助载气流将其导入光谱分析系统进行测量的方式。氢化物发生可以方便的将待测元素从基体中分离富集，流动注射的应用，又克服了环境污染、试剂消耗量大的缺点。碳、氮、氧族元素的氢化物是共价化合物，砷作为氮族元素，其氢化物具有挥发性，AsH_3 的沸点为 $-55℃$，通常情况下为气态，借助载气流可以方便的将其导入原子光谱分析的原子化器或激发光源中，然后进行定量光谱测量。

将氢化物发生进样方式与原子吸收光谱联用，建立铁矿石中砷含量的氢化物原子吸收光谱法[6][7][8]。样品经处理后，加入预还原剂使五价砷还原为三价砷，再加入硼氢化钠或硼氢化钾还原生成砷化氢，由氩气载入火焰原子化器中分解为原子态砷蒸气吸收波长 193.7 nm 的共振线，其吸收量与砷含量成正比，与其标准系列比较定量。

GB/T 6730.67－2009 中试样用盐酸和硝酸溶解，蒸发至干，加入稀盐酸溶解，残渣用过氧化钠和碳酸钠熔融处理，试液采用碘化钾做预还原剂，抗坏血酸做掩蔽剂，调节酸度并适当稀释，用硼氢化钾还原，通过氢化物发生器产生砷化氢，随载气进入石英管原子化，在波长 193.7 nm 处测定砷量，该标准测定范围 0.00005%～0.1%。ISO 17992－2013

①姜玉梅，王潇蕤．新银盐光度法测定铁矿石中砷的含量 [J]．当代化工，2009，38（1）：95－98．

②黄睿涛，朱红玉．银－二乙基二硫代氨基甲酸钠法测定铁矿石中砷溶样方式的改进 [J]．岩矿测试，2007，26（5）：423－424．

③黄睿涛．铁矿石 Ag－DDTC 法测砷溶样方式的改进 [J]．鄂钢科技，2008：47－48．

④周含英，王盛才，罗岳平，吴小平，邹辉，余江．空气－乙炔火焰原子吸收法测定硫铁矿中的砷 [J]．广东微量元素科学，2007，14（11）：64－66．

⑤张锂，韩国才．微波消解－树脂分离－石墨炉原子吸收光谱法测定钛铁矿中砷 [J]．冶金分析，2007，27（1）：35－38．

⑥鲍惠君，付冉冉，余清．微波消解－氢化物发生原子吸收法测定进口铁矿中的砷 [J]．金属矿山，2009，401（11）：79－81．

⑦周景涛，李建强，李仁勇．氢化物发生电加热石英管原子吸收法测定包头铁矿中的砷、锑、铋 [J]．分析试验室，2007，26（7）：104－106．

⑧孙锡丽，应海松，余青，陈建国．流动注射－氢化物发生原子吸收法测定铁矿中砷、锑、铋含量 [J]．光谱实验室，2000，17（1）：121－123．

也规定了氢化物发生原子吸收光谱法用于测定铁矿石中砷含量，该法适用于 0.00066％～0.02015％含量。

4.3.5.5 原子荧光光谱法

原子蒸气受到具有特征波长的光源照射后，其中一些自由原子被激发跃迁到较高能态，然后回到某一较低能态（常常是基态）而发射出的特征光谱叫做原子荧光。各种元素都有起特定的原子荧光光谱，根据原子荧光强度的高低可测得试样中待测元素的含量，这就是原子荧光光谱分析（AFS）。

刘曙等[①]采用 HCl-HNO₃ 混合酸微波消解铁矿样品，化学蒸气发生－双道原子荧光光谱法同时测定铁矿石中砷的含量，铁矿样品经微波消解后，在 H_2SO_4 介质中，用硫脲－抗坏血酸将砷酸还原成亚砷酸，再加入 KBH_4 使其还原成砷化氢，进入原子荧光光谱仪内测定。

传统的氢化物发生体系是将被测元素制备成酸性溶液与硼氢化钠（钾）反应产生气体氢化物，也就是"酸性模式"[②③④]；而将被测元素制备成碱性溶液并于其中加入一定量的硼氢化钠（钾），再与酸性溶液反应产生氢化物气体，称为"碱性模式"，后者的主要特点是能更大程度地消除Ⅷ、ⅠB中过渡金属和贵金属对测定砷的干扰。张锂等[⑤⑥]采用微波消解分解样品，碱性模式氢化物发生原子荧光光谱法测定铁矿石中砷，由于有效地消除了Cu、Co、Ni、Au、Pt、Pd等的干扰，方法的灵敏度高，检出限低，简单快捷，应用于铁矿石中砷的测定，结果满意。

付冉冉等[⑦⑧]分别计算了采用电感耦合等离子体质谱（ICP-MS）、氢化物发生原子吸收法（HG-AAS）和氢化物发生原子荧光光谱法（HG-AFS）测定铁矿石中的砷的检出限和精密度，并分别测定多个铁矿石标准样品中砷含量，通过比较得出采用 ICP-MS、HG-AAS 和 HG-AFS 测定铁矿石中的砷得到的结果都接近标准值，达到要求，但砷含量低的适用 ICP-MS 仪器，中低含量的适用 HG-AAS 仪器，中高含量的适用 AFS 仪器。

4.3.5.6 其他

铁矿石中砷含量的测定方法还有电感耦合等离子体原子发射光谱法[⑨⑩⑪]、ICP-MS等，这些方法将在 4.3.16 节铁矿石中有害元素的多元素同时检测中进一步论述。

---

①刘曙，罗梦竹，金樱华，等.微波消解－化学蒸气发生－原子荧光光谱法同时测定铁矿石中的痕量砷和汞 [J].岩矿测试，2012，31(3)：456－462.

②苏明跃，陈广志，王晶，姚传刚.水浴消解－顺序注射－氢化物发生原子荧光光谱法测定铁矿石中砷和汞 [J].岩矿测试，2011，30(2)：210－213.

③武素茹，谷松海，姚传刚，等.微波消解试样－氢化物发生－原子荧光光谱法测定铁矿石中砷 [J].理化检验（化学分册），2010，46(9)：1043－1045.

④刘健，陈聪，罗爱玲，陈绪华.氢化物发生－原子荧光光度法检测硫铁矿和硫精矿中砷含量，山东化工，2013，11：81－83.

⑤张锂，韩国才.碱性模式氢化物发生原子荧光光谱法测定铁矿石中砷 [J].分析测试学报，2006，25(6)：120－122.

⑥杨毅，刘英波，王建琴.原子荧光光谱法测定铁矿石中砷的研究 [J].分析试验室，2008，27(12)：446－447.

⑦付冉冉，鲍惠君，张爱珍.HG－AAS 和 AFS 测定铁矿石中砷含量及比较 [J].金属矿山，2008，387(9)：82－83.

⑧付冉冉，陈贺海，张爱珍，刘智龙.测定铁矿石中砷含量的方法与仪器 [J].现代矿业 2011，503(3)：90－92.

⑨杨素莲.ICP-AES法测定铁矿石中高含量砷 [J].冶金丛刊，2010，189(5)：26－28.

⑩周耀明，余江，于磊，陈一清，罗岳平.ICP-AES测定高砷铁矿中砷和钒 [J].光谱实验室，2007，24(5)：829－831.

⑪郭杨武，钟友强.ICP-OES法快速测定硫铁矿中砷含量 [J].硫酸工业，2014(4)：65－66.

4.3.6　铁矿中铅的检测

4.3.6.1　光度法

双硫腙光度法：GB/T 6730.42—1986 中试样用盐酸、硝酸、高氯酸分解，过滤；残渣用碳酸钠－硼酸熔融，用柠檬酸铵掩蔽铁、铝等金属离子，以氢氧化铵调制 pH 为 7～9，用双硫腙－三氯甲烷将铅、锌等萃取于有机相，再用稀盐酸反萃取于水相。在柠檬酸铵、盐酸羟胺、氰化钾存在下，调至 pH 为 8.5～11.0，加双硫腙－三氯甲烷萃取显色，在波长 510 nm 处，测量其吸光度。该标准测定范围为 0.01%～0.5%。

敖学华[①]利用强酸性条件下，PbO_2 能将 Mn^{2+} 定量氧化成 MnO_4^-，通过测定 MnO_4^- 的吸光度值可求出铅的含量，建立了硫铁矿中铅含量的间接比色测定法，该法对于低含量铅的测定具有操作简单、快速、准确度高等特点。

4.3.6.2　原子吸收光谱法[②]

GB/T 6730.54—2004（ISO 13311—1997，MOD）中试样用盐酸和氢氟酸分解，除去二氧化硅，硝酸酸化，盐酸溶解盐类，过滤。残渣经灰化、灼烧后，用碳酸钠熔融，在盐酸中浸取熔融物，保留残渣回收液。滤液用 4－甲基－2－戊酮萃取分离铁，回收水相。用硝酸破坏剩余的 4－甲基－2－戊酮并挥发至近干，用盐酸溶解盐类与残渣回收液合并。使用空气乙炔火焰，于原子吸收光谱仪波长 283.3 nm 处测量其吸光度。该标准适用于 0.001%～0.5%。

甘晓辛[③]根据流动注射梯度校正原理，以"参比"元素确定流路系统的瞬时分散系数，用待测元素的一个标准溶液代替一套标准系列制作工作曲线，建立了一种新的单标准流动注射原子吸收分析法。用该法测定了砷铁矿标样中的铜、铅、锌，相对标准偏差小于8%，进样频率为 240 个/h，大大提高了检测效率。

周景涛等[④][⑤]利用四价铅能与硼氢化钾等还原剂形成铅的氢化物气体，建立了氢化物发生原子吸收法测定铁矿石中微量铅的方法。选用铁氰化钾作为铅的氧化剂，选用 KCl-HCl 缓冲溶液作为反应介质控制试液 pH 在 0.8～1.6 之间以提高氢化物发生效率，并使用邻菲罗啉和草酸联合掩蔽消除共存干扰元素。

4.3.6.3　原子荧光光谱法

付冉冉等[⑥][⑦]提出用盐酸、氢氟酸、高氯酸、硝酸混酸溶解铁矿，加入草酸－邻菲罗啉－硫氰酸钾混合掩蔽剂消除元素干扰，采用增感剂增加生成铅烷的几率，用原子荧光光谱仪测定铁矿石中铅的含量。该方法检出限低，线性范围宽，适合于日常检验。使用原子

①敖学华. 硫铁矿中铅的间接比色测定 [J]. 云南化工，2001，28(1)：32—33.

②余清，陈贺海，张爱珍，王宝钢. 火焰原子吸收光谱法快速测定铁矿石中铅锌铜 [J]. 岩矿测试，2009，28(6)：598—599.

③甘晓辛，谢凤宏，马闯，等. 单标程流动注射分析的研究——梯度校正原子吸收法测定砷铁矿中铜、铅、锌 [J]. 分析化学，1992，20(11)：1269—1272

④周景涛，耿彩霞. 包头铁矿中微量铅的测定 [J]. 包钢科技，2008，34(4)：80—82.

⑤周景涛，李建强，赵研冰. 氢化物发生原子吸收光谱法测定包头铁矿中铅（英文）[J]. 冶金分析，2007，27(8)：9—13.

⑥付冉冉，刘水清，陈颖娜，等. 原子荧光光谱法测定铁矿石中的铅 [J]. 金属矿山，2010，409(7)：83—86.

⑦蔡颖，卢艳蓉. 氢化物发生原子荧光光谱法测定铁矿石中砷、锑、铋、铅、锡工作条件的确定 [J]. 内蒙古石油化工，2014(9)：8—11.

荧光光谱法测定铅含量，与其他能生成氢化物的元素不同，铅的氢化物只有在氧化剂或螯合剂的存在下才有较高的发生效率，一般使用增感剂提高铅氢化物发生效率，目前常用的增感剂主要有 3 类：①氧化作用，比如过氧化氢；②兼有氧化和络合性质的化合物，比如铁氰化钾；③有机络合剂，如亚硝酸 R 盐、PAN-S。

4.3.6.4 其他

铁矿石中铅含量的测定方法还有电感耦合等离子体原子发射光谱法[①]、X 射线荧光光谱法等，这些方法将在 4.3.16 节铁矿石中有害元素的多元素同时检测中进一步论述。

4.3.7 铁矿中镉的检测

4.3.7.1 原子吸收光谱法[②]

矿样经前处理后，在 228.8 nm 波长下，将试液引入火焰原子吸收化器内，在镉空心阴极灯照射下，其吸光度值与其浓度成正比。姜云等探索了在高含量的 Fe、Ti 基体干扰下以 $NH_4H_2PO_4$-H_2NCSNH_2-EDTA 为混合基体改进剂后，消除了主体元素铁、钛的干扰，提高了方法的检出限。

4.3.7.2 原子荧光光谱法

铁矿石中镉含量较低，张锂等在使用氢化物发生－原子荧光光谱法测定时，利用巯基棉分离富集矿样中的镉[③]，以 NaCl 饱和的 4 mol/L HCl 吹洗，再以 0.001 mol/L HCl 洗脱，达到了分离富集的效果，方法检出限达 0.05 μg/L。但是巯基棉的制备比较复杂，郭小伟等[④⑤]对镉的蒸气发生进行了详细的研究，发现硫脲与钴离子联合作用可大大提高镉挥发性化合物的发生效率。李金莲等[⑥]研究结果表明，在 Co(Ⅱ) 和某些含氮氧键、含氮键和含氮硫键的有机化合物存在的水体系中，采用断续流动蒸气发生装置，与前者相比，其镉挥发性化合物的发生效率有明显提高，此外，Ni(Ⅱ) 和 Fe 对该体系也有一定的增敏作用。

4.3.7.3 其他

铁矿石中镉含量的测定方法还有电感耦合等离子体原子发射光谱法等，这些方法将在4.3.16 节铁矿石中有害元素的多元素同时检测中进一步论述。

4.3.8 铁矿石中铬的检测

4.3.8.1 光度法

二苯基碳酰二肼光度法：GB/T 6730.30－1986 中规定试样碱熔，水浸取，干过滤，取部分清液在硫酸（0.1±0.025 mol/L）介质中，六价铬与二苯基碳酰二肼形成可溶性紫红色络合物，在分光光度计上于波长 545 nm 处测定其吸光度。钒对本法有干扰，当钒小

①王慧，许玉宇，王国新，刘烽，吴骋.ICP－AES 测定铁矿石中的铅［J］.光谱实验，2011，28(5)：2260－2263.
②姜云.石墨炉原子吸收法测定钛铁矿中的微量镉［J］.山东国土资源，2014，30(1)：61－63.
③张锂，韩国才.巯基棉分离富集－氢化物发生原子荧光光谱法测定铁矿中微量镉［J］.冶金分析，2008，28(5)：48－50.
④付冉冉，刘水清，荣德福，康继韬.原子荧光光谱法测定铁矿石中的镉［J］.岩矿测试，2009，28(6)：595－597.
⑤Guo Xiaowei, Guo Xuming. Studies on the reaction betweencad mium and Potassiumte trahydro borateina queosslution and it sapplication atomic fluor scencespectromty.
⑥李金莲，邱海鸥，席永清，杨明，汤志勇.原子荧光光谱法测定微量镉的增感效应［J］.冶金分析，2006，26(3)：21－25.

于 200 μg 时，可在显色后放置 30 min 消除干扰，当钒大于 200 μg 或钒比铬大 10 倍时，需用 8—羟基喹啉—三氯甲烷萃取分离。该标准测定范围为 0.010%～0.500%。

4.3.8.2　容量法

过硫酸铵氧化—硫酸亚铁铵滴定法：试样用硫酸、磷酸分解，在体积分数为 5%～8% 的硫酸介质中，以硝酸银为催化剂，用过硫酸铵将铬氧化为六价，加氯化钠使银生成氯化银沉淀，将高价锰还原，以 N—苯代邻氨基甲酸为指示剂，用硫酸亚铁铵标准溶液滴定至溶液有玫瑰红色变为亮绿色为终点，计算铬的含量。

4.3.8.3　原子吸收光谱法

GB/T6730.57—2004（ISO9685—1991MOD）、ISO15634—2005 中用盐酸和硝酸溶解试料，以 4—甲基—2—戊酮萃取分离滤液中大部分的铁，灼烧残渣，用氢氟酸和硫酸除去二氧化硅，再用四硼酸钠—碳酸钠混合溶剂熔融残渣，冷却后，用盐酸溶解熔块，合并在主液中。在原子吸收光谱仪上用氧化亚氮—乙炔火焰，于波长 357.9 nm 处，测定铬的吸光度，测定范围为 0.003%～0.1%。乔元彪等[1]研究了表面活性剂十二烷基硫酸钠（SDS）对铬的增感效果，通过在试液中加入 SDS，检出限达到 7 $\mu g/L$。

4.3.8.4　其他

铁矿石中铬含量的测定方法还有电感耦合等离子体原子发射光谱法、X 荧光光谱法[2][3]等，这些方法将在 4.3.16 节铁矿石中有害元素的多元素同时检测中进一步论述。

4.3.9　铁矿中汞的检测

4.3.9.1　化学分析法

汞含量的化学分析测定一般有硫氰酸盐法、EDTA 法、双硫腙比色法等[4][5][6][7]，但此类方法选择性差，容易受复杂基体影响，在铁矿石中汞的检测时应用不广。

4.3.9.2　原子荧光光谱法

邱志君等[8][9]提出了铁矿石中汞含量的原子荧光光谱测定法，试样用盐酸—氢氟酸—高氯酸—硝酸混合酸低温分解后，蒸至近干，加入盐酸溶解盐类并定容，以硼氢化钾为还原剂，盐酸溶液为载流，测定汞原子的荧光强度。汞是易挥发物质，样品前处理过程中必须十分注意防止汞的挥发。经典消解法加热应在较低的温度进行，或者在密闭消解管中或

①乔元彪，阎卫．增感效应火焰原子吸收光谱法测定铁矿石中的微量铬［J］．分析试验室，1999，18（3）：68—70．

②张益，郭妙妙，赵小元，等．波长色散 X—荧光光谱法测定铁矿石中镍、铬含量［J］．金属材料与冶金工程，2014，42（3）：8—13．

③赵小元，郭妙妙，肖星，等．波长色散 X—荧光光谱法测定铁矿石中镍、铬含量［J］．涟钢科技与管理，2014（4）：53—56．

④刘希东．硫氰酸盐—吖啶红分光光度法在水相中测定痕量汞［J］．四川师范大学学报：自然科学版，2001（3）：283—285．

⑤王瑞斌，张成孝．EDTA 差减滴定法测定汞污染土壤中汞［J］．2007，27（12）：54—56．

⑥李松，黎国兰．双硫腙分光光度法测定空气中汞的改进［J］．2005，22（6）：1280—1283．

⑦陈建平．双硫腙分光光度法测定十味扶正颗粒中汞含量［J］．2007，16（20）：36—38．

⑧苏明跃，陈广志，王晶，等．水浴消解—顺序注射—氢化物发生原子荧光光谱法测定铁矿石中砷和汞［J］．岩矿测试，2011，30（2）：210—213．

⑨邱志君，付冉冉，应海松，等．原子荧光光谱法测定铁矿石中的汞［J］．金属矿山，2009，398（8）：66—68．

带有冷凝回流装置的专用汞发生瓶中进行。应尽量减少氧化不完全和汞的挥发所造成的损失，酸溶微波消解技术为汞含量的测定提供了很好地前处理手段。SN/T 2765.3－2013 中使用微波消解技术利用多道原子荧光光谱仪实现了汞与砷的同时检测。

4.3.9.3　冷原子吸收分光光度法

SN/T 3004－2011 中规定了微波消解测汞仪法测定铁矿中汞含量的方法，试样在高压密闭容器内加王水和氢氟酸溶解，试液中加入氯化亚锡，用测汞仪在 253.8 nm 处对其中的汞进行测定。该法检出限为 0.4 μg/g。近年来新型测汞仪发展迅速，一般都可直接测定固体、液体甚至气体样品中的汞含量，无需对样品进行前处理，避免了汞在样品前处理中的挥发损失、相互沾污和污染环境问题[①]。样品由自动进样器送入热解炉内，在氧气氛围中进行热解，产生的气流经加热的催化剂后，去除卤素、氮的氧化物以及硫的氧化物等杂质，剩余气体中的汞蒸气通过金汞齐捕获，对金汞齐进行升温，定量的释放出所吸附的汞，汞蒸气在载气驱动下进入吸收池进行检测，根据标准曲线计算样品中汞的含量。

4.3.9.4　其他

铁矿石中汞含量的测定方法还有电感耦合等离子体原子发射光谱法等，这些方法将在 4.3.16 节铁矿石中有害元素的多元素同时检测中进一步论述。

4.3.10　铁矿中碱金属 (K_2O 和 Na_2O) 的检测

4.3.10.1　原子吸收光谱法[②③④]

原子吸收光谱法是铁矿石中钾、钠的常用检测方法，GB/T 6730.49－1986、ISO 13312－2006、ISO 13313－2006 中给出了铁矿石中钾、钠的原子吸收光谱法，适用于钾、钠质量分数为 0.005%～1.50% 的测定。试样用盐酸、氢氟酸分解、定容，于原子吸收光谱仪的空气－乙炔火焰中，在波长 766.5 nm、589.0 nm 处分别测量钾、钠的吸光度。

4.3.10.2　原子发射光谱法

试样常用盐酸、高氯酸、氢氟酸分解，制成盐酸溶液，于原子吸收发射光谱仪的空气乙炔火焰中，采用发射方式于波长 766 nm、589 nm 处分别测量钾、钠的吸光度。

付冉冉等[⑤]，分别采用火焰吸收法（加氯化铯）、火焰吸收法（不加氯化铯）和火焰发射法（不加氯化铯）测定铁矿石标样中钠、钾的含量，并进行了对比，发现用以上 3 种测试方法都可以准确测定出铁矿石中钠、钾的含量。但是对于钾来说，浓度高时偏差已经达到允许差的下限了。所以，对于高浓度的钾溶液，最好采用火焰发射法和火焰吸收法（加入氯化铯）。相比之下，采用火焰发射法更加方便快捷、节约成本。

4.3.10.3　火焰光度法

火焰光度法是用火焰作为激发光源的原子发射光谱法，由于火焰温度较低，只能激发少数的元素，特别适用于较易激发的碱金属和碱土金属的测定。试样用盐酸、高氯酸、氢

①刘稚，张庆建，丁仕兵，等．固体进样测汞仪测定矿物中汞 [J]．2013，(12)：1512－1513.

②鲍惠君，付冉冉，张爱珍．FAAS 连续测定进口铁矿中的钾钠铜锌铅 [J]．金属矿山，2008，383(5)：76－77.

③张秀香．火焰原子吸收法快速测定进口铁矿石中微量钾钠钙镁锰 [J]．理化检验—化学分册 [J] 1997，33(6)：262－263.

④杨宝城．火焰原子吸收法测定白云鄂博铁矿石中钾、钠、钙、镁、锰 [J]．光谱实验室，1991(8)：59－61.

⑤付冉冉，廖海平，贺存君，刘水清．三种方法测定铁矿石中氧化钠和氧化钾的含量及比较 [J]．金属矿山，2007(11)：76－78.

氟酸分解，制成微酸性溶液，用压缩空气将溶液以雾状喷入火焰光度计的空气－乙炔火焰中，分别测量钾、钠的辐射强度。盐酸、硝酸、硫酸的存在会干扰钾、钠的测定，处理时应尽量赶尽；钙对钠的测定会产生干扰，但对钾的干扰较小，因此钙含量高时需分离出去；铁、铝对测定的干扰甚微。

4.3.10.4　其他

铁矿石中碱金属含量的测定方法还有电感耦合等离子体原子发射光谱法[①]、X荧光光谱法等，这些方法将在 4.3.16 节铁矿石中有害元素的多元素同时检测中进一步论述。

4.3.11　铁矿中锌的检测

4.3.11.1　光度法[②③]

GB/T 6730.44—1986 中试样以盐酸、硝酸、氢氟酸、硫酸分解，过滤；残渣用碱熔融。加氟化钠、氯化铵、氢氧化铵及二乙基二硫代氨基甲酸钠（铜试剂）进行沉淀分离。用甲基异丁基酮－硫氰酸铵萃取锌，使其与大量铁、铜、铝、锰、镍、镉等元素分离，在有机相中加入 1－（2－吡啶偶氮）－2－萘酚（PAN）与锌生成红色络合物，在波长548 nm 处，测定其吸光度，该标准方法测定范围为 0.010%～0.050%。

使用 PAN 与锌络合前，一般都需要进行分离提取，常用的提取方法有 TOPO（三正辛基磷化氧的苯溶液）、三氯甲烷、甲基异丁甲酮提取或萃取，但这些方法普遍存在分离较为繁琐、试剂具有一定的毒害、操作步骤较多的缺点。曾波等[④]详细研究了在不使用氨水分离大量铁的情况下，用硫脲及柠檬酸氢二铵掩蔽干扰元素，直接用甲基异丁基甲酮萃取硫氰酸锌络合物，在氨性情况下锌与 PAN 显色进行定量测定，测定结果与其他方法一致。

李纯毅等[⑤]利用铜与二甲酚橙在 pH 为 5.8～6.2 之间时形成红色络合物，其吸收峰位于 570 nm 处，建立了二甲酚橙光度法测定铁矿中锌的方法。该研究中使用氨性溶液对铁矿中大量铁离子和少量金属离子进行沉淀分离，加入硫代硫酸钠消除铜的影响。

陈达仁等[⑥]使用 2－（5－Br－2－吡啶偶氮）－5－二乙氨基苯酚（简称 5－Br－PADAP）作为测定铁矿中微量锌的显色剂，在 pH 为 7～10 时的 40% 乙醇介质中，试剂能与锌定量反应生成红紫色可溶性络合物，最大吸收峰在 552 nm 处。为消除铁矿石中大量铁及某些伴生元素对测定的影响，应用 717 阴离子交换树脂在稀盐酸介质中进行分离洗脱。在所选定的条件下，能使锌与铁、锰、铜、钴、镍等元素分离，然后以二硫代甲酸氨基乙酸铵（TCA）掩蔽镉、铅。

4.3.11.2　容量法

张正芝[⑦]将试样用盐酸、硝酸溶解，在微碱性中锌与铁分离，在 pH＝12 的溶液中以PAN 为指示剂，用 EDTA 滴定，即可求出锌的含量（如果锌少于 1%，则可准确加入一定量 EDTA 标准液后，用铜液来回滴，即可求出锌的含量），但该法并未对试液中可能存

①梁丽虹.ICP－AES法测定铁矿石中微量氧化钾、氧化钠 [J].冶金丛刊，2004，150（2）：14－16.

②余卫忠.铁矿石中锌的分光光度法测定 [J].理化检验：化学分册，1978，14（4）：3－4.

③余卫忠，林敬依.铁矿石中锌的比色测定 [J].理化检验：化学分册，1978，14（5）：11－14.

④曾波，张水菊.硫氰络锌萃取－PAN分光光度法测定铁矿石中的锌 [J].化学分析计量 2010，19（3）：93－94.

⑤李纯毅，康承孝.二甲酚橙光度法连续测定硫铁矿中低含量的铜锌 [J].理化检验，1990，26（1）：21.

⑥陈达仁，容庆新，曾汉波，黄鹏飞.5－Br－PADAP光度法测定铁矿中微量锌 [J].分析化学，1981，9（2）：177－178.

⑦张正芝.EDTA容量法测定硫铁矿中的锌 [J].云南化工，1988（3）：32.

在的干扰离子进行处理。赵树宝[5]通过控制试液酸度和在试液中加入掩蔽剂的方式，达到了铁矿中锌含量的准确测定，基底分离后微量的 Fe^{3+} 离子可以用抗坏血酸掩蔽，溶液中微量锰离子可用盐酸羟胺还原为低价，微量 Cu^{2+} 离子可用硫代硫酸钠掩蔽，以消除其干扰。在分析铅和锌时，为了消除溶液中铝离子的影响，需向溶液中加入一定量的氟化钾来掩蔽。

4.3.11.3 火焰原子吸收光谱法[1][2][3][4][5]

GB/T 6730.53—2004（ISO13310—1997，MOD）中试样用盐酸、氢氟酸分解，除去二氧化硅，硝酸氧化。盐酸溶解盐类，过滤。残渣经灰化、灼烧后，用碳酸钠熔融，在盐酸中浸取熔融物，保留残渣回收液。滤液用4－甲基－2－戊酮萃取分离铁，回收水相。用硝酸破坏剩余的4－甲基－2－戊酮并挥发至近干，用盐酸溶解盐类与残渣回收液合并。原子吸收光谱仪的空气乙炔火焰中，于波长 213.9 nm 处测量其吸光度值，该标准测量范围 $0.001\% \sim 0.5\%$。

4.3.11.4 其他

铁矿石中锌含量的测定方法还有电感耦合等离子体原子发射光谱法[6]、X 荧光光谱法等，这些方法将在 4.3.16 节铁矿石中有害元素的多元素同时检测中进一步论述。

4.3.12 铁矿中铜的检测

4.3.12.1 光度法

利用铜与双环己酮草酰二腙（BCO）、铜试剂（二乙氨硫代甲酸钠）、2，2′－联喹啉、双乙醛草酰二腙（BAO）等试剂易形成有色络合物[7][8][9][10][11]，可使用分光光度法测定。

双环己酮草酰二腙法：GB/T 6730.36—1986 中试样酸分解后过滤，残渣用碳酸钠、硼酸熔融，用柠檬酸掩蔽铁、铝等离子，在 pH 为 9.2～9.3 的氨性溶液中，双环己酮草酰二腙与铜（II）生成蓝色络合物，在分光光度计上于波长 600 nm 处测量其吸光度，该标准测定范围 $0.1\% \sim 1.00\%$。王勇、艾华林等针对该法使用高氯酸发烟危险性大和络合物色泽不稳定的缺点，对试验进行改进，试样处理采用氧化性酸稀硝酸直接溶解，Fe^{3+}、Al^{3+} 离子采用氨水沉淀分离，提高了方法的安全性和稳定性。

2，2′－联喹啉分光光度法：ISO 5418－1－2006 中用盐酸、硝酸和高氯酸分解试样。加热至高氯酸冒烟3～5 min，稀释并过滤，灼烧残渣，用氢氟酸和硫酸处理并用碳酸钠熔融，在滤液中溶解冷却熔融物。用抗坏血酸还原铜（II），在 N，N－二甲基甲酰胺存在下

①李慧君．测定硫铁矿中 Pb、Zn 含量的一种好方法［J］．彬州师范高等专科学校学报，2001，22（2）：62－63．
②李胜荣．原子吸收仪测定大顶铁矿石中锌含量［J］．科技信息（科学教研），2007（15）：306－307．
③郭代华．硫铁矿中原子吸收连续测定铜、铅、锌［J］．湖南有色金属，1996，12（1）：54－55．
④鲍惠君，付冉冉，张爱珍．FAAS 连续测定进口铁矿中的钾钠铜锌铅［J］．金属矿山 2008，383（5）：76－77．
⑤裴彦．微波消解－原子吸收法同时测定铁矿石中的锰铜锌铅［J］．河南化工，2012，29（5）：51－53．
⑥赵淑恩．ICP－AES 法测定铁矿石中的锌［J］．河北冶金，2013，207（3）：69－70．
⑦王勇，李玉忠．铁矿石中铜的快速光度分析［J］．山东冶金，2001，23（3）：58－60．
⑧王田．铁矿石中微量铜的快速准确测定方法［J］．科学之友，2011（10）：16－17．
⑨王秀杰．BAO 分光光度法测定铁矿石中微量铜［J］．辽宁化工，1996（3）：60－62．
⑩艾华林，万红军，柴跃东，林洪．铁矿石中微量铜的测定方法研究［J］．玉溪师范学院学报，2006，22（3）：21－24．
⑪宋玉珍，葛海英，张平建，王德全，王淑品．BCO 光度法快速测定铜在铁矿石中的应用［J］．莱钢科技，2006（12）：63－64．

加入 2，2′联喹啉形成铜（Ⅰ）的红紫色络合物，在 545 nm 波长处分光光度法测定，测定范围 0.005％～0.77％。

铜试剂（二乙胺硫代甲酸钠）光度法：试样用盐酸、硝酸、氢氟酸分解，硫酸冒烟赶尽氟及氮氧化物，在 pH＝9 左右的氨水溶液中，铜（Ⅱ）与铜试剂生成黄色配合物沉淀，在保护胶的存在下，形成金黄色配合物胶体溶液，在分光光度计上于波长 445 nm 处测量其吸光度，计算出铜的质量分数。

铜试剂（二乙胺硫代甲酸钠）－三氯甲烷萃取光度法：试样用盐酸、硝酸、氢氟酸分解，硫酸冒烟赶尽氟及氮氧化物，在 pH 为 8.5 左右的柠檬酸铵－EDTA 溶液中铜（Ⅱ）与铜试剂生成金黄色配合物溶液，经三氯甲烷萃取，在分光光度计上于 445 nm 处测量其吸光度。

4.3.12.2　容量法[①]

试样经酸分解后，用乙酸铵调节酸度，同时使溶液中的铁离子生成乙酸铁沉淀，以氟化氢铵掩蔽铁，将溶液 pH 控制在 3.0～4.0 之间，铜（Ⅱ）离子与碘化钾作用游离出等量的碘，以淀粉作为指示剂，用硫代硫酸钠标准溶液滴定至蓝色消失为止，从而测出铁矿石中的铜含量。

4.3.12.3　火焰原子吸收光谱法[②]

GB/T 6730.36－1986 和 ISO 5418－2－2006 中，试样用盐酸、硝酸和氢氟酸分解，加高氯酸蒸发除氟，制成酸性溶液，在原子吸收光谱仪的空气乙炔火焰中，于波长 324.8 nm 处测量铜的吸光度。测定范围 0.003％～1.00％。

耿立威[③]比较了铁矿石酸溶和碱熔两种不同前处理方法对铁矿石中铜含量的原子吸收光谱法测定的影响，酸溶使用盐酸、硝酸分解，残渣灰化后使用硫酸和氢氟酸处理，合并，碱熔使用无水硼酸钠和无水碳酸钠的混合熔剂在白金坩埚中高温熔融，酸化。从测定结果看，碱熔对铜的测定有负误差，原因可能是铜与白金坩埚的铂形成了合金，使铜发生丢失。与此相反，用酸分解法时，样品中的铜已基本上进入酸分解主液中了，所以后边用白金坩埚处理残渣的步骤也不会引起铜的丢失。

4.3.12.4　其他

铁矿石中铜含量的测定方法还有电感耦合等离子体原子发射光谱法等，这些方法将在 4.3.16 节铁矿石中有害元素的多元素同时检测中进一步论述。

4.3.13　铁矿中钛的检测

4.3.13.1　光度法

二安替吡啉甲烷光度法：GB/T 6730.22－1986 中试样以盐酸、硝酸和硫酸分解，氢氟酸除硅，焦硫酸钾处理残渣，然后在 1.2～2.5 mol/L 盐酸介质中加二氨替吡啉甲烷，使之与钛形成黄色络合物，在分光光度计上于波长 385 nm 处测量其吸光度，该标准测定

————————
①赵树宝．碘量法快速测定铁矿石中的铜和铁［J］．福建分析测试，2008，17（4）：44－46．
②张秀香．火焰原子吸收法测定铁矿中锰和铜［J］．分析科学学报，1997，13（3）：264．
③耿立威．用两种不同方法分解铁矿石测定其锌铜锰铅的含量［J］．吉林师范大学学报：自然科学版，2008（4）：134－135．

范围 0.006%～1.20%。

过氧化氢光度法：试样以盐酸、硝酸、氢氟酸分解，硫酸冒烟赶尽氮氧化物及氟，在硫酸介质中，钛（Ⅳ）与过氧化氢形成黄色络合物，在分光光度计上于波长 420 nm 处测量其吸光度。溶液中 V（Ⅴ）、Cr（Ⅵ）、Mo（Ⅳ）等元素均能与过氧化氢形成有色络合物会干扰测定，可通过扣除或分离方法消除 V（Ⅴ）的干扰，当使用还原剂将 Cr（Ⅵ）还原为 Cr（Ⅲ）后，铬小于 50 mg 不干扰测定，可加入氯化钠使铬成氯化铬酰挥发除去或用碱分离。任文焕[1]在比色时以不加 H_2O_2 的试样溶液作参比，消除本底影响。

树脂相分光光度法：树脂相分光光度法是基于直接测量吸附了被测组分的有色配合物的树脂相的吸光度进行的定量分析。邹淑仙[2]等利用过氧化氢-钛（Ⅳ）-5-Br-PADAP 生成三元异配位配合物，采用树脂相分光光度法，使钛（Ⅳ）的三元异配位配合物富集显色于 D152H 型弱酸性阳离子交换树脂上，于 620 nm 处测量吸附达平衡后的树脂相配合物的吸光度。过氧化氢-钛（Ⅳ）-5-Br-PADAP 三元异配合物吸附于树脂上，吸收峰红移，灵敏度比溶液中吸光光度法提高 6 倍，方法简便、快速、灵敏、选择性好。

4.3.13.2　硫酸铁铵滴定法

GB/T 6730.23－2006 中试样用氢氧化钠和过氧化钠熔融，水浸，过滤，在适当的酸性溶液中，用铝箔将四价钛还原为三价钛，在惰性气体保护下以硫氰酸盐为指示剂，用硫酸铁铵标准溶液滴定。钒及大于 0.4 mg 的三氧化钨会干扰钛的测定，经碱熔、水浸、过滤可分离除去，也可通过加入酒石酸锑钾消除钒干扰，该标准测定范围 1.00%～9.00%。

4.3.14　铁矿中氟的检测

4.3.14.1　容量法

GB/T 6730.26－1986 中试样用高氯酸、磷酸在 130～140 ℃通水蒸气蒸馏，使氟与共存元素分离后，调整酸度在 pH 在 3.0～3.2，以甲基百里酚蓝为指示剂，用硝酸钍标准溶液滴定，测定氟量，该标准测定范围 2.00%～15.00%。

4.3.14.2　离子选择性电极[3]

GB/T 6730.28－2006（ISO 4694－1987，MOD）中试料用氢氧化钠熔融并溶解于水和盐酸中，干过滤，然后在柠檬酸钠缓冲溶液存在下，调节试液 pH 为 5.0±0.1，用氟离子选择电极直接进行电位法测定，该标准测定范围 0.005%～3.00%。王虹等[4]采用高压密封消解罐处理铁矿样品，在适宜的酸性条件下，以氟离子选择电极一格氏作图模式直接测定铁矿中氟。酸溶后的样品以氢氧化钠作为沉淀剂分离铁、钛和稀土元素，柠檬酸钠盐作离子强度剂稳定电位及消除 Al^{3+}、Ca^{2+}、Mg^{2+} 等离子干扰。该法分析结果与 ISO 标准方法结果吻合，可满足日常分析工作的需要。

---

①任文焕.单项测定铁矿石中钛的快速分析方法［J］.分析试验室，2008，27：296－297.
②邹淑仙，张海蓉，何久康.2－（5－溴－2－吡啶偶氮）－5－二乙氨基酚树脂相分光光度法测定铁矿中痕量钛［J］.内蒙古大学学：自然科学版，1995，26（3）：300－302.
③李景捷，郭海涛，刘宇红.离子选择电极法测定包头铁矿及其冶炼渣中氟［J］.北京科技大学学报，1997，19（3）：238－240.
④王虹，魏伟，苏明跃.高压密封消解—氟离子选择电极—格氏作图法测定铁矿石中氟［J］.冶金分析，2007，27（6）：48－49.

4.3.14.3　离子色谱法

GB/T 6730.69—2010 中试样在水蒸汽蒸馏装置中经硫酸分解，其中的氟、氯随水蒸气逸出与样品分离，经氢氧化钠吸收液吸收，用离子色谱法测定，测定范围 0.005%～4.00%。胡德新等[①]使用水浴超声的提取方式，用水进行提取，提取液过滤，滤液净化后使用离子色谱仪直接测定铁矿石中水溶性的氟。

4.3.15　铁矿中氯的检测

铁矿石中氯含量的检测，一般只在海运铁矿石被海水浸湿等残损发生，需要评估鉴定时才要求检测，检测的主要是水溶性氯化物。

4.3.15.1　离子选择性电极

GB/T 6730.64—2007（ISO 9517—1989，MOD）中试样用硫酸钾水溶液在 90～95℃下搅拌 1 小时浸取水溶性氯化物，将悬浮液转入容量瓶，并稀释至刻度。丁过滤，分取部分试液，用过硫酸钾溶液和中性缓冲溶液处理后，加入硝酸钠离子强度调节溶液，用氯离子选择性电极测定。该标准测定范围为 0.005%～0.1%。胡晓静等[②]以硫酸钾为溶解试剂，硝酸银标准溶液为滴定剂，使用电位滴定法测定铁矿石中水溶氯，弥补了氯离子选择性电极的不稳定性。黄文娴等[③]比较了传统的加热浸取和超声波提取两种不同的前处理方式，结果表明超声波提取较传统浸取方法快速、准确。

4.3.15.2　离子色谱法

GB/T 6730.69—2010 中试样在水蒸汽蒸馏装置中经硫酸分解，其中的氟、氯随水蒸气逸出与样品分离，经氢氧化钠吸收液吸收，用离子色谱法测定，测定范围 0.005%～0.5%。胡德新等使用水浴超声的提取方式，用水进行提取，提取液过滤，滤液净化后使用离子色谱仪直接测定铁矿石中水溶性的氯。

4.3.16　铁矿中多种元素的同时检测

4.3.16.1　电感耦合等离子体光谱法[④⑤⑥⑦⑧⑨⑩]

GB/T 6730.63—2006（ISO 11535—1998，MOD）中规定了 ICP－AES 测定铁矿石中铝、钙、镁、锰、磷、硅、钛的方法，试样用碳酸钠、四硼酸钠助熔剂熔融，用盐酸低温

①胡德新，马德起，安鹏升，等．超声提取－离子色谱法测定铁矿石中水溶性氟氯溴及硝酸根 [J]．岩矿测试，2012，31（2）：287－290.

②胡晓静，孔平，高伟．硝酸银电位滴定法测定铁矿石中水溶氯 [J]．冶金分析，2007，27（1）：29－31.

③黄文娴，彭速标，卢振国，等．铁矿中水溶性氯化物测定的前处理方法的研究 [J]．广东化工，2007.34（4）：40－44.

④陶俊．ICP-AES 法测定铁矿石中钒、钛、铝、铜、锰、砷的研究 [J]．冶金分析，2005，25（4）：64－66.

⑤周岭，张香荣．ICP-AES 法测定铁矿中的 CaO、MgO、A12O3 和 MnO [J]．分析实验室，2002，21（3）：52－54.

⑥杨立，胡晓民，王成．ICP-AES 法快速测定球团铁矿中的总铁、二氧化硅、氧化钙、氧化镁及三氧化二铝 [J]．光谱实验室，2003，20（5）：772－775.

⑦常平，王松君，孙春华，等．电感耦合等离子体原子发射光谱法测定黄铁矿中微量元素 [J]．岩矿测试，2002，21（4）：304－306.

⑧王卿，回寒星，周长祥，吕学勤．ICP-AES 法同时测定钛铁矿中钾钠钙镁钡锶锌 [J]．山东国土资源，2013（10）：100－106.

⑨王卿，赵伟，张会堂，周长祥，回寒星．过氧化钠碱熔－电感耦合等离子体发射光谱法测定钛铁矿中铬磷钒 [J]．盐стан测试，2012，31（6）：971－974.

⑩齐剑英，李祥平，王春林，等．微波消解－电感耦合等离子体质谱法测定黄铁矿中重金属元素 [J]．冶金分析，2007，27（12）：1－5.

加热溶解冷却后的熔块，稀释到规定体积后在 ICP-AES 上测量，外标法定量。该标准方法测定范围如表4.3。

ISO 11535－2006 对 ISO 11535－1998 进行了技术修订，主要集中在标准精密度上，根据所使用的标准样品，重新定义了标准的适用范围，如表4.4。

<table>
<tr><td colspan="2">表4.3 GB/T 6730.63－2006 测定范围</td><td colspan="2">表4.4 ISO 11535－2006 测定范围</td></tr>
<tr><td>元素</td><td>测定范围/%</td><td>元素</td><td>测定范围/%</td></tr>
<tr><td>铝</td><td>0.020～5.00</td><td>铝</td><td>0.07～3.30</td></tr>
<tr><td>钙</td><td>0.010～8.00</td><td>钙</td><td>0.012～6.80</td></tr>
<tr><td>镁</td><td>0.010～3.00</td><td>镁</td><td>0.008～1.90</td></tr>
<tr><td>锰</td><td>0.010～3.00</td><td>锰</td><td>0.012～1.70</td></tr>
<tr><td>磷</td><td>0.013～2.00</td><td>磷</td><td>0.011～1.60</td></tr>
<tr><td>硅</td><td>0.10～8.00</td><td>硅</td><td>0.44～9.40</td></tr>
<tr><td>钛</td><td>0.010～0.20</td><td>钛</td><td>0.018～0.17</td></tr>
</table>

SN/T 2262－2009 铁矿石中铝、砷、钙、铜、镁、锰、磷、铅、锌含量的测定电感耦合等离子体原子发射光谱法。试样在高压密闭微波消解仪中用盐酸、硝酸、氢氟酸溶解，加入硼酸络合多余的氢氟酸，试样溶液由载气导入等离子体原子发射光谱仪中进行测定。测定范围如表4.5。

由宁波出入境检验检疫局制定即将颁布的国家标准《铁矿石砷、铬、镉、铅和汞的测定电感耦合等离子体质谱（ICP-MS）法》，利用微波消解作为样品前处理手段，采用内标法进行 ICP-MS 测定，测定范围为表4.6。

表4.5 SN/T 2262－2009 测定范围

元素	测定范围/%
铝	0.05～6.00
砷	0.02～0.30
钙	0.01～1.20
铜	0.005～0.30
镁	0.005～1.20
锰	0.002～1.20
磷	0.01～0.60
铅	0.004～0.30
锌	0.003～1.20

表4.6 《铁矿石 砷、铬、镉、铅和汞的测定电感耦合等离子体质谱 (ICP-MS) 法》测定范围

元素	浓度范围（质量分数）/$\times 10^{-6}$
铬	0.00055 ～ 250
砷	0.00076 ～ 570
镉	0.000045 ～ 5.50
汞	0.00188 ～ 0.19
铅	0.00012 ～ 3200

目前，ICP 法样品前处理手段有酸溶和碱熔两种。酸溶时为了使样品更好的溶解，往

往会使用氢氟酸参与溶样，或者使用氢氟酸处理残渣，检测周期长，对设备有损害。黄睿涛等[1]使用硫磷混酸溶解样品，在保证溶样效果的同时大幅度缩短了分析时间。近几年来，微波消解技术作为一种样品前处理手段在各实验室应用广泛，陈贺海等[2]使用微波消解手段分解铁矿石样品，大大提高了分析速度。陈加希等[3]采用偏硼酸锂和碳酸锂混合熔剂分解试样，进一步使用 ICP 测定钙、镁、硅、铝、锰、钛六元素，结果令人满意。马新蕊[4]用过氧化钠熔融分解铁矿样品，盐酸酸化处理后 ICP-AES 测定。

王卿等[5]在测试液中加入钇（Y）内标溶液，以消除仪器波动和铁、钛基体对测定的影响。常平等[6]使用干扰系数校正法消除基体铁对 Cd、Co、Cu、Mn、Pb、Zn 和 Ni 的影响。

4.3.16.2　X 射线荧光光谱法

GB/T 6730.62—2005 规定了铁矿石中钙、硅、镁、钛、磷、锰、铝和钡的 X 射线荧光光谱法，将样品制备成硼酸盐玻璃状熔融样片，测量待测元素的 X 射线荧光强度。在空白熔融样片的分析线位置测量背景，作为试样背景扣除。利用纯化学试剂合成校正熔融样片，应用自洽校正原理校正元素间基体效应后得出结果。该标准测量范围为如表 4.7。

表 4.7　GB/T 6730.62—2005 测定范围

元素	测定范围/%
钙	0.02～15.00
硅	0.08～15.00
镁	0.15～5.00
钛	0.004～8.00
磷	0.005～5.00
锰	0.009～3.00
铝	0.02～5.00
钡	0.02～3.00

SN/T 0832—1999（2011）使用有证标样制作校正熔融样片，与 GB/T 6730.62—2005 相比，不适用于铁矿石中钡的测定，且适用元素的测定范围减小。

ISO 9516—1—2003 使用熔片法测定了铁矿石中铁、硅、锰、磷、硫、钛、铝、钙、镁、铜、铬、钒、钾、锡、钴、镍、锌、砷、铅、钡共 20 种元素，基本涵盖了铁矿石所有常规分析项目。

---

①黄睿涛，易婷，廖子云. ICP-AES 法快速分析铁矿石中锌砷等元素 [J]. 鄂钢科技，2007（9）：10—11.

②陈贺海，鲍惠君，付冉冉，应海松，芦春梅，金献忠，肖达辉. 微波消解－电感耦合等离子体质谱法测定铁矿石中铬砷镉汞铅 [J]. 岩矿测试，2012，31（2）：234—240.

③陈加希，王劲榕. ICP-AES 法同时测定铁矿石中钙、镁、硅、铝、锰、钛六元素 [J]. 云南冶金，1998，27（1）：54—56.

④马新蕊. 电感耦合等离子发射光谱测定硫铁矿中的铁、硫、铜、锌、砷、铅 [J]. 云南化工，2008，35（3）：58—59.

⑤王卿，回寒星，周长祥，姜云，吕学琴，刘耀华. ICP-AES 内标法测定钛铁矿中铜钴镍锰钒铬 [J]. 山东国土资源，2012（5）：33—36.

⑥常平，王松君，孙春华，苏维娜，王丽娟. 电感耦合等离子体原子发射光谱法测定黄铁矿中微量元素 [J]. 岩矿测试，2002，21（4）：304—306.

目前 X 射线荧光光谱法进行铁矿石中多元素同时测定时，样品的前处理主要使用熔融法，即样品与熔剂、剥离剂在铂金坩埚中混匀，置于熔样装置中，于 1100℃ 左右充分熔融，将熔融液倒入模具中冷却至室温，取出玻璃片，待测。熔融法可以消除试样的粒度效应和矿物效应[1][2][3]。

此外，X 荧光光谱法样品前处理还可以采用压片法[4]，采用塑料环做镶圈，粉末直接压片，该方法只要控制标样与试样的粒度大小一致即可，与熔融法相比，压片法不用做烧失量校正，克服了硫、铜含量较高的样品及还原性较强的物质对铂坩埚的损坏，具有简便、快速、经济的优点。

---

[1]于青，王德全．熔融制样——X 射线荧光光谱法测定铁矿石中钾、铅、锌和砷 [J] . 理化检验（化学分册），2014，50(11)：1412－1414.

[2]廖海平，付冉冉，任春生，陈贺海，张建波．熔融制样－X 射线荧光光谱法测定硫铁矿中主次成分 [J] . 冶金分析，2014，34(12)：29－32.

[3]林忠，蒋晓光，李卫刚，郑江，胥建民，刘邦杰．波长色散 X 射线荧光光谱法测定铁矿石中铁硅钙铝磷镁锰钛 [J] . 理化检验（化学分册），2003，39(4)：207－211.

[4]尹静，黄睿涛．粉末压片制样－X 射线荧光光谱法测定铁矿石中锌砷锰 [J] . 岩矿测试，2011，30(4)：491－493.

第5章 铬矿有害元素检测

5.1 铬矿资源概况

自然界中已发现的含铬矿物约有 50 余种，分别属于氧化物类、铬酸盐类和硅酸盐类。此外还有少数氢氧化物、碘酸盐、氮化物和硫化物。其中氮化铬和硫化铬矿物只见于陨石中[①]。

具有工业价值的铬矿物，其 Cr_2O_3 含量一般都在 30% 以上，其中常见的是：

1. 铬铁矿

化学成分为 $(Mg、Fe)Cr_2O_4$，介于亚铁铬铁矿 $(FeCr_2O_4$，含 FeO 32.09%、Cr_2O_3 67.91%) 与镁铬铁矿 $(MgCr_2O_4$，含 MgO 20.96%、Cr_2O_3 79.04%) 之间，通常有人将亚铁铬铁矿和镁铬铁矿也都称为铬铁矿。铬铁矿为等轴晶系，晶体呈细小的八面体，通常呈粒状和致密块状集合体，颜色黑色，条痕褐色，半金属光泽，硬度 5.5，比重 4.2～4.8 g/cm³，具弱磁性。铬铁矿是岩浆成因矿物，产于超基性岩中，当含矿岩石遭受风化破坏后，铬铁矿常转入砂矿中。铬铁矿是炼铬的最主要的矿物原料，富含铁的劣质矿石可作高级耐火材料。

2. 富铬类

又称铬铁尖晶石或铝铬铁矿。化学成分为 $Fe(Cr，Al)_2O_4$，含 Cr_2O_3 32%～38%。其形态、物理性质、成因、产状及用途与铬铁矿相同。

3. 硬铬尖晶石

化学成分为 $(Mg，Fe)(Cr，Al)_2O_4$，含 Cr_2O_3 32%～50%。其形态、物理性质、成因、产状及用途也与铬铁矿相同。

在冶金工业上，铬铁矿主要用来生产铬铁合金和金属铬。铬铁合金作为钢的添加料生产多种高强度、抗腐蚀、耐磨、耐高温、耐氧化的特种钢，如不锈钢、耐酸钢、耐热钢、滚珠轴承钢、弹簧钢、工具钢等。金属铬主要用于与钴、镍、钨等元素冶炼特种合金。这些特种钢和特种合金是航空、宇航、汽车、造船，以及国防工业生产枪炮、导弹、火箭、舰艇等不可缺少的材料[②]。

在耐火材料上，铬铁矿用来制造铬砖、铬镁砖和其他特殊耐火材料。

铬铁矿在化学工业上主要用来生产重铬酸钠，进而制取其他铬化合物，用于颜料、纺

---

①李连仲. 岩石矿物分析（第一分册）. 北京：地质出版社，1991：318—346.
②廖天录. 岩石矿物分析技术. 北京：化学工业出版社，2013：97—104.

织、电镀、制革等工业，还可制作催化剂和触媒剂等。

5.1.1 铬矿世界资源状况

全球铬矿资源丰富，截止 2008 年世界铬铁矿（商品级矿石）储量为 8.1 亿吨，储量基础为 18 亿吨，资源量超过 120 亿吨[①]。铬铁矿资源丰富的国家主要有哈萨克斯坦、南非、津巴布韦、印度、芬兰、巴西、土耳其、俄罗斯及阿尔巴尼亚等国，其中，70% 以上的储量分布在哈萨克斯坦、南非和津巴布韦。中国、日本、越南、菲律宾、伊拉克、巴基斯坦、阿富汗、缅甸、美国、加拿大、古巴、澳大利亚等 30 多个国家也拥有铬铁矿。

世界巨型的铬铁矿区主要有南非布什维尔德杂岩体中的铬铁矿（估计储量 9.6 亿吨）、津巴布韦大岩墙中的铬铁矿（估计储量 1.4 亿吨）、哈萨克斯坦顿斯克铬铁矿（储量 1.66 亿吨）和俄罗斯南乌拉尔肯皮尔赛铬铁矿矿床等。据国际铬业发展协会（ICDA）数据，2008 年世界铬铁矿产量 2150.0 万吨，主要铬铁矿生产国包括南非（965 万吨）、哈萨克斯坦（369 万吨）和印度（332 万吨），三者产量合计占世界总产量的 77.5%，而南非的产量占世界总产量的 44.9%，是世界铬铁矿及铬矿产品的主要供应国。2008 年全球铬铁产量共计 820 万吨，其中南非铬铁产量占 39.5%。

5.1.2 我国铬矿资源分布

我国铬铁矿资源十分匮乏，而且矿石质量较差[②]。我国目前探明的铬铁矿储量仅占世界总储量的 0.825%，铬矿产地有 56 处，分布于西藏、新疆、内蒙古、甘肃等 13 个省（区），以西藏为主，保有储量约占全国的一半。

我国铬矿资源具有以下特点[③]：

（1）矿床规模小，分布零散。我国目前尚未发现有储量大于 500 万吨的大型铬铁矿床，储量超过 100 万吨的中型矿床也只有 4 个，它们是西藏的罗布莎、甘肃的大道尔吉、新疆的萨尔托海、内蒙古的贺根山矿。其余均为储量在 100 万吨以下的小型矿床。就是储量最大的罗布莎矿床，396 万吨储量分布在 7 个矿群 100 多个矿体中，最大的矿体长只有 325 米。

图 5.1 我国铬矿资源分布图

（2）分布区域不均衡，开发利用条件差。如上所述，我国铬铁矿矿床保有储量的 84.8% 分布在西藏、新疆、甘肃、内蒙古这些边远省（区），运输线长，交通不便。

（3）贫矿与富矿储量大体各占一半。现保有储量中，贫矿占 46.3%（499.3 万吨）、富矿占 53.7%（578.6 万吨）。富矿主要分布在西藏和新疆，分别占富矿总量的 73.5% 和

①胡德文.铬铁矿市场集中度研究［C］//中国地质矿产经济学会、国土资源部地质勘查司、中国国土资源经济研究院.地质找矿改革发展大讨论论文集.北京：中国地质矿产经济学会、国土资源部地质勘查司、中国国土资源经济研究院，2009：9.

②李艳军，张剑廷.我国铬铁矿资源现状及可持续供应建议［J］.金属矿山，2011（10）：27—30.

③褚洪涛.我国铬铁矿资源供求分析与对策探讨［J］.采矿技术，2008（2）：87—88.

13.8%。从用途来看，冶金级储量占总储量的 37.4%、化工级储量占 38.4%，耐火级储量占 24.2%。

（4）露采矿少，小而易采的富铬铁矿都已采完。我国铬铁矿储量中适合单独露采的只有 6% 左右，绝大部分需要坑采。一些小而富且开采容易的铬铁矿都已采完，像新疆的鲸鱼和西藏的东巧铬铁矿，分别在 1983 年和 1982 年闭坑，前者采出铬铁矿 31 万吨，后者采出了 17.63 万吨。

（5）矿床成因类型单一。我国目前已知的铬铁矿矿床主要为岩浆晚期矿床。而世界上一些著名的具有层状特征的大型、特大型岩浆早期分凝矿床在我国尚未发现。

近年来，在全球经济复苏的带动下，不锈钢需求不断上升，而我国铬矿石产量和质量远远满足不了国内的需要，进口对外依存度多年保持 90% 以上。

5.2　铬矿中有害元素概论

铬铁矿石按工业用途划分为冶金级、化工级、耐火级和铸石级。目前，全球 85% 的铬铁矿用于冶金工业、8% 用于化学工业、7% 用于耐火材料工业。铬铁矿最大的消费领域是生产铬铁合金。

YB/T 5277—2014《冶金用铬矿石》中，冶金用铬矿石按加工方式不同（选矿和天然矿）分为精矿（G）和块矿（K 两类），除了对主成分 Cr_2O_3 含量的规定外，对铬铁矿中含有的次要成分也做了要求，其化学成分应符合表 5.1、表 5.2 的规定。

表 5.1　精矿牌号和化学成分

牌号	化学成分（质量分数）/%						
	Cr_2O_3	SiO_2	MgO	Al_2O_3	S	P	Cr/Fe
	不小于	不大于					不小于
G—50A	50.0	4.0	16.0	16.0	0.007	0.006	3.2
G—50B	50.0	5.0	18.0	18.0	0.007	0.006	2.8
G—50C	50.0	7.5	18.0	18.0	0.009	0.007	2.5
G—48A	48.0	5.0	22.0	16.0	0.008	0.007	2.8
G—48B	48.0	7.0	24.0	18.0	0.008	0.008	2.5
G—44A	44.0	7.0	12.0	16.0	0.008	0.007	2.2
G—44B	44.0	7.0	12.0	18.0	0.008	0.008	1.9
G—42	42.0	7.5	12.0	18.0	0.008	0.008	1.5

表 5.2　块矿牌号和化学成分

牌号	化学成分（质量分数）/%						
	Cr_2O_3	SiO_2	MgO	Al_2O_3	S	P	Cr/Fe
	不小于	不大于					不小于
K—44	44.0	12.0	22.0	16.0	0.007	0.006	2.8
K—42	42.0	12.0	22.0	16.0	0.007	0.008	2.6
K—40A	40.0	12.0	24.0	16.0	0.007	0.008	2.4
K—40B	40.0	12.0	14.0	16.0	0.008	0.008	1.5
K—38A	38.0	12.0	24.0	16.0	0.007	0.008	2.3
K—38B	38.0	12.0	12.0	17.0	0.010	0.008	1.5
K—36	36.0	12.0	24.0	16.0	0.007	0.008	2.2

冶金级铬铁矿石还可用来冶炼金属铬，目前我国冶炼金属铬的方法有火法和湿法两种。采用湿法冶炼金属铬要求：铬矿石或精矿含 $Cr_2O_3 \geq 38\%$、$Cr_2O_3/FeO > 2$、$SiO_2 < 12\%$、$Al_2O_3 < 10\%$，此外矿石粒度小于 180 目的应占 80% 以上。

铬矿石中的次要成分在冶炼中会对冶炼设备产生不同程度的危害并影响最终产量：

（1）硫，在冶炼铬铁合金时，硫的分配情况是：50%～60% 进入炉渣、20%～30% 挥发、8%～15% 进入合金中[1]，合金中要求含 S<0.02%～0.03%。其危害性与炼铁相同。

（2）磷，在冶炼铬铁合金时，有 40%～60% 进入合金中，合金中要求 P<0.04%～0.07%。其危害性与炼铁时相同。

（3）二氧化硅，铬铁合金中允许硅含量 1.5%～5%，在原料中 SiO_2 的存在对合金影响不大，但其含量过高，就需要加入大量的石灰石，保持适宜碱度，从而渣量增大，相应渣中带走的铬也多，影响铬的回收率。

（4）氧化镁，矿石（或精矿）中 MgO 含量大于 10%，冶炼时炉渣熔点升高，黏度增大，耗电多。如采用加大石灰石量造成高碱度渣，冲淡 MgO 的比例，这时渣量大，相应渣中带走的铬也多，影响铬的回收率。

（5）Al_2O_3 属高熔点氧化物，当其含量过高时，炉料及炉渣比电阻增大，容易使负荷使用不足，电极深埋，料面死火，炉温低，产量下降，回收率低，炉渣黏稠，炉衬易损坏。

（6）氟、氯：在冶炼中腐蚀管道设备，影响产品质量，炉渣中的氟、氯还会污染环境，影响动物和人类健康。

对于耐火级、化工级和铸石级的铬矿石，在相关行业标准或工业生产标准中，也均对铬矿石的各成分做了规范，如 YB/T5265－2007《耐火材料用铬矿石》按三氧化二铬含量分为四个牌号，见表 5.3。在化学工业上，铬矿石主要用来生产重铬酸盐（铬盐），再用它作原料生产其他铬化合物产品。铬盐用铬矿石工业要求：$Cr_2O_3 \geq 30\%$、$Cr_2O_3/FeO \geq 2\%$～2.5%，SiO_2 少量。用以生产辉绿岩铸石的铬矿石，其质量要求：$Cr_2O_3 \geq 10\%$～20%，$SiO_2 \leq 10\%$。

表 5.3 耐火材料用铬矿石分级

牌号	化学成分（质量分数）/%			
	Cr_2O_3	SiO_2	CaO	Fe_2O_3
GKS40	≥40.0	<5.5	<1.0	<14
GKS36	≥36.0	<6.0	<1.3	<14
GKS33	≥33.0	<6.5	<1.5	<14
GKS30	≥30.0	<7.0	<2.0	<14

5.3 铬矿中有害元素的检测方法[2]

本章将对铬矿石中铁、硅、铝、钙、镁、硫、磷、氟、氯现有的检测方法和标准进行介绍。

5.3.1 铬矿中铁的检测

5.3.1.1 还原滴定法

将样品用过氧化钠熔融，用水浸出熔融物，过滤分离（或用硝酸、硫酸和高氯酸分解

---

①吕俊杰，游洪宾，田继成，鲁宁．高碳铬铁冶炼脱硫的实践［J］．铁合金，2005（1）：22－25．
②万秉忠．进出口矿产品检验集萃．北京：中国标准出版社，2001．

样品）。用氨水沉淀氢氧化铁，分离沉淀，再将沉淀溶于盐酸。用氯化亚锡将大部分三价铁还原成二价铁，以钨酸钠为指示剂，用三氯化钛将剩余三价铁还原成二价铁，过量的三氯化钛以重铬酸钾氧化。以二苯胺磺酸钠为指示剂，用重铬酸钾标准溶液滴定二价铁。测定范围为 0.5%～32%。

还原滴定法是测定铁的经典方法，ISO 6130－1985 和 GB/T 24225－2009 均采用此方法，但 GB/T 24225 使用三氯化钛还原法代替了 ISO 6130－1985 中的氯化汞法，减少了毒性试剂的使用。

为了满足工业上大量样品快速分析的需求，李玉茹等基于测定铬铁矿中铬的溶样方法原理和对传统无汞测铁程序的改进研究，推荐了一个测定铬铁矿中铁的快速方法模式：试样经沸腾硫酸湿烧（～330℃）、磷硫混合酸溶解、直接用三氯化钛溶液将三价铁还原为二价铁、氧化过量的三价钛之后，用常规法滴定[①]。

5.3.1.2　EDTA 络合滴定法

将样品用过氧化钠熔融，用水浸出熔融物，过滤分离，再将沉淀溶于盐酸。用乙酸和氨水调节溶液的 pH 值（pH=2.0±0.2），以磺基水杨酸为指示剂，采用 EDTA 标准溶液滴定。此方法是 JIS M8263 测定铁的方法之一，比较简单，测定时间也比氯化亚锡还原法短，适用于铁含量大于 0.1% 的样品。

5.3.1.3　光度法

1，10－菲罗啉吸光光度法：将样品用过氧化钠熔融，用水浸出熔融物，加盐酸溶解，用乙酸钠调节溶液的 pH 值（pH=2.0±0.2），用盐酸羟胺将铁还原，测定铁与 1，10－菲罗啉络合物的吸光度（波长为 517 nm）。此方法是 JIS M8263 测定铁的方法之一，适用范围为铁含量小于 10%。

李碧云等尝试了使用 8－羟基喹啉为螯合剂，三氯甲烷为萃取剂，双波长分光光度法同时测定铬矿石中的铁和铝。16 倍的 Cr_2O_3，10 倍的 MgO、MnO、SiO_2，微量的 Ni、Co、Mo、V、Ti 不干扰铁、铝的测定，10 倍的 Fe_2O_3 不干扰铝的测定。但 8－羟基喹啉铝在光照下易发出荧光，不宜久置[②]。

5.3.1.4　其他

测定铬矿石中铁含量的常用方法还有电感耦合等离子体发射光谱法、X 射线荧光光谱法等，见 5.3.9。

5.3.2　铬矿中硅的检测

5.3.2.1　高氯酸脱水重量法

试料用硝酸和高氯酸分解，或者用过氧化钠熔融，盐酸和高氯酸分解。用高氯酸脱水析出硅酸，过滤。灼烧残渣，称重。用氢氟酸和硫酸处理残渣，再灼烧、称重。用氢氟酸处理前后的重量差即为二氧化硅的含量。此方法是 ISO 5997－1984 和 GB/T 24227－2009 中测定二氧化硅的方法之一，测定结果准确、可靠，适用范围为 0.5%～15.0%。

5.3.2.2　分光光度法

试料用无水碳酸钠和四硼酸钠的混合熔剂熔融，用水浸出熔融物。用盐酸调节溶液的

①李玉茹，吴爱华，喻星，等．铬铁矿中铁的快速测定方法研究［J］．中国无机分析化学，2012(1)：17－21．
②李碧云，王艳霞．双波长分光光度法同时测定铬铁矿中铝和铁［J］．分析化学，1982(6)：351－353．

pH 值（pH＝1.5～1.7）。在柠檬酸存在下，硅与钼酸铵反应，形成黄色硅钼酸铵杂多酸，在抗坏血酸还原下，变成蓝色硅钼酸铵混合物，在波长为 810 nm 处测定其吸光度值。此方法是 ISO 5997－1984 和 GB/T 24227－2009 中测定二氧化硅的方法之一，测定结果准确、可靠，适用范围 0.05%～0.5%。

5.3.2.3　氟硅酸钾滴定法

氟硅酸钾滴定法测定硅是比较经典的快速分析方法，在冶金分析中得到广泛应用，但是由于测定铬矿石常需采用过氧化钠熔融，大量钠离子的引入使测定结果不稳定。戚淑芳等利用 KOH 或 KOH-KNO₃ 亚熔盐体系分解铬矿，成功解决了干扰问题。试样经亚熔盐分解后，使用盐酸、硝酸和过氧化氢浸取熔块。不断搅拌下加入氟化钾溶液形成氟硅酸钾沉淀，过滤并洗涤沉淀数次。将沉淀和滤纸加入硝酸钾－乙醇溶液，以溴百里酚蓝为指示剂，氢氧化钠标准溶液为滴定剂，测定硅含量。铬矿中少量的锰和钛对测定的干扰可通过加入过氧化氢消除，氟铝酸钾溶解度比氟铝酸钠大，该法使用 KOH 代替常用的过氧化钠做熔剂，减少 Al_2O_3 的干扰[①]。

5.3.2.4　其他

测定铬矿石中硅含量的常用方法还有电感耦合等离子体发射光谱法、X 射线荧光光谱法等，见本章 5.3.9。

5.3.3　铬矿中铝的检测

5.3.3.1　EDTA 络合滴定法

试料用高氯酸、硝酸和盐酸分解，以铬酰氯蒸馏形式除去铬。分离出不溶性残渣，将滤液留作主液保存。灼烧残渣，用硫酸和氢氟酸处理，加入焦硫酸钠熔融灼烧过的残渣。溶解熔块，将获得的溶液于主液合并。用氨溶液沉淀氢氧化物，过滤，将氢氧化物重新溶解于盐酸中，加过氧化氢将铬酸根还原为 Cr（III）离子。加入氢氧化钠从铁和其他元素中分离出铝，过滤。向等分试液中加入 EDTA 溶液，以二甲酚橙为指示剂，用乙酸锌溶液滴定过量的 EDTA。加入氟化钠分解铝络合物，以二甲酚橙作指示剂，用乙酸锌溶液滴定释放出的 EDTA。

氟化钠取代-EDTA 络合滴定法是 ISO 8889－1988 和 GB/T 24229－2009 中规定的检验方法，适用范围为 1.5%～20.0%。

样品前处理上，也可将试样经碱熔，直接分离铁，再酸化，中和后用六次甲基四胺沉淀铝与铬分离，沉淀酸溶后用氟盐取代－ EDTA 容量法测定三氧化二铝[②]。

5.3.3.2　光度法

赵桂兰等利用铬天青 S 和铝生成紫红色络合物，建立了铬天青 S 光度法测定铬铁矿中 Al_2O_3 的方法。试样用过氧化钠高温熔融，用稀盐酸浸出熔块，定容。加入氯化铵和氨水至沉淀刚出现，加入盐酸使其刚好溶解，加入过量六次甲基四胺沉淀铝与铬分离，沉淀用盐酸溶解，在 pH 为 5.3～6.3 的溶液中，铬天青 S 与铝生成紫红色络合物，于 570 nm 处进行比色。该法用抗坏血酸掩蔽铁，用 Na_2HPO_4 掩蔽钛，盐酸羟胺掩蔽锰的干扰[③]。

①戚淑芳，邝一宏，张杰，等．氟硅酸钾滴定法测定铬矿中二氧化硅［J］．冶金分析，2010（9）：74－76.
②赵琪．铬铁矿中三氧化二铝含量测定的方法研究［J］．地质与勘探，2002（4）：71－72.
③赵桂兰，李清芳，张志刚，等．铬天青 S 光度法测定铬铁矿中 Al2O3 含量［J］．青海科技，2010（3）：67－68.

5.3.3.3　其他

测定铬矿石中铝含量的常用仪器分析方法有电感耦合等离子体发射光谱法、X 射线荧光光谱法等，见本章 5.3.9。

5.3.4　铬矿中钙的检测

5.3.4.1　EDTA 滴定法

试料用硝酸、高氯酸分解。对于难分解铬矿石，可将未熔残渣过滤后灰化，用氢氟酸处理，碳酸钠熔融，将熔融液与主液合并。以铬酰氯蒸馏形式除去铬。用六次甲基四胺、铜试剂沉淀分离铁、钛、铝等干扰元素。移取部分试液，以钙黄绿素和百里酚酞为混合指示剂，用 EDTA 标准溶液滴定钙（pH≥12.5）。移取第二部分试液，以铬黑 T 为指示剂，用 EDTA 标准溶液滴定钙镁总量（pH＝10），用差减法计算镁含量。ISO 5975－1983 和 GB/T 24221－2009 均采用此方法测定钙、镁含量，钙的测定范围为 0.1%～3.20%，镁的测定范围为 3.0%～12.0%。滴定钙含量时，GB/T 24221－2009 使用钙黄绿素和百里酚酞为混合指示剂而 ISO 5975－1983 使用钙黄绿素指示剂。

在对干扰离子的消除上，有文献报道使用乙酸铅和六次甲基四胺溶液沉淀分离铬，在 pH 为 5～6 时，铬酸铅沉淀完全，且其稳定性很好，能较好地分离铬（Ⅵ）。加入少量铜试剂分离重金属离子，能较好地消除铬矿中铬、铁、铝以及过量铅等元素的干扰[①]。

5.3.4.2　火焰原子吸收光谱法

GB/T 24226－2009 中，试料用过氧化钠在金属锆坩埚中熔融分解，用热水溶解熔融物，盐酸冲洗金属锆坩埚并酸化，煮沸分解过量的氢氧化钠。以 EDTA 为保护剂、氯化锶和氯化镧溶液为释放剂，抑制干扰元素。在原子吸收光谱仪上，于波长 422.7 nm 处，以空气－乙炔火焰测定钙的吸光度。测定范围为 0.10%～1.00%。

王玉兴使用高氯酸－磷酸混酸分解铬矿、渣，相对于碱熔法分解试样，极大地降低了试液中离子浓度，有利于原子吸收光谱法测量。通过加入柠檬酸和氯化锶混合溶液，或 EDTA 和氯化锶混合溶液，有效的消除了铝、钒、SO_4^{2-}、PO_4^{3-} 对钙的干扰。同时，通过调节溶液稀释倍数、火焰组成比、火焰高度等条件，消除元素间的干扰，该法可同时用于铬矿中的铬、铁、镁、锰的测定[②]。熊艳使用盐酸－硝酸－氢氟酸－高氯酸混合酸分解铬矿试样，使用标准加入法测定铬矿中的钙、镁、锰，有效地消除了基体干扰[③]。

5.3.4.3　其他

测定铬矿石中钙含量的常用仪器分析方法有电感耦合等离子体发射光谱法、X 射线荧光光谱法等，见本章 5.3.9。

5.3.5　铬矿中镁的检测

5.3.5.1　EDTA 滴定法

见 5.3.4.1

5.3.5.2　其他

测定铬矿石中镁含量的常用仪器分析方法有电感耦合等离子体发射光谱法、X 射线荧

①唐华应，方艳. 铅盐中性分离－EDTA 滴定法测定铬矿中氧化钙和氧化镁 [J]. 冶金分析，2004（3）：83－84.
②王玉兴. 酸溶同倍稀释火焰原子吸收光谱法测定铬矿、渣中的多元素 [J]. 冶金分析，1993（6）：21－24.
③熊艳，原子吸收分光光度法快速测定铬铁矿中钙、镁、锰 [J]. 安徽地质，2006（4）：270－272.

光光谱法等，见5.3.9。

5.3.6 铬矿中硫的检测

国标GB/T 24224－2009《铬矿石 硫含量的测定 燃烧－中和滴定法、燃烧－碘酸钾滴定法和燃烧－红外线吸收法》修改采用JISM 8268－2004《铬矿石 硫含量的测定方法》，给出了铬矿石中硫含量0.005%～0.50%范围内的三种检测方法。

5.3.6.1 燃烧－中和滴定法

试样在氧气流中高温加热，产生的硫氧化物被双氧水吸收成为硫酸，采用氢氧化钠标准溶液进行滴定，根据消耗的氢氧化钠标准溶液量来计算试料中的硫含量。

5.3.6.2 燃烧－碘酸钾滴定法

试样在氧气流中高温加热，产生的硫氧化物被盐酸溶液所吸收，以含碘化钾的淀粉溶液为指示剂，采用碘酸钾标准溶液进行滴定，根据消耗的碘酸钾标准溶液的量来计算试料中硫的含量。

5.3.6.3 燃烧－红外吸收法

试料在氧气流中加热高温燃烧，生成的二氧化硫由氧气载至红外分析器的测量室，二氧化硫吸收某特定波长的红外能，其吸收能与其浓度成正比，根据检测器接收能量的变化可测得硫量。

5.3.7 铬矿中磷的检测

5.3.7.1 磷钼蓝比色法

试样用硝酸和高氯酸分解，或者用过氧化钠熔融、水浸出分解。以铬酰氯形式除去铬，过滤残渣。用硝酸和氢氟酸挥发除去二氧化硅，用碳酸钠或过氧化钠、四硼酸钠和硝酸钠的混合熔剂熔融残渣，用硝酸提取熔融物，然后与主液合并。在氨溶液中，用氢氧化铁共沉淀从铬中分离出磷，挥发除去以三氯化砷形式存在的砷，向溶液中加入硝酸铁（III）、氨水、盐酸羟胺和钼酸铵溶液，用分光光度计或光电吸收比色计对生成的络合物进行光度测量。ISO 627－1981和GB/T 2223－2009均采用上述方法测定铬矿石中磷含量，测定范围为0.002%～0.10%。

通过加入盐酸使铬形成氯化铬酰挥发除去可消除铬的干扰，该方法处理流程长，消耗试剂多。吕敏丽采用过氧化钠加氢氧化钠熔样，在测定液中加入亚硫酸钠消除铬（Ⅵ）的干扰，不经分离铬直接用铋磷钼蓝测定磷，该法简便、快速，通过对标样和实际样品的测定，结果令人满意[①]。对于铬（III）的干扰，王敬提出同时分别吸取两份等量试液，其中一份不加钼酸铵，使之不形成磷钼杂多酸而作为参比试液，因此Cr（III）的干扰可获得定量扣除，实现了无需分离铬快速分析的目的[②]。

5.3.8 铬矿中氟、氯的检测

SN/T 3014－2011中给出了铬矿石中氟和氯的离子选择电极测定法，其中，测定氟离子时，试样用过氧化钠在镍坩埚中熔融，溶解于水和少量稀硝酸中，定容、干过滤。在滤

---

① 吕敏丽. 铬铁矿中磷测定方法的改进［J］. 化工技术与开发，2002(3)：44－45.

② 王敬. 铬铁矿中微量磷的快速测定［J］. 理化检验（化学分册），2000(10)：455－456.

液中加入柠檬酸溶液，用硝酸溶液调节试液 pH 值为 6.5 ± 0.3，然后用氟离子选择电极直接进行电位法测定，外标法定量；测定氯离子时，试样用硫酸－磷酸混酸经微波消解，使用柠檬酸钠－硝酸钾作为总离子强度调节剂，用氢氧化钠调节试液 pH 值为 $2 \sim 4$ 后定容，干过滤，然后用氯离子选择电极直接进行电位法测定，外标法定量。

5.3.9　铬矿中多元素的同时检测

科学的进步使得仪器越来越多的应用于铬矿石的分析，电感耦合等离子体发射光谱法（ICP）和 X 射线荧光光谱法（XRF）实现了铬矿石中多元素的同时分析。

5.3.9.1　电感耦合等离子体原子发射光谱法

电感耦合等离子体原子发射光谱（ICP－AES）利用原子发射特征谱线所提供的信息进行元素分析，可应用于铬矿石中多元素的定性、定量分析，可实现多元素同时、快速、直接测定[1][2][3]。

GB/T 24193—2009 中，试样用过氧化钠熔融，盐酸浸出并溶解熔块，使用耐高盐雾化器和相应的雾室，将试料溶液雾化后引入电感耦合等离子体炬内，测定其中各元素分析线处的净光强。根据建立的校准曲线，计算出试料溶液中各元素的浓度。此方法操作简便，结果准确，速度快，但应注意：熔样使用铂坩埚，温度不宜过高，应控制在 $540℃ \pm 10℃$，样品为均匀的黑色半熔融物。温度过高对铂坩埚有损害。由于溶液中有大量的钠盐，对等离子体发射光谱来说基体效应比较严重，所以标准溶液应尽量与样品溶液保持一致。

过氧化钠具有强氧化性，与有机物等还原性物质接触，易发生燃烧和爆炸。有研究者改用碳酸钠－碳酸钾－硼酸混合熔剂于铂金坩埚 $1160℃$ 熔融分解样品，分解效果好。同时，该研究发现，使用盐酸介质中进行 ICP 测定时，当有大量铝元素存在时，易与盐酸形成网状结构的氯化物大分子团（胶体），造成仪器雾化器喷口形状改变，随着胶体在雾化器喷口的积累，样品的提升量随之减少，使得实际进样量减少，测定结果降低，改用稀硝酸介质可消除上述现象[4]。

SN/T 0831—1999（2011）中采用密闭加压微波溶样法，在催化剂五氧化二钒存在下，以磷酸、硫酸、氢氟酸分步分解试料，多余的氢氟酸用硼酸络合。定容后使用 ICP－AES 测定。也有将试样用氢氟酸－硫酸分解，除去铬铁矿中的硅，然后用高氯酸分解铬铁矿的同时将铬氧化成六价，再用盐酸使铬成氧化铬酰（CrO_2Cl_2）的形式挥发除去。在盐酸介质中等离子全谱测定 Fe、Al、Ca、Mg、Ti、Mn、Ni、Co、V、P、K、Na 十二种元素[5]。

5.3.9.2　X 射线荧光光谱法

X 射线荧光光谱分析目前已广泛应用在钢铁冶金行业的各个领域，具有分析速度快、制样简便、分析含量范围宽、重现性好等特点。在 XRF 法测定铬矿石时主要解决试样熔

---

[1]张洋，郑诗礼，王晓辉，等.ICP－AES 法对铬铁矿中的多种元素进行定性与定量分析［J］.光谱学与光谱分析，2010（1）：251－254.

[2]张永盛，孙振江，高海燕.等离子体发射光谱法同时测定铬铁矿中铬、铁、镁和铝［J］.光谱实验室，1991（6）：42－46.

[3]万秉忠.等离子体发射光谱法测定铬矿中的铁、硅、镁、铝［J］.光谱实验室，1991，Z1：76－78.

[4]李享.电感耦合等离子体原子发射光谱法测定铬矿中 5 种化学成分［J］.理化检验（化学分册），2011（8）：960－962.

[5]田宝凤，田亚娟.等离子全谱测定铬铁矿中 TFe_2O_3、Al_2O_3、CaO 等物质含量［J］.中国西部科技，2008（28）：32－33.

融时熔剂的选择，标准样品的配制，背景的准确测定以及光谱重叠的准确校正，杂质元素光谱的处理以及基体影响的校正等方面的问题[①]。

GB/T 24231—2009、SN/T 1118—2002（2014）中试样均用六偏磷酸钠和偏硼酸锂熔融，溴化锂为脱模剂，熔融成玻璃样品，用 X 射线荧光光谱仪进行测量。此方法操作简单、结果准确、分析速度快，能同时测量铬矿石中铬、铁、硅、镁、铝、镍、锰、钙、钛、钒等元素，但应注意：X 射线荧光光谱法基体效应比较严重，所以一定要进行基体校准，如理论 α 系数校准[②]、经验系数校准等；熔融前一定要进行预氧化，否则硫的结果偏低；熔融坩埚的底面一定要平整光滑，因为表面效应对轻金属元素测定影响较大。

由于铬矿的难熔和亲磷酸特性，一般都采用含有磷酸成分的六偏磷酸钠作为主要熔剂，这也造成了该法不能同时测定磷元素。谷松海等人选用市售 $Li_2B_4O_7$：$LiBO_2$（m/m＝12：22）熔剂在 1：50 大稀释比的条件下，制成了高质量的玻璃样片，实现了磷元素的同时检测[③]。由于稀释倍数较大，不利于低含量组分的测定。曾江萍等利用四硼酸锂和偏硼酸锂混合熔剂以及加入碳酸锂的方法，在 20：1 的较低稀释比熔融制样的情况下，实现了利用 XRF 法对难熔矿物铬铁矿中 Cr、Si、Al、TFe、Mg、Ca、Mn 等元素的准确分析[④]。

Cr_2O_3 为偏酸性氧化物，在偏碱性的 $LiBO_2$ 中的溶解度要大于在 $Li_2B_4O_7$ 中的溶解度，但 $LiBO_2$ 有结晶倾向，并且对于提高 Cr_2O_3 的溶解度程度有限，所以如果直接用硼酸锂进行熔融，将无法满足称量要求和测量要求。王彬果等采用硼酸锂为熔剂并添加一定量的硝酸钠为助熔剂，提高了 Cr_2O_3 的溶解度和脱模性[⑤]。

刘江斌[⑥]尝试了粉末压片法应用于铬铁矿中主次成分的测定，样品粉碎至 200 目以上，烘干，加压 30 MPa 保持 15 s 进行压片，以经验 α 系数和散射线内标法校正元素谱线重叠干扰和基体效应。在与标准样品结果比对和不同测试方法比对后发现，由于矿物效应和粒度效应的影响，对于过低和较高含量元素的测定准确度比较差。但通过一次简单压片制样就实现了铬铁矿中中、低含量的铜、铅、锌、硫、砷、钼、钨 7 种常见元素的快速测试。粉末压片法可以实现实验室内快速、批量检验，当对实验结果精度要求不是很高时，是可行的[⑦]。张乔等详细讨论了粉末压片制样条件包括试样研磨时间、制样压力、加压保持时间等对 X 射线荧光光谱法检测结果的影响，结果表明，研磨 90 s 至颗粒为 300 目以上，经烘干后，在 $3 \times 9.8 \times 10^4$N 压力下保压 40 s，制成圆片，通过理论 α 系数法校正基体效应，并作仪器强度漂移校正后，测定铬矿中 6 种主要成分的结果与化学分析法在允许误差范围之内[⑧]。

① 刘怀丽，王竹．X 射线荧光法测定铬矿砂中氧化物及 P、S 元素［J］．一重技术，2014，03：51－53．

② 李国会．X 射线荧光光谱法测定铬铁矿中主次量组分［J］．岩矿测试，1999，02：53－56．

③ 谷松海，宋义，郭芬．X—射线荧光光谱法同时测定铬矿中主次成分［J］．冶金分析，2008，04：16－19．

④ 曾江萍，吴磊，李小莉，等．较低稀释比熔融制样 X 射线荧光光谱法分析铬铁矿［J］．岩矿测试，2013，06：915－919．

⑤ 王彬果，赵靖，徐静，等．X 射线荧光光谱法测定铬铁矿等含铬材料中多元素含量［C］//中国金属学会．第八届（2011）中国钢铁年会论文集．中国金属学会，2011：4．

⑥ 刘江斌．X 射线荧光光谱法测定铬铁矿中的主次量组分［C］//甘肃省化学会．甘肃省化学会第二十八届年会暨第十届中学化学教学经验交流会论文集．甘肃省化学会，2013：4．

⑦ 铁生年，俞径保，麻鑫，等．X 荧光光谱法测铬铁矿中 Cr、Fe、Si、Mg、Al、Ca 的含量［J］．冶金标准化与质量，1998，12：16．

⑧ 张乔，童晓旻．铬铁矿砂中主要成分的 X 射线荧光光谱法测定［J］．铸造，2002，07：442－445．

第6章 锰矿有害元素检测

6.1 锰矿资源概况

锰是灰白色的金属，硬而脆，在地壳中大量存在，平均含量约 0.1%，在重金属中仅次于铁而居第 2 位。锰多以化合物形式广泛分布于自然界，几乎各种矿石及硅酸盐的岩石中均含有锰矿物，主要以软锰矿、硬锰矿和菱锰矿等形式存在。全球锰矿资源比较丰富，但分布很不均匀。世界陆地锰矿床主要集中在南非、乌克兰、澳大利亚、加蓬、印度、中国、巴西和墨西哥等国家[1]。

锰矿石是重要的矿物原料，它同铁、铬矿石一起，被人们称为钢铁冶炼三大基本矿物原料[2]。主要用于冶金工业，特别是钢铁工业中。锰具有脱氧、脱硫及调节作用（如阻止钢的粒缘碳化物的形成），还能增加钢材的强度、韧性、可淬性。各类钢的生产都不能缺少锰。锰对铸铁的生产也是重要的。高锰钢（含 Mn 7.5%～19%）具有特殊性能，如高碳高锰耐磨钢、低碳高锰不锈钢、中碳高锰无磁钢、高锰耐热钢等。锰与铜、镍、铝、镁的合金，也是耐热耐蚀的材料。在其他工业上，锰的用途也很广泛。二氧化锰在干电池中作消极剂；在有色金属湿法冶金、氢醌（对苯二酸）生产、铀的提炼上作氧化剂；在陶瓷和搪瓷生产中作氧化剂和釉色；在玻璃生产中用于消除杂色和制作装饰玻璃；化学工业上生产硫酸锰、高锰酸钾、碳酸锰、氯化锰、硝酸锰、一氧化锰等，是化学试剂、医药、焊接、油漆、合成工业等的重要原料。总之，锰矿在我国国民经济建设进程中占有十分重要的战略地位[3]。

我国的锰矿资源分布极不均匀。截止到 2010 年年底，全国累计查明资源储量 9 亿吨，广西、湖南、贵州、云南 4 省（区）的锰矿资源储量占全国锰矿资源储量的 75.2%，尤以广西和湖南为最多，约占全国资源储量的 53.6%，因而在锰矿资源开采方面形成了以广西和湖南为主的格局。在已经勘查的锰矿床中资源储量超过 1 亿吨的特大型锰矿仅 1 处（广西下雷锰矿床），大型锰矿（0.2 亿～1 亿吨）有 14 处，中型（200 万～2000 万吨）38 处，其余为小型矿床。历年来，80% 以上的锰矿产自地方中、小矿山及民采矿山。我国锰矿资源以贫矿为主，富矿很少。全国锰矿石锰品位平均只有 21.4%，符合国际商品级的富矿石（Mn≥48%）几乎没有。中国的富锰矿石（氧化锰矿石 Mn >30%，碳酸锰矿石 Mn

---

① 严旺生，高海亮. 世界锰矿资源及锰矿业发展 [J]. 中国锰业，2009，27（3）：6—11.
② 薛友智. 中国锰矿地质特征与勘查评价 [J]. 四川地质学报，2012（32）：14—19.
③ 王运敏. 中国的锰矿资源和电解金属锰的发展 [J]. 中国锰业，2004，22（3）：26—30.

≥25%）资源储量仅占全国资源储量的 6.7%[1][2][3][4]。

中国锰矿石中铁和磷的质量分数较高。矿石结构复杂，嵌布粒度细，有用矿物与脉石紧密交生，选矿难度大。我国近 80% 的锰矿属于沉积或沉积—改造型，矿体缓倾斜，矿层薄，埋藏深，需要进行地下开采。断层、节理、裂隙发育，顶、底板围岩不稳固，少数锰矿顶、底板为碳质页岩，含磷高，开采后会引起自燃，给矿山开采带来较大困难。适宜露天开采的矿山只占总量的 6%[5]。

6.2 锰矿有害元素概论

锰矿石中存在的有害元素可大致分为两类，一是对冶炼及冶炼设备有害的杂质元素，二是对人体健康及环境有影响的元素。

6.2.1 锰矿中有害元素对钢铁冶炼和冶炼设备的影响

冶金用锰矿石分为两类：A 类，直接用于冶炼各种锰质铁合金；B 类，用于冶炼富锰渣、高锰高磷生铁和镜铁，也可用作锰质铁合金生产调配矿石。YB/T 319－2005 对冶金用锰矿石的化学成分、锰铁比、磷锰比、硫锰比分别做出了相应的规定。DZ/T 0200－2002 铁、锰、铬矿地质勘查规范中对冶金用锰矿石的一般工业指标（锰矿石中锰、铁、硅、磷的含量）分别作出了相应规定。

锰矿石在冶炼锰系铁合金中，主要有用元素是锰和铁。含锰量的高低是衡量锰矿石质量的主要指标。由于锰在冶炼中还原率比铁低，矿石中含铁量适当时，铁元素是有益的，但矿石中铁含量太高就会降低锰铁合金中的含锰量和锰的回收率。因此，不同类型和不同牌号的锰系铁合金，对锰矿石中含锰量和锰铁比值都有一定的要求，高牌号锰系铁合金要求矿石含锰量高，锰铁比值也高。

磷是锰矿石中最有害的元素，冶金用锰矿石中含磷量过高会直接影响钢铁的品种与质量。钢中含磷使其冲击韧性降低，炼钢去磷在氧化初期最有效，而锰铁的加入常在其氧化末期，因而对合金中的磷含量有严格限制，高磷锰矿石要进行脱磷处理，或者只能作配矿使用。结合高磷锰矿石的综合利用，研究经济有效的脱磷技术是很重要的课题。

硫虽然也是有害元素，但冶炼去硫效果较好，硫氧化成二氧化硫挥发或以硫化钙和硫化锰的形式进入炉渣，对矿石中硫含量没有严格要求，但一般入炉矿石的含硫量不超过 1% 为好。高硫的矿石需要进行脱硫处理，综合回收。

矿石的造渣组分中，主要是二氧化硅和氧化钙，次为三氧化二铝和氧化镁。矿石碱度一般以 $(CaO+MgO)/(SiO_2+Al_2O_3)$ 表示，比值小于 0.8 为酸性矿石，0.8～1.2 为自熔性矿石，大于 1.2 为碱性矿石。冶炼锰铁时，鉴于高温下具碱性的氧化锰易与酸性的二氧化硅结合，损失于炉渣中，要求有充足的碱性氧化物（MgO、CaO，主要为 CaO）与二氧化硅反应，使氧化锰游离，有利于还原，炉渣碱度（CaO/SiO₂）一般为 1.2～1.6。二氧化硅高则增加石灰石的消耗量，从而增加焦比和渣量，降低生产率和锰的回收率。故

①王尔贤．中国的锰矿资源［J］．电池工业，2007，12(3)：184－188.
②向杰，陈建平，张莹．中国锰矿资源现状与潜力分析［J］．地质学刊，2013，37(3)：382－386.
③严旺生．中国锰矿资源与富锰渣产业的发展［J］．中国锰业，2008，26(1)：7－11.
④陈仁义，柏琴．中国锰矿资源现状及锰矿勘查设想［J］．中国锰业．2004，22(2)：1－4.
⑤黄琨，张亚辉，黎贵亮，等．锰矿资源及化学选矿研究现状［J］．湿法冶金．2013，32(130)：207－213.

入炉矿石中二氧化硅含量最好不大于 15%，最多允许 25%。相反，氧化钙含量高，可减少熔剂用量。因而自熔性矿石和碱性矿石是冶炼锰铁的理想原料。冶炼锰硅合金时，炉渣碱度太高，不利于 SiO_2 的还原，一般为 $0.5 \sim 0.8$。铁低、钙低而锰硅比接近于 1 的矿石，是较理想的原料，一般入炉矿石中二氧化硅含量允许达 35%。

冶炼工艺的改进，可以降低对矿石质量的要求，例如高炉－电炉二步法冶炼锰硅合金、高炉－高炉二步法冶炼碳素锰铁，或转炉吹炼由高炉二步法所得的碳素锰铁来冶炼中、低碳锰铁，可用较贫（Mn 20%～25%），较杂（Mn/Fe＜3，P/Mn 较高）的矿石，而获得合格的锰硅合金或锰铁合金产品，但冶炼工艺较复杂，成本略高。

6.2.2 锰矿中有害元素对人体健康及环境的影响

除对冶炼及冶炼设备有害的杂质元素外，锰矿石中还存在对人体健康及环境有危害的元素，目前，世界上公认的有害元素主要有铅、砷、汞、镉、铬等。重金属污染是锰矿区最严重的环境污染问题之一①②③④⑤⑥⑦⑧⑨⑩⑪⑫⑬⑭。

卢镜丞⑮等对湘潭锰矿的土样进行了测定，发现 Pb、Zn、Cu、Ni、Cd、Mn 的含量超标，并用单因子指数法得出 6 种重金属元素指数均大于 3，说明该地区重金属污染很严重。锰矿的大规模开采与选冶，使得尾矿堆的规模越来越大，不仅占用了大量的土地，而且很容易发生风化，长期在降雨或者融雪和自身所载水分的作用下，会发生一系列的物理、化学变化。尾矿库中锰及伴生的重金属随着雨水径流进入矿区周围的河流，导致地表水体以及农田受到污染，并且通过直接渗透的方法进入到地下的含水层，造成尾矿库周围区域的土壤和地下水的严重污染。

赖燕平对广西平乐、荔浦两锰矿恢复区种植的食用农作物进行了调查和重金属含量分

---

① 卢镜丞，任伯帜，马宏璞 . 湘潭锰矿尾矿库土壤重金属污染评价 [J]，山西建筑，2014，40(18)：225.

② 赖燕平，李明顺，杨胜香，等 . 广西锰矿恢复区食用农作物重金属污染评价术 [J]，应用生态学报 .2007，18(8)：1801－1806.

③ 曾青，杨清伟，刘雪莲，等 . 秀山锰矿区梅江河沉积物重金属含量及污染特征 [J]，重庆交通大学学报：自然科学版，2011，30(4)：843－847.

④ 杨秀贵，冯一鸣 . 重庆市秀山锰矿 4 种重金属污染评价与分析 [J]，资源开发与市场，2013 29(2)：156－158.

⑤ 李艺，李明顺，赖燕平，等 . 广西思荣锰矿复垦区的重金属污染影响与生态恢复探讨 [J]，农业环境科学学报，2008，27(6)：2172－2177.

⑥ 赖燕平，李明顺，杨胜香，等 . 广西八一锰矿区土壤和主要农作物重金属含量的研究 [J] . 矿产与地质 .2006，20(6)：651－655.

⑦ 李艺，李明顺，杨胜香，等 . 广西凤凰锰矿区废弃地生态环境问题及恢复治理对策 [J] .2007，35(3)：267－272.

⑧ 杨胜香，李明顺，李艺，等 . 广西平乐锰矿区土壤、植物重金属污染状况与生态恢复研究 [J] . 矿业安全与环保 .2006，33(1)：21－23.

⑨ 云锟，吴德超，翁建兵，等 . 湖南湘潭锰矿区蔬菜及菜园土重金属污染研究 [J] . 四川环境 .2012，31(6)：22－27.

⑩ 李军，刘云国，彭晖冰 . 锰矿废弃地重金属污染土壤的评价及修复措施探讨 [J] . 环境保护科学 .2009，35(2)：63－66.

⑪ 黄海燕，连宾，臧淑艳，等 . 锰矿开采区蔬菜污染分析 [J] . 食品科学 .2008，29(10)：483－486.

⑫ 赖燕平，唐文杰，邓华，等 . 锰矿农作物恢复区土壤重金属污染模糊综合评价 [J] . 广西师范大学学报：自然科学版，2009，27(3)：76－80.

⑬ 高陈玺，李川，彭娟，等 . 湘南锰矿废弃地重金属污染土壤的研究及评价 [J] . 重庆工商大学学报：自然科学版，2013，30(8)：78－83.

⑭ 杨胜香，易浪波，刘佳，等 . 湘西花垣矿区蔬菜重金属污染现状及健康风险评价 [J] . 农业环境科学学报 2012，31(1)：17－23.

⑮ 卢镜丞，任伯帜，马宏璞 . 湘潭锰矿尾矿库土壤重金属污染评价 [J]，山西建筑，2014，40(18)：225.

析。结果表明：两锰矿区农作物 Zn、Pb、Cr、Cu 和 Cd 的含量范围分别在 1.18～20.46、0.52～16.16、0.33～6.62、0.01～6.24 和 0.01～2.76 mg/kg 之间．其中，豆类作物中的重金属含量最高，其次是薯类。单因子污染指数评价表明，农作物基本未受 Zn、Cu 污染，但受 Pb、Cd 和 Cr 污染严重，以 Pb 污染最重，受污染率达 100%，Cr 和 Cd 受污染率分别为 96.9% 和 75.0%．从综合污染指数来看，农作物受污染率达 100%，其中，重、中、轻污染分别占 87.5%、9.4% 和 3.1%．表明在锰矿废弃地直接种植食用农作物存在较大风险，应重新考虑其恢复利用模式。

曾青[①]等采用污染负荷指数法和潜在生态风险评价法，分析评价了重庆秀山梅江河秀山城区段沉积物中重金属 Mn、Pb、Cu、Zn、Cr、Cd 的表层及剖面分布和污染特征。研究表明：表层沉积物中重金属含量大小顺序为 Mn＞Zn＞Pb＞Cu＞Cr＞Cd，剖面中 Zn、Cu 随深度增加而降低，其余元素规律不明显；研究区域重金属污染属于强度污染等级且存在严重等级的潜在生态风险。

杨秀贵[②]等以重庆市秀山锰矿矿区为研究对象，基于对秀山矸石、尾矿、矿区土壤的采样分析，测试了土壤中 Mn、Cr、Ni、As 共 4 种重金属的含量，并使用单因子指数法、地积累指数法、潜在生态危害指数法对矿区土壤重金属污染状况及其潜在风险程度进行评价。结果表明，Mn 污染的程度较严重，且污染区域较多，受到 Cr 污染的大多为轻污染，有的地方表现为重污染；受到 As、Ni 污染的一般都是轻污染，也有地方表现为重污染。锰矿资源开发过程中矸石和锰渣的堆存对秀山生态环境造成了严重影响，解决好矸石堆和锰渣问题能在很大程度上缓解环境的污染。

李艺[③]等通过对思荣复垦区的甘蔗园、柑桔园和茶园区土壤及其部分植物进行采样和分析，探讨了复垦区的重金属污染影响及生态恢复途径。结果表明，该复垦区土壤 Cd 含量超过土壤三级标准值的 30 多倍，Cd、Pb、Cr 及 Mn 等是复垦区土壤和植物的主要毒害元素，在甘蔗茎、花生仁和茶叶中的 Cd、Cr、Pb 的含量均严重超过食品中污染物限量标准。因此，该矿区受 Mn、Cd、Pb、Cr 复合污染严重的废弃地一般不宜种植食用农作物和水果，应发展当地传统种植且有较大经济效益的非食用性经济作物，如剑麻、黄麻、红麻及作乙醇原料的玉米、木薯作物等，此外也应重视利用植物修复技术治理重金属元素污染废弃地，以促进恢复土壤的生态功能和永续利用。

6.3　锰矿中有害元素的检测方法

本节主要对锰矿中含有的有害元素检测技术进行概述，考虑到对钢铁冶炼和环境、人体的危害，主要集中论述下列元素及其化合物的检测方法：硫、磷、二氧化硅、砷、铅、镉、铬、锌、铜、镍。

6.3.1　锰矿中磷的检测

6.3.1.1　磷钼蓝分光光度法

GB/T 1515－2002 采用磷钼兰分光光度法进行锰矿中磷的测定。试料用盐酸、氢氟

①曾青，杨清伟，刘雪莲，等．秀山锰矿区梅江河沉积物重金属含量及污染特征 [J]，重庆交通大学学报：自然科学版，2011，30（4）：843－847．
②杨秀贵，冯一鸣．重庆市秀山锰矿 4 种重金属污染评价与分析 [J]，资源开发与市场，2013 29（2）：156－158．
③李艺，李明顺，赖燕平，等．广西思荣锰矿复垦区的重金属污染影响与生态恢复探讨 [J]，农业环境科学学报，2008，27（6）：2172－2177．

酸、硫酸分解，残渣用碳酸钠熔融，用碘化钾将五价砷还原为三价砷，磷（V）与钼酸铵形成磷钼杂多酸，用抗坏血酸还原后形成磷钼蓝，测量吸光度，计算磷含量。

6.3.1.2 钒—钼酸铵比色法

兰本健[1]用钒—钼酸铵比色法实现了锰矿石中磷的快速测定。在锰矿中磷以正磷酸盐形式存在，用硫酸溶出后，在酸性条件下，磷酸与钒钼酸反应生成黄色络合物，此化合物在 355 nm 处有最大吸收，在此波长下测吸光度，与标准溶液比较定量。

陆杰芬[2]采用碱熔—磷钒钼黄法对锰矿石中的磷进行测定，结果良好。以氢氧化钾熔融分解样品，以热水浸提，铁、铜、钴、镍等干扰物进入沉淀而与磷分离，然后在 7％的硝酸介质中以钼酸铵及偏钒酸铵混合显色剂显色，测定磷的含量。

6.3.2 锰矿中硫的检测

6.3.2.1 硫酸钡重量法

GB/T 14949.9—1994 给出了两种锰矿中硫的检测方法，其一为硫酸钡重量法，适用于硫含量在 0.2％～10％范围内锰矿石的检测。将矿样与过氧化钠—碳酸钠在 650～700 ℃熔融，使矿样含有的硫（通常以黄铁矿和重晶石的形式存在）转化为硫酸钠。用水提取熔融物、然后过滤，使硫酸根离子与其他干扰元素分离。滤液中的硫酸根用氯化钡沉淀，以硫酸钡的形式测定硫量。

6.3.2.2 燃烧碘量滴定法

GB/T 14949.9—1994 方法二采用燃烧碘量滴定法测锰矿中硫的含量。试样在 1200～1250 ℃的氮气流中或在 1350～1400 ℃氧气流中燃烧，生成的二氧化硫导入含有淀粉的吸收液中，在淀粉指示剂下以碘酸钾标准溶液滴定生成的亚硫酸。测定范围为：0.010％～0.30％。

6.3.2.3 管式炉加热红外吸收法

SN/T 2638.3—2012 采用高温燃烧红外线吸收法测定进出口锰矿石中硫的含量。武素茹、王虹[3]等利用管式炉加热红外吸收法进行锰矿中低含量硫的测定，取得了满意的结果。首先，使用锰矿标准物质建立方法的校准曲线，每个标准物质分别检测三次，采用线性方程建立校准曲线，建好曲线再进行样品测试。

6.3.2.4 库仑滴定法

曾波、付韬[4]等将库仑滴定法应用于锰矿石中硫的检测。称取一定量的三氧化钨和分析试样于瓷舟中，充分混匀，放入石英舟内，按仪器要求操作，试样分别在 500 ℃处停留 45 s、1200 ℃处停留 4.75 min，试样燃烧过程中，库仑滴定自动进行。

6.3.3 锰矿中硅的检测

6.3.3.1 高氯酸脱水重量法

GB/T 1509—2006 采用高氯酸脱水重量法进行锰矿石中硅含量的测定。试料用盐酸、

---

①兰本健. 钒—钼酸铵比色法测定锰矿中的磷含量 [J]. 中国锰业，2002，20（3）：45—46.

②陆杰芬. 碱熔—磷钒钼黄法测定铁、锰矿中的磷 [J]. 矿产与地质，2001，15（4）：301—302.

③武素茹，王虹，姚传刚，等. 管式炉加热红外吸收法测锰矿中低含量硫 [J]. 冶金分析，2011，31（3）：68—71.

④曾波，付韬，贺铀，等. 库仑滴定在锰矿石中硫的分析应用 [J]. 中国锰业，2003，21（3）：41—42.

硝酸分解，过滤，残渣用碳酸钠熔融，浸出液与主液合并，加高氯酸使硅酸脱水，将沉淀灼烧、称量，然后用氢氟酸挥散除硅，灼烧、称量，由氢氟酸处理前后的质量差计算硅含量。

6.3.3.2 氟硅酸钾容量法

曹新全、李化[①]等采用氟硅酸钾容量法测定锰矿中二氧化硅含量。试样经碱熔融将不溶性二氧化硅转为可溶性的硅酸盐。在硝酸介质中与过量的钾离子、氟离子作用，定量地生成氟硅酸钾沉淀。沉淀在热水中水解，相应地生成等量氢氟酸，生成的氢氟酸用氢氧化钠标准溶液滴定，根据消耗的氢氧化钠标准溶液体积即可计算出试样中二氧化硅的含量。

6.3.3.3 硅钼蓝光度法

应腾远[②]利用硅钼蓝光度法实现了锰矿石中二氧化硅的测定。用氢氧化钠熔样，以盐酸逆酸化法避免硅酸的聚合，加入盐酸羟胺解决了酸化时大量锰沉淀难以溶解的问题，测定了锰矿石中二氧化硅的含量。

6.3.4 锰矿中砷的检测

6.3.4.1 二乙氨基二硫代甲酸银分光光度法

GB/T 1516—2006 采用二乙氨基二硫代甲酸银分光光度法进行锰矿中砷的检测。试料用过氧化钠熔融，水浸取，硫酸酸化，在硫酸介质中，加入碘化钾、氯化亚锡将五价砷还原为三价砷，然后用金属锌将低价砷还原为砷化氢气体。溢出的砷化氢用二乙胺基二硫代甲酸银—三氯甲烷溶液吸收，生成棕红色的胶态银，于波长 525 nm 处，测量吸光度，计算砷含量。

6.3.4.2 原子荧光光谱法

SN/T 2638.5—2013 采用微波消解—原子荧光光谱法进行锰矿中砷、汞元素的同时测定。采用盐酸、硝酸在密闭微波消解器中消解锰矿试样，按溶液中砷的浓度分别稀释试液。先用预还原剂将试液中的五价砷还原为三价砷。采用氢化物发生—原子荧光光谱法测定砷含量。

6.3.5 锰矿中铬量的检测

GB/T 14949.1—1994 采用二苯碳酰二肼光度法进行锰矿石中铬量的测定。试样用无水碳酸钠和过氧化钠熔融，熔融物用水浸取，在硫酸介质中，六价铬离子与二苯碳酰二肼生成紫红色络合物，于分光光度计上波长 540 nm 处，测量其吸光度。钒含量超过 0.1% 时干扰测定，可借助于三氯甲烷萃取钒的 8-羟基喹啉盐而消除。

6.3.6 锰矿中铅的检测

GB/T 14949.6—1994 给出了原子吸收分光光度法进行锰矿中铅的测定方法。试样用盐酸和硝酸分解。试液蒸发后，过滤所有不溶性残渣，滤液作为主液保存。灰化带有残渣的滤纸，并用氢氟酸和硫酸处理，再用混合熔剂熔融。熔融物溶于盐酸中，将所得溶液与主液合并。将试液吸入空气-乙炔火焰中，用铅的空心阴极灯作光源，于原子吸收光谱仪波长 283.3 nm 处，测定铅的吸光度。测定范围：0.005%～1.0%。

---

① 曹新全，李化，邓军华. 氟硅酸钾容量法测定锰矿中二氧化硅含量 [J]. 四川冶金，2013，35(5)：83—86.
② 应腾远. 硅钼蓝光度法测定锰矿石中二氧化硅. [J]. 理化检验（化学分册），2007，43(11)：977—978.

6.3.7　锰矿中镉的检测

目前，锰矿中镉的测定尚无标准方法。文献报告主要采用电感耦合等离子体原子发射光谱法进行测定[①]。锰矿石经盐酸缓慢溶解，硝酸、氢氟酸进一步消解溶样，电感耦合等离子体原子发射光谱法测定样液中的镉以及铝、铜、锌、铅、砷等杂质元素。

6.3.8　锰矿中铜的检测

GB/T 14949.6—1994 采用原子吸收光谱法进行锰矿中铜的测定。试样用盐酸和硝酸分解。试液蒸发后，过滤所有不溶性残渣，滤液作为主液保存。灰化带有残渣的滤纸，并用氢氟酸和硫酸处理，再用混合熔剂熔融。熔融物溶于盐酸中，将所得溶液与主液合并。将试液吸入空气－乙炔火焰中，用铜的空心阴极灯作光源，于原子吸收光谱仪波长 324.8 nm 处，测定铜的吸光度。测定范围：0.005%～1.0%。

6.3.9　锰矿中锌的检测

GB/T 14949.6—1994 采用原子吸收光谱法进行锰矿中锌的测定。试样用盐酸和硝酸分解，试液蒸发后，过滤所有不溶性残渣，滤液作为主液保存。灰化带有残渣的滤纸，并用氢氟酸和硫酸处理，再用混合熔剂熔融。熔融物溶于盐酸中，将所得溶液与主液合并。将试液吸入空气－乙炔火焰中，用锌的空心阴极灯作光源，于原子吸收光谱仪波长 213.8 nm 处，测定锌的吸光度。测定范围：0.005%～0.25%。

6.3.10　锰矿中镍的检测

GB/T 14949.2—1994 采用火焰原子吸收光谱法进行锰矿中镍的测定。试样以盐酸和硝酸分解，过滤不溶性残渣，滤液保留作为主液。将残渣和滤纸一起灼烧，用氢氟酸和硫酸处理。用碳酸钠熔融，熔融物在盐酸溶液中溶解，所得溶液与主液合并。将试液喷入空气－乙炔火焰中，用镍空心阴极灯作光源，于原子吸收光谱仪波长 232.0 nm 处，测量其吸光度。

6.3.11　锰矿中多元素的同时检测

6.3.11.1　电感耦合等离子体原子发射光谱法

GB/T 24197—2009 使用电感耦合等离子体原子发射光谱法进行锰矿中多种元素的测定。试样用过氧化钠熔融，盐酸浸取并稀释到一定体积，使用耐高盐雾化器和相应雾室，将试料溶液雾化后引入电感耦合等离子体矩内，测定其中各元素分析线处的净光强，根据建立的校准曲线，计算出试料溶液中各元素的浓度。然后根据浓度，扣除湿存水后的试料质量和试料溶液体积，计算出试料中各元素的含量。文献报道了相关的检测

---

①陈永欣，黎香荣，吕泽娥，等．电感耦合等离子体原子发射光谱法测定锰矿石中铝铜锌铅砷镉．[J]．冶金分析，2009，29(4)：46—49.

方法研究①②③④⑤⑥⑦⑧⑨⑩⑪⑫⑬。

6.3.11.2 X射线荧光光谱法

GB/T 24519—2009采用波长色散X射线荧光光谱法同时测定锰矿石中的多种元素。粉末样品用合适的熔剂熔融，以消除试样的矿物效应和颗粒效应，并熔铸成适合X射线荧光光谱仪测量形状的玻璃片。测量玻璃片中待测元素特征谱线的荧光X射线强度，根据校准曲线或方程式来分析，且进行元素间干扰效应校正，以获得待测元素的含量。文献报道了相关的检测方法研究⑭⑮⑯⑰⑱。

①王红丽.ICP-AES测定锰矿中的微量元素[J].江西科学，2010，28(6)：810—813.

②李强.ICP-AES法测定锰矿中次量元素含量的研究[J].安徽化工，2014，40(2)：76—78.

③单强，王学云，杜建民，等.ICP-AES法测定锰矿中多种组分[J].金属世界，2007，(3)：43—45.

④应腾远，刘文甫，孙富涛，等.ICP-AES法同时测定锰矿石中铁、铝、钛、钙、镁、磷、钡、铅的含量[J].化学分析计量，2012，21(1)：27—30.

⑤陈永欣，黎香荣，吕泽娥，等.电感耦合等离子体原子发射光谱法测定锰矿石中铝铜锌铅砷镉.[J].冶金分析，2009，29(4)：46—49.

⑥张艳，吴峥，张飞鸽，等.电感耦合等离子体原子发射光谱法测定锰矿石中主次量元素[J].中国无机分析化学，2014，4(1)：41—45.

⑦谭雪英，张小毅.电感耦合等离子体原子发射光谱测定锰矿中15种主次成分[J].冶金分析，2009，29(10)：36—39.

⑧王立飞.电感耦合等离子体发射光谱测定锰矿和烧结锰中锰铁钙镁铝钛磷[J].有色矿冶，2008，24(6)：59—60.

⑨金献忠，陈建国，梁帆，等.碱熔融—ICP—AES法对锰矿石中主量、次量与痕量元素的同时测定[J].分析测试学报，2009，28(2)：150—156.

⑩邓全道，许光，林冠春，等.微波消解—耐氢氟酸系统进样电感耦合等离子体发射光谱法测定锰矿中铝磷镁铁锌镍[J].冶金分析，2011，31(1)：35—39.

⑪刘灵芝，邓全道，许光，等.微波消解样品电感耦合等离子体原子发射.

⑫光谱法测定锰矿中铝镁磷[J].理化检验：化学分册，2011，47(11)：1283—1285.

⑬姜守君，高永宏，胡小耕，等.偏硼酸锂熔融ICP-AES测定锰矿石中次量元素[J].甘肃科技，2012，28(14)：35—37.

⑭滕广清，鲍希波.X射线荧光光谱法测定锰矿中主元素和微量元素.[J].理化检验：化学分册，2009，45(6)：639—641.

⑮唐梦奇，黎香荣，魏亚娟，等.X射线荧光光谱法测定烧结锰矿中的主次量成分[J].光谱实验室，2012，29(2)：977—981.

⑯刘江斌，祝建国.X射线荧光光谱法快速测定锰矿石中的主次组分[J].分析测试技术与仪器，2012，18(1)：34—37.

⑰刘江斌，党亮，和振云.熔融制样X射线荧光光谱法测定锰矿石中17种主次组分[J].冶金分析，2013，33(9)：37—41

⑱宋义，郭芬，谷松海.硝化后熔融制样法—x射线荧光光谱同时测定锰矿中主、次元素[J].光谱学与光谱分析，2007，27(2)：404—407

第7章　铜矿及其精矿有害元素检测

7.1　铜矿及其精矿资源概况

铜是一种典型的亲硫元素，在自然界中主要形成硫化物，只有在强氧化条件下形成氧化物，在还原条件下可形成自然铜。目前，在地壳上已发现铜矿物和含铜矿物约计250多种，主要是硫化物及其类似的化合物和铜的氧化物，硫化铜矿石中，除了铜的硫化矿物外，还有黄铁矿、闪锌矿、方铅矿、镍黄铁矿等；氧化铜矿石中，常见的其他金属矿物有褐铁矿、赤铁矿和菱铁矿等。铜及其合金在金属材料领域应用广泛，主要应用于电气、机械、化学及国防工业等部门[1][2]。

目前，能够适合选冶条件可作为工业矿物原料的铜矿物有17种，即自然铜（含铜近100%）；铜的硫化物：黄铜矿（含铜34.6%，括号指铜含量，下同）、斑铜矿（63.3%）、辉铜矿（79.9%）、铜蓝（66.5%）、方黄铜矿（23.4%）、黝铜矿（46.7%）、砷黝铜矿（52.7%）、硫砷铜矿（48.4%）；铜的氧化物：赤铜矿（88.8%）、黑铜矿（79.9%）；铜的硫酸盐、碳酸盐和硅酸盐矿物：孔雀石（57.5%）、蓝铜矿（55.3%）、硅孔雀石（36.2%）、水胆矾（56.2%）、氯铜矿（59.5%）、胆矾（25.4%）。其主要特征如下[3][4]：

1. 铜（Cu）

单质铜常充填于玄武岩气孔富含有机质的沉积岩中，含铜硫化物矿床氧化带，铜紫红色，有棕黑氧化膜；等轴六八面体、立方体、四六面体；硬度2.5～3、相对密度8.4～8.95、熔点1083.4℃；具有延展性、电热良导体，抗腐蚀性强。

2. 黄铜矿（$CuFeS_2$）

黄铜黄或绿黄色，常带杂斑状锖色，晶体多呈假四面体或八面体状、致密块状、粒状；硬度3.0～4.0、相对密度4.1～4.3，常含有Ag、Au、Pt、Ni、Ti、Se、Te等元素；性脆，具有良好的导电性能。

3. 斑铜矿（Cu_5FeS_4）

暗铜红色、锖色；晶体可见等轴状的立方体、八面体和菱形十二面体等假象外形，通常呈致密块状或不规则粒状；硬度3.0、相对密度4.9～5.3；性脆，具导电性。

---

①王大鹏，张乾，朱笑青等. 中国自然铜矿化类型、特点及形成机理浅析 [J]. 矿物学报，2007，27（1）：57－63.

②许并社，李明照. 铜冶炼工艺 [M]. 北京：化学工业出版社，2007.

③彭程电. 我国铜矿资源形势与可持续发展的若干策略 [J]. 矿产与地质，1999，13（5）：289－292.

④沈永淦，陈小磊. 冶金矿物原料 [M]. 北京：化学工业出版社，2012.

4. 辉铜矿（Cu_2S）

铅灰色、铁黑色，高温变种属六方晶系，低温变种属斜方晶系，通常为致密块状或细粒集合体。硬度 2.0～3.0、相对密度 5.5～5.8；略具延展性，小刀刻不成粉末，留亮痕，具有良好电导性。

5. 铜蓝（Cu_2S）

靛青蓝色或靛蓝色，六方晶系，呈细薄六方板状或片状，通常呈致密块状、被膜状或粉末状集合体；硬度 1.5～2.0，相对密度 4.67，性脆。

6. 方黄铜矿（$CuFe_2S_3$）

青铜黄色、褐色条痕，斜方晶系，粒状或叶片状、板状，硬度 3～4、相对密度 4.03～4.17。

7. 黝铜矿（$Cu_{12}Sb_4S_{13}$）

钢灰到铁黑色，条痕铁黑色，有时带褐色，断口呈黝黑色；晶体多呈四面体形，硬度 3.0～4.0、相对密度 4.6～5.4，弱导电性。

8. 砷黝铜矿（$Cu_{12}As_4S_{12}$）

暗灰色和暗褐灰色，有时颗粒表面覆有绿色和褐色薄膜，等轴晶系，晶形为四面体，主要为细粒结构的连生体及致密块状，硬度 3～4、相对密度 4.6～5.4，性脆。

9. 硫砷铜矿（Cu_3AsS_4）

钢灰色、带灰或黄的黑色，斜方晶系，晶形呈板状或柱状，其他为粒状，硬度 3.5、相对密度 4.3～4.5。

10. 赤铜矿（Cu_2O）

红色至近于黑色，金刚光泽，暗红和褐红条痕；等轴晶系，粒状八面体、立方体等晶形；硬度 3.5～4.5，相对密度 5.85～6.15；性脆。

11. 黑铜矿（CuO）

钢灰色、铁黑色到黑色，单斜晶系，斜方柱晶类，硬度 3.5～4.0，相对密度 5.8～6.4；性脆。

12. 孔雀石（$Cu_2CO_3(OH)_2$）

绿色、白色，浅绿色条痕，玻璃至金刚光泽；单斜晶系，常呈柱状、针状或纤维状；硬度 3.5～4，相对密度 4～4.5。

13. 蓝铜矿（$Cu_3(CO_3)_2(OH)_2$）

蓝色，条痕亦呈蓝色，玻璃光泽；单斜晶系，晶体呈短柱状或厚板状，致密块状、钟乳状及放射状集合体；硬度 3.5～4，相对密度 3.7～3.9；无磁性。

14. 硅孔雀石（$CuSiO_2 \cdot 2H_2O$）

绿色、浅蓝绿色，斜方晶系，常呈隐晶质或胶状集合体，钟乳状、皮壳状、土状等，硬度 2、相对密度 2.4

15. 水胆矾（$Cu_4(SO_4)(OH)_6$）

翠绿至浅黑绿色、灰绿色，单斜晶系，晶体为短柱状、针状，亦可呈板状块状，硬度 3.5～4，相对密度 3.97，性脆。

16. 氯铜矿（$Cu_2(OH)_3Cl$）

亮绿至浅黑绿色，玻璃至金刚光泽；斜方晶系，斜方双锥晶类；硬度 3.0～3.5、相对密度 3.76。

17. 胆矾（Cu（H$_2$O）$_5$SO$_4$）

天蓝色、蓝色，三斜晶系，呈致密块状、粒状、钟乳状、皮壳状、纤维状，很少呈板状或短柱状，硬度 2.5、相对密度 2.1～2.3，性脆。

7.1.1　我国铜矿资源

7.1.1.1　我国铜矿床类型

中国铜矿具有重要经济意义、有开采价值的主要是铜镍硫化物型矿床、斑岩型铜矿床、夕卡岩型铜矿床、火山岩型铜矿床、沉积岩中层状铜矿床、陆相砂岩型铜矿床。其中，前 4 类矿床的储量合计占全国铜矿储量的 90%。这些类型矿床的成矿环境各异，有其各自的成矿特征[①]。

1. 斑岩型铜（钼）矿

该类型是我国最重要的铜矿类型，占全国铜矿储量的 45.5%，矿床规模巨大，矿体成群成带出现，而且埋藏浅，适于露天开采，矿石可选性能好，又共伴生钼、金、银和多种稀散元素，可综合开发、综合利用。

2. 夕卡岩型铜矿

中国夕卡岩型铜矿与国外大不相同，其储量国外夕卡岩型铜矿占的比例很小，而中国却占较大的比例，现已探明夕卡岩型铜矿储量占全国铜矿储量的 30%，成为我国铜业矿物原料重要来源之一，仅次于斑岩型铜矿，而且以富矿为主，并共伴生铁、铅、锌、钨、钼、锡、金、银以及稀散元素等，颇有综合利用价值。

3. 火山岩型铜矿

该类型也是我国铜矿重要类型之一，探明的铜矿储量占全国铜矿储量的 8%，其中海相火山岩型铜矿储量占 7%，陆相火山岩型铜矿占 1%。

过去海相火山岩型铜矿习称黄铁矿型铜矿，并常与铅、锌共生，还伴生有丰富的金、银、钴以及稀散元素，有很大的综合利用价值。其成矿特点：成矿时代较广，从新太古代至三叠纪均有不同程度的分布，成矿环境在大洋中脊、火山岛弧、弧后盆地、大陆边缘裂陷槽及陆内裂谷等环境均有产出。

陆相火山岩型铜矿，目前发现的矿床无论规模还是储量都比上述几个类型要小，因而长期以来未被重视。近年来由于发现了福建紫金山大型铜金矿床，因此引起了地勘和矿业部门的重视。该类型铜矿主要产于各时代陆相火山活动带，尤其是中－新生代滨太平洋陆相火山岩地热水活动区。

4. 铜镍硫化物型铜矿

镁铁质－超镁铁质岩中铜镍矿床既是我国镍矿资源的最主要类型，也是铜矿重要类型之一。铜矿储量占全国铜矿储量的 7.5%。

该类型矿床成矿环境主要产于拉张构造环境，受古大陆边缘或微陆块之间拉张裂陷带控制，在拉张应力支配下，岩石圈变薄甚至破裂，引起地幔上涌，而导致镁铁质－超镁铁质岩石在地壳浅成环境侵位。赋矿岩石系列主要是超镁铁质－镁铁质杂岩，如吉林红旗岭 1 号岩体铜镍矿、新疆黄山铜镍矿、四川力马河铜镍矿；超镁铁质岩，如甘肃金川铜镍矿、吉林红旗岭 7 号岩体铜镍矿；镁铁质岩，如新疆喀拉通克铜镍矿。

---

①沈永淦，陈小磊．冶金矿物原料［M］．北京：化学工业出版社，2012.

中国铜镍硫化物矿床的成矿作用以深部熔离—贯入成矿为主，与国外同类型或类似类型有矿不同。岩体小，含矿率高。

5. 沉积岩中层状铜矿床

这类矿床是指以沉积岩或沉积变质岩为容矿围岩的层状铜矿床，容矿岩石既有完全正常的沉积岩建造，也包括有凝灰岩和火山凝灰物质（火山物质含量一般不高于50%）的喷出沉积建造。

6. 陆相杂色岩型铜矿床

《中国矿床》称陆相含铜砂岩型铜矿床。这类矿床通常称为红层铜矿。该类型铜矿，目前虽然探明的储量不多，仅占全国铜矿储量的1.5%，但铜品位较高，以富矿为主，铜品位1.11%～1.81%，并伴生富银、富硒等元素，有的矿床可圈出独立的银矿体和硒矿体，具有开采经济价值，而且还有一定的找矿前景，值得重视勘查与开发。目前，发现的矿床主要分布于我国西南部和南部中—新生代陆相红色盆地（简称红盆地）。

7.1.1.2 我国铜矿特点

目前，我国选冶铜矿物原料主要是黄铜矿、辉铜矿、斑铜矿、孔雀石等。按选冶技术条件，将铜矿石以氧化铜和硫化铜的比例划出三个自然类型。即硫化矿石，含氧化铜小于10%；氧化矿石，含氧化铜大于30%；混合矿石，含氧化铜10%～30%[1][2]。

我国铜矿物原料具有以下特点：

（1）适合选冶生产的铜矿物原料，赋存于多种矿床类型。其中，具有重要开采价值的矿床类型：岩浆型铜镍硫化物矿床、斑岩型铜矿床、夕卡岩型铜和多金属矿床、热液脉型铜矿床、火山—沉积块状硫化物型铜矿床、沉积型层状矿床等等。

（2）矿石结构构造复杂，嵌布粒度不均，多为不均匀浸染粒度矿石，甚至有不少矿物组合、组构嵌布细微，成分复杂，难选矿石较多。

（3）矿石化学成分多样，伴生、共生多种有益有害组分，选冶工艺条件复杂。目前，开发的矿区多数是综合性的铜矿床，共伴生多种有益有害元素。通过综合开采，综合利用，可变害为益，变废为宝。

7.1.2 世界铜矿资源

世界铜矿资源主要集中在智利、秘鲁、美国、波兰、赞比亚、扎伊尔、加拿大、俄罗斯、澳大利亚、哈萨克斯坦、印度尼西亚、菲律宾和中国等，智利和秘鲁分别占全球储量基础的27%、13%。截至2011年，全球铜储量6.87亿吨，资源开发利用保障时间可达35年，矿山铜产量达到1600.5万吨（金属）。

世界铜矿资源类型多样，按其地质—工业类型可分为：斑岩型；砂页岩型；黄铁矿型；铜镍硫化型；铜—铀—金型；自然铜型；脉型；碳酸岩型；矽卡岩型，其中前四种类型占总储量的96%左右[3]。

矿石品位制定不是一成不变的，应根据国家要求、市场需求状况和价格趋势以及资源保护，合理开发利用，矿床地质条件和采选冶技术水平等诸多因素综合考虑，制定合理的

---

①华一新. 有色冶金概论 [M]. 北京：冶金工业出版社，2007.

②马鸿文. 工业矿物与岩石（第二版）[M]. 北京：化学工业出版社，2005.

③张强，钟琼，贾振宏等. 世界铜矿资源与矿山铜生产状况分析 [J]. 矿产与地质，2014，28（2）：196—201.

工业指标，作为评价矿床有否开发经济价值和储量计算的依据。

实际上开采铜矿从技术经济角度来看，铜的工业品位是一个动态指标[①]。对一个矿床来说更是如此。一般开采矿床的规律是先富后贫，即先开富矿，后开贫矿。随着采选冶技术水平的提高，人类利用矿产资源的能力越来越大，因而对矿石品位要求也随之降低。就铜品位而言，西方国家和发展中国家探明的铜储量的矿石平均品位由 1950 年的 1.85% 降到 1970 年的 1.09%，1975 年又下降到 0.9%。美国从 1900 年到 1975 年，开采铜矿石平均品位由 4% 降到 0.55%。近半个世纪以来，平均每年降低 0.02%～0.03%。我国铜矿开采品位，50 年代一般在 3% 以上，60～70 年代已降到 1%，80 年代以来不少铜矿床入选矿石品位已降到 0.5% 左右。

目前，国内外许多铜矿床开采品位为 0.5%～0.4%，个别大型露采矿山的边界品位降到 0.2%，预计本世纪末或下个世纪初，世界铜矿开采品位可能降到 0.25%，边界品位下降到 0.1% 时，一些含铜高的岩石也就可能成为工业矿石了，从而使铜的储量人人增加。

7.1.3　我国进口铜矿状况

铜精矿为高货值货物，是我国法定的重要监管商品之一。国家对进口铜精矿有明确的政策及强制标准要求。随着我国铜冶炼企业的不断发展和我国对有色金属资源需求的不断增加，铜矿资源日趋紧张，我国每年都要进口大量的铜精矿、铜矿等作为原料[②③④⑤]。2012 年进口量为 783 万吨，2013 年进口量为 1006 万吨，2014 年进口量为 1181 万吨。铜精矿进口一般来自澳大利亚、印度、南非、印度尼西亚、美国、土耳其、毛里塔尼亚、墨西哥、西班牙、秘鲁、菲律宾、加拿大、智利等国家。

7.2　铜矿及其精矿有害元素概论

铜矿堆放过程中，在雨水淋溶作用下会使重金属溶出，成为近海水域或周边土壤的潜在污染源[⑥]。铜矿冶炼过程中，重金属及砷、氟等会释放到大气或进入冶炼渣中，如不妥善处理，极易给环境产生极大危害[⑦⑧⑨]。随着我国环境保护意识的不断提升，我国对进口铜精矿的要求越来越严格。有害元素污染环境，危害人体健康，腐蚀设备管道，使触酶中毒，降低触酶效率，影响最终成品电解铜和副产品硫酸的质量。对有害杂质元素分析不仅涉及贸易双方的利益，也关系到利用和消除技术壁垒，保护环境，防止商业欺诈，维护正常的贸易秩序，促进对内、外贸易的发展[⑩]。

铜是一种性能良好的有色金属，但应指出，铜的特性与其本身的纯度有极大关系，微量杂质的存在对铜的性能起很大的影响，如粗铜性脆，要加工成铜丝就非常困难，这就是

①吴良士，白鸽，袁忠信. 矿产原料手册 [M]. 北京：化学工业出版社，2007：112.
②卓桂秋. 中国精铜进口或增加 [J]. 中国金属通报，2011，(45)：22—23.
③殷俐娟，陈甲斌. 我国铜矿资源形势及其可持续供应对策 [J]. 资源开发与市场，2004，20(5)：351—352.
④康传新. 对我国铜精矿市场现状分析 [J]. 中国城市经济，2011，(21)：275.
⑤王恭敏. 加快有色金属循环经济的发展 [J]. 有色金属再生与利用，2005，(11)：10—12.
⑥李楠，迟杰. 港口矿石堆场矿石中重金属形态及模拟酸雨淋溶释放行为研究 [J]. 安全与环境学报，2013，13 (5)：99—102.
⑦李芝生. 铜精矿冶炼过程砷、氟的分布及对硫酸生产的影响 [J]. 硫酸工业，1991，(6)：25—27.
⑧杨永丰. 高氟铜精矿的处理 [J]. 中国有色冶金，2010，(5)：32—34.
⑨殷志勇，成海芳，张文彬. 浅谈含砷铜矿的砷害治理 [J]. 四川有色金属，2006，(4)：57—60.
⑩熊玉旺. 加快有色金属循环经济的发展 [J]. 矿业研究与开发，2013，33(6)：68—72.

铜必须经过电解精炼方能广泛利用的原因之一。

砷对铜的机械性能影响不大，含砷 0.8％的铜尚能拉成极细的铜丝，当含砷量达到 1％以上，将引起赤热脆弱现象。另外砷对铜的导电率影响极大，铜中含 0.0013％的砷，即可使铜的导电率降低 1％。

铜中含磷能改善机械性能，但其对铜的导电率危害很大，故用于制造导线的铜中不宜含磷。

硫是以 Cu_2S 的形式存在于铜中，铜中含硫 0.5％时则产生低温脆弱现象，含硫 0.1％时，经碾轧便会发生严重龟裂现象，并对铜的弯曲性能影响很大。此外，含硫的铜在铸造时易产生砂眼。

微量的铁，对铜的机械性能影响不大，当含量达到 2％时，使强度及硬度稍增，但对导电率影响甚大，并对铜的延展性、抗蚀性均有影响。

锑在铜中亦是有害的杂质，含锑在 0.0071％时，即可降低导电率 1％。含锑达 1％的铜，在加工时周边会发生龟裂现象，稍加弯曲即易折断。

铋对铜的机械性能危害最大，含铋 0.025％的铜，在赤热的情况下锤击，即产生龟裂，甚至粉碎。铜中含铋一般不得超过 0.005％。

以上这些杂质必须在选冶加工过程中尽可能地除去，以减少精炼和机械加工的困难。特别是砷对冶炼工人和炼厂周围的居民身体健康危害极大，必须在选矿过程中最大限度地将砷矿物除去，使铜精矿含砷愈少愈好。

从铜矿石中提炼的铜金属，根据采、选、冶技术工艺水平，对铜矿物原料提出一定的工业要求，对于铜品位低于 5％的矿石要用选矿方法富集成铜精矿。2007 年国家颁布的有色金属行业标准（YS/T 318－2007）将铜精矿产品分为五个品级，如表 7.1 所示。

表 7.1 铜精矿化学成分

品级	化学成分（质量分数）/％				
	Cu 不小于	杂质含量，不大于			
		As	Pb＋Zn	MgO	Bi＋Sb
一级品	32	0.10	2	1	0.10
二级品	25	0.20	5	2	0.30
三级品	20	0.20	8	3	0.40
四级品	16	0.30	10	4	0.50
五级品	13	0.40	12	5	0.60

注：铜精矿中 Hg、F、Cd 限量应符合 GB20424－2006 的要求。

国家对进口铜精矿有明确的政策及强制标准要求，国家质量监督检验检疫总局、商务部、原环保总局发布了《关于公布进口铜精矿中砷等有害元素限量的公告》（2006 年 49 号），国家质量监督检验检疫总局发布了《重金属精矿产品中有害元素的限量规范》（GB20424－2006），其中铜精矿限量要求如表 7.2 所示。

表 7.2　铜精矿有害元素含量要求

有害元素	Pb	As	F	Cd	Hg
含量/％，不大于	6.0	0.50	0.10	0.05	0.01

为确保进口铜精矿、铜矿的质量，防止其中有毒有害物质对环境和人们身体健康造成威胁，矿石到达口岸后，均需经检验检疫，合格后方可通关放行。

7.3　铜矿及其精矿有害元素检测方法

本节主要对铜矿及其精矿中有毒有害元素现有的检测技术进行概述，考虑到对冶炼、环境的危害，主要集中论述下列元素及其化合物的检测方法：汞、铅、镉、砷、氟、氯、硫、磷、铁、锑、铋。

7.3.1　铜矿及其精矿中汞的检测

7.3.1.1　冷原子吸收光谱法

GB/T 3884.11—2005《铜精矿化学分析方法　汞量的测定》介绍了一种冷原子吸收光谱法测定铜精矿中汞：汞原子蒸汽对波长为 253.7 nm 的紫外光具有强烈的吸收作用，在一定范围内，汞蒸气浓度与吸光度符合比尔定律。试样以王水分解，用盐酸羟胺还原过剩的氧化剂，在酸性条件下，用氯化亚锡将二价汞还原成金属汞。在室温下用空气作载气，将生成的汞原子导入原子吸收光谱仪进行测定。

刘益锋[1]研究了一种用逆王水溶样、冷原子吸收光谱测定铜精矿中汞的方法。铜精矿用逆王水消化后用测汞仪测定其中的汞含量，测定结果的相对标准偏差小于 5％，回收率在 91％～106％之间，与 GB/T 3884.11—2005 方法相比，操作简单容易。张道礼等[2]逆王水或硫酸—高锰酸钾（固）消化后用测汞仪测定其中的汞含量，测定结果的相对标准偏差小于 5％，回收率在 92％～107％之间。孙龄高等[3]试验了用冷原子吸收法测定铜精矿、铅精矿和锌精矿中微量 Hg 的适宜条件，拟定出适于 3 种精矿中 3～500 μg/g Hg 的测定方法。方法的 RSD（n=11）＜10％，回收率为 90％～102％，与双硫腙光度法测定结果吻合。

周玉文[4]等建立固体进样—自动测汞仪法测定进口铜精矿中微量汞的一种新方法，将铜精矿样品直接称量于石英舟中，在载气高纯氧气中燃烧，释放出汞，与齐化管中的金富集形成金汞齐，于 850℃ 加热释放出汞蒸汽，用自动测汞仪测定汞的含量。方法检出限为 0.5 μg/kg，测定结果的相对标准偏差为 0.37％～1.46％（n=6），加标回收率为 98.1％～103％。用该法对 4 种土壤标准物质进行了测定，测定结果与标示值相符。为减少样品中汞对仪器的毒害同时保证测定结果的准确，郭芬等[5]样品取样量选择为 0.15 g，同时，采用单个测定方式可减少样品舟存在的记忆效应，方法的检出限为 0.2 μg/kg，对 3 个不

①刘益锋，陈广文，黄健等．逆王水溶样冷原子吸收光谱法测定铜精矿中的汞［J］．检验检疫科学，2008，18（3）：19—20.

②张道礼，严少仪，魏伟．冷蒸气原子吸收光谱法测定铜精矿中的汞［J］．光谱实验室，1993，10（5）：52—56.

③孙龄高，陈凯．冷原子吸收法测定铜，铅和锌的精矿中的汞［J］．岩矿测试，1997，16（2）：153—154，158.

④周玉文，赵生国，李本学等．固体进样—自动测汞仪法测定进口铜精矿中微量汞方法研究［J］．甘肃科技，2014，30（6）：40—42.

⑤郭芬，苏明跃，谷松海．汞齐捕集—原子吸收光谱法测定铜精矿中汞含量［J］．冶金分析，2011，31（4）：65—67.

同含量范围铜精矿国家标准物质中的汞进行测定，结果同国标法的测定结果一致。

7.3.1.2 原子荧光光谱法

原理：利用氩气将汞蒸汽导入石英炉原子化器中，以汞空心阴极灯作光源，于原子荧光光谱仪上测定汞的荧光强度，利用荧光强度与浓度之间的关系计算汞含量。

邵海青等[1]研究了以氯化亚锡作还原剂，用原子荧光光谱仪测定铜精矿中的微量汞。结果表明，原子荧光法可测定铜精矿中 0.00002%～0.00012%的汞，方法线性范围在 0～6 $\mu g/L$，$r=0.9995$，检出限为 0.0042 $\mu g/L$，样品加标回收率在 94%～98%。

吕晓华等[2]用氢化物发生—冷原子荧光光谱法测定铜精矿中汞的含量，考察了仪器的工作条件原子化温度、原子化器高度、灯电流、负高压、载气和屏蔽气流量对测定的影响。采用主量元素匹配法消除基体干扰，优化了反应体系的介质与酸度、还原剂的浓度等条件。荧光强度与汞的质量浓度在 2.0 $\mu g \cdot L^{-1}$ 以内呈线性关系，检出限为 0.0108 $\mu g \cdot L^{-1}$，相对标准偏差（n=11）小于 2%。此法用于铜精矿样品中汞含量的测定，加标回收率为 92.0%～111.7%。

7.3.2 铜矿及其精矿中铅的检测

7.3.2.1 原子吸收光谱法

GB/T 14353.2—2010《铜矿石、铅矿石和锌矿石化学分析方法 第 2 部分：铅量测定》介绍了原子吸收光谱法测定铜矿石中铅含量，测定范围为 0.001%～5%：试料经王水（或氢氟酸、王水、高氯酸）分解后，在硝酸（5+95）介质中，使用空气—乙炔火焰，于波长 228.8 nm 处，用原子吸收分光光度计测定吸光度，计算铅量。

7.3.2.2 EDTA 容量法

GB/T 14353.2—2010《铜矿石、铅矿石和锌矿石化学分析方法 第 2 部分：铅量测定》（含量范围为 0.50%～20%）、GB/T 3884.7—2012《铜精矿化学分析方法 第 7 部分：铅量的测定》（含量范围为 5.00%～13.00%）皆采用了 EDTA 容量法。

试料经盐酸、硝酸分解，在硫酸存在下，使铅生成硫酸铅沉淀，与其他元素分离，用乙酸—乙酸钠缓冲溶液（pH 为 5.4～5.9）溶解硫酸铅，以二甲酚橙为指示剂，用 EDTA 标准滴定溶液滴定。

7.3.2.3 伏安法

郝连强等[3]通过构建预镀汞膜修饰玻碳电极，利用差分脉冲溶出伏安法对铜精矿中的痕量铅进行测定并得到良好的结果。实验结果表明，通过施加电极活化使得工作电极表面状态稳定，重现性好。在选择的最优条件下对 1～15 $\mu g/L$、5～60 $\mu g/L$、40～650 $\mu g/L$、500～1 000 $\mu g/L$ 4 个不同的标准浓度系列的 Pb^{2+} 测定，Pb 的溶出峰电流与 Pb^{2+} 浓度呈现良好的线性关系（r≥0.999），Pb^{2+} 浓度的线性范围为 5～1000 $\mu g/L$；沉积时间 180 s 下，Pb 的检出限 0.16 $\mu g/L$。利用本方法测定了铜精矿中 Pb 的含量，并与火焰原子吸收

---

①邵海青，陈红．原子荧光光谱法测定铜精矿中的痕量汞［J］．铜业工程，2013，(1)：38－40.

②吕晓华，宋武元．氢化物发生—冷原子荧光光谱法测定铜精矿中汞［J］．理化检验（化学分册），2010，3.

③郝连强，张嘉琪，王晓丽等．预镀汞膜玻碳电极差分脉冲伏安法测定铜精矿中痕量铅［J］．天津理工大学学报，2012，28（2）：62－66.

光谱法做了比较，得到结果基本一致。

7.3.3　铜矿及其精矿中镉的检测

7.3.3.1　原子吸收光谱法

GB/T 14353.4－2010《铜矿石、铅矿石和锌矿石化学分析方法 第 4 部分：镉量测定》（含量范围 5～1000 μg/g）采用原子吸收光谱法：试料经王水（或氢氟酸、王水、高氯酸）分解后，在 5% 盐酸介质中（或硼酸－盐酸介质），使用空气－乙炔火焰，于波长 228.8 nm 处，用原子吸收分光光度计测定吸光度，计算镉量。

7.3.3.2　示波极谱法

李晶等[1]用硫脲作铜的掩蔽剂，在磷酸二氢钠的弱酸性介质中，同时掩蔽铁，以示波极谱法测定铜精矿中镉、锌的含量，对样品进行精密度检验，相对标准偏差（RSD，n＝5）<5%。

7.3.4　铜矿及其精矿中砷的检测

7.3.4.1　溴酸钾滴定法

GB/T 3884.9－2012《铜精矿化学分析方法 第 9 部分：砷和铋量的测定》（As 的测定范围为 0.10%～2.00%）采用溴酸钾滴定法：试料利用硝酸、氯酸钾分解，在 6 mol/L 盐酸介质中，以溴化钾为催化剂，用硫酸联胺将五价砷还原为三价砷，用蒸馏法将三氯化砷与其他元素分离。三氯化砷用水吸收后，以甲基橙作指示剂，用溴酸钾标准滴定溶液滴定至红色消失为终点。

付燕平等[2]研究了硫化铜精矿中砷的测定，试样经硫酸高温分解，调节试液体积和酸度，以亚甲基兰为指示剂，用溴酸钾标准滴定液滴定砷。

7.3.4.2　二乙基二硫代氨基甲酸银分光光度法

GB/T 3884.9－2012《铜精矿化学分析方法 第 9 部分：砷和铋量的测定》、GB/T 14353.7－2010《铜矿石、铅矿石和锌矿石化学分析方法 第 7 部分：砷量测定》采用二乙基二硫代氨基甲酸银分光光度法：试料用硝酸、氯酸钾分解，于 1.2 mol/L 硫酸介质中砷被锌还原，生成的砷化氢气体，用铜试剂银盐三氯甲烷溶液吸收。砷化氢还原二乙基二硫代氨基甲酸银中的银，析出的银呈单质胶态并显红色，于分光光度计 530 nm 处测量吸光度，按标准曲线法计算砷量。

7.3.4.3　火焰原子吸收法

郭开强等[3]研究在氯酸钾作氧化剂的条件下用浓硝酸将硫或碳氧化成硫酸或二氧化碳，用王水在沸水浴中溶解多种矿石样品中的砷，用火焰原子吸收光谱法测定。方法检出限为 0.0032%，精密度为 1.60%～3.65%。

孙致安等[4]研究在浓氨水条件下用 Fe(OH)₃ 絮凝沉淀除去铜精矿中铜离子，再用浓硝

①李晶，姜效军，宋文娟等．示波极谱法测定铜精矿中镉和锌［J］．冶金分析，2003，23（4）：43－44.
②付燕平，后明骄．低锑硫化铜精矿中砷量的快速测定［J］．科技风，2012，（5）：51－52.
③郭开强，赵德云，赵林同．火焰原子吸收光谱法测定多种矿石中的砷［J］．光谱实验室，2012，29（3）：1894－1898.
④孙致安，左正运，张敏等．火焰原子吸收光谱法测定铜精矿中杂质砷［J］．检验检疫科学，2003，13（6）：32－33.

酸溶解沉淀富集杂质砷，通过对用火焰原子吸收光谱法测定砷的条件选择和可能存在的共存离子干扰情况研究，建立了火焰原子吸收光谱法测定砷的方法。

7.3.4.4 原子荧光光谱法

胡郁[①]通过对铜精矿及铜矿石中大量铜离子等多种金属离子对原子荧光光谱法测定砷干扰的消除，建立一种适合的溶样方法，选择了最佳的分析条件，克服了普通原子荧光法溶解样品的不足，本方法测定砷的检出限为 1 $\mu g/g$。本方法测定了 3 个国家一级标准物质中砷的含量，测定值与推荐值吻合，确定方法适合铜含量比较高的样品中砷含量的测定。

鲁群苟[②]提出了一种流动注射在线离子交换分离－氢化物发生原子荧光光谱法测定铜矿石中痕量砷的新方法。本法简便快捷，能有效地分离 Cu、Fe 等大量基体元素，消除过渡金属元素离子的化学干扰，应用于铜矿石中痕量砷的测定，获得了满意的结果。

7.3.5 铜矿及其精矿中氟的检测

7.3.5.1 离子选择性电极法

GB/T 3884.5－2012《铜精矿化学分析方法 氟量的测定》采用氟离子选择电极法。试样以氢氧化钠熔融分解，用水浸出熔融物后过滤，使氟与铁、铜、铅等分离，然后在 pH 为 6.5～7.0 的柠檬酸钠－三乙醇胺介质中，以饱和甘汞电极为参比电极，氟离子选择电极为指示电极，用电极电位仪测定氟（测定溶液中，不大于 10 mg 的三氧化二铝不干扰测定）。

刘在美等[③]通过对用离子选择电极法测定铜精矿中氟含量的研究，在建立方法数学模型的基础上，分析了测定过程不确定度的主要来源，并计算了各不确定度分量，经合成得到相对标准不确定度，从而求得扩展不确定度。

7.3.5.2 X 射线荧光光谱法

唐梦奇等[④]采用粉末压片制样，波长色散 X 射线荧光光谱测定进口铜矿石中氟的含量。以 15 个粒度为 0.074 mm 的实际进口铜矿石样品建立标准曲线，经验系数法校正基体效应，有效地降低了颗粒度效应、矿物效应和基体效应。方法的精密度为 0.30%（RSD，n＝11），检出限为 2.4 $\mu g/g$，测定范围为 0.030%～0.20%。用标准物质验证，测定结果与标准物质的认定值相符；用实际样品验证，测定结果与氟离子选择电极法的测定值相符，能满足进口铜矿石中氟（限量不大于 0.10%）日常分析检验的要求。

7.3.5.3 离子色谱法

GB/T 3884.12－2010《铜精矿化学分析方法 第 12 部分：氟和氯含量的测定 离子色谱法》中，试样经硫酸分解，其中的氟随水蒸气逸出与样品分离，经吸收液吸收，用离子色谱法测定。以保留时间定性，以工作曲线法进行定量。

周玉文等[⑤]建立了离子色谱测定铜精矿中 F⁻ 的一种新方法，该方法测定铜精矿中 F⁻

①胡郁. 氢化物原子荧光光谱法测定铜精矿及铜矿石中砷的研究［J］. 吉林地质，2012，31(3)：101－102.

②鲁群苟. 流动注射在线离子交换分离－原子荧光光谱法测定厂石中痕量砷［J］. 国外分析仪器技术与应用，1999，(4)：61－63.

③刘在美，曹国洲，陈少鸿. 离子选择电极法测定铜矿石中氟量的不确定度分析［J］. 有色矿冶，2009，25(1)：55－57，43.

④唐梦奇，刘顺琼，袁焕明等. 粉末压片制样－波长色散 X 射线荧光光谱法测定进口铜矿石中的氟［J］. 岩矿测试，2013，32(2)： 254－257.

⑤周玉文，赵生国. 铜精矿中氟离子测定方法的研究［J］. 甘肃科技，2010，21.

既克服了用离子选择电极法测形成离子络合干扰大、试剂较贵的缺点，又克服了检测周期长的缺点。实验证明，用离子色谱法测定铜精矿中的 F⁻，抗干扰强、灵敏度高。方法快速、稳定、重现性良好。

7.3.6 铜矿及其精矿中氯的检测

7.3.6.1 离子色谱法

GB/T 3884.12—2010《铜精矿化学分析方法 第 12 部分：氟和氯含量的测定 离子色谱法》中，试样经硫酸分解，其中的氯随水蒸气逸出与样品分离，经吸收液吸收，用离子色谱法测定。以保留时间定性，以工作曲线法进行定量。

7.3.6.2 电位滴定法

李晓瑜等[①]使用无水碳酸钠－氧化锌混合熔剂焙烧半熔铜精矿样品，分离大量的基体元素，用沸水浸取半熔物，在乙醇－水溶液（丙酮－水溶液[②]）中用硝酸银标准溶液电位滴定测定试液中的氯量；利用氯与银发生化学反应生成氯化银沉淀的原理以及电位突跃判断滴定终点。方法操作简单快速，重现性好，适应性强，可准确测定铜精矿中高含量氯（0.10%～5.00%）。

7.3.7 铜矿及其精矿中硫的检测

7.3.7.1 重量法

GB/T 3884.3—2012、GB/T 14353.12—2010 均采用重量法测定铜矿及其精矿中的硫含量。基本原理为试料在高温碱熔后，用水溶解可溶物，并用氯化钡沉淀溶液中的硫酸根。沉淀经过滤，灼烧后称量，按硫酸钡的质量计算试料的硫含量。

7.3.7.2 燃烧－滴定法

GB/T 3884.3—2012《铜精矿化学分析方法 第 3 部分：硫量的测定》采用燃烧－滴定法测定铜精矿中硫含量，试料在 1 250～1 300 ℃空气流中燃烧，使硫转化为二氧化硫，用过氧化氢吸收并氧化成硫酸，以甲基红－次甲基蓝溶液为混合指示剂，用氢氧化钠标准滴定溶液滴定至溶液由紫红色转变为亮绿色即为终点。方法测定范围：10.00～42.00%。GB/T 14353.12—2010《铜矿石、铅矿石和锌矿石化学分析方法 第 12 部分：硫量测定》采用高温燃烧碘量法，在助熔剂存在下，在氧气流中 1 200～1 300 ℃高温燃烧，硫以二氧化硫形式释放，随氧气流载入盛有水的吸收容器中，以淀粉作指示剂，用碘酸钾标准溶液滴定反应生成的亚硫酸，测定硫量。方法测定范围：0.01%～10%。GB/T 14353.12—2010《铜矿石、铅矿石和锌矿石化学分析方法 第 12 部分：硫量测定》采用高温燃烧中和法。试料在助熔剂存在下，在空气或氧气流中，于 1 200～1 300 ℃高温燃烧，硫化物、硫酸盐、单质硫等硫元素均生成二氧化硫，随气流载入过氧化氢吸收液中，转化为硫酸，以甲基红－次甲基蓝混合溶液作指示剂，用氢氧化钠溶液滴定。方法测定范围：1%～8%。杨宇东[③]介绍了燃烧－容量法测硫装置单管转双管的改造，讨论了真空抽空气流量对准确测定的影响及不足之处。

---

①李晓瑜，胡军凯. 自动电位滴定法测定铜精矿中高含量氯［J］. 中国无机分析化学，2014，4(2)：11－13.
②陈建华. 电位滴定法测定铜业矿中氯［J］. 理化检验：化学分册，1997，33(10)：450－451.
③杨宇东. 燃烧－容量法测硫装置的改造［J］. 铜业工程，2000，(1)：59－60.

7.3.7.3　高温燃烧红外吸收法

林振兴等[1]研究采用高温燃烧红外吸收法测定铜精矿中高硫的方法。与经典的硫酸钡重量法及高温燃烧中和法相比，新方法具有快速、准确、简便等优点。可测定铜精矿中10%～35%的高硫，相对标准偏差（RSD，n=8）小于1.0%。米戎等[2]对使用CS-244红外碳硫测定仪测定铜精矿中高含量硫的测试方法进行了探讨。为解决没有标样的困难，作者用化学基准物质硫酸钡做标样并对仪器的校准曲线进行校准。通过一系列的条件试验和对样品进行测定，得到了较为满意的结果。肖红新等[3]应用含硫低二氧化硅粉作为稀释剂，样品经适当稀释后，硫的含量落在仪器的检测范围，通过对测定条件进行优化，测定铜精矿中高含量硫，结果与重量法结果相符，相对标准偏差小于0.73%。

7.3.7.4　电感耦合等离子体原子发射光谱法

李海涛等[4]将试样经微波消解后，采用ICP-AES测定铜精矿中的硫含量。按本法所测铜精矿标准物质（GBW 07166）中硫含量，推荐值为（33.8±0.3）%，6个平行样测定平均值为33.6%，测定结果的相对标准偏差RSD为0.318%。

7.3.8　铜矿及其精矿中磷的检测

董学林等[5]采用强酸性阳离子交换树脂分离富集了多金属铜矿石中的铜、磷元素，通过实验探究了强酸性阳离子树脂分离富集矿石中磷元素的条件，选择合适的分析谱线，用ICP-OES测定。运用该方法对多金属铜矿石一级标准物质（GBW07233、GBW 07166）中的磷元素进行了测定，结果的相对标准偏差分别为2.53%和1.58%，其加标回收率为88.25%和93.50%。

王敬等[6]研究在pH为10的$NH_3 \cdot H_2O$-NH_4Cl缓冲介质中，用KBH_4还原沉积铜，从而实现大量铜与微量磷的分离。重点讨论了铜磷分离条件，并用磷钼杂多酸光度法对高铜物料中微量磷进行测定，结果满意。

7.3.9　铜矿及其精矿中铁的检测

付燕平[7]、姚桂兰[8]等研究了铜精矿中铁量的测定，在不分离铜的情况下，调节溶液pH值，以磺基水杨酸为指示剂、硫代硫酸钠为滴定剂，直接测定铜精矿中的铁量。对试样分解、还原、滴定、测定范围、共存元素影响、方法的准确度和精密度等作了详细研究。方法的相对标准偏差为0.14%～0.40%，样品加标回收率为96.4%～103.5%，方法适用于铜精矿中0.5%以上铁的测定[9]。唐怀志[10]按碘氟法测铜，在滴定铜后的溶液中，加

①林振兴，应晓浒，陈少鸿．高温燃烧红外吸收法快速测定铜精矿中的硫［J］．有色金属，2004，56（1）：108－109.

②米戎，詹庆林，程永铭．红外吸收法测定铜精矿中的高硫［J］．辽宁冶金，1990，（2）：57－60.

③肖红新，庄艾春，林海山．高频红外吸收法快速测定铜精矿中高含量硫［J］．冶金分析，2006，26（2）：93－94.

④李海涛，焦立为，殷新等．ICP-AES测定铜精矿中的硫［J］．光谱实验室，2011，5.

⑤董学林，熊玉祥，闫晖等．ICP-OES测定多金属铜矿石中的痕量磷［J］．光谱实验室，2013，30（2）：804－807.

⑥王敬，赵建为．光度法快速测定铜合金及铜精矿中微量磷［J］．冶金分析，2000，20（4）：40－41.

⑦付燕平，毛伟达．硫代硫酸钠滴定法测定铜精矿中的铁量［J］．科技风，2012，（12）：28－29.

⑧姚桂兰．铜精矿中铁含量的测定［J］．青海科技，2006，13（5）：31－32.

⑨付燕平，刘青．铜精矿中铁含量的快速测定［J］．云南冶金，2010，39（5）：61－65.

⑩唐怀志．铜精矿中铜、铁的连续测定Cu碘量法Fe三氯化铝－硫代硫酸钠法［J］．中国电子商务，2012，（13）：176.

入过量的三氯化铝，使三价铁从铁氟络合物中释放出来（此时 pH＝1.0 左右），并与碘化钾作用析出当量碘，再用硫代硫酸钠标准溶液滴定，此方法准确、简便、快速。

7.3.10　铜矿及其精矿中锑的检测

铜精矿中锑作为杂质元素在铜精矿化验分析中是必检项目。微量锑的测定一般采用萃取富集后用分光光度法测定。但是该方法要使用苯或甲苯等有机试剂，这些有机试剂会对人员和环境造成伤害和污染。在国家标准铜精矿化学分析法中采用原子荧光光谱法测定微量锑。

7.3.10.1　原子荧光光谱法

GB/T 3884.10－2012《铜精矿化学分析方法 第 10 部分：锑量的测定》中，试料用硫酸和硫酸钾分解，利用试料中含有的铁和加入的一定量的镧，在氨性介质中，共沉淀锑与铜分离。沉淀以热盐酸溶解，分取部分溶液，加入抗坏血酸预还原，硫脲掩蔽铜。移取一定量待测液于氢化物发生器中，锑（Ⅲ）被硼氢化钾还原为氢化锑，用氩气导入石英炉原子化器中，以锑空心阴极灯作光源，于原子荧光光谱仪上测定其荧光强度。

刘汉东等[1]提出了一种流动注射在线萃取非水介质氢化物发生原子荧光光谱法测定铜矿石中痕量锑的新方法。在 HCl 介质中将 Sb（Ⅲ）用流动注射在线萃取在磷酸三丁酯（TBP）中，与冰乙酸混合，再与溶解在 N，N－二甲基甲酰胺（DMF）中的 $NaBH_4$ 混合、并反应，在有机相中产生 SbH_3，导入石英炉中进行原子荧光测定。方法检出限和精密度分别为 0.54 ng/mL 和 4.9%，分析结果与标准物质推荐值相吻合。

7.3.10.2　原子吸收光谱法

汪实富[2]研究了原子吸收光谱法测定铜精矿中锑的分析方法，该方法操作简便快捷，准确度、精密度及线性关系良好，为铜精矿中锑的测定提供了一种较好的分析方法。刘慧明[3]充分利用铜精矿的铁，使其形成氢氧化铁与少量锑共沉淀而与铜、镍等元素分离，在稀盐酸介质中用原子吸收光谱法测定。方法简单快速，便于掌握。吴世平等[4]介绍了顶空氢化物火焰原子吸收法测定铜精矿中锑的方法，讨论了锑测定的最佳条件，方法的灵敏度为 0.02 μg，相对标准差（n＝8）5.4%，标准加入法的回收率为 84.4%～93.5%。

7.3.11　铜矿及其精矿中铋的检测

7.3.11.1　原子荧光光谱法

GB/T 14353.8－2010《铜矿石、铅矿石和锌矿石化学分析方法 第 8 部分：铋量测定》，将试料用王水分解，在酸性条件下，以硫脲为掩蔽剂，铋与硼氢化钾反应生成氢化铋，由载气（氩气）带入石英原子化器，受热分解为原子态铋，在特制铋空心阴极灯的照射下，基态铋原子被激发至高能态，再活化回到基态时，发射出特征波长的荧光，在一定的浓度范围内，其荧光强度与铋量成正比，与标准系列比较可定量测定元素铋。测定范围：0.1～200 μg/g。

①刘汉东，梅俊，陈恒初等．流动注射在线萃取非水介质氢化物发生原子荧光光谱法测定铜矿石中痕量锑［J］．分析试验室，2002，21（4）：34－36.
②汪实富．原子吸收光谱法测定铜精矿中锑［J］．中国化工贸易，2013，5（10）：258.
③刘慧明．原子吸收光谱法测定铜精矿中锑［J］．铜业工程，2006，（1）：81－82.
④吴世平，陈昌骏．顶空氢化物火焰原子吸收法测定铜精矿中锑［J］．理化检验：化学分册，1994，30（5）：268－269，272.

7.3.11.2 原子吸收分光光度法

铜精矿、冰铜、烟尘、炉渣等中间物料中铋的分析,多采用化学滴定和比色方法。由于大量铜基体及一些主要杂质都要经过分离才能进行铋的测定,过程复杂,重现性差。为了及时指导生产,朱香[①]采用了原子吸收分光光度法测定铋,该方法具有简便、快速、准确等优点。

7.3.12 铜矿及其精矿中多元素同时检测

7.3.12.1 电感耦合等离子体原子发射光谱法

利用电感耦合等离子体原子发射光谱法进行铜矿及其精矿中多种有害元素检测,一般将试料经不同消解方式溶解后孙克强等[②③④⑤⑥],使用电感耦合等离子体原子发射光谱仪测定各元素的含量。

SN/T 2047—2008 进口铜精矿中杂质元素含量的测定 电感耦合等离子体原子发射光谱法对各元素的测定范围:Pb 0.01%~6.0%、Cd 0.001%~0.5%、Zn 0.01%~6.0%、As 0.005%~1.5%、Co 0.01%~2.0%、Sb 0.01%~1.0%、Ni 0.005%~1.0%、Bi 0.01%~0.5%、Mg 0.001%~3.0%、Hg 0.001%~0.1%。

王雪等[⑦]研究利用 ICP-AES 法测定斑岩型铜矿中的铜、铅、锌、钼。采用盐酸、硝酸、氢氟酸和高氯酸四种酸混合消化样品。研究仪器的最佳工作参数,用基体一致时测定待测元素来校正基体干扰,分别找出仪器测定的最佳分析谱线进行样品测量。本方法的检出限在 0.21~0.65 $\mu g/g$。测量结果的相对标准偏差为 0.36%~1.8%(n=8),回收率在 95%~102.6%之间。卞大勇[⑧]研究以盐酸和硝酸在比色管中,在水浴环境下直接溶解样品,最大限度避免元素挥发损失和外界污染。陈永欣等[⑨]用硝酸缓慢溶解铜精矿,在氨性溶液中,以氢氧化铁和氢氧化镧作载体一次共沉淀铅、砷、锑和铋,并与铜等元素分离,在盐酸介质中用电感耦合等离子体原子发射光谱法测定铜精矿中的铅、砷、锑、铋杂质元素。对溶样条件、试剂用量、基体及共存元素间干扰等进行了相关讨论。方法基体效应较小,各待测元素之间没有明显干扰。使用该法分析标准物质和实际样品,分析结果与认定值和其他常规方法测定值一致,适用于大批次铜精矿商品进出口检验。冯宝艳[⑩]将样品经王水+HF+HClO₄溶液后,直接测定。该方法测定 As、Sb、Bi、Ca、Mg、Pb、Zn、Ni、

①朱香. 原子吸收分光光度法测定铜精矿,冰铜,烟尘及炉渣中的铋 [J]. 有色矿冶,1994,10(6):43—45.

②孙克强,曹晓燕,罗喆等. ICP-AES 内标法测定铜精矿中的铅、砷、镉含量 [J]. 检验检疫学刊,2012,22(5):14—16.

③张伟,顾希,王燕等. ICP-OES 法同时测定进口铜精矿中有害元素 [J]. 西部资源,2012,(3):119—123.

④陈永欣,吕泽娥,刘顺琼等. 电感耦合等离子体发射光谱法测定铜精矿中银砷铅锌 [J]. 岩矿测试,2007,26(6):497—499.

⑤杨红生,卢秋兰. ICP-AES 法同时测定铜精矿中砷、锑、铋、铅、锌、钙、镁含量 [J]. 铜业工程,2005,(1):59—60.

⑥马红岩. ICP-AES 法测定进口铜精矿中有害元素 [J]. 理化检验:化学分册,2004,40(6):334—335.

⑦王雪,吕绍波,贾林等. ICP-AES 法测定斑岩型铜矿石中铜铅锌钼 [J]. 福建分析测试,2013,22(3):30—33.

⑧卞大勇. ICP-AES 测定铜精矿中的汞和砷 [J]. 天津化工,2013,27(5):46—47.

⑨陈永欣,黎香荣,魏雅娟等. 氢氧化铁和氢氧化镧共沉淀分离电感耦合等离子体原子发射光谱法测定铜精矿中铅砷锑铋 [J]. 冶金分析,2009,29(5):41—44.

⑩冯宝艳. ICP-AES 法测定铜精矿中 As、Sb、Bi、Ca、Mg、Pb、Co、Zn 和 Ni [J]. 分析实验室,2008,27(S5):67—68.

Co 的回收率在 97.9％～102％之间，相对标准偏差在 0.23％～2.5％之间。王松君等[①]使用 HCl-HNO₃ 溶解矿样，不需要化学分离，用干扰系数校正法消除黄铜矿中主量元素 Cu 和 Fe 对其他微量元素的干扰，以国家一级标准物质 GBW 07268 检验方法的准确度，结果与标准值相符，相对误差除 Ni 元素外，其他均小于 5.00％，精密度（RSD，n＝8）为 2.55％～7.62％。也有使用硝酸[②]、硝酸－氢氟酸－高氯酸[③]混合酸进行消化处理样品。

　　王平强等[④]通过研究铜精矿加酸微波消解处理，标准溶液中加入 Cu、Fe 进行基体匹配，ICP-AES 法测定铜精矿中 As、Bi、Sb、Hg、Zn、Pb、CaO、MgO 的含量。采用分析标样、加标回收试验、与国标法比对和参加全国水平测试等多种方法对该方法进行验证。证明该方法准确可靠、简便快速，均在允许误差范围内。与现行的单元素分析方法相比，分析周期短，可用于铜精矿的快速检验。王海涛等[⑤]采用密闭高压消解法对样品进行消解，用电感耦合等离子体发射光谱法（ICP-AES）测定进口铜精矿中的铅、镉、砷、汞有害元素。铅、镉、砷、汞的工作曲线分别在 0～10、0～1、0～4、0～0.6 μg/mL 范围内线性良好，线性相关系数大于 0.999。各元素加标回收率均为 91.0％～104.7％，相对标准偏差均小于 3％（n＝7）。将密闭高压消解法与电热板加热法和微波消解法进行了比对分析，结果显示，密闭高压消解－ICP－AES 法适合用于铜精矿样品的消解与测定。付国强[⑥]介绍了微波消解电感耦合等离子发射光谱法测定铜精矿中 Cu、Pb、Fe、Cd、As、Hg 的方法，并对消解剂及消解条件进行了研究，该方法可满足日常化学分析及检测。

7.3.12.2　X 射线荧光光谱法

　　铜矿石类型繁多，矿石赋存状态各异，成分复杂。在现有的铜矿石熔融制样 X 射线荧光光谱（XRF）分析方法中，选取标准物质个数和矿石类型少、分析范围宽，与实际样品类型相差太大，且制备的熔融片质量不高。罗学辉等[⑦]选用铜含量既有良好浓度变化范围，又符合铜矿石常见含量的包括铜金银铅锌钼铜镍等各类矿石的 24 个标准物质，以四硼酸锂－偏硼酸锂－氟化锂为混合熔剂，熔剂与样品质量比为 30∶1，以溴化锂为脱模剂，改进样品预处理方式，将通常采用样品预氧化后或熔融中加入脱模剂的方式，改进为加入脱模剂后再用混合熔剂完全覆盖的方法制备了高质量的熔融片，建立了 XRF 测定铜矿石中铜、锌、铅、硅、铝、铁、钛、锰、钙、钾、镁、钼、铋、锑、钴、镍 16 种元素的分析方法。分析铜矿石国家标准物质 GBW07164、GBW07169，各元素的精密度（RSD）为 0.1％～5.4％。分析国家标准物质 GBW07163（多金属矿石）、GBW07170（铜矿石）的测定值与标准值相符；分析实际铜矿石样品，铜、锌、铅、钼、铋、锑、钴、镍的测试结果与电感耦合等离子体发射光谱法和其他方法的测定值相符。该方法扩大了基体的适应性，

　　①王松君，常平，王璞珺等．电感耦合等离子体发射光谱法直接测定黄铜矿中多元素［J］．岩矿测试，2004，23（3）：228－230.

　　②赵银英，廉惠萍．ICP－AES 法测定铜精矿中铅、锌、砷［J］．桂林工学院学报，2002，22（4）：499－501.

　　③徐进力，邢夏，张勤等．电感耦合等离子体发射光谱法直接测定铜矿石中银铜铅锌［J］．岩矿测试，2010，4.

　　④王平强，张二平，吴秀珍．微波消解 ICP-AES 法测定铜精矿中多种元素［J］．铜业工程，2013，（4）：37－39.

　　⑤王海涛，张小慧，赵钰玲等．密闭高压消解－ICP－AES 测定进口铜精矿中铅、镉、汞、砷［J］．化学分析计量，2013，（4）：27－29.

　　⑥付国强．微波消解电感耦合等离子发射光谱法测定铜精矿中 Cu、Pb、Fe、Cd、As、Hg［J］．分析试验室，2008，27（S5）：183－185.

　　⑦罗学辉，苏建芝，鹿青等．熔融制样 X 射线荧光光谱法测定铜矿石中 16 种主次量元素［J］．岩矿测试，2014，33（2）：230－235.

提高了实际应用价值。

为了有效地控制在熔样过程中硫的挥发，李小莉等[1]重点讨论了熔融制片法熔剂、氧化剂、脱模剂的选择及用量，预氧化及熔融温度和时间的选择。对分析元素谱线选择、基体效应和谱线重叠干扰校正等也作了详细讨论。实验表明，熔片制备过程中加入氧化剂硝酸锶既可使坩埚避免被腐蚀，又可准确测定铜精矿中的 S，氧化效果最佳。此外，采用 Sr 作为测量铜元素的内标，分析结果的准确度和精密度均得到很好改善。张二平[2]通过对铜精矿样品的制备、标样的化学定值、仪器条件的选择、工作曲线的制作、准确度和精密度的考核等实验，建立 X 射线荧光光谱仪测定铜精矿中 CaO、MgO、Pb、Zn 的方法。同化学分析方法比对数据相吻合，满足生产配料对铜精矿中 CaO、MgO、Pb、Zn 的控制，促进闪速炉的生产稳定。

田琼等[3]采用偏硼酸锂和四硼酸锂混合熔剂熔融法制样，波长色散 X 射线荧光光谱法测定铜精矿中铜、铅、锌、硫、镁、砷，考察了熔剂、玻璃化试剂和预氧化条件对制样的影响。采用理论 α 系数和经验系数相结合的方法校正元素间的效应。测定铜精矿试样各组分的相对标准偏差（RSD，n＝12）均小于 3%，结果与化学分析法吻合。曹慧君等[4]讨论了预氧化温度和脱模剂的添加顺序对样品制备的影响，解决了硫化铜矿石样品对铂黄坩埚的腐蚀问题，并选择合适的校正程序进行谱线重叠和基体效应的校正。郝丽萍等[5]采用硝酸钠低温预氧化处理，以偏硼酸锂、四硼酸锂混合物作熔剂，溴化锂作玻璃片脱模剂。结果表明，此法克服了颗粒度效应，避免了铂黄坩埚腐蚀的危险，同时由于它的高度均质化，提高了测量的准确度，测量结果令人满意。赵耀等[6]探讨了铜精矿的预氧化条件，熔融条件和玻璃化试剂对制样的影响。实验选择四硼酸锂和偏硼酸锂混合型熔剂，SiO_2 作为玻璃化试剂，LiBr 作为脱膜剂，预氧化温度为 700 ℃，预氧化时间 15 min，熔融温度 1000～1050 ℃，熔融时间 10 min；Cu、Fe、S、As、Zn、Mo、Bi、Pb 测定的相对标准偏差（$n=10$）分别为 0.146%、0.128%、0.144%、1.339%、0.280%、0.971%、0.656%、0.473%。

与熔融制样相比，粉末直接压片法分析速度较快。郭芬等[7]采用粉末直接压片制样，用 X 射线荧光光谱法测定铜精矿中砷、铅和镉的含量，并采用理论影响 α 系数法进行基体校正，样品的分析过程仅需 10min 左右即可完成，砷、铅和镉测试相对标准偏差分别为 0.60%、0.47%、1.27%。曹慧君[8]采用粉末压片法制样，建立了利用 PanaliticalMagix（PW2403）型波长色散 X 射线荧光光谱仪（XRF）测定铜矿石中微量组分 Pb、Zn、As、

①李小莉，唐力君，黄进初. X 射线荧光光谱熔融片法测定铜矿中的主次元素 [J]. 冶金分析，2012，32（7）：67－70.

②张二平. X 射线荧光光谱仪测定铜精矿中多种元素 [J]. 铜业工程，2013，（1）：41－42，50.

③田琼，黄健，钟志光等. 波长色散 X 射线荧光光谱法测定铜精矿中铜铅锌硫镁砷 [J]. 岩矿测试，2009，4.

④曹慧君，张爱芬，马慧侠等. X 射线荧光光谱法测定铜矿中主次成分 [J]. 冶金分析，2010，（10）：20－24.

⑤郝丽萍，王再田. 熔融制样法对硫铁矿、铜精矿和方铅矿主量元素的 XRF 光谱测定 [J]. 兵器材料科学与工程，2002，25（5）：58－59，72.

⑥赵耀，王再田. XRF 熔融制样法测定铜精矿中的 Cu、Fe、S、Pb、Zn、As、Bi、Mo [J]. 分析试验室，1999，18（1）：19－22.

⑦郭芬，宋义，谷松海等. X 射线荧光光谱法测定铜精矿中砷、铅和镉 [J]. 理化检验：化学分册，2011，47（8）：984－985.

⑧曹慧君. Panalitical Magix（PW2403）型波长色散 X 射线荧光光谱仪测定铜矿石中的 Pb、As、Zn、Mn、Na2O、TiO2 [J]. 铝镁通讯，2010，（4）：40－42.

Mn、Na_2O、TiO_2 的方法，讨论了制样方法对样品制备的影响，并选择合适的校正程序进行谱线重叠和基体效应的校正。采用国家标准样品和人工合成标准样品来绘制标准曲线，线性范围较宽。分析结果的精密度和准确度能够满足一般铜矿石的分析要求。夏鹏超等[①]选择钼矿石、铜矿石国家标准物质及自配标准物质建立工作曲线，使用康普顿散射线作内标，同时采用经验系数法校正基体效应及粒度效应。方法经国家标准物质、自配标准参考物质验证，测定值与标准值吻合，方法分析精密度（RSD，n＝12）小于 2.18％，与化学法相比，样品不需进行化学前处理，操作简单、快速、准确度高、精密度好，能满足钼铜矿的实际分析需要。

内标法在溶液、熔珠及粉末样品分析中已得到广泛的应用，尤其对多元混合物中单一元素的测定更为方便，已越来越多地被 X—射线荧光分析工作者使用。对于主元素是 Cu、Fe 的铜精矿混合物，用 X—射线荧光光谱直接测定粉末压片或熔珠，其结果与化学值比较，偏差甚大。当选择 CoK_α 线做内标线，分析铜精矿，不但能使 Fe 的分析准确度大大提高，而且铜的分析也能得到满意的结果。陈法荣[②]用强度比 RCu，RFe（$ICuK_\alpha/ICoK_\alpha$；$IFeK_\beta/ICoK_\alpha$）及强度值 $ICuK_\alpha$、$IFeK_\beta$ 及浓度建立起来的工作曲线求得的分析值与化学分析值都很接近，能满足快速熔炼控制分析的要求。

7.3.13　铜矿及其精矿中多元素检测：极谱法

李晶等[③]用硫脲作铜的掩蔽剂，在磷酸二氢钠的弱酸性介质中，同时掩蔽铁，以示波极谱法测定铜精矿中镉、锌的含量。测定结果与 ICP 光谱法的分析结果相符。对样品进行精密度检验，相对标准偏差（RSD，n＝5）＜5％。

铅和锌极谱法测定方法很多，有在碱性介质中测定，也有在强酸性介质中测定。但测定范围局限于微量及半微量分析。胡俐娟[④]研究在同一份溶液中连续测定铅和锌，测定范围扩至常量，干扰少，重现性好。铅的回收率为 95％～100％，锌的回收率为 97％～99％，适合于铜矿及铅锌矿中铅和锌的分析。

王建琴等[⑤]利用铜铁试剂分离 Cu、Fe 等干扰元素，同时铜铁试剂与 Pb 和 Zn 产生络合物吸附波，可连续测定铜精矿中的 Pb 和 Zn。体系中铅峰在—0.54 V，锌峰在—0.99 V，线性范围 Pb 为 80～1600 $\mu g/L$、Zn 为 120～1200 $\mu g/L$，检出限 Pb 为 40 $\mu g/L$，Zn 为 80 $\mu g/L$，测定结果与参考值相符，RSD（n＝3）Pb＜6％，Zn＜10％。

林逸兰等[⑥]研究铜-Zincon 的极谱行为时，发现 NH_4Cl-Na_2SO_3（pH＝6.5—7.5）底液中当 Zincon 浓度＞$4×10^{-3}$ mol/L 时，单扫描示波极谱仪上有两个峰，其峰电位分别为—0.42 V 和—0.56 V。加入镍（Ⅱ）、钴（Ⅱ）后，又分别出现尖峰形的—0.84 V Ni-Zincon 和—0.96 V Co-Zincon 两个新峰，同时研究了产生镍、钴波的条件，确定了测定镍、钴的浓度范围，应用本体系对铜精矿中微量镍、钴同时测定，结果较满意。

①夏鹏超，李明礼，王祝等．粉末压片制样—波长色散 X 射线荧光光谱法测定斑岩型钼铜矿中主次量元素钼铜铅锌砷镍硫 [J]．岩矿测试，2012，31（3）：468—472．．

②陈法荣．X—射线荧光光谱分析精矿中的铜和铁 [J]．岩矿测试，1989，8（2）：145—146．

③李晶，姜效军，宋文娟等．示波极谱法测定铜精矿中镉和锌 [J]．冶金分析，2003，23（4）：43—44．

④胡俐娟．单扫描示波极谱法连测铅锌 [J]．理化检验：化学分册，2000，36（11）：517—518．

⑤王建琴，王劲榕．铜精矿中铅锌的连续测定 [J]．岩矿测试，2000，19（4）：295—297．

⑥林逸兰，蔡素拉，何可仁．镍、钴与 zincon 的络合吸附波研究—铜精矿中微量镍、钴的同时测定 [J]．高等学校化学学报，1989，10（1）：101—103

第8章 铅锌矿及其精矿中有害元素检测

8.1 铅锌矿及其精矿资源概况[①]

铅是应用较早的金属之一，它是最软的重金属，也是相对密度大的金属之一，呈蓝灰色，硬度 1.5，密度 11.3 g/cm³，熔点 327.4 ℃，沸点 1 750 ℃，展性良好，易与其他金属（例如锌、锡、锑、砷等）制成合金。

锌提炼应用相对较晚，它具良好压性，锌是一种银白色略带淡蓝色金属，密度为 7.14 g/cm³，熔点为 419.5 ℃，沸点为 906 ℃。在室温下，性较脆；100～150℃时，变软；超过 200℃后，又变脆。锌的化学性质活泼，在常温下的空气中，表面生成一层薄而致密的碱式碳酸锌膜，可阻止进一步氧化。当温度达到 225 ℃后，锌剧烈氧化。锌能与多种有色金属制成合金，其中最主要的是锌与铜、锡、铅等组成的黄铜等，还可与铝、镁、铜等组成压铸合金。

自然界中，铅和锌由于具有共同的成矿物质来源和类似的外层电子结构，铅矿和锌矿在自然界中通常以共生的形式存在。世界铅锌矿产资源丰富，保证程度高且有很好的找矿前景。到 2010 年底，世界已查明的铅资源量有 15 亿吨，铅储量为 6 700 万吨，基础储量有 14 000 万吨；锌资源量有 19 亿吨，锌储量为 22 000 万吨，基础储量为 46 000 万吨。世界铅锌储量和储量基础较多的国家有中国、澳大利亚、美国、加拿大、墨西哥、秘鲁、哈萨克斯坦、南非等。他们拥有铅锌储量占世界铅锌总储量的 80% 左右。亚洲铅锌基础储量最多的国家是中国。除中国外亚洲铅锌储量较多的国家还有朝鲜、蒙古、日本、印度、缅甸、印度尼西亚、哈萨克斯坦、伊朗和土耳其等；非洲集中在南非、纳米比亚、摩洛哥和阿尔及利亚等国家；欧洲主要分布于波兰、德国、爱尔兰、西班牙、葡萄牙、南斯拉夫、意大利、瑞典和俄罗斯等。

我国铅锌矿产资源的特点是贫矿多、富矿少，再加上多年的高强度开采，富矿资源更加贫乏。目前已查明的铅矿资源储量为 39 350 kt，其中基础储量 3 930 kt，锌矿查明资源储量 94 950 kt，其中基础储量 42 690 kt。我国铅精矿资源量约占全球的 15%，查明的资源储量主要集中分布在南岭、川滇、滇西、秦岭、祁连山及狼山、阿尔泰等几大地区。

铅锌矿石主要有闪锌矿、方铅矿、黄铁矿，少量黄铜矿、辉银矿、辉钼矿及脉石成分。闪锌矿细粒或细脉浸染状分布，单晶粒度 0.07～2.5 mm；方铅矿细粒或细脉浸染状

---

①吴良士，白鸽，袁忠信．矿产原料手册［M］．北京：化学工业出版社，2007

与闪锌矿伴生，单晶粒度 0.02～0.7 mm，细粒结构，细粒浸染或细脉浸染状构造。脉石矿物主要由绢云母、石英、绿帘石组成，其次为斜长石、钾长石、绿泥石、方解石等。斜长石蚀变成绢云母、绿帘石、黝帘石，半自形—他形粒状，粒度不大于 0.1 mm。矿石结构主要有鳞片粒状变晶结构、结晶结构和交代结构。矿石构造有浸染状构造、团块状构造。

我国是铅、锌精矿及精炼铅、精炼锌的生产大国[①]。我国进口铅精矿最主要依赖澳大利亚、俄罗斯、美国及加拿大，四国共占我国进口铅精矿总数的 54％。2014 年我国铅精矿产量 269 万吨，同比降 1.1％，锌精矿产量 454 万吨，同比仅增 1％。2015 年 3 月我国铅精矿产量 19.1 万吨，同比减少 13.67％，1～3 月我国铅精矿产量 41.7 万吨，同比减少 16.28％。

近年来，随着经济发展，铅酸蓄电池成为精炼铅需求的主要增长点，我国也已成为世界最大的精炼铅生产国和消费国。目前，在淘汰落后产能，促进行业整合的大环境下，铅作为高耗能高污染的资源性产品，行业准入条件、工艺水平与环保要求都在逐年提高，铅期货的应运而生，将为铅行业的健康发展带来更多保障。

8.2　铅锌矿及其精矿有害元素概论

铅锌矿中一般伴生有砷、镉、汞等有害元素。我国铅锌矿露天开采的多金属流化床，其剥离和堆放区径流是主要污染源，致使矿区历年来造成的面源污染、产排污水量、排放污染负荷量很少得到有效监控。

在加工冶炼过程中，这些微量有害元素不但影响产品的质量，降低冶炼价值，而且会从相对封闭的环境进入开放的环境，对人类环境产生污染，严重危害人们的身体健康，因此，测定并严格控制进口铅锌矿中有害元素含量非常重要[②]。

铅锌矿开采导致大量含硫化物的矿物尾矿、废矿石暴露于地表。在地表的氧化、淋滤以及地表水的冲刷作用下，大量有害元素进入周围的水体、土壤中，从而使重金属元素开始向生态环境释放和迁移，随着矿山开采年限的增加，矿区环境重金属不断累积，使得矿山存在较大重金属污染的环境风险。重金属污染物有毒且具有长期效应，可通过吸附、耦合、重力沉降、地表径流等多种化学、物理方式进入环境介质，甚至影响了更大区域的生态系统，从而通过食物链的富集作用对生物体，尤其是人体健康和社会发展产生严重的危害和影响。上世纪 90 年代，有色金属工业做过一个环境统计，发现有色金属工业释放的总废气量 2 970 亿米³，占全国工业废气总排放量的 11％；随着废气排出的铅 1 452 吨，汞 6.47 吨、镉 9.05 吨；大型企业在直径 5～10 公里，中小企业在 1～2 公里范围内，会受到有毒有害气体的污染。因此，只用采用清洁生产工艺才能实现铅锌行业的可持续发展。

国家环保部 2012 年发布《铅锌冶炼工业污染防治技术政策》（公告 2012 年第 18 号 2012-03-07 实施），重点是对铅锌冶炼工业进行源头控制，提高资源回收率，节约能源，减少有害物质排放，实现清洁生产过程，最大限度的控制铅、砷、汞等污染。

含铅矿石经浮选或其他方法选矿得到的含铅量不小于 45％、粒度不大于 150 μm（高

①张乐如．现代铅锌冶炼技术的应用与特点［J］．世界有色金属（World Non—ferrous），2007，（4）．
②曹晓燕，何颖贤，陈强等．微波消解样品－电感耦合等离子体原子发射光谱法测定锌精矿中镉、砷和汞［J］．理化检验（化学分册）（Physical Testing and Chemical Analysis Part B：Chemcial Analgsis），2011，（6）：731－732．

品位方铅矿无粒度要求）的供冶炼用的产品称为锌精矿。2007 年国家颁布的有色金属行业标准（YS/T 319－2007）将铅精矿产品分为四个品级[1]，如表 8.1 所示。

表 8.1 铅精矿化学成分

品级	化学成分（质量分数）/%					
	Pb 不小于	杂质含量，不大于				
		Cu	Zn	As	MgO	Al$_2$O$_3$
一级品	65	1.2	4.0	0.3	1.0	2.0
二级品	60	1.5	5.0	0.4	1.5	2.5
三级品	55	2.0	6.0	0.5	1.5	3.0
四级品	45	2.5	7.0	0.7	2.0	4.0

注：铅精矿中 Hg 限量应符合 GB 20424－2006 的要求。

含锌矿石经浮选或其他方法选矿得到的含锌量不小于 40%、粒度不大于 150 μm 供冶炼用的产品称为锌精矿。2014 年国家颁布的有色金属行业标准（YS/T 320－2014）将锌精矿产品分为四个品级[2]，如表 8.2 所示

表 8.2 锌精矿化学成分

品级	化学成分（质量分数）/%					
	Zn 不小于	杂质含量，不大于				
		Cu	Pb	Fe	As	SiO$_2$
一级品	55	1.0	1.2	6	0.2	3.5
二级品	50	1.2	1.8	1.8	0.4	4.5
三级品	45	1.5	2.5	12	0.5	5.0
四级品	40	1.5	2.5	14	0.5	5.5

注：锌精矿中 Hg、Cd 限量应符合 GB 20424－2006 的要求，四级品的铁闪锌精矿含铁量不大于 18%。

含铅锌矿石经浮选或其他方法选矿得到的含铅量不小于 14%、含锌量不小于 28% 或含铅和锌量总计不小于 45%、粒度不大于 150 μm 供同时冶炼铅和锌用的产品称为混合铅锌精矿。2013 年国家颁布的有色金属行业标准（YS/T 452－2013）将混合铅锌精矿产品分为四个品级[3]，如表 8.3 所示。

表 8.3 混合铅锌精矿化学成分

	主品位质量分数/ 不小于			杂质质量分数/% 不大于				
	Pb	Zn	Zn+Pb	S	Fe	As	Cd	SiO$_2$
一级品	15	36	55			0.30	0.20	4.0
二级品	15	34	50	25～32	6～15	0.35	0.30	4.5
三级品	15	32	48			0.40	0.40	5.0
四级品	14	28	45			0.45	0.50	5.5

[1] YS/T 319－2007 铅精矿 [S].

[2] YS/T 320－2014）锌精矿 [S].

[3] YS/T 452－2013）混合铅锌精矿产品 [S].

2007 年国家质量监督检验检疫总局发布了《重金属精矿产品中有害元素的限量规范》（GB 20424－2006），其中铅精矿、锌精矿及混合铅锌精矿有害元素限量要求如表 8.4～8.6 所示[①]。

表 8.4 铅精矿有害元素含量要求

有害元素	As	Hg
含量/%，不大于	0.70	0.05

表 8.5 锌精矿有害元素含量要求

有害元素	As	Cd	Hg
含量/%，不大于	0.60	0.30	0.06

表 8.6 混合铅锌精矿有害元素含量要求

有害元素	As	Cd	Hg
含量/%，不大于	0.45	0.40	0.05

为确保进口铅精矿、锌精矿及混合铅锌精矿的质量，防止其中有毒有害物质对环境和人们身体健康造成威胁，矿石到达口岸后，均需经检验检疫，合格后方可通关放行。

8.3 铅精矿、锌精矿及混合铅锌精矿有害元素检测方法

目前，铅精矿、锌精矿及混合铅锌精矿有害元素分析技术主要涉及到光谱分析技术，应用最广泛的主要有电感耦合等离子体发射光谱仪、原子荧光光谱仪、原子吸收光谱仪、X 射线荧光光谱仪等，主要参考文献如下所示：

8.3.1 铅锌矿及其精矿中汞的检测

8.3.1.1 原子荧光光谱法

GB/T 8151.15－2005《锌精矿化学分析方法 汞量的测定》、GB/T 8152.11－2006《铅精矿化学分析方法 汞量的测定》中，试料用盐酸、硝酸溶解，以盐酸为载流，硼氢化钾溶液为还原剂，以汞空心阴极灯为激发光源，在氢化物发生器中，汞被硼氢化钾还原为氢化物，用氩气导入石英炉原子化器中，于原子荧光光谱仪上测量汞的荧光强度。YS/T 461.6－2003《混合铅锌精矿化学分析方法 汞量的测定》则是利用冷原子荧光光谱法。

刘彻等[②]研究了原子荧光光谱法测定铅锌精矿中汞的分析方法。考察了原子化温度、灯电流、负高压、载气流量、延迟时间等仪器条件，也进行了测定介质与酸度、硼氢化钾与氢氧化钾浓度、工作曲线线性、共存元素干扰等条件试验。该方法操作简单、准确、灵敏度高，应用于铅锌精矿中汞的分析，线性范围为 0.05～1 $\mu g/100$ mL，回收率为 95%～106%，RSD≤5%。

刘婷[③]先将王水溶解样品，稀释于盐酸介质中，然后用硼氢化钾作还原剂，详细考察了冷原子荧光测定汞的最佳条件。试验结果表明汞的检出限为 0.05 ng/mL，线性范围

① （GB 20424－2007）《重金属精矿产品中有害元素的限量规范》.
② 刘彻. 满瑞林原子荧光光谱法测定铅锌精矿中汞的研究 [J]. 湖南有色金属，2003，(4)：43－45.
③ 刘婷. 原子荧光光谱法测定铅精矿中汞量 [J]. 湖南有色金属，2004，(3)：41－43.

1.5～25 ng/mL，回收率为 99.3%～106%。

钟勇[1]将试样于潘菲氏管中加入还原铁粉，加热使汞与基体及共存元素分离；试验了氢化物—原子荧光光谱法测定汞的最佳条件。汞的检出限为 0.05 ng/mL，线性范围为 0.5～250 ng/mL，汞的回收率为 94%～101%。方法应用于锌精矿中汞的测定，取得满意结果。

8.3.1.2　冷原子吸收法

SN/T 0681－1997《出口锌精矿中汞的测定》利用冷原子吸收法。

宋国玺[2]采用冷原子吸收法测定出口锌精矿中汞，完善了国家标准锌精矿化学分析方法没有汞的测定方法之不足，该法测定范围为 0.05～0.30 μg/mL，回收率为 99.6%～106.5%，变异系数为 1.81%～3.02%，能满足微量汞测定要求。

8.3.2　铅锌矿及其精矿中镉的检测

8.3.2.1　原子吸收光谱法

GB/T8151.8－2012《锌精矿化学分析方法　第 8 部分：镉量的测定》、GB/T 8152.12－2006《铅精矿化学分析方法　镉量的测定》、YS/T 461.7－2013《混合铅锌精矿化学分析方法　第 7 部分：镉量的测定》均利用火焰原子吸收光谱法测定镉含量。试料用盐酸、硝酸溶解。在硝酸介质中，于原子吸收光谱仪波长 228.8 nm 处，以空气－乙炔火焰，测量镉的吸光度。

彭晖冰等[3]采用在盐酸介质（5%）中用原子吸收分光光度法于 228.8 mm 波长测定铅精矿中镉量。用该方法，杂质元素不干扰试验，而且保证了精密度和回收率满足国家标准要求，方法简单、准确、易于掌握。

8.3.2.2　EDTA 滴定法

王劲榕等[4]将样品分解后，干扰元素用氨分离，向滤液中加入一定量过量的 EDTA 标准溶液，使 Zn^{2+}、Cd^{2+} 全部与 EDTA 络合并过量，用 Zn^{2+} 盐返滴过量的 EDTA，测出 Zn、Cd 含量，用 KI 置换出 EDTA-Cd 中的 EDTA，并用 Zn^{2+} 盐滴定，测得 Cd 含量，从 Zn、Cd 合量中减去 Cd 量即得 Zn 量，Zn、Cd 的加入回收率均在 99% 以上，本法分析快速准确。

8.3.3　铅锌矿及其精矿中氟的检测

8.3.3.1　离子选择电极法

试料以氢氧化钾熔融分解，用水浸出熔融物后过滤，使氟与铁、铅等元素分离，然后用硝酸调节溶液的酸度，用柠檬酸铵调节离子强度，采用电极电位仪，以饱和甘汞电极为参比电极，氟离子选择电极为指示电极测定氟。GB/T 8151.9－2012《锌精矿化学分析方法　第 9 部分：氟量的测定》即采用此法。

8.3.3.2　离子色谱法

刘玮等[5]建立了一种测定锌精矿中氟含量的分析方法。通过碱熔半熔融方法，除去锌

①钟勇，潘菲．氏管分离氢化物—冷原子荧光光谱法测定锌精矿中微量汞 [J]．冶金分析，2002，(1)：38－40．
②宋国玺．冷原子吸收法测定锌精矿中的汞 [J]．分析测试技术与仪器，2000，(4)：238－241．
③彭晖冰，匡海燕．原子吸收分光光度法测定铅精矿中镉量 [J]．湖南有色金属，2005，(4)：38－40．
④王劲榕，陈加希，王英．高镉锌精矿中镉锌的测定 [J]．云南冶金，2003，(5)：46－47．
⑤刘玮，刘春峰．碱熔—水蒸气蒸馏—离子色谱法测定锌精矿中的氟 [J]．中国无机分析化学，2014，(2)：14－17．

精矿中大量硫对样品前处理的影响，利用水蒸气蒸馏的方法分离了被测元素氟与矿石中其他大量重金属离子。通过碱熔－水蒸气蒸馏后离子色谱测定，最大限度排除干扰，降低测定检出限。以碳酸钠（2.5 mmol/L）和碳酸氢钠（3.5 mmol/L）混合溶液作为淋洗液，SH-AC-1（200mm×4.6mm ID）阴离子分析柱分离，抑制电导检测器检测。线性范围内相关系数为 0.9996，加标回收 97%～102%，相对标准偏差小于 4.0%，样品检出限0.0004%，有效拓展了锌精矿中氟含量的测定范围。

8.3.4　铅锌矿及其精矿中硫的检测

8.3.4.1　滴定法

GB/T 8151.2－2000《锌精矿化学分析方法　硫量的测定》中，试料在高温氧气流中燃烧，使其中硫化物氧化、硫酸盐分解成二氧化硫，以过氧化氢溶液吸收并氧化成硫酸。以甲基红与次甲基蓝为混合指示剂，用氢氧化钠标准滴定溶液滴定至溶液由紫色变为绿色为终点。

YS/T 461.3－2003《混合铅锌精矿化学分析方法　硫量的测定》中，试料在高温空气流中燃烧，将硫转化为二氧化硫，用过氧化氢吸收并氧化成硫酸，以甲基红－次甲基蓝混合溶液作指示剂，用氢氧化钠标准滴定溶液滴定至溶液由紫红色变为绿色为终点，根据消耗的氢氧化钠标准滴定溶液的体积计算硫的含量。当氟量大于 0.2% 时干扰测定。

8.3.4.2　氢氧化钠 ICP-OES 法测定

张哲[1]在仪器选定的最佳条件下，采用氢氧化钠熔矿－ICP－OES 法测定铜铅锌矿石中全硫含量，即氢氧化钠与硫发生反应生成硫酸根离子，测定硫酸根离子含量，通过乘系数换算成全硫含量。该方法具有操作简便、分析快速、准确度高、适合于批量样品检测等优点。而且相对标准偏差 RSD 低，结果令人满意。

8.3.4.3　红外碳硫法

肖红新等[2]使用红外碳硫仪测定铅锌矿中的硫。通过添加稀释剂降低样品的硫含量，对助熔剂的种类、加入量和称样量的大小、以及它们加入的先后顺序等进行条件实验，选择了红外法测定铅锌矿中硫的最佳测定条件，方法简单，快速，结果准确可靠。

8.3.5　铅锌矿及其精矿中铅的检测

GB/T 8151.5－2000《锌精矿化学分析方法　铅量的测定》利用原子吸收光谱法，将试料用盐酸、硝酸溶解，在稀硝酸介质中，于原子吸收光谱仪波长 283.3 nm 处，以空气－乙炔火焰，测量铅的吸光度。

8.3.6　铅锌矿及其精矿中砷的检测

8.3.6.1　原子荧光光谱法

GB/T 8151.7－2000《锌精矿化学分析方法　砷量的测定》、GB/T 8152.5－2006《铅精矿化学分析方法　砷量的测定》均利用原子荧光光谱法，试料以硝酸、硫酸溶解。用硫脲－抗坏血酸将砷预还原，同时也掩蔽铜、铁、银等杂质元素，在氢化物发生器中，砷被

---

①张哲．碱熔－ICP－OES 法测定铜铅锌矿石中全硫含量［J］．化工矿产地质，2013，(2)：116－119．
②肖红新，庄艾春，周志平．高频红外吸收法快速测定铅锌矿中高含量硫［J］．冶金分析，2004，(Z1)：368－370．

硼氢化钾还原为氢化物，用氩气导入石英炉原子化器中，于原子荧光光谱仪上测量其荧光强度。

8.3.6.2 碘量法

YS/T 461.4—2003《混合铅锌精矿化学分析方法 砷量的测定》中，试料用硝酸、硫酸分解，硫酸冒烟除去氮的氧化物，在盐酸（1+1）介质中，用次亚磷酸钠将砷还原为单质砷，过滤，与共存元素分离。在碳酸氢钠弱碱性介质中，用过量的碘标准滴定溶液溶解单质砷，加入一定体积过量的亚砷酸钠溶液与剩余的碘标准滴定溶液反应，再以淀粉为指示剂，用碘标准滴定溶液滴定过量的亚砷酸钠溶液，根据消耗碘标准滴定溶液与亚砷酸钠溶液的体积计算砷的含量。

袁丽丽[1]将试样以硝酸、氯酸钾分解，硫酸冒烟，再以碘量法测定锌精矿中的砷含量。方法准确、简便，加标回收率为 98.20%～101.6%，RSD＜2.0%，方法测定范围 0.20%～3.00%。

8.3.6.3 极谱法

杨改霞等[2]在含有 0.42 mol/L 盐酸、5.84×10^{-4} mol/L 钼酸铵、3.6×10^{-4} mol/L 酒石酸锑钾、3.45×10^{-3} mol/L 抗坏血酸和 10% 丙酮的底液中加入 As（V），形成砷锑钼三元杂多酸，在单扫描示波极谱仪上产生一灵敏的络合吸附波，峰电位 Ep＝－0.37V（vsSCE），当 As（V）浓度在 5.34×10^{-8}～1.07×10^{-5} mol/L 范围时，峰电流与 As（V）浓度呈线性关系，检出限为 2.19×10^{-8} mol/L。用于测定铅锌矿中的砷，不需分离，可直接测定，测定结果与标样值吻合，加标回收率为 93%～110%。

8.3.7 铅锌矿及其精矿中多元素的同时检测

8.3.7.1 电感耦合等离子体发射光谱法

GB/T 8151.9—2012《锌精矿化学分析方法 第 20 部分：铜、铅、铁、砷、镉、锑、钙、镁量的测定 电感耦合等离子体原子发射光谱法》方法原理：试料用硝酸、盐酸、氢氟酸、高氯酸分解，在 5% 的盐酸介质中，用电感耦合等离子体原子发射光谱法，于各元素选定的波长处测定其发射强度，按标准工作曲线法计算各元素的质量分数。测定范围：钙 0.10%～5.00%、镁 0.10%～5.00%、镉 0.050%～2.00%、砷 0.10%～5.00%、锑 0.030%～0.50%、铜 0.10%～5.00%、铅 0.10%～5.00%、铁 1.00%～10.00%。SN/T 1326—2003《进出口锌精矿中铝、砷、镉、钙、铜、镁、锰、铅的测定 电感耦合等离子体原子发射光谱法》方法原理同 GB/T 8151.9—2012，只是溶样酸只使用盐酸和硝酸，测定范围：0.005%～1.50%。

电感耦合等离子体原子发射光谱法测定铅矿、锌矿和铅锌矿中的铅、锌、镉、汞、

---

①袁丽丽．碘量法测定锌精矿中的砷［J］．福建分析测试，2008，（4）：51－53．．
②杨改霞，唐维学．示波极谱法测定铅锌矿中的砷［J］．广东有色金属学报，2000，（2）：149－152．

砷、锰、银、铜、铁等杂质元素含量的研究较多[1][2][3][4]。闵国华等[5]研究利用盐酸和硝酸的混合酸溶解试样，电感耦合等离子体原子发射光谱法测定了铅矿、锌矿和铅锌矿中的铅、锌、镉、汞、砷、锰、银、铜、铁杂质元素含量。根据分析线的选择原则，结合待测元素的检测范围，选择了无干扰或干扰小、谱图峰形对称、灵敏度高的谱线作为分析线。研究了共存元素间的干扰，结果表明共存元素间不存在干扰。方法用于铅精矿、锌精矿、铅锌矿标准物质的测定，测定结果用 MEF 法检验，方法无恒定系统误差和无相关性系统误差，测定值与标准值无显著性差异。孟时贤[6]等采用盐酸－硝酸溶矿，考察了样品预处理过程中混合酸配比、混合酸体积、消解时间及消解温度对消解效果的影响，利用正交试验设计及极差分析确定了最优消解条件：盐酸－硝酸混合酸配比 3∶1，混合酸体积 10 mL，消解时间 120 min，消解温度 90℃，用电感耦合等离子体发射光谱法同时测定铅锌矿中 15 个主次量元素（铅锌铜锰砷银铋镉钴镍镓铟钼锗锑）的含量。在最优条件下，用富铅锌矿石国家标准物质（GBW 07165）进行试验，大多数元素的精密度（RSD，$n=$ 12）和准确度小于 5％，方法检出限为 $0.0019\sim0.048$ $\mu g/g$。基于铅锌矿主要是以硫化物形式存在，采用一系列硫化物国家标准物质验证方法的准确度及可行性，检测结果基本都在标准值的误差范围内。王松君等[7]通过对方铅矿样品化学处理试验建立了 HCl-NH_4Cl-HNO_3 的溶矿体系，采用基体匹配、背景系数和元素干扰系数校正及元素内标法确定了最佳综合实验测试条件，可同时测定方铅矿中镉、钴、铜、铁、铟、铅、锌 7 种元素，方法测量相对误差 RE（$n=8$）为 $1.50％\sim7.50％$。相对标准偏差 RSD（$n=8$）为 $1.7％\sim$ 5.7％。经国家一级标准物质 GBW07269 分析验证可以满足方铅矿单矿物样品的分析要求。李良军等[8]使用氢氧化钠－过氧化钠熔融铅精矿，用盐酸提取并酸化后以 ICP-AES 测定。对溶样条件、测定介质、基体及共存元素间干扰进行了讨论，结果表明：质量分数小于 5％的硫、小于 10％的硅、小于 20％的铁等共存元素对待测元素几乎没有干扰；方法基体效应较小，各待测元素之间没有明显干扰。程键[9]将样品用王水溶解，为防止锑的挥发，加入酒石酸作为络合剂。采用基体匹配方法消除基体干扰。标准加入回收率在 95％～103％之间，相对标准偏差为 $0.5％\sim5.9％$，应用于锌精矿及焙砂中铅、锑、砷、铜、镉、

①赵晶晶．电感耦合等离子体发射光谱法测定锌精矿、锌矿石、铅锌混合矿中的锌、铜、砷、铅、镉含量 [J]．现代仪器与医疗，2013，(6)：55－58.

②王松君，常平，王璞珺．ICP－AES测定闪锌矿中 9 种元素的方法 [J]．吉林大学学报：理学版，2006，(6)：993－996.

③阮桂色．电感耦合等离子体原子发射光谱法（ICP－AES）测定锌精矿中杂质元素含量 [J]．中国无机分析化学，2013，(B10)：93－96.

④冯伟，梁成，郭月芳．ICP－AES法直接测定锌精矿中铅、铜、镉等 10 种杂质元素 [J]．甘肃冶金，2003，(B12)：162－163.

⑤闵国华，张庆建，岳春雷等．电感耦合等离子体原子发射光谱法测定铅矿、锌矿和铅锌矿中杂质元素 [J]．冶金分析，2014，(5)：51－55.

⑥孟时贤，邓飞跃，杨远．电感耦合等离子体发射光谱法测定铅锌矿中 15 个主次量元素 [J]．岩矿测试，2015，(1)：48－54.

⑦王松君，常平，王璞珺．ICP－AES法测定方铅矿中多元素的方法研究 [J]．分析实验室，2007，(3)：39－42.

⑧李良军，姚永生，王秋莲．电感耦合等离子体原子发射光谱法测定铅精矿中 6 种元素 [J]．冶金分析，2010，(3)：57－59.

⑨程键．电感耦合等离子体原子发射光谱法测定锌精矿及焙砂中 10 种杂质元素 [J]．冶金分析，2007，(11)：65－68.

铁、钴、镍、银、铟 10 种杂质元素的测定，测定结果与化学法相符。谢华林等[1]运用 Y (OH)$_3$ 共沉淀分离富集锌、电感耦合等离子体质谱（ICP－MS）法同时测定锌精矿中 Cu、Fe、Cd、Ag、Ni、Pb、Sn、As、Sb、Bi 杂质元素。

微波消解方法溶样时间短、试剂用量少、对环境污染小，避免了微量元素的挥发损失，易于推广使用，是常用的溶样手段[2]。韦新红等[3]研究利用混合酸（HCl＋HNO$_3$＋HF）在高压密闭容器中微波消解铅矿、铅精矿、铅锌矿，通过电感耦合等离子体发射光谱法测定样品中的 Zn、CaO、Na$_2$O、MnO、MgO、As、Cu、Cd、Al$_2$O$_3$、K$_2$O 共 10 种组分。最佳仪器工作条件为：功率 1.3 kW，等离子体气流量 15 mL/min，辅助气流量 0.2 mL/min，样品提升量 1.5 mL/min。各元素相关系数均大于 0.9991，回收率 91.3%～109.7%。胡德新等[4]称取 0.20 g 试样置于消解罐中，先后加入硝酸 9 mL、盐酸 3 mL、氟硼酸 2 mL 及过氧化氢 2.5 mL，密闭罐盖按设定的微波消解程序进行消解。孙友宝等[5]采用高压消解罐消解，王水溶样前处理锌精矿样品，电感耦合等离子体原子发射光谱法（ICP-AES）测定了锌精矿标准物质中的多种金属元素的含量。曹晓燕[6]采用 0.1 g 样品称样量，10 mL 盐酸－硝酸（3+1）混合酸加入量，1 mL 过氧化氢加入量，密闭微波消解，ICP-AES 测定锌精矿中镉、砷、汞，方法检出限分别为 0.0006、0.0097、0.0089 mg/L，对 GBW07168 标准物质进行测定，结果与认定值一致，方法溶样时间短、试剂用量少、对环境污染小，避免了微量元素的挥发损失，易于推广使用。

8.3.7.2 原子荧光光谱法

李岩[7]对 HG－AFS 法连续测定锌精矿中砷、锑、铋、锡的不确定度进行了分析。根据建立的数学模型计算出各种不确定度的分量并将其合成，最后得出 HG-AFS 法连续测定锌精矿中砷、锑、铋、锡的扩展不确定度。

8.3.7.3 原子吸收光谱法

王晓[8]提出了原子吸收光谱法连续测定锌精矿中铜、铅、镉。与测定铜、铅、镉的其他方法相比较，该方法快速准确、可靠、提高了工效、节约了试剂，可满足大批量锌精矿中铜、铅、镉的测定。张凤英[9]在同一体系中用火焰原子吸收法测定硫化锌精矿中的铜、铅、镉，方法简便，省时无干扰，精密度和灵敏度高，相对标准偏差为 3.4%、11.07%、3.36%。

①谢华林，谭文莉，李爱阳. 锌精矿中杂质元素质谱分析的研究 [J]. 金属矿山，2005，(9)：48－50.

②王琳琳，吕新明，贺国庆. ICP－OES 法测铅矿中砷、镉、铜、镍、锌含量 [J]. 分析仪器，2011，(6)：41－44.

③韦新红，陈永欣，黎香荣等. 微波消解一等离子体原子发射光谱法测定 3 种铅锌矿物中的 10 种组分 [J]. 广西科学院学报，2012，(3)：194－196.

④胡德新，王昊云，王兆瑞等. 利用微波消解样品－电感耦合等离子体原子发射光谱法测定铅精矿中铅、砷、镉、汞 [J]. 理化检验：化学分册，2012，(7)：828－830.

⑤孙友宝，李剑，马晓玲等. 电感耦合等离子体原子发射光谱法（ICP-AES）测定锌精矿中的多种金属元素 [J]. 中国无机分析化学，2013，(B10)：5－6.

⑥曹晓燕，何颖贤，陈强等. 微波消解样品－电感耦合等离子体原子发射光谱法测定锌精矿中镉、砷和汞. 理化检验：化学分册，2011，47(6)：731，732，735.

⑦李岩. HG－AFS 法连续测定锌精矿中砷锑铋锡的不确定度分析 [J]. 理化检验：化学分册，2004，(5)：265－268.

⑧王晓. FAAS 法连续测定锌精矿中铜、铅、镉 [J]. 昆明理工大学学报：理工版，2003，(5)：177－180.

⑨张凤英. 火焰原子吸收法测定硫化锌精矿中的铜铅镉 [J]. 有色冶炼，2001，(5)：92－93.

8.3.7.4　X 射线荧光光谱法

张云晖等[①]采用粉末压片，H_3BO_3 镶边垫底的制样方法，以 X 射线荧光光谱法快速测定铅精矿中的 Pb、Fe、Si、S、Zn、Ca、Mg、Al 主要元素，方法应用于艾萨炉冶炼过程铅精矿中的主要元素控制分析，结果满意。邹辉[②]采用 Φ37 mm×11 mm 的铁盖子粉末压片法制样，X 射线荧光光谱法直接测定铅精矿中 Pb、Zn、Fe、As、S、Bi、Si、CaO、Cu 等元素，讨论了背景的测量，谱线重叠校正，基体效应校正和标准化样品等问题。方法经生产样品考核，具有较满意的准确度。王仁芳等[③]采用直接粉末压片制样，同一组标准对来源广泛的铅精矿中的主要元素（铅，锌，铜，铁，硫）进行 X 射线荧光光谱分析，用偏最小二乘法处理实验数据，获得与化学分析法一致的满意结果。

王谦[④]应用 X 射线荧光光谱法测定了锌精矿中主次量组分（包括锌、硫、铁、硅、铅、铜、砷、银、镉、锡及锑）。锌精矿样品（0.6 g）与 6.3 g 四硼酸锂和 3.2 g 硝酸锂置于铂-金坩埚中拌匀，先在 500 ℃随即升至 700 ℃灼烧 10 min，使样品中的硫离子预氧化为硫酸盐。硝酸锂与四硼酸锂生成四硼酸锂和偏硼酸锂混合物熔剂，在 1 030 ℃熔融样品 10 min，将熔化的样品倒入样模中，冷却后脱模所得熔块用于 X 射线荧光光谱分析。对在预氧化及熔融过程中由于样品组成变化及质量的增加所造成的基体干扰，采用基于 Sherman 方程的可变理论 α 影响系数法进行校正。在所测定的元素中，锌和硫的校准曲线范围依次为 27%～62%和 10%～35%，两者的标准偏差均小于 0.2%。应用所提出的方法分析了 2 个 CRM（GBW07168 和 SRM113b），所得测定值与认定值一致。

①张云晖，金波，周光忠 . X 射线荧光光谱法快速测定艾萨炉冶炼过程铅精矿中的主要元素［J］. 云南冶金，2014（5）：60—63.

②邹辉 . XRF 光谱法在铅精矿分析中的应用 . 湖南有色金属，2001，（Z1）：62—63］.

③王仁芳，赵新那 . 铅精矿中主要元素的 X 射线荧光光谱分析—PLS 法在 XRFA 中的应用［J］. 江西有色金属，1997（2）：42—45.

④王谦，张建波，罗明贵 . 熔融法制样—X 射线荧光光谱法测定锌精矿中主、次组分含量［J］. 理化检验：化学分册，2012（2）：222—225.

第9章 镍矿有害元素检测

9.1 镍矿资源概况

镍是一种较为丰富的金属元素，在地球中的含量仅次于硅、氧、铁、镁，居第5位。地核含镍最高，是天然的镍铁合金。由于镍的地球化学特征，镍首先存在于铁镁硅铝酸岩浆所形成的铁镁橄榄石中，不同的岩石中含镍的一般规律是氧化镁及氧化铁等碱性脉石中含镍高，二氧化硅及三氧化二铝等酸性脉石中含镍低。在自然界中，镍主要以硫化镍矿和氧化镍矿状态存在[①]。由于元素亲氧及亲硫性的差异，在熔融岩浆中，当有硫元素存在时，镍能优先形成硫化矿物，并富集形成硫化物矿床。硫化镍矿如镍黄铁矿、紫硫镍铁矿中的镍以游离硫化镍形态存在，有相当一部分以类质同象赋存于磁黄铁矿中。部分氧化镍矿是由硫化镍矿岩体风化浸淋蚀变富集而成，镍主要以镍褐铁矿形式存在。红土镍矿属于氧化镍矿，是含镁铁硅酸盐矿物的超基性岩经长期风化产生的矿石，在风化过程中镍自上层浸出而后在下层沉淀，NiO取代了相应硅酸盐和氧化铁矿晶格中的MgO和FeO。常见镍矿物主要有镍黄铁矿、含镍磁黄铁矿、针硫镍矿、紫硫镍铁矿、辉铁镍矿、钴镍黄铁矿、暗镍蛇纹石、硅镁镍矿。

目前，镍主要是从硫化矿中提取[②]。镍作为一种重要的战略金属，具有良好的机械强度、延展性和化学稳定性，是工业和发展人类现代文明不可或缺的金属，在国民经济发展中具有极其重要的地位。近年来，镍在钢铁工业、磁性材料工业、军事、有色金属、贵金属、特殊合金、贮氢材料、特种镍粉、新型涂镍复合材料、电池、医疗卫生和硫酸镍等方面的应用与开发非常引人注目。

硫化镍矿一般含镍1%左右，选矿后的精矿品位可达6%～12%，加上伴生的有价金属（铜、钴）可达6%～15%；此外，还常含有一定量的贵金属。红土镍矿属硅酸盐矿物，主要为层状利蛇纹石和纤蛇纹石，镍主要以镍利蛇纹石形式存在，含铁矿物主要为纤铁矿和赤铁矿。红土矿含镍1%～3%，不能通过选矿富集，仅能用筛选抛弃风化较浅、品位低的块矿。红土矿中仅伴生有少量钴，无硫，无热值，但矿石储量大，而且赋存于地表，易采，可露天作业。

世界镍矿39.4%以硫化矿形式存在，60.6%以氧化矿形式存在，氧化镍矿是含镍橄榄

---

① 刘云峰，陈滨. 红土镍矿资源现状及其冶炼工艺的研究进展. 矿冶，2014，23(4)：70—75，78.
② 李金辉，李洋洋，郑顺等. 红土镍矿冶金综述. 有色金属科学与工程，2015，6(1)：35—40.

岩在热带或亚热带地区经过大规模的长期的风化淋滤变质而成，是由铁、铝、硅等含水氧化物组成的疏质的黏状矿石。由于铁的氧化矿石显红色，所以被称为红土镍矿。我国镍矿多以铜镍硫化物型矿为主，利用矿区储量占全国总储量的 95.3%，可供建设的矿区所剩无几。国产原料供应紧张，远不能满足需求，对海外原料的依赖程度越来越高。2011 年镍矿总进口量为 4 805.6 万吨，2012 年进口量为 6 446.3 万吨，2013 年进口总量为 7 124 万吨，其中绝大部分来源于印度尼西亚和菲律宾。2014 年我国镍矿石与精矿的进口量为 4 772 万吨，其中来自菲律宾的进口量年增 23.1% 至 3640 万吨，印度尼西亚的进口量则是年减 74.1% 至 1064 万吨。

全球镍的生产矿山相对集中在俄罗斯、印度尼西亚、澳大利亚、加拿大、新喀里多尼亚、中国、古巴、哥伦比亚、巴西、博兹瓦纳和菲律宾等少数国家的大型和超大型矿床中。

9.2　镍矿有害元素概论

文献报道红土镍中有害元素含量范围如下，Cd：0.37～53.5 mg/kg，Hg：0.01～0.33 mg/kg，As：26～147 mg/kg，Pb：118～235 mg/kg，Cr：200～3 800 mg/kg，部分红土镍矿中 Cd、As、Cr、Pb 的含量较高，存在不同程度污染环境的风险[①]。GB 20424－2006 标准《重金属精矿产品中有害元素的限量规范》规定了镍精矿有害元素限量，镍精矿是指含镍矿石经浮选或其他方法选矿得到的含镍量不小于 3%，供冶炼镍用的精矿产品，如表 9.1 所示。因此，对进口镍矿中铅、镉、汞、砷、铬、铜、锌的测定及其环境风险评价显得尤为重要。

表 9.1　镍精矿有害元素含量要求

有害元素	Pb	As	Cd	Hg
含量（%），不大于	0.10	0.50	0.05	0.001

9.3　镍矿中有害元素检测方法

燕娜等[②]综述了近年来红土镍矿中 24 种元素测定的样品前处理方式及分析技术研究进展。样品前处理方式依据目标元素及后续的分析方法进行选择，其中酸溶法和碱熔法用途最广。酸溶法引入的盐分少，操作简单，但是分解过程中易导致挥发元素 As、Sb、Bi、Hg 的损失，Cr 易随高氯酸冒烟损失。碱熔法分解能力强，适合分析 Cr、Si、Fe 等项目，但会引入大量的盐类和因坩埚材料损耗而带入其他杂质，给后续分析带来困难。红土镍矿的分析技术依据实验室条件及目标元素的性质和浓度进行选择。电感耦合等离子体发射光谱法（ICP-AES）是主量、次量元素的主要分析方法，适合于分析含量为 10^{-5}～30% 级别的金属元素；X 射线荧光光谱法主要用于分析含量为 10^{-3}～1 级别的元素，尤其适合于测定 Al、Si、Ti、V 和 P，由于该方法的准确性依赖于一套高质量的标准样品，故更适合炉

①黄健，曲强，陈广文等．进口红土镍矿中有毒有害元素对环境安全的影响．检验检疫科学，2008，18（3）：8－10．

②燕娜，赵小龙，赵生国等．红土镍矿样品前处理方法和分析测定技术研究进展．岩矿测试，2015，34（1）：1－11．

前检测或检测大批红土镍矿样品。电感耦合等离子体质谱法（ICP-MS）最适合于分析 10^{-4} 含量以下的重元素，特别是稀土和贵金属元素。原子吸收光谱法（AAS）适合于分析 $10^{-4}\sim10^{-2}$ 级别的 Ca、Mg、Ni、Co、Zn、Cr、Mn 等低沸点、易原子化元素。分光光度法主要用于分析 Ni 和 P。原子荧光光谱法（AFS）主要用于分析 As、Bi、Sb 等易形成气态氢化物的元素。容量法主要用于分析 Al、Fe、Mg 和 SiO_2 等主含量元素。尽管 AAS、分光光度法、AFS 法和容量法检测周期长，但所用仪器为实验室常规配置，可满足缺乏相应大型仪器实验室的日常检测。

9.3.1 镍矿中汞的检测

试料以盐酸-硝酸的混合酸溶解，用氯化亚锡将溶液中的汞离子还原成金属汞，在冷原子吸收测汞仪上于波长 253.7 m 处测量汞蒸气的吸光度。YS/T 820.18－2012 红土镍矿化学分析方法 第 18 部分：汞量的测定（测定范围：0.00005%～0.010%）即采用了冷原子吸收光谱法。

王艳君等[1]经过条件试验，建立了热解齐化-原子吸收光谱法直接测定红土镍矿中汞含量的方法。样品中汞含量在 57～1 752 g/kg，重复测定的相对标准偏差（RSD）在 1.6%～5.3%（n=11），回收率在 92.79%～94.77%，与冷原子吸收光谱法的方法间相对偏差为 5.18%～11.93%。

9.3.2 镍矿中铜的检测

试料用盐酸、硝酸、氢氟酸及高氯酸分解。用硝酸溶解盐类，在稀硝酸介质中，于原子吸收光谱仪波长 324.8 nm 处，使用空气-乙炔火焰，测量铜的吸光度，计算铜量。YS/T 820.6－2012 红土镍矿化学分析方法 第 6 部分：铜量的测定（测量范围：0.010%～0.50%）即采用火焰原子吸收光谱法。

李昌丽等[2]将红土镍矿样品用盐酸、硝酸、氢氟酸和高氯酸分解，在稀硝酸介质中，采用氘灯扣背景，于原子吸收光谱仪波长 324.8 nm 处，使用空气-乙炔火焰测定铜的含量。在最佳实验条件下，铜的质量浓度在 0.50～2.50 mg/L 范围内与吸光度成线性关系，方法检出限为 0.057 mg/L，加标回收率为 91%～103%。铜质量分数在 0.01%～0.50% 范围内的重复性及再现性方程分别为 r=0.1 148 m+0.0 032 和 R=0.1 300 m+0.0 074。此方法适合于测定铜含量在 0.01%～0.50% 的红土镍矿。

9.3.3 镍矿中铅的检测

试料以硝酸、盐酸、氢氟酸、高氯酸溶解。用硝酸溶解盐类，在稀酸介质中，用空气-乙炔火焰，于原子吸收光谱仪波长 283.3 nm 处，测定铅的吸光度，计算铅量。YS/T 820.13－2012 红土镍矿化学分析方法 第 13 部分：铅量的测定（测量范围：0.010%～0.50%）即采用火焰原子吸收光谱法。

王慧等[3]将样品用盐酸-硝酸溶解，氢氟酸挥发硅，高氯酸冒烟除去氢氟酸，然后以稀硝酸溶解可溶性盐类，火焰原子吸收光谱法测定红土镍矿中铅的含量。考察了不同的酸

①王艳君，蒋晓光，赵旭东等．热解齐化-原子吸收光谱法测定红土镍矿中汞含量．中国无机分析化学，2013，3（3）：17－20．

②李昌丽，蒋晓光，汤淑芳等 火焰原子吸收光谱法测定红土镍矿中铜含量．冶金分析，2012，32（10）：74－77．

③王慧，刘烽，许玉宇等．火焰原子吸收光谱法测定红土镍矿中的铅．岩矿测试，2012，31（3）：434－437．

对样品的溶解效果，对介质酸度和共存元素干扰情况进行了实验。结果表明：盐酸－硝酸－氢氟酸－高氯酸可以将样品消解完全；5％以内的硝酸不影响铅的测定；100 mL 体积内，100 mg 铁、6 mg 镍、1 mg 铜、5 mg 钙、2 mg 锰、1 mg 铬、1 mg 钴、1 mg 锌等共存元素对 0.1 mg 铅的测定不产生干扰。在选定的仪器工作参数下，Pb 的检出限为 0.044 μg/mL，加标回收率为 97％～106％，测定值与电感耦合等离子体发射光谱法结果一致。方法重复性好、准确度高，可满足准确测定红土镍矿中铅含量的分析要求。

9.3.4 镍矿中铬的检测

李昌丽等[1]将红土镍矿样品用盐酸、硝酸分解，残渣用焦硫酸钾熔融，在稀盐酸介质中，采用氘灯扣除背景，分别用原子吸收光谱仪于波长 324.8、213.9、357.9 nm 处，使用空气－乙炔火焰，测量铜、锌、铬的含量。在最佳实验条件下，铜、锌、铬的质量浓度分别在 0.50～2.50、0.30～1.50、0.50～4.50 mg/L 范围内与吸光度线性关系良好，相关系数 r 分别为 0.9986、0.9943、0.9942。方法检出限铜为 0.0067 mg/L，锌为 0.0010 mg/L，铬为 0.0014 mg/L，加标回收率为 95.0％～105.7％。精密度试验验证铜、锌、铬的含量分别在 0.01％～0.50％、0.01％～1.00％、0.01％～4.00％范围内重复性和再现性较好。

王虹等[2]研究了混酸溶解样品，火焰原子吸收光谱法测定红土镍矿中铬含量。采用空气－乙炔贫焰提高测定灵敏度，采用基本相匹配法消除基体铁的干扰，加入硫酸钠与氯化铵作为干扰抑制剂，有效消除共存元素对测定的干扰。铬的质量浓度在 0.05～10.0 mg/L 与吸光度成线性关系，方法检出限为 0.013 mg/L。方法用于红土镍矿中铬含量的测定，相对标准偏差小于 0.33％，加标回收率为 98.4％～100.4％。

9.3.5 镍矿中锌的检测

试料用盐酸、硝酸、氢氟酸及高氯酸分解。在稀盐酸介质中，于原子吸收光谱仪波长 213.9 nm 处，使用空气－乙炔火焰，测量锌的吸光度。YS/T 820.14－2012 红土镍矿化学分析方法 第 14 部分：锌量的测定（测量范围：0.010％～1.00％）即采用火焰原子吸收光谱法。

周恺等[3]以盐酸、硝酸、氢氟酸溶解红土镍矿，加高氯酸冒烟除去硅和氟，在稀盐酸介质中，于原子吸收光谱仪波长 213.9 nm 处，使用空气－乙炔火焰，测定了样品中锌的含量。通过正交实验确定了原子吸收光谱仪测定锌的最佳工作条件，并主要讨论了溶样方法、酸介质和共存元素的影响。在最佳实验条件下，锌在 0～1.0 μg/mL 范围内符合比尔定律，检出限为 0.0024 μg/mL。运用此方法测定合成红土镍矿样品中锌含量，相对标准偏差（$n=11$）均小于 2.3％，结果与理论值一致。此方法适合于测定锌含量在 0.01％～1.0％的红土镍矿。

9.3.6 镍矿中多元素的同时检测

9.3.6.1 电感耦合等离子体发射光谱法

目前，电感耦合等离子体发射光谱法应用于红土镍矿中多元素同时检测的标准方法主

①李昌丽，蒋晓光，张彦甫等．火焰原子吸收光谱法测定红土镍矿中铜、锌、铬含量．化学分析计量，2012，21(3)：24－27.
②王虹，冯宇新，苏明跃等．火焰原子吸收光谱法测定红土镍矿中铬．冶金分析，2007，27(9)：54－56.
③周恺，孙宝莲，李波等．火焰原子吸收光谱法测定红土镍矿中锌．冶金分析，2011，31(10)：57－61.

要有 SN/T 2763.6－2014 红土镍矿化学分析方法 第 6 部分中镍、钙、钛、锰、铜、钴、铬、锌、磷含量的测定、YS/T 820.10－2012 红土镍矿化学分析方法 第 10 部分中钙、钴、铜、镁、锰、镍、磷和锌量的测定。

使用 ICP-AES 进行红土镍矿中多元素的同时测定，样品前处理方式主要有碱熔法和酸熔法。高亮[①]应用无水 Na_2CO_3-H_3BO_3 混合熔剂熔融，盐酸浸取、酸化的方式，建立了红土镍矿中 Si、Ca、Mg、Al、Mn、Ti、Cr、Ni、Co 等 9 种元素的电感耦合等离子体原子发射光谱测定方法。王国新等[②]将红土镍矿样品用无水 Na_2CO_3-$Na_2B_4O_7$ 混合熔剂熔融，HCl 浸出酸化，电感耦合等离子体发射光谱法直接测定样品中镍、钴、铜的含量。郭爽等[③]选用氢氟酸、硝酸、盐酸、高氯酸对镍矿石样品进行溶样，用王水溶解盐类，电感耦合等离子体发射光谱法测定溶液中镍、铜、铅、锌元素。何飞顶等[④]采用盐酸、硝酸和氢氟酸处理样品，以盐酸作为测定介质，在选定的仪器工作条件下直接测定红土镍矿中 Cd、Co、Cu、Mg、Mn、Ni、Pb、Zn、Ca。黄健等[⑤]用盐酸溶解，氢氟酸助溶，高氯酸冒烟除去氢氟酸，用盐酸溶解盐类后，在选定的测量条件下以 ICP-AES 测定溶液中的镉、铬、铜、铅、锡、铋、钴和锌的浓度。

胡顺峰等[⑥]对目标元素进行了光谱干扰考察，选择了合适的分析谱线，结果表明铁会使目标元素谱线背景强度增高，采用在混合标准溶液中加入与样品中含量相当的铁可以消除基体干扰；除铬元素外其他目标元素加标回收率在 96.83%～105.23%，相对标准偏差小于 3.3%。建立的方法应用于标准样品分析，除铬元素外的其他元素测定值与标准值吻合较好。铬元素回收率较低，有待进一步研究。高亮[⑦]发现样品处理时引入试液中的盐分会干扰被测元素的测定，可以通过基体匹配的方法消除。

9.3.6.2　离子色谱法

试料经硫酸分解，其中的氟、氯随着水蒸气逸出与样品分离，经吸收液吸收，用离子色谱法测定，以保留时间定性，以工作曲线法进行定量。参考 YS/T 820.11－2012 红土镍矿化学分析方法 第 11 部分中氟和氯量的测定即采用离子色谱法。

窦怀智等[⑧]建立了同时测定镍矿中氟、氯含量的离子色谱法。试样经硫酸分解后，在 160～180 ℃的温度下进行水蒸气蒸馏，试液中的氟和氯随着水蒸气逸出并被 NaOH 吸收液吸收，与基体和其他元素分离，吸收液中的氟和氯用离子色谱法测定。以高容量

①高亮. 碱熔－电感耦合等离子体原子发射光谱法测定红土镍矿中硅钙镁铝锰钛铬镍钴［J］. 冶金分析，2013，(2)：51－54..

②王国新，许玉宇，王慧等. 电感耦合等离子体发射光谱法测定红土镍矿中镍钴铜. 岩矿测试，2011，30(5)：572－575.

③郭爽，金震宇，杨婷等. 电感耦合等离子体发射光谱法测定镍矿石中镍铜铅锌. 吉林地质，2012，31(3)：103－104.

④何飞顶，李华昌，冯先进. 电感耦合等离子体原子发射光谱法（ICP－AES）测定红土镍矿中的 Cd、Co、Cu、Mg、Mn、Ni、Pb、Zn、Ca 9 种元素［J］. 中国无机分析化学，2011，1(2)：39－41，69.

⑤黄健，曲强，陈广文等. ICP－AES 法同时测定镍矿中 8 种杂质元素的含量［J］. 检验检疫科学，2008，18(2)：31－32.

⑥胡顺峰，王霞，郭合颜，等. 电感耦合等离子体发射光谱测定红土镍矿石中镍铬镁铬钴［J］. 岩矿测试，2011，30(4)：465－468.

⑦高亮. 碱熔－电感耦合等离子体原子发射光谱法测定红土镍矿中硅钙镁铝锰钛铬镍钴［J］. 冶金分析，2013，(2)：51－54.

⑧窦怀智，陆彩霞，侯晋. 离子色谱法测定镍矿中氟和氯. 冶金分析，2012，32(8)：59－62.

IonPac® AS23 型阴离子分离柱（4 mm×250 mm）和 IonPac® AG23 型保护柱（4 mm× 50 mm）为色谱柱，20 mmol/L NaOH 溶液为淋洗液，用电导检测器检测。结果表明，氟和氯含量在 1～25 μg/mL 范围内与相应的峰面积呈良好的线性关系，相关系数（R）分别为 1.000 0 和 0.999 6，样品中氟、氯测定结果具有较高精密度，加标回收率均达到 95% 以上。

9.3.6.3　X 射线荧光光谱法

粉末样品用合适的熔剂按一定比例熔铸成适合于 X 射线荧光光谱仪测量的试料熔片。在选定的仪器测量条件下测量试料熔片中待测元素特征谱线的荧光 X 射线强度，根据校准曲线或方程式来计算，且进行元素间干扰效应校正，获得样品中待测成分的含量。目前应用 X 射线荧光光谱法同时测定镍矿中多种元素的标准主要有 SN/T 2763.1－2011 红土镍矿中多种成分的测定 第 1 部分、SN/T 2763.7－2014 红土镍矿化学分析方法 第 7 部分中铁、镍、硅、铝、镁、钙、钛、锰、铜和磷含量的测定、YS/T 820.23－2012 红土镍矿化学分析方法 第 23 部分中钴、铁、镍、磷、氧化铝、氧化钙、氧化铬、氧化镁、氧化锰、二氧化硅和二氧化钛量的测定、YS/T 820.19－2012 红土镍矿化学分析方法 第 19 部分中铝、铬、铁、镁、锰、镍和硅量的测定。

李岩等[①]以锥形铝杯为试料支撑，为 X 荧光分析提供了适当的压片试样。收集了不同成分的红土镍矿样品，通过化学法和仪器法分析定值，作为标准物使用。用不同数学模型对元素间的相互干扰及吸收增强效应进行校正建立校准曲线，方法具有良好的准确度和精密度。唐毅等[②]以无水四硼酸锂作熔剂，硝酸铵为氧化剂，碘化钾为脱模剂，在高频熔样机上于 1 050℃熔融，制成玻璃片，使用标准曲线对谱线重叠干扰和基体效应进行校正，建立 XRF 测定红土型镍矿中 TFe、SiO_2、Al_2O_3、Cr_2O_3、MgO、Ni、Co 的分析方法，经标准样品和检测样品外部比对验证，结果准确，可靠，方法快速、简便。李小莉等[③]采用硝酸钡作为氧化剂，在预氧化阶段将低价态的 S 转化为硫酸盐，与其他氧化剂相比可更好将硫定量保留在硼酸盐熔剂中，27.8% S 的 RSD 为 0.61%。Tm 作为 Ni 的内标，Ni 的分析准确度和精密度得到明显改善。采用（$Li_2B_4O_7$：$LiBO_2$＝12：22）的混合熔剂，准确测定镍矿中的 15 中主次痕量元素，最大相对标准偏差为 9.4%。林忠等[④]建立了熔融制样—波长色散 X 射线荧光光谱法测定红土镍矿中铁、镍、硅、铝、镁、钙、钛、锰、铜和磷含量的方法。采用经 1000℃灼烧后的铁矿标准样品为基体，添加相关待测元素的高纯氧化物和标准溶液制作校准曲线用的校准样品，确定了助熔剂、熔融时间、稀释比、脱模剂和基体效应校正方式等试验条件。样品分析结果进行烧失量校正，与湿法分析结果的相对标准偏差介于 0.219%～2.817% 之间，满足红土镍矿检测需要。彭南兰等[⑤]分别研究了采用压

---

①李岩，董秀文，赵军峰等．能量色散 X 荧光光谱法测定红土镍矿中镍等化学成分．分析科学学报，2014，30（2）：191－196.

②唐毅，欧阳义华，黎红波等．X 射线荧光光谱仪同时测定红土型镍矿中主次量组份．云南地质，2011，30（1）：101－104.

③李小莉，张莉娟，曾江萍．X 荧光光谱法测定镍矿石中的主次元素［J］．分析试验室，2012，31（11）：82－85.

④林忠，李卫刚，褚宁等．熔融制样－波长色散 X 射线荧光光谱法测定红土镍矿中铁、镍、硅、铝、镁、钙、钛、锰、铜和磷［J］．分析仪器，2012，（4）：53－57.

⑤彭南兰，李小莉，华磊等．X 射线荧光光谱法测定红土镍矿中多种元素［J］．中国无机分析化学，2012，2（1）：47－50.

片、熔片两种制样方法，用 X 射线荧光光谱法（XRF）测定了红土镍矿中的 9 种元素。压片法重点研究了基体效应校正，经散射线作内标和经验系数法校正后，可准确测定除二氧化硅、氧化镁外的 7 种元素，方法简便、快速；而熔片法着重研究了熔剂和熔样温度的选择，经基体效应校正，各分析元素的结果准确度完全可与化学法相媲美，其相对标准偏差在 0.50%～3.00%间。

第10章 钴矿有害元素检测

10.1 钴矿资源概况

钴是世界重要的战略矿产之一[①]，它具有耐高温、耐腐蚀、高强度和强磁性等特点，广泛用于航空、航天、电器、机械制造、化学和陶瓷等工业，在国民经济和社会发展中具有特殊意义。由于它具有强迁移能力、在地壳中90%呈分散状态；又由于它固有的亲铁亲硫双重性，所以多以伴生金属产出，很少形成独立的或以钴为主的工业矿床。目前工业中使用的钴实际上主要是加工铜、镍、铁等矿产时回收的副产品。共（伴）生钴矿床按矿化元素组合可分为铜钴型、铜镍钴型、铜钴锌型、铜钴金型、铜钴铁型、钴铅锌型、钴铁型、钴铬铁型等[②]，其中以前四种类型为主。

10.1.1 全球钴资源分布

钴具有强迁移能力。在地壳中的含量很低，地壳丰度仅为 25×10^{-6}，在最常产出的超基性岩中平均含量也仅为 110×10^{-6}。钴90%呈分散状态，因此，一般认为很难形成独立的经济矿床，大多是以铜镍、铜、铁等矿床的伴生金属产出。全球钴资源绝大部分产在风化型红土镍矿、岩浆型硫化铜镍矿和沉积型砂岩铜矿之中，且95%以上集中分布在刚果（金）、澳大利亚、古巴、赞比亚、新喀里多尼亚和俄罗斯等少数国家。另外，大洋深海底的锰结核中含有丰富的钴资源，钴含量随区域而异，一般为0.3%～2%。据美国地质调查局2014年最新统计，截至2013年底，勘探显示全球钴的储量720万吨，刚果（金）、澳大利亚、古巴三国钴矿资源占世界储量的83%（表10.1）。其中刚果（金）的钴探明储量占世界储量的一半左右。我国的钴储量占世界储量的1.1%，是钴资源短缺的国家。

表 10.1　全球钴资源分布情况/万吨

国家	刚果（金）	澳大利亚	古巴	赞比亚	俄罗斯	加拿大	新喀里多尼亚	巴西	中国	美国	摩洛哥	其他	总计
储量	340	100	50	27	25	26	20	8.9	8	3.6	1.8	110	720.3

注：数据来源：Mineral Commodity Summaries，February 2014.

[①]丰成友，张德全.世界钴矿资源及其研究进展述评［J］.地质论评.2002(06)：627—633.

[②]张莓，茹湘兰.我国钴资源特点及开发利用中存在的问题和对策［J］.矿产保护与利用.1993(03)：17—21.

10.1.2　我国钴矿资源特点

中国钴资源缺乏[①]，储量很少，主要分布于甘肃、山东、云南、河北等 24 个省（区市），其中以甘肃省储量最多，四川、青海等省次之。根据国土资源部《中国矿产资源报告 2014》[②]，2013 年我国钴矿查明资源储量 63.7 万吨。目前甘肃的钴矿资源储量占全国总储量的 30% 以上，金川是我国最大的镍钴资源和生产基地。钴矿开发利用较好的矿区有：金川、盘石铜镍矿、铜录山、中条山、凤凰山、武山铜矿、大冶、金岭、莱芜铁矿等。这些矿床钴品位仅 0.02%～0.18%。

钴矿资源品位低，以伴生矿居多。我国钴矿富矿少、贫矿多，钴主要以伴生元素形式赋存于其他矿产中，单一钴矿少，一般分为砷化钴矿床、硫化钴矿床和钴土矿矿床三类[③]。伴生于硫化铜镍矿中的钴主要分布在甘肃、新疆、吉林、陕西、云南、四川等地；与铁、铜矿伴生的钴资源分布在四川、青海、山西、河南、广东、安徽等地；海南、广东等地有少量钴土矿。根据对全国钴储量大于 1 000 吨的 50 多个矿床的统计分析得知，钴的平均品位仅为 0.02%，生产过程中金属回收率低，工艺复杂，生产成本高。

10.1.3　国内外钴矿产量分析

在供应方面，从资源储量来看，据钴发展协会（CDI）统计[④]，2004～2009 年世界精炼钴产量徘徊在 5 万～6 万吨之间，2010 年产量大幅增加至 8 万吨，产量增幅达 32.4%，2010 年是世界精炼钴年产量变化的分水岭；2010～2013 年全球精炼钴产量在 8 万吨上下浮动。由于我国的钴矿资源地质勘探工作不够，后备资源严重不足，属紧缺矿种。从生产来看，由于我国钴矿品位较低，均作为矿山副产品回收。生产过程中由于品位低、生产工艺复杂，因此，国内钴矿开采回收率和选冶回收率低、生产成本高，产量一直增长缓慢。另外，我国还从含钴废料中回收一部分钴，但数量有限。因此，我国钴生产长期不能满足国内市场需求。近年来，国内钴矿（含氧化钴折算为钴）最高年消费量已达到 9000 吨以上，而年产量才 7000 多吨，缺口达 2000 多吨，因此，我国每年均需从国外进口钴矿以弥补不足。

10.1.4　国内外钴矿消费结构分析

钴的终端消费领域主要包括：电池、高温合金、硬质合金、催化剂、磁性材料、陶瓷色釉料以及干燥剂、黏结剂等[⑤]。全球钴的消费从 2011 年的 7.5 万吨增长到 2014 年的 9 万吨左右，年均增长率达 6%。电池、硬质合金和高温合金是驱动钴消费增长的领域，占总消费量的 55%。近年来随着国内航空航天、电池、硬质合金等产业的快速发展，中国对钴的需求也在不断扩大，从 2007 年开始中国已经超过日本成为世界第一钴消费大国，占全球钴消费量的 1/3。

10.2　钴矿有害元素概论

钴是重要的矿产资源，在我国钴矿资源中，贫矿和伴生金属较多，能单独开采的钴

①张福良，崔笛，胡永达，等．钴矿资源形势分析及管理对策建议［J］．中国矿业．2014（07）：6—10.
②国土资源部．中国矿产资源报告 2014［M］．北京：地质出版社，2014.
③王素萍．我国钴矿供需形势分析及对策建议［J］．世界有色金属，2008（07）：34—25.
④闫卫东，孙春强．2013 年全球矿业展望［J］．中国矿业，2013（01）：5—10.
⑤杨晓菲．从供求关系看未来钴价走势［J］．中国金属通报，2012（30）：23—25.

矿体很少，对钴精矿而言，其主要伴生元素有铜、铁、镁、铝、镍、锰、锌等金属。根据 GB 20424－2006《重金属精矿产品中有害元素的限量规范》，对钴硫精矿中的铅、砷、镉、汞四个元素有限量要求。除此之外，其他钴矿中还存在镍、锰、锌等有害元素。

10.2.1　铅（Pb）

铅与锌在机体内竞争 δ－氨基乙酰丙酸脱氢酶（δ－ALAD）的活性部位，使酶失活，这是铅对造血机能毒害作用的机理。铅和其化合物对人体各组织均有毒性，中毒途经可由呼吸道吸入其蒸气或粉尘，然后呼吸道中吞噬细胞将其迅速带至血液；或经消化道吸收，进入血循环而发生中毒。即使每天摄入很低的铅，因为不易被排泄，会在体内替代骨骼中的钙而积蓄起来而导致慢性中毒。

由消化道或呼吸道进入大量铅化合物易引起急性中毒，口中可有金属味、恶心、呕吐、便秘、腹泻以及顽固的腹绞痛，重症患者还可出现肝病、周围神经病，溶血性贫血和高血压等，儿童可发生中毒性脑病，出现昏迷、惊厥，及时治疗可迅速恢复。长期接触低浓度铅及其化合物易引起慢性中毒，轻则伴随头痛、头晕、乏力、肢体酸痛、消化不良，重则易产生腹绞痛、贫血、多发性神经病（肢体有闪电样疼痛，麻痹、麻木、肢体末梢部位感觉障碍、无力），甚至瘫痪。女性接触铅导致不育、流产率高，对胎儿发育有影响，儿童吸收铅的能力是大人的 6 倍，长期受到低剂量铅暴露会损伤大脑导致智力下降、行为异常。

10.2.2　砷（As）

在高砷钴矿提钴过程中，火冶部分脱砷率达 $94\%\sim95\%$[①]，其中除极少量的砷进入熔炼弃渣外，绝大部分以砷的氧化物形态进入烟气，排放到空气中。砷被国际肿瘤机构（IARC）、美国环境保护局（EPA）和"国家毒物学计划"确认为人类致癌物之一，可与细胞中含巯基的酶结合，抑制细胞氧化过程，还能麻痹血管运动中枢，使毛细血管麻痹、扩张及通透性增高。急性砷化物中毒以"急性肠胃炎型"较多见，重症可出现休克、肝脏损害、甚至死于中毒性心肌损害。慢性砷中毒表现为皮肤色素沉着、角化过度或疣状增生，也可见白细胞减少或贫血，已公认长期接触砷化物可致皮肤癌和肺癌。

10.2.3　镉（Cd）

镉在加热后易挥发，在空气中迅速氧化变为氧化镉。自然环境受到镉污染后，可通过在生物体内的富集作用，通过食物链进入人体，进而对人体产生不利影响。1955 年日本神通川流域震惊世界的骨痛病事件主要原因就是当地居民长期饮用受镉污染的河水并食用此水灌溉的含镉稻米，致使镉在体内蓄积而造成肾损害进而导致骨软化症。镉与人体内含羟基、氨基、巯基的蛋白质分子结合，能使许多酶系统受到抑制，从而影响肝、肾器官中酶系统的正常功能。镉还会损伤肾小管，使人出现糖尿、蛋白尿和氨基酸尿等症状，并使尿钙和尿酸的排出量增加。肾功能不全又会影响维生素 D3 的活性，使骨骼的生长代谢受阻碍，从而造成骨骼疏松、萎缩、变形等，慢性镉中毒还可能引发贫血；急性镉中毒会使人出现呕吐，胃肠痉挛，腹痛，腹泻等症状。

---

①刘政，姚媛. 高砷钴矿火法富集过程中砷的污染和治理［J］. 江西有色金属，2002（04）：35－37.

10.2.4　汞（Hg）

在 1999 年的美国洁净空气修正案（CAAA）中被定为主要的大气污染有害微量元素之一，是一种全身性毒物，进入人体和动物体内后在组织中蓄积，很难通过代谢而排出体外。汞中毒以慢性为多见，主要发生在生产活动中，长期吸入汞蒸气和汞化合物粉尘所致，以精神－神经异常、齿龈炎、震颤为主要症状。大剂量汞蒸气吸入或汞化合物摄入即发生急性汞中毒，对肾脏、消化系统、呼吸系统、神经系统损害严重，重度中毒死亡率较高。

10.2.5　镍（Ni）

镍同时也是最常见的致敏性金属，约有 20％左右的人对镍离子过敏，过敏人群中女性患者人数高于男性患者，在与人体接触时，镍离子可以通过毛孔和皮脂腺渗透到皮肤里面去，从而引起皮肤过敏发炎，其临床表现为瘙痒、丘疹性或丘疹水泡性皮炎和湿疹，伴有苔藓化。一旦出现致敏，镍过敏常无限期持续。更为严重的是因镍摄入过多而导致的中毒现象。人体每天摄入可溶性镍 250 mg 则会引起中毒，特有症状是皮肤炎、呼吸器官障碍及呼吸道癌症。

10.2.6　锰（Mn）

职业性锰中毒是由于长期吸入含锰深度较高的锰烟及锰尘而致，慢性锰中毒是职业锰中毒的主要类型。多见于矿山开采、爆破、粉碎、筛选等过程。锰中毒的发病比较缓慢，发病工龄一般为 5～10 年，也有工作 20 年以上无发病者，这可能与个体敏感有关，早期轻度表现有精神差、失眠、头昏、头痛、无力、四肢酸痛、记忆力减退等症状，有的人易激动、话多、好哭等情绪改变，常有食欲不好、恶心、流涎、上腹不适、性欲减退或阳萎、多汗等，四肢有时麻木、疼痛、两腿沉重无力。

中度中毒除上述症状外，患者还会感觉两腿发沉、笨拙、走路速度减慢、易于跌倒、语言不清、口吃、做精细动作困难。

重度中毒以上症状加重，四肢僵直、说知含糊不清，下颌、唇、舌出现震颤；在写字试验中字越写越小，出现"书写过小症"；还可以出现精神病的症状，比如高急热性，很暴躁，有暴力行为，还出现幻觉，医学术语管它叫锰狂症，进一步发展可出现帕金森综合症。

10.2.7　锌（Zn）

锌摄入量过多可致中毒，如食入锌过多可引起急性锌中毒，有呕吐、腹泻等胃肠道症状；工厂锌雾吸入可有低热及感冒样症状；过量摄入锌 会出现贫血、高血压、冠心病、胃肠炎和前列腺肥大等症状，直接与肺癌、乳房癌、皮肤癌、胰腺癌、前列腺癌、子宫癌和膀胱癌等的发病率有关；会出现食欲不振、呕吐等消化的症状及发热、出汗、全身疼痛和倦怠等症状。锌引起的急性中毒常有呕吐、腹泻、头痛和肌肉收缩失调等方应，并有肾功能减退、肝中毒和肺管状坏死。摄入铁过多：易于在肝、胰和淋巴结等处沉积，导致肝硬化和糖尿病，可诱发癌症。

10.3　钴矿中有害元素检测方法

本章主要对钴矿中含有的有毒有害元素现有的检测技术进行概述，考虑到对钴矿对环境、人体的危害，主要集中论述下列元素及其化合物的检测方法：铅、砷、镉、汞、镍、锰、锌。

10.3.1　钴矿中铅的检测

有色金属行业标准 YS/T 472.4—2005 采用火焰原子吸收光谱法测定镍精矿、钴硫精矿中的铅含量，其方法原理为：试料用盐酸、硝酸、高氯酸分解，在稀盐酸介质中，用空气－乙炔火焰，于原子吸收光谱仪波长 283.3 nm 处，扣除背景吸收，测量其吸光度，按标准曲线法计算铅的含量。测量范围为 0.03%～2.00%。

胡云霞[①]等采用火焰原子吸收光谱法测定钴矿中微量的铅。该方法在钴矿中依次加入盐酸、氟化铵、硝酸、高氯酸低温加热溶样至无黑色残渣，蒸发至近干后用盐酸溶解残渣并冲洗器皿和杯壁，因共存元素多，该方法采用在 6 mol/L 盐酸介质中，用 4－甲基戊酮－（2）萃取，除去铁及部分其他共存离子，水相蒸至 4 mL，用水稀释至约 150 mL，加入 4 mg 锆作为捕集剂，1 g 氯化铵，沉淀、洗涤。沉淀用热硝酸分解后，移入 50 mL 容量瓶定容，用火焰原子吸收光谱法进行测定。铅的测量范围为：0.001%～0.02%。

10.3.2　钴矿中砷的检测

10.3.2.1　氢化物发生－原子荧光光谱法

有色金属行业标准 YS/T 472.5—2005 采用氢化物发生－原子荧光光谱法测定镍精矿、钴硫精矿中的砷含量，方法原理为：试料用盐酸、硝酸、高氯酸分解，在盐酸介质中，用硫脲－抗坏血酸进行预还原，砷在氢化物发生器中，被硼氢化钾还原为氢化物，用氩气导入原子化器中，于原子荧光光谱仪上测量其荧光强度，按标准曲线法计算砷含量，测量范围为：0.010%～1.00%。

10.3.2.2　砷钼酸－结晶紫分光光度法测定岩石矿物中的砷[②]

试样用酸分解，用蒸馏法将砷蒸出，用碘溶液吸收，在 0.25 mol/L 硫酸介质中，加入钼酸铵 12 mg、聚乙烯醇 9 mg、结晶紫 2 mg，在波长 550 nm 处测定吸光度。

10.3.2.3　孔雀绿分光光度法测定矿石中的微量砷

矿样用酸分解，用苯萃取砷，再用水反萃取，在酸度为 0.25～0.37mol/L 时显色。砷钼酸和碱性染料形成的络合物在水相中是不稳定的，把砷钼酸转换成砷钼蓝后用孔雀绿显色，在水相中就具有一定的稳定性。本法应用于矿石及硫钴矿中微量砷的测定，其灵敏度要比砷钼蓝在可见光区的灵敏度约高一个量级。

10.3.3　钴矿中镉的检测

10.3.3.1　火焰原子吸收光谱法

YS/T 472.1—2005 采用火焰原子吸收光谱法测定镍精矿、钴硫精矿中镉的含量，方法原理为：试料用盐酸、硝酸、高氯酸分解，在稀盐酸介质中，用空气－乙炔火焰，于原子吸收光谱仪波长 228.8 nm 处，扣除背景吸收，测量其吸光度，按标准曲线法计算镉的

---

①胡云霞，宋桂兰．火焰原子吸收光谱法测定高纯阴极铜、电解铜中的铅、铁、铋及钴矿中的铅［J］．分析化学，1997（7）：864．

②黄运显，孙维贞．常见元素化学分析方法［M］．北京：化学工业出版社，2008．

含量。测量范围：0.01%～1.00%。

10.3.3.2 达旦黄分光光度法[①]

试样用酸分解后，在 pH 为 9 介质中，用铜试剂、氯仿萃取富集镉，使镉和干扰元素分离，并用 1.2 mol/L 盐酸反萃取，只有铅、锌、镉被反萃取，而铅、锌在有酒石酸钾钠存在时不干扰镉的测定。用非离子表面活性剂吐温－80、达旦黄与镉生成了三元络合物，从而提高了镉的测定灵敏度。以测试空白作参比，用 1cm 比色皿在波长 480 nm 处测定吸光度。

10.3.4 钴矿中汞的检测

10.3.4.1 氢化物发生－原子荧光光谱法

YS/T 472.3－2005 采用氢化物发生－原子荧光光谱法测定镍精矿、钴硫精矿中汞的含量，方法原理为：试料用盐酸、硝酸溶解，在硝酸介质中，汞在氢化物发生器中被硼氢化钾还原，用氩气导入石英炉原子化器中，于原子荧光光谱仪上测量其荧光强度，按标准曲线法计算汞的含量。测量范围为 0.000 10%～0.050%。

10.3.4.2 酚藏花红分光光度法[①]

用酚藏花红作显色剂，溴汞酸与酚藏花红形成的缔合物易为混合溶剂苯－丁酮（3∶1）所萃取，以比色测定汞，用于岩石矿物中微量泵的分析。

10.3.4.3 5-Br-PADAP 分光光度法[①]

在含有 200 mg 酒石酸钾钠溶液中，pH 值为 10.2 的氨性介质，加入 0.035% 5-Br-PADAP 无水乙醇溶液 10 mL 显色，于波长 563 nm 处测吸光度，汞含量在 0～20 μg/25 mL 范围内服从比耳定律。

10.3.5 钴矿中镍的检测

10.3.5.1 火焰原子吸收光谱法

冯学珠等[②]采用火焰原子吸收光谱法连续测定钴矿中 Co、Ni 和 Cu。方法原理为：试样用 HCl、HNO₃、KClO₃ 溶解，在几个相同量的试液中，分别加入浓度依次递增的 3 种元素的标准溶液，用空气－乙炔火焰原子吸收法连续测定 Co、Ni 和 Cu 的含量，以标准加入法进行定量。该方法中，镍的回收率为 98.3%～ 101.0%，相对标准偏差为 0.76%～ 2.31%。

10.3.5.2 PAN 分光光度法[①]

样品经硝酸、氢氟酸分解，调节 pH 为 3.5 时加显色剂 PAN ［1-（2-吡啶偶氮）-2-萘酚］，用苯萃取，在 585 nm 处，用 0.5 cm 比色皿，以试剂空白为参比测吸光度。

10.3.6 钴矿中锰的检测

10.3.6.1 meso－四（对磺基苯）卟啉分光光度法

在 meso－四（对磺基苯）卟啉（TPPS₄）与高分子季铵盐在有辅助络合剂存在下，

---

①黄运显，孙维贞. 常见元素化学分析方法 ［M］. 北京：化学工业出版社，2008.
②冯学珠，唐清华，张秀香，等. 火焰原子吸收光谱法连续测定钴矿中 Co, Ni 和 Cu ［J］. 冶金分析，2003（03）：36－37.

pH 为 7.8～11 的碱性介质中，可以与锰迅速地形成灵敏度极高的三元络合物，其最大吸收峰位于 442 nm 处。采用 EDTA 和 TEA 作掩蔽剂，45 种金属离子和 18 种非金属物无干扰。

10.3.6.2　火焰原子吸收光谱法

叶先伟[1]采用火焰原子吸收光谱法测定铜钴矿中 Ni、Zn、Mn、Ca、Mg 等元素。实验过程为：称取 0.1～0.2 g（精确至 0.0001g）试样于 150mL 聚四氟乙烯烧杯中，加入 15 mL 盐酸、5～10 mL 氢氟酸、3 mL 高氯酸，加热溶解并蒸至白烟冒尽，取下冷却后，加入 2 mL 盐酸，用少量蒸馏水吹洗杯壁和表面皿，加热溶解盐类，冷却，将试液移入 100 mL 容量瓶中，并加入 150 g/L 氯化镧溶液 5 mL，用蒸馏水稀至刻度，摇匀，用火焰原子吸收光谱法测定铜钴矿中锰量。

10.3.7　钴矿中锌的检测

10.3.7.1　PAN 分光光度法[2]

样品用酸分解。在用氯化铵—氨水分离铁的过程中加入过氧化氢和丁二酮肟，使大量锰及镍与铁一起沉淀分离，再使用硫脲—硫代硫酸钠—抗坏血酸和丁二酮肟混合掩蔽剂，以消除铜、钴、镉的干扰，免除了萃取分离。然后在非离子表面活性剂 TritonX－100（聚乙二醇辛基苯基醚）存在下，用 1－（2－吡啶偶氮）－2－萘酚（PAN）与锌形成有颜色的络合物，用 1 cm 比色皿，于波长 550 nm 处测吸光度。

10.3.7.2　火焰原子吸收光谱法

叶先伟[3]采用火焰原子吸收光谱法测定铜钴矿中 Ni、Zn、Mn、Ca、Mg 等元素，实验过程见 10.4.6 节方法二。

---

[1]叶先伟. 火焰原子吸收光谱法测定铜钴矿中镍、锌、锰、钙和镁量［J］. 江西有色金属，2002(01)：43—45.

[2]黄运显，孙维贞. 常见元素化学分析方法［M］. 北京：化学工业出版社，2008.

[3]叶先伟. 火焰原子吸收光谱法测定铜钴矿中镍、锌、锰、钙和镁量［J］. 江西有色金属，2002(01)：43—45.

第 11 章 钨矿有害元素检测

11.1 钨矿资源概况

钨是一种稀有金属，素有"工业牙齿"之称，被广泛应用于航天、原子能、船舶、汽车工业、电气工业、电子工业、化学工业等诸多领域，是重要的战略资源[①]，在全球范围内，已被许多国家列为重要的战略金属。

我国是钨资源大国[②]，是世界上钨矿储量最大国家，占世界总量的 60% 以上。中国钨矿主要集中在湖南、江西（赣南等）和河南等地，三者的钨矿资源储量占全国总资源储量的 61%。南岭地区是中国主要的钨矿集中区和资源远景区，北祁连山西段、东秦岭、西南三江、大兴安岭和北山地区也都是主要的远景区。截至 2011 年底，中国钨矿查明资源储量为 620.4 万吨，其中基础储量为 156.7 万吨。在全国已查明钨矿资源储量的省、自治区、直辖市中，查明资源储量在 20 万吨以上的依次有湖南、江西、甘肃、河南、广西、福建、广东、安徽和云南。

目前，在中国的钨资源储量中，黑钨矿约占 20%，白钨矿约占 70%，混合钨矿约占 10%。中国以前消耗的大部分是黑钨矿，由于黑钨矿一般分布在石英脉中，粒度较粗，因此较为易采易选，但经过多年的强化开采，黑钨矿储量消耗很快，而中国黑钨矿资源本身就少，因此随着黑钨矿资源越来越少，目前已经形成了以白钨矿为主的局面。白钨矿资源虽占全国钨资源量的绝大部分，但由于富矿少、组分复杂、嵌布粒度细，因此大多白钨矿矿山的选矿难度较大，但是随着技术的进步，较多白钨矿得到了有效利用。

目前，我国钨矿开发程度较高。大规模的开采使我国钨资源，特别是黑钨矿资源被大量消耗，许多地方的矿山已成为危矿，比如著名的西华山、峎美山等钨矿已到了回收残矿的阶段。大量开采使得天独厚的自然资源被过度消耗了。数据显示，自 2005 年以来，钨矿储量呈明显持续下降趋势，2012 年的钨矿储量下降到 210.8 万吨，与 2004 年同期相比下降了 24.29%，按目前的消耗量只能用 20 多年。

中国也是世界最大的钨生产国和供应国[③]。中国的钨矿资源开发一直在世界上保持优势地位。目前，我国钨矿产量占世界总产量的 80% 以上。

中国同时也是世界上最大钨消费国。据估计，2010 年世界钨消费量 7.1 万吨（金属

①张谐韵. 我国企业钨制品国际定价权研究 [J]. 价格理论与实践，2013(05)：91—92.
②王明燕，贾木欣，肖仪武，等. 中国钨矿资源现状及可持续发展对策 [J]. 有色金属工程，2014(02)：76—80.
③余良晖，马苗卉，周海东. 我国钨矿资源开发利用现状与发展建议 [J]. 中国钨业，2013(04)：6—9.

量），世界主要的钨消费地为中国、欧洲、美国和日本。总体上来看，钨的终端消费主要用于硬质合金和超耐热合金两大领域。

11.2　钨矿有害元素概论

钨矿中存在的有害元素可分为两类，一是对工业生产有害的杂质元素，二是对环境有影响的有害元素。

11.2.1　对工业生产的危害

钨矿主要以黑钨和白钨矿石存在[①]。以往钨工业是建立在黑钨的基础上，黑钨杂质较少，白钨杂质元素（如钼、钙等）较多。相对于黑钨，利用白钨需要去除更多的杂质，在满足环保要求下，白钨的开采、选矿、冶炼成本要高很多。现在我国从白钨矿中选钨回收率低的问题以及钨、钼分离问题已基本解决，白钨矿的开发利用逐渐增加，白钨取代黑钨成为钨工业发展的趋势，如何高效利用白钨资源提高钨产品深加工的水平和实现工业化生产显得至关重要。

GB 2825－81《钨精矿技术条件》中 S、P、As、Mo、Ca、Mn、Cu、Sn、SiO$_2$ 等杂质元素含量进行的规定。苏联钨精矿技术条件[②]对 MnO、SiO$_2$、P、S、As、Sn、Cu、Mo、CaO、Pb、Sb、Bi 等含量进行了规定。2009 年国家修订了《合成白钨技术条件》[③]，放宽了对钨产品中部分杂质元素种类与含量的限制（保留 S、P、As、Mo、Mn、Cu、Sn、SiO$_2$、Sb 等，删除 Fe、Bi、Pb、Zn 等）。

在钨硬质合金制备过程中，杂质元素会以化合物或者固溶体的形式存在于原料中，并与钨、碳化钨和钴产生交互作用，显著影响硬质合金的结构及性能[④]。

在氧化物还原为钨粉或碳化钨过程中，部分杂质元素优先与氢气反应，可能导致三氧化钨还原不完全[①]。还原得到的杂质元素硫、锰等会与不同氧指数的钨氧化物发生一系列化学反应[⑤]，碱金属、铁、硫、砷、铝、钼、磷等元素则会增加或抑制钨粉颗粒长大[⑥]。

在硬质合金烧结过程中，碳化时未能完全除去的杂质元素钙、钡、铜、锌等杂质元素熔点比钨低，使得烧结过程中液相提早出现，合金过烧，结合与硫、钾等的交互作用，导致合金中残留孔隙，进而产生孔洞[⑦]。

11.2.2　对环境的危害

重金属污染是矿区环境污染中严重问题之一[⑧]。罗杰[⑨]等人通过对广东省某热液型钨

①谭敦强，李亚蕾，杨欣，等. 杂质元素对钨产品结构及性能的影响 [J]. 材料导报，2013(17)：98－100.

②徐家骥. 苏联钨精矿技术条件 [J]. 江西有色金属，1987(01)：60－61.

③刘柏禄，潘建忠. 合成白钨标准修订 [J]. 中国钨业，2010(06)：38－40.

④Wu C. Preparation of ultrafine tungsten powders by in－situ hydrogen reduction of nano－needle violet tungsten oxide [J]. INTERNATIONAL JOURNAL OF REFRACTORY METALS & HARD MATERIALS. 2011，29 (6)：686－691.

⑤张天明. 煅烧温度对仲钨酸铵中硫分析结果的影响研究 [J]. 中国钨业，2010(03)：38－40.

⑥罗崇玲. 传统流程生产优质超细碳化钨粉的质量控制及粒度检测 [J]. 稀有金属与硬质合金，2009(04)：29－31.

⑦张立，余贤旺，王振波，等. 硬质合金中大孔洞群形成原因分析 [J]. 粉末冶金工业，2009(02)：28－31.

⑧常前发，王运敏. 我国尾矿综合利用的现状及对策 [J]. 中国矿业，1999(02)：23－26.

⑨罗杰，吴丽霞，温汉辉，等. 私采私淘已退役钨矿重金属元素异常成因及其生态环境效应 [J]. 地球与环境，2010(03)：363－371.

矿及其所在镇与市土壤背景值的对比，认为该区域是一个多元素、多成因、涉及到 As、Cd、P、Bi、W、Au、Ag、Sb、Cu、Zn、Pb、Ni、Co、Ti、V、Si、Mo、B 十八个元素、由成矿作用、地质背景、人为污染交互影响形成的复杂的综合异常区，对各异常元素对该区域表层土壤、深层土壤、地表水和浅层地下水的影响进行了详细研究，认为该热液型钨矿已对周边生态环境造成了影响。该研究还表明：该钨矿对当地的土壤环境和地表水环境造成了切实的影响，其中以元素 As 的影响最为突出，导致全区土壤都归为超三级土壤，水体都归为劣五类水，居民区的 Cd 和 Cu 也超过了三级土壤标准；农作物中的 Cd 虽然暂时未超标，但已非常接近限量，而且 Cd 的不稳定形态含量所占比例较高，若不引起相当的重视则会引起较严重的后果。

江西省大余县①1960 年开始建成钨矿选矿厂，选矿厂的尾砂和废水直接排入附近居民饮用和灌溉水中。科研人员调查发现，污灌区内某些农作物明显受到镉污染，当地居民主食大米中的含量相当于国家卫生标准的 2.4 倍，污灌区居民 25 年镉接触量相当于世界卫生组织专家组推荐的最高耐受量的 5.4 倍，污灌区居民体内和肾皮质镉 25 年估算蓄积量相当于世界卫生组织专家组建议的临界值的 1.3 倍。

赣南钨矿开发区②周围的农田，因受尾砂水污染而严重地危害畜禽健康。研究证明尾砂水中所含有害物质主要是钼与镉。畜禽因采食污染区生产的富含钼、镉的饲料而致病。牛对钼最易感，其中水牛还由于镉的作用而引起皮肤发红，呈现特异的"红皮白毛症"；猪、鸭在镉、钼作用下，发生隐性慢性镉中毒，因镉引起动物缺硒、锌而在组织上呈现相应病变，兼有由镉直接刺激血管内膜所引起的血管壁增厚等病变。

11.3 钨矿中有害元素的检测方法

11.3.1 钨矿中硫的检测

11.3.1.1 硫酸钡重量法

硫酸钡重量法是测定矿石中硫含量的经典方法，原国家标准 GB/T 6150.5－1985《钨精矿化学分析方法 硫酸钡重量法测定硫量》（现已废止）即是采用该方法。其方法原理为：试样经碳酸钠－氧化锌烧结后，硫转化为可溶性硫酸盐，用水浸取后进入溶液而与硅、铁、锰、铅、铋、镁等元素分离。以柠檬酸络合钨，在微酸性溶液中加入氯化钡使硫成硫酸钡沉淀，过滤，灼烧，称量。

11.3.1.2 燃烧碘量法

GB/T 14352.9《钨矿石、钼矿石 化学分析方法 硫量测定》使用燃烧碘量法测定硫含量③，方法原理为：试料在助熔剂（CuO 或 PbO）存在下，于空气流中在 1 200～1 300 ℃高温燃烧，硫以二氧化硫形式释出，为空气流载入盛有水的吸收器，以淀粉作指示剂，用碘酸钾标准溶液滴定反应生成的亚硫酸

---

①大余钨矿选矿厂污染环境危害居民健康 [J]. 中国环境管理，1988(04)：37.

②樊璞，王继玉，吴治礼，等. 赣南钨矿开发区环境污染对畜禽危害的研究 [J]. 农业环境科学学报，1991(01)：1－8.

③GB/T 1432. 9. 钨矿石、钼矿石化学分析方法第 9 部分：硫量测定 [S]. 中国，2010.

11.3.1.3　高频红外吸收法

近些年来，由于设备自动化程度的提高，高频红外吸收法已成为钨矿石和钨精矿中硫含量测定的主流方法[1][2][3]，其原理是：在助熔剂存在下，在高频感应燃烧炉中通入氧气，试样达到充分燃烧，释放出二氧化硫等混合气体，导入红外线检测器，以检测试样中硫含量。

11.3.1.4　电感耦合等离子发射光谱法 (ICP-AES)

高小飞等[4]采用电感耦合等离子体原子发射光谱法（ICP-AES）同时测定黑钨精矿中痕量硫磷。该方法以过氧化钠为熔剂在高温下熔融矿样，用酒石酸提取，在最佳的实验条件下，选用紫外区的 180.669 nm 和 178.221 nm 光谱线分别作为硫和磷的分析线。为了避免在酸性条件下产生的大量钨酸沉淀对硫、磷产生吸附，加入了酒石酸络合钨，钨、铁、硅、锰、钙产生的基体效应通过选择较低的观测高度和基体匹配的方法克服。该方法对硫、磷的检出限分别为 0.0070 mg/L 和 0.0048 mg/L。

上述各方法中，硫酸钡重量法准确度高，但流程长、操作复杂；燃烧碘量法试验周期短，但仪器装置复杂，且该方法在检测白钨精矿中硫时，即使添加助熔剂，分析时间依旧较长，且对燃烧终点的判定不够明显；高频红外吸收法自动化程度高，简便快速，且分析终点稳定准确，但仪器价格相对较为昂贵，且对高含量的样品，拖尾现象严重，适合于含量低于 3% 的样品测定。

11.3.2　钨矿中磷的检测

11.3.2.1　磷钼黄、磷钼蓝分光光度法

现有国标方法采用[5]磷钼黄分光光度法测定钨精矿中磷含量，其原理为：试料经碱熔、浸取后，在氨水溶液中，以硫酸铍为载体，使磷与氢氧化铍共沉淀与其他元素分离。在一定酸度的硝酸溶液中，以钒酸铵一钼酸铵为显色剂，于分光光度计 420 nm 处测其吸光度。经分离后，残留的钨、砷、硅等均不影响测定。

磷钼蓝法将磷酸与钒酸、钼酸作用形成的磷钼黄杂多酸还原成钼蓝后进行测定，其灵敏度一般要高于磷钼黄法，但步骤更为复杂。所用的还原剂有氯化亚锡、抗坏血酸、亚硫酸盐等。杜治坤等[6]在采用磷钼蓝法测定钨精矿中磷时，加酒石酸并提高相的浓度及在洗涤时加环己烷的方法来消除钨、砷的干扰。柯春梁[7]采用钙盐载体沉淀分离一铋磷钼蓝光度法测定钨精矿中磷的含量收到很好的效果。唐华应[8]研究了光度法同时测定磷铋钼蓝、砷铋钼蓝的提取和测量条件，实现磷、砷的同时测定。

在用光度法进行钨精矿中磷的测定，通常采用钙载法或铍载法，将磷共沉淀以与基体

①孙曦. 红外吸收法测定钨精矿中的硫 [J]. 江西有色金属，2009(01)：38-39.

②邝静，刘红英. 高频感应红外吸收法测定钨精矿中硫量 [J]. 中国钨业，2009(06)：45-46.

③GB/T 6150.4-2008. 钨精矿化学分析方法. 硫量的测定. 高频红外吸收法 [S]. 中国，2008.

④高小飞，倪文山，姚明星，等. 电感耦合等离子体原子发射光谱法测定黑钨精矿中痕量硫磷 [J]. 冶金分析，2012(06)：30-33.

⑤GB/T 6150.3-2009. 钨精矿化学分析方法 磷量的测定 磷钼黄分光光度法 [S]. 中国，2009.

⑥杜治坤，杨素卿，程兰. 磷钼蓝法测定钨精矿中的磷 [J]. 湖南有色金属，1991(02)：114-117.

⑦柯春梁. 钨精矿中磷的测定一钙载体沉淀分离一铋磷钼兰光度法 [J]. 特钢技术，2007(01)：50-51.

⑧唐华应. 钨铁和钨精矿中砷磷的联合测定 [J]. 冶金分析，1996(01)：44-46.

进行分离，操作繁锁、费时，氢氧化钾耗量大。郑美蓉[1]对此方法进行了改进，在钨的测定中，主体钨经分离后，残液作为磷的测定，此法钨、磷可连续测定。方法原理为：试样在少量的氟化铵存在下，与盐酸、硝酸—高氯酸混合液反应分解，大量的钨生成钨酸析出。经过滤，磷以磷酸形式存在滤液中，用氢氧化钠进一步将钨酸溶解（以重量法测定三氧化钨），再过滤，分离酸不溶的残渣，以氢氧化钠熔融后，放在前滤液中浸取，在氢氧化钠介质中，在 EDTA 存在下，磷以磷酸钠形式存在溶液中，该溶液作为三氧化钨比色及磷的测定液，在一定酸度的硝酸溶液中，以钒酸铵—钼酸铵为显色剂进行磷的光度测定。

11.3.2.2 孔雀绿—钼酸铵—聚乙烯醇分光光度法

在使用光度法测钨矿中的磷时，砷的干扰往往比较严重。李蓉[2][3]、黄德树[4]等使用硫代硫酸钠和抗坏血酸联合抑制 As（V）的影响，采用高灵敏度的孔雀绿—钼酸铵—聚乙烯醇分光光度法测定白钨矿中微量磷。其方法过程为：白钨矿试样经硫酸铵、硝酸、硫酸分解完全后，移入 25 mL 比色管中，加水至 10 mL，加入 1 mL 对硝基苯酚，用氨水调节至溶液出现黄色，再用 2 mol·L^{-1}硫酸调节至黄色消失。然后分别加入一定量抗坏血酸、硫代硫酸钠、钼酸铵—硫酸溶液、孔雀石绿—聚乙烯醇混合溶液，定容后于波长 640 nm处用分光光度计进行测定。

11.3.2.3 电感耦合等离子体原子发射光谱法

高小飞等[5]采用电感耦合等离子体原子发射光谱法（ICP-AES）同时测定黑钨精矿中痕量硫磷。该方法以过氧化钠为熔剂在高温下熔融矿样，用酒石酸提取，在最佳的实验条件下，选用紫外区的 180.669 nm 和 178.221 nm 光谱线分别作为硫和磷的分析线。为了避免在酸性条件下产生的大量钨酸沉淀对硫、磷的吸附，加入了酒石酸络合钨，钨、铁、硅、锰、钙产生的基体效应通过选择较低的观测高度和基体匹配的方法克服。该方法对硫、磷的检出限分别为 0.0070 mg/L 和 0.0048 mg/L。

11.3.3 钨矿中砷的检测

11.3.3.1 Ag-DDTC 分光光度法

GB/T 14352.10—2010[6]采用 Ag-DDTC 分光光度法测定钨矿石、钼矿石中 As 含量，其方法原理：试料用硝酸、硫酸分解，于硫酸介质中，在碘化钾存在下，用氯化亚锡将五价砷还原为三价砷，再用无砷锌粒将三价砷还原为气态砷化氢，逸出的砷化氢用含有三乙醇胺的二乙基二硫代氨基甲酸银（Ag-DDTC）的三氯甲烷溶液吸收。Ag-DDTC 中的银离子被还原成红棕色胶态银，在分光光度计上于波长 530 nm 处测量吸光度，计算砷量。GB/T 6150.13—2008[7] 中方法二采用 Ag-DDTC 分光光度法测定钨精矿中 As 含量，与

———————————

①郑美蓉. 钨精矿中含磷量测定方法的改进［J］. 化学工程与装备，1990(02)：45—50.

②李蓉. 含砷的铁矿白钨矿中微量磷的测定［J］. 理化检验：化学分册，1999(06)：272—273.

③李蓉. 磷钼杂多酸—孔雀绿—PVA 光度法测定钨矿石中微量磷［J］. 云南冶金，1995(01)：46—48.

④黄德树，伍玉萍. 孔雀绿—钼酸铵—聚乙烯醇分光光度法测定钨精矿中的微量磷［J］. 江西冶金，1988(04)：41—42.

⑤高小飞，倪文山，姚明星，等. 电感耦合等离子体原子发射光谱法测定黑钨精矿中痕量硫磷［J］. 冶金分析，2012(06)：30—33.

⑥GB/T 14352.10—2010. 钨矿石、钼矿石化学分析方法 第 10 部分：砷量测定［S］. 中国，2010.

⑦GB/T 6150.13—2008. 钨精矿化学分析方法. 砷量的测定. 氢化物原子吸收光谱法和 DDTC—Ag 分光光度法［S］. 中国，2008.

GB/T 14352.10－2010 的不同仅在于其样品处理是试样经硫酸－硫酸铵分解后在氨性介质中用柠檬酸络合钨、铁、锰等杂质,其余还原和检测步骤相同。

11.3.3.2　砷钼蓝分光光度法

何英[1]利用自行组装的实验装置,采用砷化氢分离、次溴酸钠水溶液吸收、砷钼蓝分光光度法测钨矿中砷量,并考察了砷化氢发生、分离的最佳酸度,显色反应的适宜条件,以及共存离子的干扰,提出了相关的实验条件。

孙小友等[2]拟定了钨精矿中微量砷的全水系砷锑钼蓝三元络合物光度法。该方法利用微酸性的高锰酸钾－碘－乙醇混合溶液吸收砷化氢,在适当硫酸浓度下加入混合显色剂,形成砷锑钼蓝三元络合物,利用分光光度计测定砷含量。该方法避免了使用三氯甲烷和苯等萃取溶剂,减少了对人员和环境的伤害。

唐华应[3]研究了光度法同时测定磷铋钼蓝、砷铋钼蓝的提取和测量条件,实现磷、砷的同时测定。

11.3.3.3　氢化物发生－原子吸收光谱法（HG-AAS）

GB/T 6150.13－2008[4] 中方法一用 HG-AAS 测定钨精矿中砷,方法原理为:试料经硫酸－硫酸铵分解,在氨性介质中用柠檬酸络合钨、铁、锰等,用抗坏血酸预还原五价的砷为三价的砷,试液在盐酸介质中,经流动注射氢化物发生器与原子吸收光谱仪联用测定砷量。本方法的测量范围为 $0.005\%\sim0.5\%$,灵敏度远高于分光光度法。

刘红波等[5]建立了 HG-AAS 法测定钨精矿中痕量砷的分析方法。通过加入柠檬酸可以抑制钨的干扰,从而不需通过化学分离,直接测定钨精矿中的痕量砷,方法检出限为 2.5 ng/mL,样品加标回收率为 $96\%\sim104\%$。陈涛等[6]应用均匀设计这一优化试验设计理论,采用氢化物发生原子吸收光谱法测定钨精矿中砷量,方法检出下限可达 0.001%。

11.3.3.4　氢化物发生－原子荧光光谱法（HG-AFS）

HG-AFS 技术广泛应用于矿产品中砷汞等元素的测定,具有极高的灵敏度。叶先伟[7]等研究了用 HG-AFS 法测定钨精矿中的砷、锑。研究了砷、锑发生氢化物的最佳条件、基体及其共存元素的干扰及消除方法、酸度和载气流量等的影响。方法对砷的检出限为 0.48 ng/mL。雷美康等[8]以盐酸硝酸（5＋3）的混酸为消解液,微波消解钨矿样品,然后采用 HG-AFS 同时测定钨矿中砷和汞。砷、汞的测定下限分别为 0.20 mg/kg 和 0.1 mg/kg,相对标准偏差（RSD,n=6）在 $1.3\%\sim6.2\%$ 范围内,加标回收率在 $82\%\sim101\%$ 之间。

①何英. 砷化氢分离砷钼蓝分光光度法测定钨矿中砷 [J]. 冶金分析,2005(01):60－62.
②孙小友,杨建文. 钨精矿中微量砷的测定 [J]. 甘肃冶金,2006(03):149－150.
③唐华应. 钨铁和钨精矿中砷磷的联合测定 [J]. 冶金分析,1996(01):44－46.
④GB/T 6150.13－2008. 钨精矿化学分析方法. 砷量的测定—氢化物原子吸收光谱法和 DDTC－Ag 分光光度法 [S]. 中国,2008.
⑤刘红波,李勋,薛珺,等. 氢化物发生－原子吸收光谱法测定钨精矿中的痕量砷 [J]. 中国钨业,2007(04):39－41.
⑥陈涛,潘建忠. 均匀优化设计－氢化物发生原子吸收光谱法测定钨精矿中砷量 [J]. 中国钨业,2011(01):45－47.
⑦叶先伟. 氢化物发生－原子荧光光谱法测定钨精矿中砷、锑 [J]. 中国钨业,2001(04):30－32.
⑧雷美康,彭芳,曹培林,等. 微波消解－氢化物发生原子荧光光谱法同时测定钨矿中砷汞 [J]. 冶金分析,2013(04):44－47.

11.3.4 钨矿中钼的检测

11.3.4.1 硫氰酸盐分光光度法

国标 GB/T 14352.2—2010[①] 采用硫氰酸盐分光光度法测定钨矿石、钼矿石中的钼含量。其原理为：试料用过氧化钠熔融，水浸取，滤液在硫酸介质中以铜盐催化，用硫酸将钼还原至五价状态，与硫氰酸盐结合生成可溶性橘红色硫氰酸钼络合物，在分光光度计上于波长 460 nm 处测量吸光度，计算钼量。国标 GB/T 6150.8—2009[②] 采用该方法测量钨精矿中钼含量，其原理与上述方法类似，不同之处在于样品处理用过氧化钠熔融、水浸取后需要加入柠檬酸络合样品中大量钨。

王献科等[③]用高效液膜法分离富集钨精矿中痕量钼后，采用分光光度法进行检测。该方法用 TBP-TOPO（协同载体）、N113℃（表面活性剂）、液体石蜡（增强刑）、煤油（溶剂）和内相（1 mol/L NaOH 水溶液）乳状液膜体系，研究了钼（Ⅵ）的迁移富集行为，确定了用此液膜迁移分离钼（Ⅵ）的最适宜实验条件。钼（Ⅵ）在 20 min 可迁移速率达 99.65% 以上。在同样条件下，一些共存金属如 W^{6+}、Fe^{3+}、Al^{3+}、Ca^{2+}、Mg^{2+}、Mn^{2+}、Pb^{2+}、Zn^{2+}、Cu^{2+}、Co^{2+}、Ni^{2+}、Sn^{2+} 等通过化液膜，迁移率很低或不被迁移，只有钼（Ⅵ）能被迁移富集，因此可与这些金属离子得到很满意的分离。

11.3.4.2 极谱法

钼的催化极谱测定已有不少报导，但是，通常大量钨对钼的测定有严重影响。郑国寿研究了钼在 EDTA-$(NH_4)_2SO_4$-$KClO_3$ 支持电解质中的催化波，大量钨没有影响，解决了钨精矿中少量钼的测定问题，该法用于钨精矿及其选矿尾矿等中 0.00X%～4% 钼的直接测定[④]。刘国根提出了测定钼的新极谱体系，最佳底液条件为 pH=2.1 的盐酸－2.37×10^{-6}mol/L 桑色素－0.172mol/L 氯酸钠，钼（Ⅵ）浓度在 1.04×10^{-9}～4.59×10^{-8}mol/L 范围内与波高有线性关系，检出限 3.67×10^{-10}mol/L[⑤]。

11.3.5 钨矿中钙的检测

11.3.5.1 EDTA 容量法

国标 GB/T 6150.5—2008[⑥] 中方法一用 EDTA 容量法测定钨精矿中钙含量，测定范围为 1%～20%。方法原理：试样以硫－磷混合酸溶解，饱和草酸铵溶液浸取，使钙成草酸钙沉淀而与钨、锰、铁等分离，过滤后连同滤纸用高氯酸－硝酸混合酸破坏至白烟冒尽，以盐酸溶解，用三乙醇胺掩蔽残留的铁、锰等，于 pH 大于 12 时以钙黄绿素－百里酚酞作指示剂用 EDTA 标准溶液滴定。区莉玲[⑦]用 EDTA 容量法准确测定了钨精矿和钨矿石中的钙含量。

①GB/T 14352.2—2010. 钨矿石、钼矿石化学分析方法 第2部分：钼量测定 [S]. 中国，2010.
②GB/T 6150.8—2009. 钨精矿化学分析方法 钼量的测定 硫氰酸盐分光光度法 [S]. 中国，2009.
③王献科，李玉萍. 高效液膜法分离富集钼（Ⅵ）与钨精矿中痕量钼的测定 [J]. 中国钼业，1996(04)：45—48.
④郑国寿. 钨精矿中钼的直接催化极谱测定 [J]. 分析化学，1983(10)：787—800.
⑤刘国根，黄宋献，胡岳华，等. 钼－桑色素的极谱波及其用于钨精矿中钼的测定 [J]. 分析化学，1996(09)：1089—1092.
⑥GB/T 6150—2008. 钨精矿化学分析方法. 钙量的测定. EDTA 容量法和火焰原子吸收光谱法 [S]. 中国，2008.
⑦区莉玲. EDTA 滴定法测定钨精矿中的钙量 [J]. 江西有色金属，2007(01)：38—39.

由于采用草酸钙陈化时间长，洗涤操作困难，不利于大批量样品的生产分析。赵建为等[1]报道了以钨酸铅形式分离钨（Ⅵ）快速测定白钨矿中钙的方法，该方法以钨酸铅形式沉淀钨，过量铅盐及其他干扰元素用铜试剂沉淀，只需一次干过滤，实现了大量钨（Ⅵ）存在下钙的快速测定。梁家安[2]则以乙二醛双（2—羟基苯胺）（GBHA）为指示剂，正丁醇—环己烷（1+1）萃取，EDTA 滴定高含量钙。

11.3.5.2　火焰原子吸收光谱法（FAAS）

国标 GB/T 6150.5－2008[3] 中方法二以 FAAS 法测定钨精矿中钙含量，测定范围为 0.05%～1.00%。方法原理：试样以盐酸、硝酸、高氯酸加热溶解至冒浓白烟以消除硫的干扰，在适宜浓度的高氯酸介质中，以氯化锶和氧化镧消除铝、磷、硅、钛、硫酸根及部分铁、锰等杂质的干扰，于原子吸收光谱仪波长 422.7 nm 处，以空气—乙炔火焰测量钙的浓度。钟映兰等[4]基于国标原子吸收光度法测定铜钙元素，在锶镧元素共存下，尝试了钨精矿中铜钙元素的连续测定方法。

11.3.5.3　离子选择性电极法

李习纯等[5]采用钙离子选择性电极法测量钨精矿中钙，其操作流程原理为：0.5 g 钨精矿样品用 5 g 焦硫酸钾在 700～750 ℃的马弗炉中熔融分解后，用沸水浸取以草酸铵沉淀钙，过滤后用盐酸溶解草酸钙沉淀，加入 2 mL 5%的溴酸钾溶液，煮沸 3 min 后加入 1～2 滴 30%过氧化氢使溴的黄色消失并过量 1 滴，煮沸 3 分钟，冷却，用氨水（1+1）调节至 pH＝6，将溶液移入 50 毫升容量瓶中定容，摇匀。采用标准加入法进行测定。

11.3.6　钨矿中锰的检测

11.3.6.1　硫酸亚铁铵容量法

GB/T 6150.14－2008[6] 中方法一采用硫酸亚铁铵容量法测定钨精矿中锰含量，测定范围 2%～20%。其方法原理为：试料经磷酸分解，加入磷酸氢二钠缓冲溶液，在硝酸银存在下，用过硫酸铵将低价锰氧化为高价锰，加热煮沸破坏过剩的过硫酸铵，用硫酸亚铁铵标准溶液滴定。赖剑等[7]对采用该方法时，溶液酸度、过硫酸铵用量、去除过硫酸铵的煮沸时间、基体元素和杂质元素的影响等进行详细研究探讨，确定了最佳测定条件。

11.3.6.2　火焰原子吸收光谱法（FAAS）

GB/T 6150.14－2008[6] 中方法二采用 FAAS 法，测定范围 0.05%～2%。其方法原理为：试样以盐酸、硝酸分解。在适宜的酸度下，用氯化锶消除硅的干扰，于原子吸收光谱仪波长 279.5 nm 处，以空气—乙炔火焰测量。白钨精矿中其他杂质不干扰测定。

①赵建为. 以钨酸铅形式分离钨（Ⅵ）快速测定白钨矿中钙［J］. 化学通报，1996（08）：48－51.

②梁家安. 白钨精矿中钙的萃取——络量法测定［J］. 湖南冶金，1983（04）：58－60.

③GB/T 6150.5－2008. 钨精矿化学分析方法. 钙量的测定. EDTA 容量法和火焰原子吸收光谱法［S］. 中国，2008.

④钟映兰，方伟斌，曾涛. 原子吸收分光光度法连续测定钨精矿中铜钙［J］. 江西冶金，2009（03）：42－45.

⑤李习纯，曾斌礼. 离子选择电极法测定钨精矿中钙［J］. 分析试验室，1984（01）：27－28.

⑥GB/T 6150.14－2008. 钨精矿化学分析方法. 锰量的测定—硫酸亚铁铵容量法和火焰原子吸收光谱法［S］. 中国，2008.

⑦赖剑，陈声莲，黎英. 过硫酸铵—硫酸亚铁铵法测定钨精矿中锰量的研究［J］. 中国钨业，2010（05）：44－46.

11.3.6.3　电感耦合等离子发射光谱法（ICP-AES）

李贤珍等[1]采用过氧化钠熔融，酒石酸络合提取，电感耦合等离子体发射光谱法测定黑钨精矿和中矿中的锰含量。碱熔络合体系避免了酸处理样品时大量钨酸沉淀的生成，解决了钨酸沉淀导致的溶矿不完全和夹杂、吸附待测元素的问题。在优化的工作条件下，方法检出限为 0.019 $\mu g/mL$，精密度（RSD，$n=11$）为 0.92%～1.50%，并且具有较高的回收率（97.5%～104.0%），单次测定结果与协同定值结果的偏差小于国家标准 GB/T 6150.14—2008 硫酸亚铁铵法实验室间允许差。方法简便快速，无明显基体干扰。

11.3.7　钨矿中铜的检测

11.3.7.1　原子吸收光谱法

国标 GB/T 14352.3—2010[2] 采用火焰原子吸收光谱法（FAAS）测定钨矿石、钼矿石中铜含量，测量范围为 0.001%～5%。方法原理：试料经盐酸、硝酸、氢氟酸、高氯酸分解，在盐酸介质中，使用空气－乙炔火焰，在原子吸收分光光度计上，于 324.7 nm 处测量铜的吸收度。

GB/T 6150.9—2009[3] 中采用 FAAS 测量钨精矿中铜，测量范围为 0.005%～1%。方法原理：试料在沸水浴上以盐酸分解，加入硝酸、高氯酸后加热溶解至冒浓白烟，取下冷却，加入硝酸，在硝酸介质中，于原子吸收光谱仪波长 324.7 nm 处，以空气－乙炔火焰测量铜的吸收度。

杨东生等[4]应用硝酸铵消除基体元素钨的干扰，采用"空白溶液"扣除 Fe 的谱线干扰和 Ca、Mn 的背景吸收，在 5% 的王水介质体系中连续测定 Cu、Pb、Zn 和 Bi。张锂等[5]将样品用盐酸和硝酸分解后，加入 5% 宁可辛溶液使样品中大量的钨呈钨酸析出，样品中一般的伴生元素都可形成可溶性化合物与钨酸分离，之后采用流动注射在线富集与原子吸收联用技术测定钨矿中的铜、锌和铅含量。钟映兰等[6]基于国标原子吸收光度法测定铜钙元素，在锶镧元素共存下，尝试了钨精矿中铜、钙元素的连续测定方法。

11.3.7.2　极谱法

由于极谱仪价格便宜、操作简单，在早期原子光谱仪不普及的情况下，极谱法是广泛使用的元素分析方法。徐亚源[7]采用示波极谱法测定特级白钨精矿中微量铜，其操作过程为：首先用盐酸在水浴上溶样，然后加入硝酸和硫酸分解至冒白烟，此时钨和钙分别转化成钨酸（析出）和硫酸钙。加入乙醇后，硫酸钙溶解度显著降低并从溶液中析出，经过滤将钨酸和硫酸钙同时除去。滤液经蒸发浓缩和冒尽硫酸烟，达到了富集铜及驱尽硝酸根目的。铜在氨水－氯化铵底液中用示波极谱法进行峰定，测量范围为：0.005%～0.30%。

---

①李贤珍，高小飞，姚明星，等．电感耦合等离子体发射光谱法测定黑钨矿精矿和中矿中的锰 [J]．岩矿测试，2012（03）：438－441.

②GB/T 14352.3—2010．钨矿石、钼矿石化学分析方法 第 3 部分：铜量测定 [S]．中国，2010.

③GB/T 6150.9—2009．钨精矿化学分析方法．铜量的测定．火焰原子吸收光谱法 [S]．中国，2009.

④杨东生，徐鸣．原子吸收光谱法连续测定优质钨精矿中铜铅锌铋 [J]．南昌大学学报（理科版），1982（03）：91－96.

⑤张锂，韩国才．流动注射在线离子交换柱富集－火焰原子吸收光谱法测定钨矿中的铜、锌和铅 [J]．光谱实验室，2005（05）：1056－1059.

⑥钟映兰，方伟斌，曾涛．原子吸收分光光度法连续测定钨精矿中铜钙 [J]．江西冶金，2009（03）：42－45.

⑦徐亚源．特级白钨精矿中微量铜的示波极谱法测定 [J]．中国钨业，1999（02）：28－29.

11.3.8　钨矿中锡的检测

11.3.8.1　盐酸－氯化铵底液极谱法

国标 GB/T 14352.13－2010[①] 中方法一用极谱法测定钨矿石、钼矿石中的锡，测定范围：0.005%～1%。方法原理：试料用过氧化钠熔融分解，用热水浸取，盐酸酸化后，加入铍盐作共沉淀剂，EDTA 作掩蔽剂，然后加入氨水使溶液 pH 为 9.0～9.5，微量锡与氢氧化铍共沉淀，从而与铁、铝、铅、铜、钨等分离，然后在盐酸－氯化铵底液中，锡的峰电位约为－0.55V（对饱和甘汞电极），用示波极谱仪导数部分进行测定峰高，计算锡量。

岑传铨[②]等采用多阶半微分极谱法，以氯化四苯砷－硫酸－氯化钠作底液，大大提高了锡测定的灵敏度。

11.3.8.2　原子荧光光谱法（AFS）

GB/T 14352.13－2010 中方法二采用 HG－AFS 法测定钨矿石、钼矿石中锡含量，测量范围：0.5～2000 μg/g。方法原理为：试料用过氧化钠熔融分解，用热水浸取，分取清液，加入硫脲－抗坏血酸的混合溶液，以盐酸调节 pH 值，在盐酸介质中，以酒石酸为载流，于原子荧光分光光度计上测定锡的荧光强度，计算锡量。

11.3.8.3　碘酸钾容量法（碘量法）

采用碘量法测量钨矿或者钨精矿中锡时，最重要的是要消除钨对锡的干扰。GB/T 6150.2－2008[③] 中方法一采用碘酸钾容量法测定钨精矿中锡含量，测量范围：0.20%～2.0%。方法原理：试样以锌粉－氢氧化钠烧结，盐酸浸取，用高锰酸钾将钨氧化成钨酸析出，过滤，使之与锡分离。然后在一定酸度下，用铁粉将锡还原，以淀粉为指示剂，用碘酸钾标准溶液滴定。

何振荣[④]改用锌粉－硼砂－硼酸烧结，样品中主体元素被还原成金属，不溶于盐酸，锡则生成易溶于盐酸的锌锡合金，达到分离的目的，使溶样液中钨的含量甚少，从而消除了钨对锡的干扰。王桂珍[⑤]采用过氧化钠熔样后，用盐酸浸取，加入辛可宁与 W（Ⅵ）形成黄色络合物沉淀使之与 Sn（Ⅳ）分离，取得较好的效果。

付燕平[⑥]综合上述两种方法的优点，采用锌粉－硼砂－硼酸高温烧结后，用盐酸浸取，然后加入辛可宁使钨与锡更进一步分离后用碘量法进行测定，反应终点明显，结果准确。

11.3.8.4　原子吸收光谱法（AAS)

GB/T 6150.2－2008[③] 中方法二采用 HG-AAS 法测量钨精矿中锡量，测量范围：0.005%～0.20%。方法原理：试料以锌粉－氢氧化钠烧结，盐酸浸取，用过氧化氢将钨氧化成钨酸析出，过滤，使之与锡分离，然后在酒石酸介质中，经流动注射-HG-AAS 联

---

①Cn－Gb. 钨矿石、钼矿石化学分析方法 第 13 部分：锡量测定［S］. 中国，2010.

②岑传铨，庄秀润. 滴汞电极 2.5 次微分电分析法直接测定钨精矿中锡含量［J］. 华侨大学学报（自然科学版），1987（03）：267－271.

③GB/T 6150.2－2008. 钨精矿化学分析方法. 锡量的测定. 碘酸钾容量法和氢化物原子吸收光谱法［S］. 中国，2008.

④何振荣. 锌粉－硼砂－硼酸熔样碘量法测定钨精矿中锡［J］. 分析试验室，1992（03）：56.

⑤王桂珍. 钨矿中锡的测定［J］. 理化检验（化学分册），2003（04）：236.

⑥付燕平. 钨精矿中锡量的快速测定［J］. 科技风，2014（08）：58.

用测量锡量。

刘松平[①]用碘化铵挥发钨矿中的锡，用 10％盐酸溶解碘化锡后用 AAS 进行测定。该方法简便快速，不需要进行基体分离操作，检出限为 0.7 mg/mL。但挥发物的逃逸容易产生较大的方法误差。

11.3.8.5　分光光度法

徐其林[②]采用氢化物分离—分光光度法测定钨矿中微量锡，方法原理为：试样经过氧化钠熔融后，用酒石酸浸取。浸取液在氢化物发生器中反应产生的气体用高锰酸钾和硫酸溶液进行吸收氧化，过量的高锰酸钾用抗坏血酸进行中和还原。依次加入一定量的草酸溶液、溴化十六烷基铵水溶液（CTMAB）和水杨基荧光酮（SAF），摇匀后再放于比色皿中，在分光光度计上于 510 nm 处测量吸光度。

11.3.8.6　电感耦合等离子体原子发射光谱法（ICP-AES）

谢璐[③]等采用 ICP-AES 法测定钨精矿中的锡，其方法原理为：试样用过氧化钠熔融后，用水浸取后盐酸酸化，以铁为共沉淀载体与钨基体分离，沉淀用硝酸、高氯酸分解后用等离子体发射光谱仪进行检测，选择 Sn 283.999 nm 作为分析线。实验结果表明，该方法的测定范围能覆盖碘酸钾容量法和氢化物原子吸收光谱法的测量范围。

11.3.9　钨矿中硅的检测

11.3.9.1　分光光度法

GB/T 6150.12－2008[④] 方法一硅钼蓝分光光度法测定钨精矿中硅含量，测量范围 0.50％～3.00％。方法原理：试料以焦硫酸钾熔融，用草酸—盐酸混合溶液浸取，大部分杂质进入溶液而与二氧化硅分离，过滤后，残渣用氢氧化钠熔融。然后在稀硫酸介质中使硅与钼酸铵形成硅钼杂多酸，以抗坏血酸还原成硅钼蓝，于分光光度计波长 650 nm 处测量其吸光度。

纳洪良[⑤]研究了有丙酮存在下加热促进硅钼黄形成，用柠檬酸和草酸络合钨后测定微量硅的方法。研究表明：加入少量丙酮能使溶液吸光度增加约 15％，研究还表明，选择适宜酸度、增加钼酸铵用量、加热促进硅钼黄快速形成、加入一定量的柠檬酸和草酸络合钨可以提高方法的选择性和灵敏度。

11.3.9.2　重量法

GB/T 6150.12－2008[④] 方法二重量法测定钨精矿中硅含量，测量范围 3.00％～10.00％。方法原理：试料以焦硫酸钾熔融，用草酸—盐酸混合溶液浸取，用氨水中和并过量，然后加盐酸控制溶液酸度，大部分杂质进入溶液而与二氧化硅分离，过滤后残渣连同滤纸在高温炉内灼烧，加氢氟酸除去硅，两次重量之差，即为二氧化硅的量。

①刘松平．原子吸收光谱法测定钨矿中锡［J］．理化检验（化学分册），1994(04)：241－242.

②徐其林．简易氢化物分离—分光光度法测定钨矿中微量锡［J］．分析试验室，1988(02)：55.

③谢璐，刘鸿，王长基．电感耦合等离子体原子发射光谱法测定钨精矿中的锡［J］．中国钨业，2012(06)：37－39.

④GB/T 6150.2－2008.钨精矿化学分析方法．二氧化硅量的测定．硅钼蓝分光光度法和重量法［S］．中国，2008.

⑤纳洪良．钨精矿中微量硅的光度法测定［J］．云南冶金，1990(03)：61－62.

11.3.10　钨矿中铅的检测

11.3.10.1　原子吸收光谱法

GB/T 14352.4—2010[①] 采用火焰原子吸收光谱法测定钨矿石、钼矿石中铅含量，测量范围 0.01%～5%。方法原理：试料经氢氟酸、王水、高氯酸分解，在硝酸－硼酸介质中，使用空气－乙炔火焰，在原子吸收分光光度计上，于波长 283.3 nm 处测量铅的吸光度，计算铅量。

GB/T 6150.10—2008[②] 采用火焰原子吸收光谱法测定钨精矿中铅的含量，测量范围：0.003%～0.3%。方法原理：试样在沸水浴上以盐酸分解，加入硝酸、高氯酸溶解至冒浓白烟，冷却，在硝酸介质中，于原子吸收光谱仪波长 283.3 nm 处，以空气－乙炔火焰测量铅的吸光度，计算铅的含量。

杨东生等[③] 应用硝酸铵消除基体元素钨的干扰，采用"空白溶液"扣除 Fe 的谱线干扰和 Ca、Mn 的背景吸收，在 5% 的王水介质体系中连续测定 Cu、Pb、Zn 和 Bi。赵桂南[④] 以浓氨水低温溶解钨酸，然后加入酒石酸络合钨，不经分离，直接用空气－乙炔火焰原子吸收法测定铅。张锂等[⑤] 将样品用盐酸和硝酸分解后，加入 5% 宁可辛溶液使样品中大量的钨呈钨酸析出，样品中一般的伴生元素都可形成可溶性化合物与钨酸分离，之后采用流动注射在线富集与原子吸收联用技术测定钨矿中的铜、锌和铅含量。尹德媛等[⑥] 用盐酸、硝酸分解样品，高氯酸冒烟析出钨酸分离钨，在硝酸、高氯酸介质中采用原子吸收光谱仪测定钨精矿中铅，测定下限可达到 0.005%。钟道国[⑦] 研究了原子吸收光谱法连续测定钨矿产品中铅锌铋量分析方法。

11.3.10.2　极谱法

段建凡[⑧] 以酸分解试样，双硫腙苯萃取分离富集，在盐酸、醋酸铵底液中示波极谱连续测定特级白钨精矿中铅、锌。

11.3.11　钨矿中锑的检测

11.3.11.1　原子吸收光谱法

GB/T 6150.17—2008[⑨] 采用氢化物原子吸收光谱法测定钨精矿中锑含量，测量范围：0.002%～0.30%。方法原理为：试料经硫酸－硫酸铵分解，在氨性介质中用柠檬酸络合钨、铁、锰等，用抗坏血酸预还原五价锑为三价锑，试液在盐酸介质中，经流动注射氢化物发生器与原子吸收光谱仪联用测定锑量。

————————————

①GB/T 14352.4—2010. 钨矿石、钼矿石化学分析方法第 4 部分：铅量测定 [S]. 中国，2010.

②GB/T 6150.10—2008. 钨精矿化学分析方法. 铅量的测定. 火焰原子吸收光谱法 [S]. 中国，2008.

③杨东生，徐鸣. 原子吸收光谱法连续测定优质钨精矿中铜铅锌铋 [J]. 南昌大学学报（理科版），1982(03)：91—96.

④赵桂南. 原子吸收法测定钨精矿中的铅 [J]. 分析试验室，1984(03)：46.

⑤张锂，韩国才. 流动注射在线离子交换柱富集—火焰原子吸收光谱法测定钨矿中的铜、锌和铅 [J]. 光谱实验室. 2005 (05)：1056—1059.

⑥尹德媛，邓予青. 原子吸收光谱法测定钨精矿中的铅 [J]. 光谱实验室，2008(06)：1116—1119.

⑦钟道国. 原子吸收光谱法连续测定钨矿产品中铅锌铋量 [J]. 中国钨业，2013(06)：49—52.

⑧段建凡. 白钨精矿中微量铅锌的示波极谱测定 [J]. 冶金分析与测试（冶金分析分册），1983(03)：194.

⑨GB/T 6150.17.4—2008. 钨精矿化学分析方法. 锑量的测定. 氢化物原子吸收光谱法 [S]. 中国，2008.

　　杨敏华等[①]采用装有高效雾化器的原子吸收分光光度计测定钨精矿中锑的含量，方法操作简便、干扰少，测定范围为 $0.00X\%\sim0.X\%$。

11.3.11.2　原子荧光光谱法

　　氢化物发生－原子荧光光谱法是矿物中锑的测定广泛使用的方法之一，其原理为：试料经硫酸－硫酸铵分解，用柠檬酸在氨性介质中络合钨、铁、锰等，用抗坏血酸预还原五价锑为三价锑，试液在盐酸介质中，经流动注射氢化物发生器与原子荧光光谱仪联用测定锑量。潘建忠等[②]采用 HG-AFS 法测定钨精矿中锑量。叶先伟[③]用 HG-AFS 法测定钨精矿中砷、锑，选择了最佳的氢化物发生条件。朱诗秀[④]探讨了 HG-AFS 法同时测定钨精矿中砷、锑的可行性，提出了三种试样的消解方法，并进行了比较。

11.3.12　钨矿中铋的检测

11.3.12.1　原子吸收光谱法

　　GB/T 14352.11－2010[⑤]采用火焰原子吸收光谱法（FAAS）测定钨矿石、钼矿石中的铋含量，测量范围：$0.02\%\sim1\%$。方法原理为：试料用王水分解，在盐酸介质中，使用空气－乙炔火焰于原子吸收分光光度计上波长 223.1 nm 处测量铋的吸光度，计算铋量。

　　GB/T 6150.15－2008[⑥]采用 FAAS 法测定钨精矿中的铋含量，测量范围：$0.01\%\sim0.30\%$。方法原理为：试样在沸水浴上以盐酸分解，加入硝酸、高氯酸加热溶解至冒浓白烟，使用空气－乙炔火焰于原子吸收分光光度计上波长 223.1 nm 处测量铋的吸光度，计算铋量。

　　杜勤文[⑦]采用 HG-AAS 法测定钨精矿中微量铋。试样经盐酸、硝酸分解后，保持 5% 的盐酸酸度，加入适量的酒石酸和硫脲抑制铜、铁、镍、锑等元素的干扰。杨东生等[⑧]应用硝酸铵消除基体元素钨的干扰，采用"空白溶液"扣除 Fe 的谱线干扰和 Ca、Mn 的背景吸收，在 5% 的王水介质体系中连续测定 Cu、Pb、Zn 和 Bi。钟道国[⑨]研究了原子吸收光谱法连续测定钨矿产品中铅、锌、铋量分析方法，通过实验确定了仪器的灯电流、狭缝、燃烧器高度、分析线波长等最佳工作条件，根据样品基体元素和待测元素性质选择了合适的样品分解方法，考察了试液介质酸度和共存杂质元素干扰情况。

11.3.13　钨矿中锌的检测

11.3.13.1　原子吸收光谱法（AAS）

　　GB/T 14352.5－2010[⑩]中采用 AAS 法测量钨矿石、钼矿石中的锌含量，测量范围为：$0.01\%\sim2\%$。方法原理：试料经氢氟酸、王水、高氯酸分解后，在盐酸－硼酸介质

①杨敏华，肖简正，刘毅. 原子吸收光度法测定钨精矿中锑 [J]. 江西冶金，2000（04）：36－38.

②潘建忠，陈涛. 氢化物发生原子荧光光谱法测定钨精矿中锑量 [J]. 中国钨业，2010（02）：43－45.

③叶先伟. 氢化物发生－原子荧光光谱法测定钨精矿中砷、锑 [J]. 中国钨业，2001（04）：30－32.

④朱诗秀. 氢化物发生－原子荧光光度法同时测定钨精矿的砷、锑 [J]. 中国钨业，2012（04）：45－47.

⑤GB/T14352.11－2010. 钨矿石、钼矿石化学分析方法 第 11 部分：铋量测定 [S]. 中国，2010.

⑥GB/T 6150.15－2008. 钨精矿化学分析方法. 铋量的测定. 火焰原子吸收光谱法 [S]. 中国，2008.

⑦杜勤文. 氢化物－原子吸收分光光度法测定钨精矿中微量铋 [J]. 湖南冶金，1985（02）：44－48.

⑧杨东生，徐鸣. 原子吸收光谱法连续测定优质钨精矿中铜铅锌铋 [J]. 南昌大学学报（理科版），1982（03）：91－96.

⑨钟道国. 原子吸收光谱法连续测定钨矿产品中铅锌铋量 [J]. 中国钨业，2013（06）：49－52.

⑩GB/T 14352.5－2010.. 钨矿石、钼矿石化学分析方法 第 5 部分：锌量测定 [S]. 中国，2010.

中，使用空气－乙炔火焰，在原子吸收分光光度计上，于波长 213.8 nm 处，测量吸光度，计算锌量。

GB/T 6150.11−2008[①] 中采用 AAS 法测量钨精矿中锌含量，测量范围：0.003％～0.50％。方法原理：试料在沸水浴上以盐酸分解，加入硝酸、高氯酸加热至冒浓白烟，冷却，在硝酸介质中，使用空气－乙炔火焰，在原子吸收分光光度计上，于波长 213.8 nm 处，测量吸光度，计算锌量。

杨东生等[②]应用硝酸铵消除基体元素钨的干扰，采用"空白溶液"扣除 Fe 的谱线干扰和 Ca、Mn 的背景吸收，在 5％的王水介质体系中连续测定 Cu、Pb、Zn 和 Bi。张锂等[③]将样品盐酸和硝酸分解后，加入 5％宁可辛溶液使样品中大量的钨呈钨酸析出，样品中一般的伴生元素都可形成可溶性化合物与钨酸分离，之后采用流动注射在线富集与原子吸收联用技术测定钨矿中的铜、锌和铅含量。钟道国[④]研究了原子吸收光谱法连续测定钨矿产品中铅、锌、铋量分析方法，通过实验确定了仪器的灯电流、狭缝、燃烧器高度、分析线波长等最佳工作条件，根据样品基体元素和待测元素性质选择了合适的样品分解方法，考察了试液介质酸度和共存杂质元素干扰情况。

11.3.13.2　极谱法

段建凡[⑤]以酸分解试样，双硫腙苯萃取分离富集，在盐酸、醋酸铵底液中示波极谱法连续测定白钨精矿中铅、锌。施江海等[⑥]采用国产 JP-1A 型示波极谱仪测定特级白钨精矿中铜、锌，试验结果表明，在含有乙醇的稀硫酸溶液中能同时分离干扰测定的大量钨、钙，从而富集铜、锌，在氢氧化铵－氯化铵溶液中进行连续测定。测定范围为 0.005％～0.30％。

11.3.14　钨矿中铁的检测

11.3.14.1　磺基水杨酸分光光度法

GB/T 6150.16−2009[⑦] 中采用磺基水杨酸分光光度法测定钨精矿中铁含量，测定范围：0.05％～10.00％。方法原理：试料以盐酸、硝酸溶解后，钨以钨酸析出与铁分离，在氨性介质中，以盐酸羟铵掩蔽锰，铁与磺基水杨酸形成黄色络合物，于分光光度计波长 420 nm 处测量其吸光度。白钨精矿中其他杂质不干扰测定。

刘洪升[⑧]利用邻菲罗啉与亚铁生成的稳定络合物，用差示光度法测定黑钨精矿中铁含量。该方法可消除钨、锰等元素的干扰，用差示光度法还可提高测定精度和扩大含量范围，适用于铁、锰含量变化不定的黑钨精矿中铁含量的测定。

---

①GB/T 6150.11−2008..钨精矿化学分析方法.锌量的测定.火焰原子吸收光谱法［S］.中国，2008.

②杨东生，徐鸣.原子吸收光谱法连续测定优质钨精矿中铜铅锌铋［J］.南昌大学学报（理科版），1982（03）：91−96.

③张锂，韩国才.流动注射在线离子交换柱富集－火焰原子吸收光谱法测定钨矿中的铜、锌和铅［J］.光谱实验室，2005（05）：1056−1059.

④钟道国.原子吸收光谱法连续测定钨矿产品中铅锌铋量［J］.中国钨业，2013（06）：49−52.

⑤段建凡.白钨精矿中微量铅锌的示波极谱测定［J］.冶金分析与测试（冶金分析分册），1983（03）：194.

⑥施江海，徐亚沅.白钨精矿中铜、锌的示波极谱测定［J］.冶金分析与测试（冶金分析分册），1985（06）：55−56.

⑦GB/T 6150.16−2009..钨精矿化学分析方法.铁量的测定.磺基水杨酸分光光度法［S］.中国，2009.

⑧刘洪升.差示分光光度法测定黑钨精矿中铁含量［J］.江西有色金属，1997（04）：40−41.

11.3.14.2 原子吸收光谱法

吴志敏[1]以盐酸、硝酸溶解后，钨以钨酸析出与铁分离，铜、铁、锰、铋等伴生元素都形成可溶性化合物与钨酸分离，在盐酸介质中制成铁的溶液，不经任何分离用 FAAS 法直接测定铁的含量，白钨矿中的其他杂质均未发现明显干扰。

11.3.15 钨矿中汞的检测

11.3.15.1 氢化物发生－原子荧光光谱法

薛珺等[2]建立了断续流动－氢化物发生－原子荧光光谱测定钨精矿中痕量汞的方法，研究了酸度、硼氢化钾浓度、载气流速等对测定汞的影响。在优化的分析条件下，汞的检出限为 0.03 ng/mL，相对标准偏差为 1.9%。方法应用于钨精矿中汞的测定，样品加标回收率在 96%～102% 之间。雷美康[3]等以盐酸硝酸（5＋3）的混酸为消解液，微波消解钨矿样品，然后采用 HG-AFS 同时测定钨矿中砷和汞。

11.3.15.2 电化学冷蒸汽发生－原子荧光光谱法

练萍[4]等在断续流动条件下，采用自制的电化学流通池作为汞蒸气发生器，建立了电化学冷蒸气发生法－原子荧光光谱联用技术对汞的分析方法。在优化的实验条件下，汞的荧光强度在 0～5.0 μg/L 范围内与浓度呈良好的线性关系，汞的检出限为 1.3 ng/L。对 1 μg/L Hg 测定的相对标准偏差为 1.5%（$n=11$）。

11.3.16 钨矿中镉的检测

11.3.16.1 原子吸收分光光度法

GB/T 14352.6—2010[5] 中采用火焰原子吸收分光光度法测定钨矿石、钼矿石中镉，测定范围：5～1000 μg/g。方法原理：试料经氢氟酸、王水、高氯酸分解后，在盐酸－硼酸介质中，使用空气－乙炔火焰，在原子吸收分光光度计上，于波长 228.8 nm 处，测量吸光度，计算镉量。

11.3.17 钨矿中钴、镍的检测

11.3.17.1 极谱法

GB/T 14352.7—2010[6] 中方法一和 GB/T 14352.8—2010[7] 中方法一分别采用丁二肟－磺基水杨酸－氨水－氯化铵底液极谱法测定了钨矿石、钼矿石中钴和镍，测定范围：5～500 μg/g。方法原理：试样经碱熔，水浸取，镍、钴、铁等在氢氧化物沉淀中，可与锌、钨、钼、锡、砷、钒、铬等元素分离。在盐酸介质中，用磷酸三丁酯萃淋树脂分离大部分铁，在丁二肟－磺基水杨酸－氨水－氯化铵底液中，峰电位约为－1.14V 和－1.00V（对饱和甘汞电极），用示波极谱导数部分分别测定钴和镍与丁二肟产生的催化波峰电流

①吴志敏．火焰原子吸收分光光度法测定钨矿石中铁［J］．甘肃冶金，2009（01）：68－69.
②薛珺，练萍，李勋．氢化物发生－原子荧光光谱法测定钨精矿中的痕量汞［J］．中国钨业，2007（05）：30－32.
③雷美康，彭芳，曹培林，等．微波消解－氢化物发生原子荧光光谱法同时测定钨矿中砷汞［J］．冶金分析，2013（04）：44－47.
④练萍，张旻杰，范玉兰，等．钨精矿中痕量汞的电化学冷蒸气发生－原子荧光光谱测定法［J］．中国钨业，2008（06）：38－40.
⑤GB/T 14352.6—2010．钨矿石、钼矿石化学分析方法 第6部分：镉量测定［S］．中国，2010.
⑥GB/T 14352.7—2010．钨矿石、钼矿石化学分析方法 第7部分：钴量测定［S］．中国，2010.
⑦GB/T 14352.8—2010．钨矿石、钼矿石化学分析方法 第8部分：镍量测定［S］．中国，2010.

值，计算钴、镍含量。

11.3.17.2　原子吸收分光光度法

GB/T 14352.7—2010[①] 中方法二和 GB/T 14352.8—2010[②] 中方法二分别采用火焰原子吸收分光光度法测定钨矿石、钼矿石中钴和镍，测量范围 10～1000 $\mu g/g$。方法原理：试样经氢氟酸、王水、高氯酸分解，用盐酸、硼酸溶液溶解盐类，在盐酸介质中，使用空气—乙炔火焰，分别于原子吸收分光光度计上，在波长 240.7 nm 和 232.0 nm 处，测定吸光度，计算钴和镍含量。

11.3.18　钨矿中硒的检测

11.3.18.1　分光光度法

GB/T 14352.16—2010[③] 采用分光光度法测量钨矿石、钼矿石中硒含量，测量范围为 2～500 $\mu g/g$。方法原理：试料用硝酸—氢氟酸—硫酸分解，在盐酸介质中，经次亚磷酸钠还原，单体硒与砷共沉淀分离，溶液在 pH 为 2～3 时，四价硒与 3，3'—二氨基联苯胺生成黄色络合物，在 pH 为 6～9 时可被苯、甲苯等有机溶剂定量萃取，在分光光度计上，于波长 420 nm 处，测量吸光度，计算硒量。

11.3.19　钨矿中碲的检测

11.3.19.1　分光光度法

GB/T 14352.17—2010[④] 采用分光光度法测定钨矿石、钼矿石中碲含量，测量范围为 0.5～100 $\mu g/g$。方法原理：试料用硝酸—氢氟酸—硫酸分解，在盐酸介质中沉淀钨酸，过滤除去，在共沉淀剂砷的存在下，以次亚磷酸钠还原碲至单体，于硫酸和氢溴酸溶液中，溴化碲络阴离子与丁基罗丹明 B 生成蓝紫色固相化合物，被苯萃取。在分光光度计上，于波长 565 nm 处，测量有机相的吸光度，计算碲含量。

11.3.20　钨矿中多种元素的同时检测

11.3.20.1　电感耦合等离子原子发射光谱/质谱法（ICP-AES/MS 法）

滕松根等以[⑤]盐酸—硝酸溶解试样，钨成钨酸沉淀析出与共存元素分离，选择适当的条件用 ICP-AES 法同时测定钨精矿中的 Bi、Ca、Cu、Mo、Pb 和 Zn，方法简便、快速、准确。该课题组还用盐酸、硝酸处理试样以 ICP-AES 法直接测定了钨精矿中钒铌钽钛等元素含量[⑥]。

张静[⑦]用 ICP-AES 法同时测定了白钨矿中 15 种元素。样品用盐酸分解，并沉淀分离除去钨，除钨后残渣用碱熔融，合并液用 ICP-AES 同时测定 Mg、Ca、V、Cr、Mo、Mn、Fe、Cu、Zn、Si、Al、Pb、Sr、Ba 和 P 15 种元素，各组份测定的 RSD＜10%。吕振生等[⑧]将钨矿石样品经高氯酸、盐酸、硝酸、氢氟酸消解处理后，用 2 g/L 酒石酸+王

①GB/T 14352. 7—2010. 钨矿石、钼矿石化学分析方法 第 7 部分：钴量测定 [S]. 中国，2010.

②GB/T 14352. 8—2010. 钨矿石、钼矿石化学分析方法 第 8 部分：镍量测定 [S]. 中国，2010.

③GB/T 14352. 16—2010. 钨矿石、钼矿石化学分析方法 第 16 部分：硒量测定 [S]. 中国，2010.

④GB/T 14352.17—2010. 钨矿石、钼矿石化学分析方法 第 17 部分：碲量测定 [S]. 中国，2010.

⑤滕松根. ICP—AES 法同时测定钨精矿中的多种元素 [J]. 光谱实验室，1990(04)：113—114.

⑥滕松根. ICP—AES 法测定钨精矿中钒铌钽钛 [J]. 现代商检科技，1996(01)：32—33.

⑦张静. ICP—AES 测定白钨矿中的十五种元素 [J]. 岩矿测试，1991(01)：41—43.

⑧吕振生，赵庆令，李清彩，等. 电感耦合等离子体原子发射光谱法测定钨矿石中 8 种成分 [J]. 冶金分析，2010(09)：47—50.

水（$\varphi=4\%$）混合溶液浸取盐分，电感耦合等离子体原子发射光谱法同时测定钨矿石中 As、Cu、Ga、Mo、Pb、Sn、W、Zn 8 种组分，利用离峰背景校正法消除了背景干扰，并采用干扰元素校正系数法消除了元素 Zn 对 W 的谱线重叠干扰。

黄冬根等[1][2]采用电感耦合等离子质谱技术，研究了钨精矿中 Sn、P、Ca、Nb、Ta、Mo、Cu、Pb、Zn、As、Mn、Bi、Fe、Sb 等 14 种杂质元素含量的分析方法。钨精矿样经 NaOH-Na$_2$O$_2$ 碱熔后，加入硝酸，钨以钨酸的形式从溶液中沉淀而分离，消除了钨基体的干扰。在试样溶液中加入内标元素 Sc、In、T1，采用内标法进行校正，有效克服了基体效应、接口效应及仪器波动所产生的影响；通过优化仪器工作参数，选择适当的待测元素的同位素，有效地克服了因质谱干扰所带来的影响。方法的加标回收率为 90.5%～101.5%，相对标准偏差为 1.2%～7.8%，分析结果与按国家标准方法分析的结果相吻合，且具有快速、简便、准确的优点。

11.3.20.2 X 射线荧光光谱法

波长色散 X 射线荧光光谱仪（WDXRF）具有分析元素多、浓度范围广、分析精度高等特点，已经广泛应用于钨矿和钨精矿中杂质元素的检测。

陈丕通[3]采用熔样法，加入适量的钡和钽作重吸收剂，并以钽作钨的内标，无须借助于数学法校正基体效应，成功地进行了钨单矿物、钨精矿及钨中矿中钨、锰、铁和铌的多元素同时测定。方法简便、快速且成本低，其准确度和精密度均可与化学法相比。

杨丽峰等[4]采用熔融玻璃片法制样，使用 X 射线荧光光谱法测定钨矿石中的钨、磷等主次元素，所用校准标样是用符合国家一级标准的物质由人工配制而成，并用理论 α 系数内标法及康普顿散射作内标校正基体效应，其分析结果与标准值相符。精密度统计结果显示，主、次量组分方法精密度（RSD，$n=10$）为 0.371%～6.806%。该方法做到了简便、快捷、经济且减少环境污染。

普旭力等[5]采用四硼酸钠和四硼酸锂混合熔剂熔融制样，以高纯物质人工配制校准标准样品，公共背景法进行背景校正，采用可变理论 α 影响系数法校正基体效应，建立了采用波长色散 X 射线荧光光谱测定钨精矿中三氧化钨、锰、铁、氧化钙、二氧化硅、锡、钼、铜、铋、铅、锑、锌、镉、铬等 14 个主次量组分的方法。方法的准确性、精密度达到了传统分析方法的要求，分析时间大大缩短，具有较好的实用价值。

徐晶[6]分别采用压片法和熔片法，建立了钨精矿中 WO$_3$ 及 Mn、Fe、Ca、Si、Mo、Nb、Cu、Sn、Pb、Zn、Al、Mg、K 等元素含量的测定方法。比较了两种方法的优缺点，实验发现压片法制备样品低廉便捷，但不能完全消除矿物效应的影响，对于基体效应复杂的钨精矿试样检测准确度不佳。而熔融法虽然可以完全消除试样粒度效应和矿物效应的影响，但制样成本偏高，制样操作费时费力，且由于实验条件所限，制得的标准样品的成功率不高。

①黄冬根，廖世军，章新泉，等．ICP—MS 法测定钨精矿中杂质元素 [J]．冶金分析，2005(02)：42—46.
②黄冬根，廖世军，党志．钨精矿中杂质元素 ICP—MS 测定方法的研究 [J]．稀有金属材料与工程，2006(02)：333—336.
③陈丕通．X 射线荧光光谱法测定钨单矿物及钨矿中的钨、锰、铁和铌 [J]．分析化学，1985(07)：542—544.
④杨丽峰，李小莉，李国会，等．X 射线荧光光谱法测定钨矿中主次元素 [J]．地质调查与研究，2009(01)：64—68.
⑤普旭力，王鸿辉，叶淑爱，等．波长色散 X 射线荧光光谱法同时测定钨精矿中主量组分 [J]．岩矿测试，2010(02)：143—147.
⑥徐晶．X 射线荧光光谱分析法在钨矿检测中的应用与研究 [D]．江西理工大学，2012.

第12章 铝土矿有害元素检验

12.1 铝土矿资源概况

铝土矿实际上是指工业上能利用的，以三水铝石、一水软铝石或一水硬铝石为主要矿物所组成的矿石的统称。它的应用领域有金属和非金属两个方面。

铝土矿是生产金属铝的最佳原料，也是最主要的应用领域，其用量占世界铝土矿总产量的90％以上。铝土矿的非金属用途主要是作耐火材料、研磨材料、化学制品及高铝水泥的原料。铝土矿在非金属方面的用量所占比重虽小，但用途却十分广泛。例如：化学制品方面以硫酸盐、三水合物及氯化铝等产品可应用于造纸、净化水、陶瓷及石油精炼方面；活性氧化铝在化学、炼油、制药工业上可作催化剂、触媒载体及脱色、脱水、脱气、脱酸、干燥等物理吸附剂；用 $\gamma\text{-}Al_2O_3$ 生产的氯化铝可供染料、橡胶、医药、石油等有机合成应用；玻璃组成中有3％～5％ Al_2O_3 可提高熔点、粘度、强度；研磨材料是高级砂轮、抛光粉的主要原料；耐火材料是工业部门不可缺少的筑炉材料。

报道[①]指出："我国是铝土资源相对贫乏的国家。我国铝土矿保有储量为5.3亿吨，仅占世界总储量的2.3％，按目前资源消耗程度计算，其静态保障年限已不足十年。"

我国铝土矿资源的主要特点为[②]：

（1）分布高度集中，以大、中型矿床居多。中国铝土矿分布高度集中，山西、贵州、河南和广西四省区的已探明资源储量占全国的87％。除了分布集中外，铝土矿以大、中型矿床居多。截至2008年底，全国已发现铝土矿区410个，其中大、中型矿床已探明资源储量合计占全国的86％以上；

（2）以古风化壳沉积型为主，共、伴生多种元素。中国铝土矿以古风化壳沉积型为主，其次为堆积型，红土型最少。中国的古风化壳型铝土矿常共生和伴生有多种矿产，铝土矿中的镓、钒、钪等都具有回收价值；

（3）开发、冶炼难度大。中国适合露采的铝土矿矿床不多，据统计只占全国的1/3。有用矿物组成主要为一水硬铝石，绝大部分铝土矿开采和冶炼难度大，限制了产能的扩大。

---

①陈祺，关慧勤，熊慧．世界铝工业资源——铝土矿、氧化铝开发利用情况［J］．世界有色金属，2007（01）：27－33.

②孙莉，肖克炎，王全明，等．中国铝土矿资源现状和潜力分析［J］．地质通报，2011（05）：722－728.

12.2 铝土矿有害元素概论

国标 GB/T 24483－2009《铝土矿石》中根据铝土矿中 Al_2O_3、Fe_2O_3、S、CaO＋MgO、TiO_2、水分、铝硅比等成分将铝土矿划分成不同牌号。

SiO_2 为铝土矿的主要有害元素，最高可达 33.8%，平均 11.5%～15.84%，SiO_2 的质量分数与 Al_2O_3 的质量分数、矿层厚度呈负相关关系，Al/Si 含量的比值是界定矿与非矿的主要指标[①]。

矿石中的氧化铁会降低拜耳法生产时溶出釜的生产率，降低烧结法生产时熟料温度，并妨碍氧化铝转为铝酸钠。而作为耐火材料原料时，矿石中的铁、钛杂质会使耐火材料在高温下过早地出现玻璃相而降低耐火材料的性能。氧化钾、氧化钠在铝土矿的烧结过程中，起着阻碍二次莫来石的进展和分解已形成的一次莫来石的作用，使网状结构受到破坏，大大降低耐火材料的荷重软化点。

铝土矿中硫的含量过高给拜耳法生产氧化铝带来很大的影响，比如积压在铝酸钠溶液中的大量硫化物会对溶出、沉降和蒸发等工序产生极大地危害，严重时会导致整个氧化铝生产过程无法顺利进行，造成工业生产停滞[②]。

此外，矿石中的 MgO、P_2O_5 等有害组分，也会影响铝的冶炼回收。

铝土矿中有毒重金属元素对环境的影响也不容忽视。2013 年，公安部公布一起非法处置工业渣土污染环境案件[③]：经侦查查明，2012 年 12 月，乾利垃圾能源科技开发有限公司雇用运输车，将该公司提炼赤泥（铝土矿被提炼氧化铝后剩余的废渣，具有一定的放射性）后的 2 万余吨红色渣土，分 400 余车运输至淄博市某公司填埋平整工程。经环保部门对填埋平整工程内的红色积水取样检测，总砷浓度超标 6.38 倍，确定为有毒物质。

12.3 铝土矿中有害元素的检测方法

目前，铝土矿的化学成分分析主要采用 YS/T 575 系列标准进行检测。安小强等[④]综述了铝土矿中氧化铝、二氧化硅、氧化铁的各种传统化学分析方法及优缺点，简要概括了 X 射线荧光光谱法和 X 射线物相分析在铝土矿分析中的应用。本章以 YS/T 575 系列检测方法为重点，并结合现有文献方法对铝土矿中有害元素的检测方法进行简要介绍。

12.3.1 铝土矿中二氧化硅的检测

对于 SiO_2 含量大于等于 15% 的铝土矿，标准 YS/T 575.2－2007 采用重量－钼蓝光度法进行测定，其方法原理为：试样用氢氧化钠熔融分解，以盐酸浸出后蒸发至盐类析出，加入盐酸及氯化铵，过滤并灼烧成二氧化硅，然后用氢氟酸处理，使硅以四氟化硅形式挥发除去，氢氟酸处理前后的重量差为沉淀中的二氧化硅量。用钼蓝光度法测定滤液中残余的二氧化硅量，两者相加即为试样中二氧化硅的量。

对于 SiO_2 含量小于 15% 的铝土矿，标准 YS/T 575.3－2007 采用钼蓝光度法进行测定，其方法原理为：试样用碱熔融，盐酸浸取，加钼酸铵使硅离子形成硅钼杂多酸，然后

①孙越英，王兴民. 豫西北地区铝土矿地质特征及找矿方向［J］. 地质找矿论丛，2006（03）：191－194.
②熊道隆，马智敏，彭建城，等. 高硫铝土矿中硫的脱除研究现状［J］. 矿产保护与利用，2012（05）：53－58.
③公安部专项行动之六：重拳打击污染环境犯罪活动［J］. 人民公安，2013（24）：44－45.
④安小强，周长春，李振，等. 铝土矿分析方法综述［J］. 轻金属，2008（11）：52－55.

用亚铁将其还原为钼蓝，用分光光度计在波长 700 nm 处测量其吸光度。

杨毅等[1]采用氢氧化钠滴定法测定铝合金和铝土矿中铝含量，测定过程为：样品在银坩埚中用氢氧化钾于 750℃下熔融 10 min 后加盐酸（1+1）使融块完全溶解，加入氟化钾和氯化钾使硅生成氟硅酸钾沉淀，过滤，沉淀经水解，用氢氧化钠标准溶液滴定。该法可测定含硅量 1% 以上的铝合金及铝土矿中硅，RSD < 1.96%。

12.3.2　铝土矿中氧化铁的检测

标准 YS/T 575.4－2007 采用重铬酸钾滴定法测定三氧化二铁含量大于等于 5% 的铝土矿，方法原理为：在盐酸介质中先以二氯化锡还原大部分三价铁，以钨酸钠为指示剂，滴加三氯化钛还原剩余的三价铁为二价铁，过量三氯化钛进一步还原钨酸根产生"钨蓝"，再滴加重铬酸钾至蓝色消失。以苯胺磺酸钠为指示剂，用重铬酸钾标准溶液滴定二价铁。需要注意的是，采用本方法时，试样中的钒会干扰测定，滴定溶液中允许 0.6 mg 以下五氧化二钒存在。

对于三氧化二铁含量小于 5% 的铝土矿，标准 YS/T 575.5－2007 采用邻二氮杂菲光度法进行检测，方法原理为：试样用碱熔融，用盐酸浸取，在适当酸度下，三价铁用盐酸羟胺还原为二价铁，在乙酸盐缓冲介质中，二价铁与邻二氮杂菲形成有色络合物，在波长 510 nm 处测量其吸光度。

12.3.3　铝土矿中二氧化钛的检测

标准 YS/T 575.6－2007 采用二安替吡啉甲烷光度法测定铝土矿中二氧化钛，测定范围为 0.5% ～ 8%。该标准采用三种方法分解试样：

（1）用盐酸、硝酸和硫酸的混合酸处理：此方法适用于三水铝石或一水软铝石，要求试样溶解后的残渣经挥散二氧化硅后的残渣小于试样量的 1%；

（2）用过氧化钠烧结，经短暂熔融，用硫酸溶解熔体：此方法适用于一水硬铝石，要求试样溶解后的残渣经挥散二氧化硅后的残渣大于试样量的 1%；

（3）用碳酸钠和四硼酸钠熔融，用硫酸浸取，此方法适用于各类矿石。

分解后的试样，二氧化硅脱水、溶解盐类、过滤和残渣灼烧，用氢氟酸和硫酸蒸发挥散二氧化硅，用碳酸钠和四硼酸钠熔融，用硫酸溶解并入主溶液，用抗坏血酸还原 Fe^{3+}，用二安吡啉甲烷显色，在约 390 nm 处测量溶液的吸光度。

张海铭等[2]采用钛－苯基荧光酮－CTMAB 分光光度法测定铝土矿中的钛，其方法原理为：试样用混合熔剂（碳酸钠∶硼砂∶过氧化钠＝10∶5∶15）分解，用盐酸酸化并溶解可溶性盐类，以百里酚蓝为指示剂，用稀氢氧化钠滴至呈蓝色，滴加盐酸（1+1）至刚呈黄色并过量 1 滴，在热水浴上加热 2 min，并加入 3 mL 显影液（0.182%CTMAB∶0.032%苯基荧光酮∶0.3%DAM＝1∶1∶1），摇匀并冷却，发色 40 min 后，在 610 nm 处测量吸光度。该方法灵敏度高，$\varepsilon-$（610）为 1.1×10^{-5}，选择性好。在 DAM 共存时，钛－苯基荧光酮－CTMAB 蓝色络合物的吸收光谱特性不变，而络合物的稳定性增加，试剂空白降低。可不经分离，直接用于测定铝。

①杨毅，陈一晴. 滴定法测定铝合金及铝土矿中硅 [J]. 分析试验室，2000(05)：71－73.
②张海铭，马忠良. 钛－苯基荧光酮－CTMAB 分光光度法测定铝土矿中钛 [J]. 分析试验室，1983(01)：21－22.

12.3.4　铝土矿中氧化钙、氧化镁的检测

标准 YS/T 575.7－2007、YS/T 575.8－2007 采用火焰原子吸收光谱法检测铝土矿中 CaO、MgO 的含量。试料用氢氧化钠熔融，用热水浸取样品后，用盐酸酸化，加入氯化锶作为释放剂，抑制氧化铝、氧化硅、氧化钛等对测定的干扰，用空气－乙炔火焰，在分光光度计上于 422.7 nm 处测定 CaO 含量、于 285.2 nm 处测定 MgO 含量。本方法中氧化钙的测定范围小于等于 5%，氧化镁的测定范围为 0.03%～2%。

吴如春[①]提出在甲基百里酚蓝（MTB）与钙镁同时显色后，加入 EGTA，利用其对钙镁络合物稳定常数的差别，仅使钙褪色，藉以连续比色测定试样中的钙和镁。方法特别适用于铝土矿等钙镁含量大致相当的试样中低含量钙镁的测定。

12.3.5　铝土矿中氧化钾、氧化钠的检测

标准 YS/T 575.9－2007 中采用火焰原子吸收光谱法检测铝土矿中 K_2O、Na_2O 的含量，测定范围 0.05%～3%。试料用偏硼酸锂在 800℃ 熔融分解，沸水浸提后，用硝酸酸化，用原子吸收分光光度计于波长 766.5 nm 和 589.0 nm 处，以空气－乙炔火焰分别进行氧化钾、氧化钠的测定。大量的偏硼酸锂、铝干扰测定，在标准溶液中加入一定量的偏硼酸锂和铝盐消除其干扰。

陈忠书等[②]采用自制封闭溶样器对铝土矿进行处理，在盐酸介质中，用火焰原子吸收光谱仪测定铝土矿中 K_2O、Na_2O 的含量。该方法将 0.1 g 的铝土矿样品置于聚四氟乙烯坩埚中，加入 6 mol/L 的盐酸和 50 mg NH_4F 后，放入自制封闭溶样器内，在烘箱中于 220 ℃ 保温 2 h 即可将样品溶解完全。在样品溶液中加入 H_3BO_3 络合过量的 NH_4F 并定容后即可用原子吸收光谱仪进行检测。

12.3.6　铝土矿中二氧化二铬的检测

标准 YS/T 575.11－2007 采用火焰原子吸收光谱法检测铝土矿中 Cr_2O_3 含量，测量范围为 0.005%～0.2%。试料用氢氧化钠和过氧化钠熔融分解，在硫酸介质并有少量高锰酸钾存在下，用阴离子交换树脂分离铝等干扰元素，继以抗坏血酸洗脱液还原并洗脱三价铬，以空气－乙炔火焰于波长 357.9 nm 处进行铬的测定。

12.3.7　铝土矿中磷的检测

标准 YS/T 575.16－2007 采用磷钼蓝分光光度法测定铝土矿中五氧化二磷的含量，测量范围 0.01%～5%。试样的分解可用以下两种方法进行：

（1）用盐酸、硝酸和硫酸的混合酸处理：此方法适用于三水铝土矿石和一水软铝土矿石。要求试样溶解后的残渣经挥散二氧化硅后的残渣小于试样量的 1%；

（2）用过氧化钠烧结，经短暂熔融，用硫酸溶解熔体，此方法适用于一水硬铝石，要求试样溶解后的残渣大于试样量的 1%。

二氧化硅脱水、溶解盐类、过滤和残渣灼烧，用氢氟酸和硫酸蒸发挥散二氧化硅，用碳酸钠和四硼酸钠熔融，用硫酸溶液并入主溶液，加入钼酸盐使它与磷酸盐形成磷钼酸络

---

①吴如春．铝土矿中低含量钙、镁的连续比色测定——甲基百里酚蓝比色法 ［J］．分析试验室，1983（04）：31－33．

②陈忠书，金绍祥．火焰原子吸收光谱法测定铝土矿中钾、钠 ［J］．矿产与地质，2007（05）：599－600．

合物，用抗坏血酸还原钼蓝，在分光光度计约 710 nm 处测量溶液的吸光度。

杨吉芳等[1]采用碱熔法分离钙、镁、铜、铁、锰等金属离子，在硝酸介质中，用铋盐催化，抗坏血酸还原磷钼黄杂多酸，测定铝土矿中的五氧化二磷。采用此方法，磷钼铋蓝可在 2 分钟内充分显色。充分显色后的络合物的色泽，所给出的吸光度在 1 小时内无明显变化。石磊[2]建立了双波长分光光度法测定铝土矿中微量磷的方法。试样用碱熔分解，水浸取，分离除去 Fe、Ti，通过双波长法扣除 Si 的干扰，该方法可用于二氧化硅含量小于 45％的铝土矿石或硅酸盐中微量磷的测定。

12.3.8　铝土矿中硫的检测

标准 YS/T 575.17－2007 采用燃烧－碘量法测定铝土矿中硫含量，测量范围小于等于 3％。试料在助熔剂存在下，于 (1 300±20) ℃的氧气流中加热分解，生成的二氧化硫被水吸收形成亚硫酸盐，以淀粉为指示剂，用碘标准滴定溶液滴定，以测定硫含量，试样中的化合水影响精度，用冲洗方法消除。

标准 YS/T 575.24－2009 采用红外吸收法对铝土矿中碳和硫含量进行同时测定，硫的测量范围 0.02％～12％。试样放入高频燃烧器中，在富氧条件下高频感应加热燃烧，其中的硫被氧化为二氧化硫，由过剩的氧气载入红外气体分析仪的测量池。二氧化硫在 7.40 μm 处具有很强的特征吸收带，此吸收能与其浓度成正比，根据检测器接受到的能量变化，检测硫的含量。其他气体成分不干扰测定。

比浊法是高硫铝土矿中硫含量测定常用的一种方法[3][4]。试样用 10％氢氧化钠溶液和双氧水氧化其中的低价硫，再加入固体氢氧化钠于 800℃高温炉中熔融 35 min，经热水浸出、过滤、酸化后，加入显浊液，用比色计 (72 型) 选择波长 600 nm 处和 3cm 比色皿进行比浊，根据吸光度数值在标准曲线上查出 SO_4^{2-}。显浊液由明胶、NaCl、$BaCl_2$、二甲苯、苯甲酸等混合配制而成。本方法浊度稳定 1 h，测量范围 0.2％～15％，回收率 98％～102％。该方法适用于高硫含量铝土矿中硫含量的测定，方法精确度高，快速简便。

12.3.9　铝土矿中总碳含量的检测

标准 YS/T 575.18－2007 采用燃烧－非水滴定测定铝土矿中总碳含量，测定范围：0.05％～1％。试样在 1 200 ℃的氧气流中加热分解，生成的二氧化碳以百里酚酞为指示剂，用乙醇－乙醇胺－氢氧化钾溶液吸收滴定。

标准 YS/T 575.24－2009 采用红外吸收法对铝土矿中碳和硫含量进行同时测定，碳的测量范围 0.02％～10％。试样放入高频燃烧器中，在富氧条件下高频感应加热燃烧，其中的碳被氧化为二氧化碳，由过剩的氧气载入红外气体分析仪的测量池。二氧化碳在 4.262 μm 处具有很强的特征吸收带，此吸收能与其浓度成正比，根据检测器接受到的能量变化，检测碳的含量。其他气体成分不干扰测定。

12.3.10　铝土矿中有机碳含量的检测

标准 YS/T 575.21－2007 采用非水滴定法测定铝土矿中有机碳含量，测定范围：

①杨吉芳，谷红翠，贺晓东. 铝土矿中五氧化二磷测定方法的研究 [J]. 现代计量测试，2000(02)：50－52.
②石磊. 双波长分光光度法测定铝土矿中微量磷 [J]. 分析试验室，2010(12)：87－89.
③张何林，张钺，刘毅. 比浊法测定铝土矿中硫含量 [J]. 河南化工，2012(Z1)：40－42.
④苏献瑞. 铝土矿中硫的测定 [J]. 轻金属，1998(10)：3－5.

0.01%～1%。试样用磷酸煮沸分解碳酸盐后，以硫酸银做催化剂，用过硫酸钾将有机物中的碳氧化成二氧化碳，然后以百里酚酞为指示剂，用乙醇－乙醇胺－氢氧化钾溶液吸收滴定。

12.3.11 铝土矿中多元素的同时检测

12.3.11.1 X射线荧光光谱

X射线荧光光谱法检测铝土时，主要有熔融制样和粉末压片两种样品处理方法，这两种方法在铝土矿的检测中都得到广泛的使用①②③④⑤⑥⑦⑧⑨⑩⑪⑫⑬⑭⑮⑯。

标准 YS/T 575.23－2009 采用熔融制样 X 射线荧光光谱同时测定铝土矿中三氧化二铝、二氧化硅、全铁（以 Fe_2O_3 表示）、二氧化钛、氧化钾、氧化钠、氧化钙、氧化镁、五氧化二磷、氧化锰、硫、钒、镓和锌等成分，试样用无水四硼酸锂和偏硼酸锂混合熔剂熔融，以消除矿物效应和粒度效应，并铸成合适 X 射线荧光光谱仪测量形状的玻璃片，测量玻璃片中待测元素的荧光 X 射线强度。根据校准曲线或方程来分析，校正方程用系列标准样品建立，且进行元素间干扰校正效应。除锌和镓用康普顿散射作内标校正基体效应外，其余各元素用理论 α 系数或基本参数法校正元素间的吸收－增强效应。各元素的测定范围见表 12.1。

表 12.1　铝土矿中各元素 X 射线荧光光谱法测量范围

成分	含量范围（质量分数）/%	成分	含量范围（质量分数）/%
Al_2O_3	30 ～ 80	SiO_2	1 ～ 50
Fe_2O_3	0.60 ～ 20	TiO_2	0.5 ～ 8
K_2O	0.05 ～ 3	Na_2O	0.05 ～ 3
CaO	0.05 ～ 5	MgO	0.03 ～ 3
P_2O_5	0.01 ～ 5	S	0.03 ～ 3
MnO	0.003 ～ 0.20	V	0.005 ～ 0.4
Ga	0.002 ～ 0.05	Zn	0.0015 ～ 0.30

用硼酸盐熔融成玻璃样片制样法可以更好地消除粒度和矿物效应的影响，尤其对 Al、

①安小强，周长春，李振，等．铝土矿分析方法综述［J］．轻金属，2008(11)：52－55.
②刘江斌，段九存，党亮，等．X射线荧光光谱法同时测定铝土矿中主、次组分及 3 种痕量元素［J］．理化检验（化学分册），2011(10)：1211－1213.
③赵宝山．X射线荧光光谱仪在铝土矿分析中的应用［J］．有色矿山，2002(02)：12－13.
④王云霞，张健，庞玲，等．X射线荧光光谱法测定铝土矿中的主成分［J］．理化检验（化学分册），2006(07)：542－543.
⑤钟代果．铝土矿中主成分的 X 射线荧光光谱分析［J］．岩矿测试，2008(01)：71－73.
⑥邓赛文，梁国立，方明渭，等．X射线荧光光谱快速分析铝土矿的方法研究［J］．岩矿测试，2001(04)：305－308.
⑦彭南兰，华磊，秦红艳．X射线荧光光谱法测定文山地区铝土矿中多种组分［J］．矿物学报，2013(04)：530－534.
⑧王建华，王斌．铝土矿中主成分的 X 射线荧光光谱分析［J］．西部探矿工程，2012(01)：165－167.
⑨严家庆，唐宇峰．X射线荧光光谱法快速测定铝土矿中的主成分［J］．光谱实验室，2012(06)：3689－3692.
⑩袁汉章，刘洋，秦颖．铝土矿和赤泥的 X 射线荧光光谱测定［J］．分析化学，1990(05)：451－453.
⑪陈致芬，邹恩滕，林星明，等．铝矿轻元素 X 射线荧光分析方法研究［J］．核技术，1995(04)：216－219.
⑫谢静思，甘学锋．X射线荧光光谱法测定铝土矿中的主次量组分［J］．广东化工，2013(24)：149－150.
⑬张华，郭河琦．铝土矿中主要成分测定方法研究［J］．中小企业管理与科技（下旬刊），2009(05)：267.
⑭董莹，王鹏程．铝土矿主要成分的 X 射线荧光光谱分析［J］．科技传播，2012(15)：67－90.
⑮丁库克，邹恩滕，陈致芬，等．XRF法快速测定铝土矿火车样［J］．矿冶，1996(02)：82－86.
⑯马凤莉．X射线荧光光谱法测定铝土矿和粘土中的主次量组分［J］．科技致富向导，2010(26)：291－292.

Si 等元素的分析，但制样时间较长。粉末压片法由于简便、快速，也在 X 射线荧光光谱法检测铝土矿方面得到了广泛的应用[1][2][3][4][5]，特别是配合便携式 X 射线光分析仪，更是可以实现现场快速检测。如丁库克[5]等采用压样法，使用国产便携式 X 射线光分析仪快速测定铝土矿火车样中的铝、硅、磷、硫、钾、钙、铁、钛 8 个元素，文章对标样的采集、制样、仪器某些性能的改进、各种影响因素的校正（如基体效应、谱叠加干扰等）、数学模型的研究开发等作了简要说明，提出了解决问题的基本原则，在小型仪器上攻克了铝土矿火车样工业分析的难题。该技术具有准确、快速、成本低的优点。

12.3.11.2　铝土矿的电感耦合等离子发射光谱分析方法

文加波[6]等采用 NaOH 熔融分解样品，热水浸取熔融物，加入酒石酸络合钨、钼、铌、钽等易水解元素，然后在盐酸介质中用电感耦合等离子体原子发射光谱法同时测定铝土矿中 Al_2O_3、SiO_2、Fe_2O_3、TiO_2、CaO、MgO、K_2O、P_2O_5、MnO、Ga、Ge、V、Li、Cr、Nb、Ta、Sr、Zr、Hf、Sc、La、As、B、Ba、Be、Bi、Cd、Co、Cu、Ni、Pb、Sb、Sn、Tl、Zn、Mo、Se、In、Te 和 W 等 40 种组分。

黄肇敏[7]采用电感耦合等离子体发射光谱法，同时测定高铁三水铝土矿中的 Si、Fe、Al、Tl、Mn、V、As、P 等元素。对影响其光谱测量的各种因素进行了较为详细的研究，确定了最佳的试验测定条件。结果表明，该方法的检出限为 $0.0012 \sim 0.061\ \mu g/mL$，回收率为 $95.4\% \sim 107.4\%$，主量元素相对标准偏差在 $1\% \sim 3\%$ 之间，次量元素相对标准偏差在 $2\% \sim 6\%$ 之间。该方法应用于高铁三水铝土矿的测定，结果令人满意。

————————

①赵宝山.X 射线荧光光谱仪在铝土矿分析中的应用 [J].有色矿山，2002(02)：12—13.

②邓赛文，梁国立，方明渭，等.X 射线荧光光谱快速分析铝土矿的方法研究 [J].岩矿测试，2001(04)：305—308.

③张华，郭河琦.铝土矿中主要成分测定方法研究 [J].中小企业管理与科技（下旬刊），2009(05)：267.

④董莹，王鹏程.铝土矿主要成分的 X 射线荧光光谱分析 [J].科技传播，2012(15)：67—90.

⑤丁库克，邹恩滕，陈致芬，等.XRF 法快速测定铝土矿火车样 [J].矿冶，1996(02)：82—86.

⑥文加波，李克庆，向忠宝，等.电感耦合等离子体原子发射光谱法同时测定铝土矿中 40 种组分 [J].冶金分析，2011(12)：43—49.

⑦黄肇敏，崔萍萍，周素莲.电感耦合等离子体发射光谱法测定高铁三水铝土矿中的主量和次量元素 [J].矿产与地质，2007(04)：476—478.

第13章 菱镁矿有害元素检测

13.1 菱镁矿资源概况

菱镁矿是化学组成为 $MgCO_3$、晶体属三方晶系的碳酸盐矿物，通常呈显晶粒状或隐晶质致密块状，后者又称为瓷状菱镁矿，白或灰白色，含铁的呈黄至褐色，玻璃光泽。具有完全的菱面体解理，瓷状菱镁矿则具有贝壳状断口。摩斯硬度 3.5～4.5，比重 2.9～3.1。它是镁的主要来源，主要用作耐火材料、建材原料、化工原料和提炼金属镁及镁化合物等。随着我国经济和工业的发展，菱镁矿资源的开发和利用越来越受到业界的重视。

我国是世界菱镁矿资源最为丰富的国家之一，菱镁矿资源主要分布在辽宁和山东等省[1]。据辽宁省地质资源厅 2011 年公布的数据，已查明的辽宁省菱镁矿储量有 34 亿吨，约占全国总储量的 90%，占世界总储量的 25%。目前辽宁菱镁矿的储量、开采量及镁质耐火材料生产量以及耐火材料的出口量等均居世界首位。

我国菱镁矿资源分布的主要特点是[2]：

（1）储量大而集中。以辽宁大石桥、海城一带的菱镁矿为例，矿体呈层状，多达 10 余层，厚达几十米，延长数公里至几十公里，储量数亿吨；

（2）矿石质量好、杂质少、多为优质矿。菱镁矿的理论成分 MgO 47.62%、CO_2 52.38%。菱镁矿 MgO 在 47% 以上特级品有几千万吨，大于 46% 的占总储量的 47%；45%～46% 占 30%，可见质量之高；

（3）矿点靠近铁路、公路、码头，交通方便开发条件好，可采储量多，且大多数宜露天开采。

13.2 菱镁矿有害元素概论

在煅烧过程中，菱镁矿中的杂质，如 SiO_2、Fe_2O_3、Al_2O_3、CaO 等能与氧化镁生成各种结晶质和玻璃质的矿物，如橄榄石、尖晶石、镁硅钙石、钙硅酸盐、铝酸盐等。另外，氧化钙在煅烧时呈游离状态，易吸收水分变成氢氧化钙。因此对作为耐火材料的菱镁矿在煅烧前所含的杂质有严格的要求。杂质的含量对其制品的耐火度、烧结性能、荷重软化温度、耐压强度等有严重影响[3]。我国发布的 YB/T 5208－2004《菱镁石》行业标准

---

①何勇，姜明. 我国菱镁矿资源的开采利用现状及存在的问题［J］. 耐火与石灰，2012(03)：25－28.
②张永奎. 我国菱镁矿的开发利用现状及前景分析［J］. 科技信息，2013(05)：424－425.
③郑水林. 非金属矿加工与应用. 北京：化学工业出版社，2009.

中，主要根据菱镁矿中 MgO、CaO、SiO_2、Fe_2O_3、Al_2O_3 等成分的含量将菱镁石分成 10 个不同牌号。

环境方面，由于经济原因以及缺乏合适的选矿技术，很多矿山只采取富矿，而丢弃所谓的贫矿，直接丢入山沟，或占地堆放。不但造成资源的极大浪费，更是对环境产生极大的危害，其中重金属进入环境和水体，对周边人畜的生命安全产生极大的威胁。

13.3 菱镁矿中有害元素的检测方法

根据 YB/T 5208－2004《菱镁石》中的有关条款，目前菱镁矿的化学检测主要采用 GB/T 5069.1 ～ 5069.13－2001《镁质、镁铝及铝镁质耐火材料化学分析方法》系列标准进行检测，但此系列标准于 2007 年被标准 GB/T 5069－2007《镁铝系耐火材料化学分析方法》替代。该标准将原来的 13 个部分合并，并整合了《优质镁砂化学分析方法》的部分内容。本章以 GB/T 5069－2007 检测方法为重点，并结合现有文献方法对菱镁矿中有害元素的检测方法进行简要介绍。

13.3.1 菱镁矿中二氧化硅的检测

13.3.1.1 钼蓝光度法

本方法适用于 SiO_2 含量小于等于 5％的样品的测定。方法原理为：试样用碳酸钠－硼酸混合熔剂熔融，稀盐酸浸取，在约 0.2 mol/L 盐酸介质中，单硅酸与钼酸铵形成硅钼杂多酸，加入乙二酸－硫酸混合酸，消除砷、磷的干扰，然后用硫酸亚铁氨将其还原为硅钼蓝，于分光光度计波长 810 nm 或 690 nm 处测量其吸光度。

13.3.1.2 重量－钼蓝光度法

本方法适用于对于 SiO_2 含量大于等于 5％的菱镁矿。其方法原理为：试样用碳酸钠－硼酸混合熔剂熔融，稀盐酸浸取并蒸至一定体积，加入聚环氧乙烷凝聚硅酸，经过滤并灼烧成二氧化硅，然后用氢氟酸处理使硅以四氟化硅的形式逸出，氢氟酸处理前后的质量之差即为二氧化硅的主量。再用熔融处理残渣，溶解于原滤液中，以钼蓝光度法测定滤液中残余二氧化硅量。两者之和即为试样中二氧化硅量。

13.3.2 菱镁矿中三氧化二铝的检测

13.3.2.1 铬天青 S 光度法

本方法适用于 Al_2O_3 含量小于 2％的菱镁矿的测定。试样用碳酸钠－硼酸混合熔剂熔融，稀盐酸浸取。分取部分试样溶液，以锌－EDTA 掩蔽铁、锰等离子，在六次甲基四胺溶液缓冲条件下，铝与铬天青 S 生成紫红色络合物，于分光光度计波长 545 nm 处测量吸光度。钛的干扰可加过氧化氢溶液消除。

13.3.2.2 氟盐置换 EDTA 容量法

本方法适用于 Al_2O_3 含量大于 2％的菱镁矿的测定。试样用碳酸钠－硼酸混合熔剂熔融，稀盐酸浸取。用苯羟乙酸（苦杏仁酸）掩蔽钛，在过量 EDTA 存在下，调 pH 值至 3～4，加热使铝离子、铁离子等与 EDTA 络合，加入 pH 值为 5.5 的六次甲基四胺缓冲溶液，以二甲酚橙为指示剂，先用乙酸锌标准滴定溶液滴定过量的 EDTA，再用氟盐取代与铝络合的 EDTA，最后用乙酸锌标准滴定溶液滴定取代处的 EDTA，求得氧化铝量。

13.3.3 菱镁矿中三氧化二铁的检测

13.3.3.1 邻二氮杂菲光度法

试样用碳酸钠－硼酸混合熔剂熔融，稀盐酸浸取。用盐酸羟胺将 Fe（III）还原为 Fe（II），在弱酸性溶液中，Fe（II）与邻二氮杂菲形成橙红色络合物，于分光光度计波长 510 nm 处测量其吸光度。

13.3.3.2 火焰原子吸收光谱法

试样用碳酸钠－硼酸混合熔剂熔融，稀盐酸浸取，在容量瓶中用水定容至刻度制备成试样溶液，于原子吸收光谱仪波长 248.3 nm 处，测量其吸光度。需要注意的是，为避免基体效应的影响，标准溶液中应加入等量的碳酸钠－硼酸混合熔剂和盐酸。

13.3.4 菱镁矿中二氧化钛的检测

13.3.4.1 二安替比林甲烷光度法

本方法适用于 TiO_2 含量小于 0.5％的菱镁矿的测定。方法原理为：试样用碳酸钠－硼酸混合熔剂熔融，稀盐酸浸取，在盐酸介质中钛与二安替比林甲烷形成黄色络合物，于分光光度计波长 390 nm 处测量其吸光度。三价铁会干扰 Ti 的测定，加入抗坏血酸进行消除。

13.3.4.2 过氧化氢分光光度法

本方法适用于 TiO_2 含量在 0.5％～4％的菱镁矿的测定。方法原理为：试样用碳酸钠－硼酸混合熔剂熔融，酸性介质中，四价钛与过氧化氢生成黄色络合物，于分光光度计波长 410 nm 处测量其吸光度。此方法中，三氯化铁的黄色会干扰测定，用自身的空白来消除（即以不加入过氧化氢的试剂溶液作为空白）。

13.3.5 菱镁矿中氧化钙的检测

13.3.5.1 火焰原子吸收光度法

本方法适用于 CaO 含量小于 2％的菱镁矿的测定。试样用碳酸钠－硼酸混合溶剂熔融，稀盐酸浸取，定容制备成试样溶液，加入氯化锶为释放剂，以消除铝、钛等对测定的干扰，于 422.7 nm 处测量其吸光度。为避免基体效应的影响，标准溶液中应加入等量的碳酸钠－硼酸混合熔剂和盐酸。

13.3.5.2 EDTA 容量法

本方法适用于 CaO 含量小于 0.5％的菱镁矿的测定。试样用碳酸钠－硼酸混合溶剂熔融，稀盐酸浸取，用氨水分离铁、铝、钛等，取部分滤液，用三乙醇胺掩蔽干扰，加氢氧化钠溶液调节试样 pH 值约为 13，以钙指示剂指示，用 EDTA 标准溶液滴定氧化钙量。

13.3.5.3 EGTA 容量法

本方法适用于 CaO 含量小于 1％的菱镁矿的测定。试样用碳酸钠－硼酸混合熔剂熔融，稀盐酸浸取，以六次甲基四胺溶液二次分离铁、铝、钛、硅等。取部分滤液，加过量 EGTA 标准溶液，在 pH 值大于 13 时加钙黄绿素－茜素混合指示剂，用氧化钙标准滴定溶液进行反滴并过量，再以 EGTA 标准溶液回滴过量的氧化钙。

13.3.6 菱镁矿中氧化钾、氧化钠的检测

火焰原子吸收光度法：试样用氢氟酸－高氯酸分解后，制成硝酸溶液，于原子吸收光谱仪波长 766.5 nm 和 589.0 nm 处分别测量钾、钠的吸光度。

13.3.7　菱镁矿中氧化锰的检测

火焰原子吸收光度法：试样用氢氟酸－高氯酸分解后，制成盐酸溶液，于原子吸收光谱仪波长 279.5 nm 处，测量其吸光度。硅的干扰用氢氟酸分解试样挥散消除。

13.3.8　菱镁矿中五氧化二磷的检测

试样用混合熔剂熔融，盐酸浸取，以铋盐为催化剂用抗坏血酸、盐酸羟胺还原，加钼酸铵－酒石酸钾混合溶液显色，于分光光度计波长 700 nm 处，测量其吸光度。

13.3.9　菱镁矿中氯的检测

SN/T 0254－2011 中规定了轻烧镁中酸溶氯化物的测定方法——硝酸银电位滴定法，该方法也适用于菱镁矿中 Cl 的测定，测定范围（质量分数）：0.0060% ～ 0.02%。方法原理为：试样用硝酸分解，在 pH 值为 2～4 条件下，以氯离子选择电极或银电极为测量电极，双盐桥甘汞电极为参比电极，用硝酸银标准溶液滴定，根据电位突跃，采用二级微商法计算滴定终点。采用该方法时，如果试样分解后，溶液带黄棕色，指示剂显色不明显，可用 pH 试纸调至 pH 为 2～4，也可以用快速滤纸过滤后，再用百里酚兰指示剂调节 pH 值并测定。如果试样溶解不完全，也不影响测定。

13.3.10　菱镁矿中铅、镉的检测

SN/T 3917－2014 中规定了轻烧镁（菱镁石）中铅、镉的测定方法——石墨炉原子吸收方法，测定范围：铅 1～10 mg/kg、镉 0.1～0.5 mg/kg。方法原理：试料经硝酸在微波消解仪中消解，待消解程序完成后，将消解液定容至一定体积。用硝酸镁做基体改进剂，用石墨炉原子吸收光谱仪于波长 283.3 nm 处，测定铅的吸光度；于波长 228.8 nm 处，测定镉的吸光度。通过待测元素含量与吸光度之间的线性关系，计算试料中铅和镉的含量。

13.3.11　菱镁矿中砷、汞的检测

SN/T 3917－2014 中规定了轻烧镁（菱镁石）中砷、汞的测定方法——氢化物发生原子荧光光谱法，测定范围：砷 1～10 mg/kg、汞 0.05～0.2 mg/kg。方法原理：试料采用盐硝混酸在微波消解仪中消解样品，将消解液定容至一定体积，用氢化物－原子荧光光谱法测定砷、汞含量。

13.3.12　菱镁石的 X 射线荧光光谱分析方法

张鹏等[1]以标准物质作为参照物，采用熔融法制样，建立了测定镁砂及其矿物原料（镁石、菱镁矿）中 SiO_2、Al_2O_3、CaO、MgO、Fe_2O_3、MnO、P_2O_5、TiO_2 含量的 X 射线荧光光谱法。试样按照 1∶10 的稀释比例用四硼酸锂熔剂在铂－金合金坩埚中，在 1 100 ℃下预熔 120 s，熔融 300 s 制成玻璃熔片，用波长色散 X 射线荧光光谱仪进行检测。通过烧损量的校正，拓宽了测量范围和分析品种，避免了由于样品的烧损带来的分析误差。实验还发现：对于主成分 MgO 含量大于 90 % 的样品，还可以采用本方法全分析后减去其他杂质的方法求得 MgO 含量，可用于验证直接测量的 MgO 结果。

本方法应用于镁砂、镁石、菱镁矿标准样品及镁砂实际样品的分析，测定值与认定值或其他方法的测定值相一致，所得分析结果能够满足镁砂中常见组分快速分析的需要。

---

[1]张鹏，曲月华，王一凌. X 射线荧光光谱法测定镁砂、镁石及菱镁矿中主次成分 [J]. 冶金分析，2010（09）：28－31.

第14章 萤石有害元素检验

14.1 萤石资源概况

萤石是一种常见的卤化物矿物，主要成分是氟化钙，也称为氟石。因在紫外线或阴极射线照射下可发出蓝绿色荧光而得名。萤石通常呈块状或粒状，具有玻璃光泽。纯净的萤石为无色，在自然界非常稀少，多因含有不同杂质而呈现出黄、绿、蓝、紫、白、黑、红等不同颜色，其中以绿色和紫色最为常见。萤石不溶于水，能溶于硫酸、磷酸和热的盐酸及硼酸、次氯酸，并能与氢氧化钾、氢氧化钠等强碱稍起反应[①]。

萤石是现代工业中非常重要的非金属矿物原料，用途十分广泛。萤石和硫酸作用制成的氢氟酸，不仅可以用来蚀刻玻璃，更是当今蓬勃发展的氟化工行业最重要的氟原料，产品涉及电子、新材料、新能源、医药、通信、化工等各领域；在钢铁冶炼中加入一定量的萤石，可以提高炉温，除去硫、磷等有害杂质，还能同炉渣形成共熔体混合物，增强活动性、流动性，使渣和金属分离；利用萤石加工制成的氟化铝、冰晶石等助熔剂，在炼铝工业中被大量使用；此外，在水泥、陶瓷、珠宝、光学等领域，萤石也都有应用。萤石是不可再生资源，中国于1999年将其列为战略资源。

2012年美国地质调查局发布的矿产品报告显示：截至2011年，世界萤石探明储量2.4亿吨（以CaF_2计，俄罗斯等部分国家未做统计），广泛分布在世界各大洲，其中环太平洋成矿带萤石储量超过50%。从国家分布情况来看，南非储量最大，约为4100万吨；其次是墨西哥，约为3200万吨；中国第三，约为2400万吨；蒙古第四，约为2200万吨。

中国萤石资源由于杂质含量尤其是砷、硫、磷等含量较低，且开采条件优越，因而有效价值十分明显。根据国家统计局和国土资源部统计数据，至2012年，我国查明萤石资源储量20972万吨，基础储量3712万吨，主要分布于浙江、江西、福建、安徽、湖南、内蒙古、河北等27个省和自治区[②]。

萤石开采加工始于英国。目前从事萤石生产加工的主要国家有中国、墨西哥、蒙古、南非、俄罗斯、西班牙、摩洛哥、纳米比亚等，近十年的年产量在500至750万吨之间。中国是萤石生产加工量最大的国家，年产量在250～450万吨之间，在全球萤石产量中占比超过50%。

---

①陈武、张寿庭、张红亮，对中国萤石矿开发利用问题的思考［J］．资源与产业，2014，16（2）：51—55．
②王文利、白志民，中国萤石资源及产业发展现状［J］．金属矿山，2014，453（3）：1—9．

全球进出口贸易方面，长期以来，中国萤石主要以精矿粉形式出口到美国、日本、欧洲、加拿大、韩国等国家和台湾地区，鼎盛时期达 140 万吨/年，牢牢占据国际市场主导地位。近几年，随着我国氟化工行业的迅猛发展以及钢铁、水泥、铝业产量的不断增长，自主需求日益旺盛，出口量逐年减少。

值得注意的是，全球萤石矿储量正在迅速匮乏，而中国面临形势更加严峻。按照目前萤石可开采储量和 2013 年产量进行计算，全球萤石储采比只有 36.4，中国的储采比已经下降到 6 以下。如果没有探明新的可开采萤石矿，中国萤石资源短时间内即将枯竭。

14.2　萤石中有害元素概论

萤石产品源自天然开采的萤石矿。高品位萤石矿可经简单破碎加工，以萤石块或粒形式销售；低品位萤石矿、伴生矿、尾矿多需经过浮选工艺，将矿石经分离提纯加工成萤石粉，再进行销售。

萤石因原矿成因、生产加工工艺等而含有一定量的杂质。通常包括：$CaCO_3$、SiO_2、Al_2O_3、MgO、S、P、As、Hg、Pb、Fe_2O_3、有机物、硫化物及其他金属氧化物等。这些杂质主要来自于伴生矿或浮选加工工艺。譬如：萤石矿通常与硅酸盐、重晶石、方解石以及其他多金属共生，浮选过程中加入的油酸等捕收剂及其他抑制剂会产生有机物等。

萤石中的杂质可能对后续产品的质量及生产过程产生影响。当这些影响所起作用为负面时，需要进行控制。起负面作用的杂质通常称为有害元素，其危害性包括生产加工过程中影响产品质量、影响设备使用寿命，以及对环境产生破坏和对人体健康产生危害等众多因素。

萤石产品按照品位和用途，通常可分为制酸级萤石（CaF_2含量＞97％）、冶金级萤石（CaF_2含量 60％～85％）和陶瓷级萤石（CaF_2含量 85％～95％）。

不同用途的萤石中有害元素的定义和限量有所不同。

萤石在冶金行业应用广泛，具有能降低难熔物质的熔点、促进炉渣流动、使渣和金属很好分离、在冶炼过程中能改善脱硫、脱磷过程、增强金属的可煅性和抗张强度等特点。冶炼用萤石矿一般要求主要杂质二氧化硅含量≤32％，硫含量≤0.30％，磷含量≤0.08％[①]。对其中的金属氧化物如 Al_2O_3、FeO、MnO 等亦有一定限制要求。

萤石中碳酸钙对冶炼高炉有较大影响。碳酸钙高温受热分解成氧化钙和二氧化碳，需要消耗一定量的热能。产生的二氧化碳进入煤气中会降低一氧化碳浓度，从而降低煤气还原能力。二氧化碳还可与焦炭发生碳素气化反应导致高炉焦比升高。

无水氟化氢的工业化生产主要是萤石工艺。萤石和硫酸反应生成氟化氢的同时，萤石中存在的金属硫化物、硫和油酸等，同时发生副反应，形成含硫蒸汽并在反应管道设备上沉积。不仅会引发严重的铁/硫腐蚀，还可能导致堵塞事故[②]。

在氟化盐生产工艺中，萤石中的 SiO_2 与氟化氢反应生成 SiF_4，进入生产过程并最终进入产品，影响质量。萤石中的油酸是有机酸，当含量达到一定限时，油酸在萤石表面形成一层膜，阻止硫酸进入萤石内部，若混料过程不均匀时，形成的粒状黏稠液会造成操作不

①翁水生、顾林娜、乔晓东、等，低硅高纯萤石球在不锈钢冶炼中的应用 [J]．特殊钢，2013, 34（1）：52—55.
②洪海江、张怀、赵景平，萤石—硫酸法生产无水氟化氢过程中除硫问题分析 [J]．有机氟工业，2014, 1：30—33.

稳定，且增加硫酸和萤石的消耗量[1]。

在无碱玻璃生产工艺中，萤石主要作为助熔剂、澄清剂。萤石中矿物组成复杂、SiO_2、Fe_2O_3含量偏高往往会导致反应炉泡沫层偏厚、玻璃液黏度较大、拉丝断头较多[2]。

萤石中氟化钙是其主要成分，通常不作为有害元素进行限制。但过量氟对人体健康的危害性同样不可忽视。1989年，浙江省象山县茅洋村曾因露天堆放萤石污染水源引起氟中毒，95人患上斑釉病；广西省岑溪县萤石矿因洗矿污染陆娘河引起地方性氟中毒。萤石粉露天堆放和散装运输作业时需防止粉尘吸入。

14.3 萤石中有害元素检测方法

14.3.1 萤石中氟化钙的检测

14.3.1.1 EDTA滴定法

采用EDTA标准溶液滴定总钙量和碳酸盐形式存在的钙，以氟离子选择性电极测定被乙酸溶解的氟化物，校正后计算氟化钙含量。

14.3.1.2 X—射线荧光光谱法

林彦杰等[3]研究了粉末压片X—射线荧光光谱法测定萤石粉中氟化钙。采用粉末压片法制样，用X—射线荧光光谱仪直接测得氟元素的强度，从而得出氟化钙的含量。此方法简便、快捷，所测氟元素含量范围13.5%～45.4%。

苏峥等[4]研究了X—射线荧光光谱法与红外吸收法联合测定萤石中氟化钙。采用四硼酸锂熔融样品，制成玻璃体熔片，然后用X—射线荧光光谱法测得熔片中总钙含量，减去通过用红外吸收法测得样品中碳含量，换算得到碳酸钙中的钙含量，进一步求得萤石中氟化钙含量。此方法可应用到质量分数为20%～98%氟化钙的测定，测定值与认定值与化学法测定值吻合，最大标准偏差为0.5%。

14.3.1.3 电位滴定法

ISO 5439—1978通过控制温度（135±2℃）在高氯酸存在下将氟蒸馏而与样品分离，加入pH＝6.5吡啶缓冲溶液，用带有氟离子选择性电极的酸度计或自动电位滴定仪以硝酸镧溶液滴定蒸馏液中的氟。该方法适用于氟化钙含量90%及以上的产品。ISO 9503—1991在高氯酸存在下将氟蒸馏而与样品分离，加入pH＝3—氯乙酸缓冲溶液，以硝酸钍溶液滴定蒸馏液中的氟。该方法适用于冶金级萤石产品。

杨艳等[5]研究了通过控制温度在高氯酸存在下将氟蒸馏而与样品分离，加入六次甲基四胺缓冲溶液，用自动电位滴定仪以硝酸镧溶液滴定蒸馏液中的氟的方法，测量快捷，重现性好。

彭速标等[6]应用电位滴定法测定萤石中的钙含量。采用盐酸—硼酸混合酸处理样品，

①贾淑琴，萤石对氟化盐生产的影响分析［J］.甘肃科技，2012，28(17)：26—28.
②任建锋、苏志茹，重新认识萤石在无碱玻璃生产中的作用［J］.试验研究，2004，5，；17—18.
③林彦杰、牟英华，化学法与荧光光谱法测萤石粉中氟化钙含量的讨论［J］.本钢技术，2011，4；34—36.
④苏峥、马建平，X—射线荧光光谱法与红外吸收法联合测定萤石中氟化钙［J］.冶金分析，2008，28(8)：73—75.
⑤杨艳、张穗忠，电位滴定法测定萤石中的氟含量［J］.冶金标准化与质量，2007，45；11—13.
⑥彭速标、郑建国、翟翠萍、等，自动光度滴定测定萤石中的钙［J］.广东化工，2009，11；129—131.

三乙醇胺作为掩蔽剂，在 pH＞12.5 条件下，加入钙指示剂，用 EDTA 标准溶液滴定。操作简单，准确度高。

14.3.1.4　离子色谱法

王潇等[1]研究了离子色谱法测定萤石中氟化钙的含量。试样经氢氧化钾熔解，采用 Dionex IonPacAs18 型分离柱（250 mm×4 mm）、IonPacA G18 型保护柱（50 mm×4 mm）、ASRS－ULTRAⅡ4 mm 阴离子抑制器，分析速度快，无干扰。

14.3.2　萤石中碳酸钙的检测

14.3.2.1　EDTA 滴定法

GB/T 5195.2-2006 采用稀乙酸浸取试样并过滤。部分滤液用锆－二甲酚橙褪色光度法测量被浸取出的氟化钙量，剩余滤液用 EDTA 滴定法测定钙含量，扣除氟化钙量以计算碳酸盐（用碳酸钙表示）的质量分数。测定范围 0.10%～3.00%。

韩洁[2]研究了定量钙乙酸溶液浸取方法。试样以含定量钙的稀乙酸浸取，过滤，用含氟离子的水洗涤，在滤液中加入氢氧化钾溶液使 pH 值为 13，加入三乙醇胺作为掩蔽剂，以钙黄绿素为指示剂，用 EDTA 标准溶液滴定至绿色荧光消失为终点。根据消耗的 EDTA 标准溶液体积计算碳酸盐（用碳酸钙表示）的质量分数。测定范围 0.10%～10.00%。

14.3.2.2　酸碱滴定法

GB/T 5195.2-2006、ISO 4283-1993 在气体发生装置中用盐酸处理试样，以氮气为载体，用氢氧化钡溶液吸收发生的二氧化碳，过量的碱用盐酸中和，加过量的盐酸标准溶液以溶解碳酸钡沉淀，以甲基橙为指示剂，用氢氧化钠标准溶液滴定过量的盐酸，计算碳酸盐（用碳酸钙表示）的质量分数。测定范围≥0.040%。

14.3.3　萤石中二氧化硅的检测

14.3.3.1　氢氟酸重量法

GB/T 5195.8-2006 中试样以稀乙酸分解，将碳酸钙分离，用氢氟酸处理残渣，二氧化硅生成四氟化硅挥散，按氢氟酸处理前后的质量差计算二氧化硅质量百分数。测定范围（二氧化硅质量分数）1.50%～40.00%。

14.3.3.2　氟硅酸钾容量法

黄仁彬[3]研究了在加纯铝条件下，用氢氧化钾分解试样，在硝酸及盐酸介质中控制溶液体积，运用氟硅酸钾法测定二氧化硅。该方法结果准确、快捷，适用于组分复杂的萤石样品中二氧化硅（质量分数 2%～35%）测定。

14.3.3.3　钼蓝分光光度法

GB/T 5195.8-2006 中试样以碳酸钠硼酸熔融，以稀盐酸浸取，在 0.05～0.20 mol/L 酸度下，使硅酸与钼酸铵生成黄色硅钼杂多酸，加入乙醇以提高方法的灵敏度和稳定性。调整酸度为 3 mol/L 以消除磷、砷的干扰，用抗坏血酸将硅钼黄还原成硅钼蓝，于波长

①王潇、郭中宝、汤跃庆，离子色谱法测定萤石中氟化钙的含量［J］. 检验与认证，2014，3，：1－2.
②韩洁，萤石中碳酸盐含量测定方法差异性的探讨［J］. 甘肃冶金，2014，3：67－68.
③黄仁彬，氟硅酸钾法测定萤石中的二氧化硅［J］. 四川冶金，2003，1：32－33.

700 nm 处测量吸光度。测定范围（二氧化硅质量分数）0.10％～2.00％。

GB/T 5195.8－2006 和 ISO 5438－1993 中还有一种还原型钼蓝分光光度法。试样以碳酸钠熔融分解，盐酸酸化后加硼酸络合氟化物，加钼酸铵形成硅钼杂多酸，以抗坏血酸消除磷的干扰，加入酒石酸还原成硅钼蓝，于波长 800 nm 处测量吸光度。测定范围（二氧化硅质量分数）0.05％～4.00％。

14.3.3.4 电感耦合等离子体原子发射光谱法

闻向东等[①]研究了萤石中低含量二氧化硅的一种测试方法。试样经无水碳酸钠和硼酸混合熔剂熔融，盐酸（1＋5）浸取，在电感耦合等离子体原子发射光谱仪上，用耐氢氟酸腐蚀的雾化器和矩管系统测量。根据二氧化硅各谱线灵敏度、相互干扰情况、工作曲线相关系数比较结果选择硅的最佳分析线 212～412 nm。此方法应用于萤石中二氧化硅质量分数 0.70％～5.00％测定，相对标准偏差 0.51％～1.46％。

14.3.4 萤石中硫酸钡的检测

14.3.4.1 重量法

ISO 5437－1988 中试样先加入一定量的氢氟酸挥散，加入少量浓硫酸蒸发近干，再加入一定比例的盐酸、硫酸混合水溶液，加热，冷却后定量转移，多次淋洗、灼烧（800±25 ℃）后称重。测定范围（硫酸钡质量分数）≥0.1％。

14.3.4.2 电位滴定法

王利恒等[②]研究采用溶度积原理将样品中与硫酸钡共存的钙、锶、铅的硫酸盐转化成更难溶的氟化物和碳酸盐，释放出的硫酸根可用过滤操作使其与沉淀分离，沉淀中剩下的硫酸钡经还原、蒸馏，采用电位滴定法测定。

14.3.5 萤石中硫的检测

萤石中硫含量检测包括总硫和硫化物硫。

14.3.5.1 碘量法——测定总硫、硫化物硫

GB/T 5195.5－2006 中将试样与三氧化钨混合并在 1200 ℃的电阻炉内加热，用氮气为载气。在含有淀粉和碘化钾的稀盐酸溶液中吸收析出的二氧化硫，在析出过程中，连续用碘酸钾标准溶液滴定。测定范围（硫质量分数）0.010％～1.00％。

GB/T 5195.4－2006 和 ISO 4284－1993 中将试料与盐酸、氯化亚锡和硼酸溶液在密闭容器中溶解，释放出的硫化氢由无氧氩气或氮气流带出，用乙酸锌溶液吸收，用碘量法测定所生成的硫化锌。测定范围（硫化物按硫计算的质量分数）≥0.001％。

14.3.5.2 重量法——测定总硫

吴虹霞等[③]研究了重量法测定萤石中的硫含量。以碳酸钠和氧化锌混合熔剂分解试样，采用三氯化铝消除氟离子干扰，调节酸度，采用增量法在待测试样和试样空白中加入

①闻向东、赵希文、文斌、等，电感耦合等离子体原子发射光谱法测定萤石中低含量二氧化硅 [J]．冶金分析，2008，28（3）：61－63．

②王利恒、陈佩君，电位滴定法测定氟石中硫酸钡含量的样品预处理方法研究 [J]．理化检验－化学分册，1996，32（2）：96－97．

③吴虹霞、龙如成，重量法测定萤石中硫的含量 [J]．化学分析计量，2007，16（3）：64－65．

相同量的硫酸根离子，以氯化钡作为沉淀剂沉淀硫离子，最终测得硫含量。此方法干扰小、准确度高，重现性好。

14.3.5.3　高频红外法——测定总硫

张萍[1]研究了高频红外法测萤石中的硫含量。选择一定比例的铁－锡－钨混合熔剂，采用高频红外吸收法测定试样中的硫。此方法准确、快速、简便，应用于萤石样品中硫（质量分数 0.001%～5%）的测定，相对标准偏差 0.8%～2.1%。

14.3.5.4　电感耦合等离子体原子发射光谱法——测定总硫

张穗忠等[2]研究了电感耦合等离子体原子发射光谱法测定萤石中低硫含量。

采用氢氟酸、硝酸、盐酸、高氯酸溶解试样，稀盐酸溶解盐类，选择 182.03 nm 作为硫的分析谱线，电感耦合等离子体原子发射光谱仪测定萤石中的硫含量。此方法操作简便，测量下限低（0.02 μg/mL），分析精度高。

14.3.6　萤石中磷的检测

14.3.6.1　钼蓝分光光度法

GB/T 5195.6－2006 中试样用氢氟酸、高氯酸溶解，在约 1 mol/L 的盐酸介质中加入钼酸铵与磷生成磷钼杂多酸，以抗坏血酸－盐酸羟胺将磷钼杂多酸还原成磷钼盐，于分光光度计波长为 800 nm 处测量吸光度。测定范围（磷质量分数）0.002%～0.50%。

14.3.6.2　磷钼酸铵还原分光光度法

GB/T 5195.6－2006、ISO 9438－1993 和 ISO 6676－1993 中，试样与碳酸钠、硼酸和硝酸钠混合熔剂熔融，以过量的硝酸浸取，用氨水沉淀磷酸铁并过滤。以硝酸溶解沉淀，生成的磷钼酸盐络合物，用乙酸乙酯和乙酸丁酯混合溶剂萃取，在有机相中加入氯化亚锡，使络合物还原成钼蓝于有机相中。于分光光度计在波长 710 nm 处测定吸光度。测定范围（磷质量分数）0.0010%～0.30%。

14.3.7　萤石中铝的检测

14.3.7.1　滴定法

试样加入氢氟酸挥散二氧化硅，残渣用混合熔剂熔融，在制备的溶液中加氨水提出铁铝沉淀。将沉淀溶于盐酸中，调节 pH 值在 1～3 范围，以磺基水杨酸为指示剂，用 EDTA 标准溶液滴定铁。完毕后调节 pH 值在 4～5 范围，加过量 EDTA 标准溶液，以 PAN 为指示剂测定铝。

14.3.7.2　原子吸收光谱法

陈宗宏[3]研究了原子吸收光谱法测定萤石中的氧化铝含量。试样经氢氟酸处理，高氯酸冒烟后，加入盐酸和硼酸温热溶解残渣，采用笑气－乙炔焰原子吸收光谱法于分析线 Al 309.3 nm 处测定铝的吸光度。建立标准曲线的铝的标准溶液中需加入与试样相匹配的

①张萍，高频红外法测萤石中磷的研究［J］．武汉理工大学学报，2010，32（24）：39－41.
②张穗忠、李杰，电感耦合等离子体原子发射光谱法测定萤石中硫含量［J］．武汉工程职业技术学院学报，2013，04：1－3.
③陈宗宏，笑气－乙炔焰原子吸收光谱法测定氟石中氧化铝［J］．化学世界，2010，02：85－87.

硼酸和基体钙。此方法操作简便，速度快，结果准确可靠。

14.3.8 萤石中镁的检测

14.3.8.1 原子吸收光谱法

周对梅等[1]研究了原子吸收光谱法测定萤石中微量氧化镁的方法。试样经氢氟酸、王水和高氯酸处理，在2％盐酸酸度下，采用火焰原子吸收光谱法于分析线285.2 nm处测定镁的吸光度。此方法高氯酸冒烟需干净以防止氟离子干扰，应用范围MgO质量分数0.001％～0.100％。

14.3.9 萤石中铁的检测

14.3.9.1 分光光度法

GB/T 5195.10—2006和ISO 9061—1998（E）中，试料用碳酸钠—硼酸混合碱性熔剂熔融，以过量盐酸溶解融块，用盐酸羟胺还原Fe^{3+}，在缓冲溶液中（pH值为3～5），与邻二氮杂菲形成络合物，在波长510 nm处，以分光光度计测量其吸光度。

测定范围（质量分数，以Fe_2O_3表示）0.10％～2.00％。

14.3.9.2 原子吸收光谱法

曾泽[2]研究了原子吸收光谱法测定萤石中铁含量。试样经高氯酸、盐酸溶解，在盐酸介质中，采用塞曼效应扣除背景，用火焰原子吸收光谱法于分析线248.3 nm处测定铁的吸光度。建立标准曲线的铁的标准溶液中需加入与试样相匹配的基体钙。此方法操作简便，结果准确，铁的检出限为0.005％。

14.3.10 萤石中锰的检测

14.3.10.1 高碘酸钠光度法

GB/T 5195.11—2006和ISO 9062—1992中，试样于聚四氟乙烯烧杯或铂金坩埚中用硝酸、盐酸和高氯酸分解。稀释后用高碘酸钠氧化锰成为高锰酸离子，用分光光度计于545 nm波长处测量吸光度。测定范围（质量分数）0.006％～0.40％。

14.3.10.2 原子吸收光谱法

SN/T 1404—2004中，试样经氢氟酸处理，高氯酸冒烟后冷却，加入盐酸和硼酸温热溶解残渣，采用空气—乙炔火焰原子吸收光谱法于分析线279.5 nm处测定锰的吸光度。建立标准曲线的锰的标准溶液中需加入与试样相匹配的基体钙。测定范围（质量分数）0.0010％～0.10％。

14.3.11 萤石中砷的检测

14.3.11.1 DDTC—Ag光度法

ISO 9505—1992中，试样在盐酸介质中将砷以氯化亚锡和碘化钠还原成亚砷酸，加入锌粒使其产生砷化氢气体，将砷化氢气体通入二乙基二硫代氨基甲酸银溶液进行光度测定。

---

[1] 周对梅、王卫英，原子吸收光度法测定氟石中微量氧化镁的试验探讨 [J]．浙江冶金，1994，02：36—41.

[2] 曾泽，火焰原子吸收分光光度法测定氟石中铁 [J]．分析实验室（Vol.23.Suppl），2004，12：225—227.

14.3.11.2　原子吸收光谱法

林力等[①]研究了氢化物发生－原子吸收光谱法测定萤石中砷的方法。试样消解后，采用硫脲和抗坏血酸作为预还原剂和掩蔽剂，采用空气－乙炔火焰原子吸收光谱法于分析线193.7 nm 处测定砷的吸光度。此方法操作简便，灵敏度高，干扰小，砷的检出限为0.052 $\mu g/g$。

14.3.11.3　原子荧光光谱法

林力等[②]研究了氢化物－原子荧光光谱法测定萤石中砷的方法。试样经硝酸、高氯酸消解后，残渣用盐酸溶解，加入硫脲作为预还原剂，采用室温原子化氢化物－原子荧光光谱法测定砷量。此方法灵敏度高、干扰小、操作简便，砷的检出限为 6.8 ng/g。

14.3.11.4　等离子体原子发射光谱法

陈建国等[③]研究了氢化物连续发生等离子体原子发射光谱法测定萤石中砷的方法。试样经硼酸、盐酸处理，残渣用盐酸溶解，加入碘化钾作为还原剂，再于反应管中与硼氢化钠碱溶液充分反应，与氩气混合再经气液分离器分离后导入等离子体矩管。此方法有良好的检出限（0.8 $\mu g/L$），快速、准确、可靠。

14.3.12　萤石中汞的检测

冷原子吸收法（测汞仪）：试样经硝酸、高锰酸钾处理，定量转移。用测汞仪于波长253.8 nm 处进行测定。方法检测范围（质量分数）0.00001%～0.001%。

14.3.13　萤石中铅的检测

原子吸收光谱法：试样经氢氟酸处理、高氯酸冒烟后，在盐酸介质中，采用空气－乙炔火焰原子吸收光谱法于波长 283.3 nm 处进行测定。方法检测范围（质量分数）0.005%～0.5%。

14.3.14　萤石中有机物的检测

重量法：试料经稀盐酸、四氯化碳混合液萃取处理，经减压过滤除去不溶物，分出溶有被测物的有机相，蒸发除去四氯化碳，称量残渣。方法检测范围（质量分数）0.01%～0.15%。

14.3.15　萤石中多元素的同时检测

14.3.15.1　X 射线荧光光谱法

SN/T 2764—2011 中将经研磨、烘干后的试样用合适的熔剂按一定比例熔铸成适合于X 射线荧光光谱仪测量的试料熔片。在选定的仪器测量条件下测量试样熔片中待测元素特征谱线的荧光 X 射线强度，根据校准曲线或方程式计算，并进行必要的元素间干扰效应校正，获得样品中待测成分的含量。方法检测范围（质量分数）：氧化铝（Al_2O_3）0.04%～3.69%、氧化钡（BaO）0.02%～8.20%、总钙以氟化钙计（T.CaF_2）60.1%～98.8%、

①林力、郑琳、黄永江等，氢化物发生－原子吸收光谱法测定萤石粉中砷 [J]．理化检验－化学分册，2007，04；272－274.
②林力、郑琳、朱丽辉，氢化物－原子荧光光谱法测定萤石粉中砷量 [J]．非金属矿，2003，11(6)；7－8.
③陈建国、朱丽辉、杜选文，氢化物连续发生等离子体原子发射光谱法测定氟石中痕量砷 [J]．理化检验－化学分册，2005，02；109－110.

氧化铁（Fe_2O_3）0.06％～2.35％、氧化钾（K_2O）0.02％～1.44％、氧化锰（MnO）0.01％～0.23％、磷（P）0.01％～0.06％、硫（S）0.01％～1.75％、二氧化硅（SiO_2）0.64％～36.10％。

杜燕等[1]研究了玻璃熔融X射线荧光光谱法测定萤石中各组分。试样采用四硼酸锂熔融，X－射线荧光光谱法测得F、Ca、Si、P、S、Fe、K、Na含量。此方法分析速度快、准确度高。

佴云[2]研究了X－射线荧光光谱法与红外吸收光谱法联合测定萤石中各组分含量。试样直接采用粉末压片，X－射线荧光光谱法测得Ca总量、Fe_2O_3、P、S、SiO_2、K_2O含量，再用红外吸收法测得试样中碳含量，换算得到$CaCO_3$含量，进一步求得CaF_2含量。此方法简便、准确。

氟化钙含量较高的酸级萤石粉可采用粉末压片，X－射线荧光光谱法测得Fe_2O_3、P_2O_5、S、SiO_2、Pb、Ba、As、Cl含量。该方法快捷、准确。方法检测范围（质量分数）：氧化铁（Fe_2O_3）0.01％～0.10％、五氧化二磷（P_2O_5）0.01％～0.10％、硫（S）0.01％～0.20％、二氧化硅（SiO_2）0.10％～2.0％、铅（Pb）0.001％～0.040％、钡（Ba）0.05％～2.00％、砷（As）0.0005％～0.0100％、氯（Cl）0.001％～0.010％。

14.3.15.2　电感耦合等离子体原子发射光谱法

胥成民等[3]研究了ICP-AES法测定氟石粉中铝、镉、铬、铜、铁、钾、镁、锰、钠、镍、磷、铅、钒、锌。采用氢氟酸、高氯酸、盐酸溶解试样，选择Na 588.995 nm、K 766.490 nm、Mg 279.553 nm、V 311.071 nm、Cr 283.563 nm、Mn 257.610 nm、Fe 259.940 nm、P 178.287 nm、Cu 324.754 nm、Zn 213.856 nm、Cd 228.802 nm、Al 396.152 nm、Pb 220.353 nm、Ni 231.604 nm作为分析谱线，电感耦合等离子体原子发射光谱仪测定萤石中的次量元素含量。此方法操作简便，分析精度高。

杨德君等[4]研究了ICP-AES法测定萤石中的主次成分。试样加醋酸溶解碳酸钙，经过滤、沉淀、烘干，以碳酸钠、硼砂混合熔剂熔融，再经盐酸浸取，选择Si 260.69 nm、Ca 313.94 nm、Fe 259.94 nm作为分析谱线，电感耦合等离子体原子发射光谱仪测定萤石中CaF_2、$CaCO_3$、SiO_2、Fe_2O_3含量。此方法操作简便，分析精度高。

14.3.15.3　原子吸收光谱法

SN/T0945－2000中在氢氟酸－硼酸－高氯酸体系中溶解试样，在氯化锶存在条件下，用空气－乙炔火焰原子吸收光谱法于波长766.5nm、599.0nm、285.2nm处连续测定试样中的钾、钠、镁，以标准加入法定量。

萤石粉试样用盐酸、硼酸溶解，蒸发至近干，在盐酸介质中，用空气－乙炔火焰原子吸收光谱仪于283.3nm、213.9nm、248.3nm处中分别测定铅、锌、铁。

[1]杜燕、阚斌，玻璃熔融X射线荧光光谱法测定萤石中各组分［J］．科学技术与工程，2006，06（18）：2938－2939.

[2]佴云，粉末压片－X射线荧光光谱法与红外吸收光谱法联合测定萤石中各组分［J］．中国无机分析化学，2014，01：50－52.

[3]胥成民、王宏，ICP－AES测定氟石粉中杂质元素含量［J］．冶金分析，2000，02：48－50.

[4]杨德君、赵永魁、陆雅琴等，ICP－AES法测定萤石中的主次成分［J］．光谱实验室，2000，01：115－117.

第15章 磷矿石有害元素检测

15.1 磷矿资源概况

磷矿石（Phosphate Rock）是指在经济上能被利用的磷酸盐类矿物的总称，是一种有限的、不可再生的自然资源。用磷矿石制造的磷肥、黄磷、磷酸、磷化物及其他磷酸盐产品在农业、化工、医药、食品等工业部门有着广泛的应用。

磷在有机体生活中是不可被取代的。它是脱氧核糖核酸（DNA）架构中的中心原子，存在于地球上所有的生命体中，并且构成三磷酸腺苷（ATP），而 ATP 是体内组织细胞一切生命活动所需能量的直接来源。磷矿资源的可持续开发和利用直接关系到世界的粮食保全和人类的生存发展[①]。

磷在自然界分布很广，在地幔中的平均含量为 0.053%，在地壳中为 0.105%，在岩石圈中为 0.08%[②]。作为亲氧元素之一，磷以五价价态与氧结合成稳定的配阴离子（PO_4^{3-}），因此，除个别情况外，矿物中的磷总是以正磷酸盐形态存在。

磷矿石多产于沉积岩（Sedimentary），也有产于变质岩（Metamorphic）和火成岩（Igneous）。自然界中已知的含磷矿物大约有一百多种，分布广泛。然而，按其质和量都能达到工业可开采利用的则不过几种。工业上提取磷的主要含磷矿物是磷灰石（Apatite），其次有硫磷铝锶石（Svanbergite）、鸟粪石（Struvite）和蓝铁石（Vivianite）等。自然界中磷元素约有 95% 集中在磷灰石中[③]。

磷灰石类矿物：磷灰石 $[Ca_5(PO_4)_3(F，Cl，OH)]$ 的主要化学成分是磷酸钙，其中还含有氟、氯等元素。自然界中最常见的、能够组成矿床的有以下 5 类：氟磷灰石、氯磷灰石、碳磷灰石、羟磷灰石、碳氟磷灰石。

硫磷铝锶石：$(Sr，Ca)Al_3[(PO_4)_{1.4}(SO_4)_{0.6}]_2(OH)_5 \cdot H_2O$ 属于磷铝锶石 $SrAl_3(PO_4)_2(OH)_5 \cdot H_2O$ 的变种，锶部分被钙代替，PO_4^{3-} 部分被 SO_4^{2-} 取代。除可作为磷矿利用外，同时含大量的锶和稀土元素，可综合利用。

鸟粪石：$Mg(NH_4)PO_4 \cdot 6H_2O$，亦称鸟兽积粪。通常产于低纬度海岛，积聚的鸟类、蝙蝠和其他动物（如海豹等）的粪便和尸体，以及未被消化的鱼骨等，经过极长期的

---

①MIT. Mission 2016：The Future of Strategic Natural Resources，Phosphorus：Supply and Demand.

②岩石矿物分析编委会. 岩石矿物分析第 2 分册. 北京：地质出版社，2011.

③Yi-Ming Kuo，Willie G Harris. Apatite Control of Phosphorus Release to Runoff from Soils of Phosphate Mine Reclamation Areas [J]. Water Air Soil Pollut，2009，202：189 - 198.

累积所形成。因其富含磷，是制作磷肥的良好原料。

蓝铁矿：$Fe_3(PO_4)_2 \cdot 8H_2O$，属水的磷酸盐。蓝铁矿主要产于含有机质较多的褐煤、泥炭、森林土壤中，也与沼铁矿共生。在含海绿石的砂质磷块岩中也有蓝铁矿。有些蓝铁矿为原生铁铝磷酸盐矿物风化的产物。

除上述外，常见的磷酸盐矿物还有银星石、磷铝石、红磷铁石等。

我国磷矿资源丰富，磷矿矿床类型也多种多样。可分为外生—沉积磷块岩矿床、内生—磷灰石矿床以及变质—磷灰岩矿床三大类，不同类型的磷矿亦有各自不同的成矿规律。其中，震旦纪磷矿床（Sinian）和寒武纪磷矿床（Cambrian）主要是外生—沉积磷块岩矿床；内生—磷灰石矿床主要与幔源岩浆活动密切相关；变质—磷灰岩矿床主要有丰宁式磷矿床、鸡西式磷矿床、海州式磷矿床等典型矿床实例[1]。

15.1.1 世界磷矿石资源分布

从全球范围看，磷矿资源主要分布在非洲、北美、南美、亚洲及中东，其中80%以上的磷矿资源集中分布在摩洛哥和西撒哈拉、南非、美国、中国、约旦和俄罗斯，最近发现的大部分都在摩洛哥和西撒哈拉。事实上，地球上有报道的磷矿石资源70%在摩洛哥[2]。

根据美国地质调查局（USGS）的2015年报告[3]，摩洛哥和中国是世界上磷矿储量最大的国家。目前中国每年的磷矿石产量在1亿吨规模，居世界首位，远高于美国、摩洛哥和西撒哈拉等国家或地区的产量。

表 15.1 世界磷矿主要生产国的产量和储量

	产量/千吨		储量/千吨
	2013 年	2014 年估计	
美国	31，200	27，100	1，100，000
阿尔及利亚	1，500	1，500	2，200，000
澳大利亚	2，600	2，600	1，030，000
巴西	6，000	6，750	270，000
加拿大	400	——	76，000
中国	108，000	100，000	3，700，000
埃及	6，500	6，000	715，000
印度	1，270	2，100	35，000
伊拉克	250	250	430，000
以色列	3，500	3，600	130，000
约旦	5，400	6，000	1，300，000
哈萨克斯坦	1，600	1，600	260，000
墨西哥	1，760	1，700	30，000
摩洛哥和西撒哈拉	26，400	30，000	50，000，000
秘鲁	2，580	2，600	820，000
俄罗斯	10，000	10，000	1，300，000
沙特阿拉伯	3，000	3，000	211，000

[1]温婧. 中国磷矿资源类型和潜力分析. 中国地质大学（北京），2011.
[2]US Geological Survey. Mineral Commodity Summaries 2012：118－119.
[3]US Geological Survey. Mineral Commodity Summaries 2015：118－119.

（续表）

	产量/千吨		储量/千吨
	2013 年	2014 年^{估计}	
塞内加尔	800	700	50，000
南非	2，300	2，200	1，500，000
叙利亚	500	1，000	1，800，000
多哥	1，110	1，200	30，000
突尼斯	3，500	5，000	100，000
越南	2，370	2，400	30，000
其它	2，580	2，600	300，000
全球^(取整)	225，000	220，000	67，000，000

摘自美国地质调查局（USGS）2015 年矿产品概况报告 Mineral Commodity Summaries 2015。

海相沉积磷矿主要分布在北非、中东、美国和中国；而火成岩磷矿则主要见于巴西、加拿大、芬兰、俄罗斯和南非。大西洋和太平洋的大陆架和海底山脉都发现丰富的磷矿资源。

尽管全世界的元素磷储量相对丰富，高品位的具有工业开采价值的磷矿石却仅存在于有限的某些区域，甚至比石油储存更集中[1]。

世界磷矿的总体品位在 5%～40%（P_2O_5）之间，大部分在 30%（P_2O_5）左右。俄罗斯的科拉（Kola）磷矿、墨洛哥的布克拉磷矿、美国的佛罗里达州以及非洲的一些国家都是富矿汇集地区，有的矿石品位达 39%（P_2O_5），一般都在 30%（P_2O_5）以上。我国磷矿主要分布在云南、贵州、湖北、湖南、四川，5 省占全国总量的 74%。富矿主要集中在云南（滇池）和贵州（开阳、翁福）以及湖北的宜昌，品位在 28%～33%之间，全国的磷矿石平均品位只有 17%，可开采储量平均品位为 23%，是世界上矿石平均品位最低的国家[2]。

15.1.2　磷矿主要用途

世界上 80%的磷矿用于生产各种磷基化肥，5%生产饲料添加剂，12%生产洗涤剂，其余用于化工、轻工、国防等工业[3]。

中国的磷矿消费结构中磷肥占 71%，黄磷占 7%，磷酸盐占 6%，磷化物占 16%。

15.1.2.1　磷基化肥

磷的主要用途是生产磷基化肥，磷肥对农作物的增产起着重要作用。对于全世界的食品保全，磷是至关重要的，食品的生产决定了磷的需求量，在全世界范围内，磷酸氢二铵（DAP）、磷酸二氢铵（MAP）和重过磷酸钙（TSP），约占磷基肥料的一半。我国生产的磷基化肥主要为过磷酸钙、钙镁磷肥、脱氧磷肥以及重过磷酸钙、磷酸铵和磷酸二氢钾等高效复合肥料。

15.1.2.2　饲料添加剂

以磷矿石为主要原料生产的饲料级磷酸钙中的钙磷容易被动物吸收，是常用的动物饲

①Vaccari D A. Phosphorus：A Looming Crisis [J] . Scientific American，2009，300（6）：54.
②金会心，王华，李军旗. 磷矿资源及从磷矿中提取稀土的研究现状 [J] . 湿法冶金，2007，26（4）：179—182.
③IHS Chemical Economics Handbook. Animal Feeds：Phosphate Supplements，Jan 01，2013.

料添加剂，这些产品之所以重要，是由于其各种不同的功能，例如促进生长、强健骨骼和增强消化能力。预计到 2017 年，这些产品每年将以 2.7％增长，2012 年，全世界饲料级磷酸钙消耗中，91.7％是磷酸二氢钙（MCP）和磷酸氢钙（DCP）；剩下的 8.3％是磷酸三钙（TCP）[①]。

15.1.2.3　含磷洗涤剂

洗涤剂中的磷以无机聚磷酸盐形式存在，最广泛使用的是三聚磷酸钠（STPP）。磷用于洗涤剂被公认是安全的，欧洲洗涤剂工业协会（AISE）和欧洲化学品工业理事会（CEFIC）联合进行了 STPP 的人类与环境风险评估（HERA），得到的结论是，该产品的运用不会给人类健康带来风险，也不会对环境造成毒害[②]。

15.1.2.4　化工矿物原料

磷矿还是重要的化工矿物原料，部分磷矿用于制取纯磷（黄磷、赤磷）和化工原料产品，广泛应用于半导体、冶金、涂料、净化、防腐、医药等工业领域和一些尖端技术领域。

15.1.3　世界磷矿石供求现状

千万年来，农业只是使用有机废弃物，给庄稼施肥。食物的生产、消耗和废弃形成闭环，因而，磷的自然界循环得以维持相对稳定。然而，现代大规模农业施用合成化肥给庄稼提供养分，以获取更高的产量，使得整个循环失去平衡。

生产"顶峰"的概念适用于许多为人类摄取的自然资源，近些年在石油行业非常有名。该理论的支持者指出，由于资源的有限和需求的增长，预测高品质、易于开采的磷矿石的枯竭比预测整个磷资源消耗殆尽更为重要[③]。毫无疑问，全世界易开采磷矿石储量耗尽后，会有其他的磷资源被发掘，那将需要付出更多的努力和资金去开采和提炼，因而，产量必然会下降。

根据"顶峰"理论，以当今的生产增长速率，世界磷酸盐生产将在 2040 年前达到峰值，随后进入一个长期的缓慢的下降通道。然而，消耗水平仍将持续上升，导致供需缺口日益扩大。

我国磷矿资源丰而不富，储产比低，保障程度低；品位低下，难以开采，浪费严重；分布偏远，规模偏小，成本较高。同时，磷肥产能过剩，大量出口，进一步降低了磷矿资源的保障程度；我国的单位磷肥施用量远远高于发达国家，磷肥利用率低[④]。

15.1.4　世界磷矿石贸易

根据国际化肥工业协会（IFA）的统计[⑤]（2002—2013）显示，商用磷矿石（包括磷精矿）的年进出口贸易量，除个别年份外，长期稳定在 3 000 万吨水平。非洲是主要的净输出地区，欧盟、南亚和北美等是主要的净输入地区。

---

①IHS Chemical Economics Handbook. Animal Feeds：Phosphate Supplements，Jan 01，2013.

②HERA. Human & Environmental Risk Assessment on ingredients of European household cleaning products, Sodium Tripolyphosphate（STPP），June 2003.

③Schroder J J，Cordell D，Smit A L，& Rosemarin A. Sustainable use of Phosphorous. Plant Research International，Report 357，Oct 2010：17.

④刘艳飞，张艳，于汶加等. 资源与环境约束下的中国磷矿资源需求形势［J］. 中国矿业，2014，23（9）：1—4.

⑤Production and International Trade Committee，IFA. IFDC Phosphate Rock Public.

表 15.2　世界商用磷矿石输出/千吨

地区	2002	2003	2004	2005	2006	2007	2008	2009	2010	2011	2012	2013
西欧	0	0	16	0	0	0	0	10	62	117	44	0
中欧	0	0	0	0	0	0	0	0	0	0	0	0
东欧中亚	3 524	3 385	3 389	3 205	2 683	2 833	2 771	2 477	2 418	1 817	2 107	2 432
北美	1	10	3	0	0	0	0	0	0	0	0	0
拉美	24	35	32	0	0	0	0	0	618	2 577	3 218	3 539
非洲	15 682	15 162	16 180	17 747	18 626	19 400	16 821	9 762	16 079	15 299	16 556	13 670
西亚	6 758	6 349	7 547	7 067	6 691	7 036	7 168	6 031	8 309	9 050	6 478	4 978
南亚	0	0	0	0	0	0	0	0	0	0	0	0
东亚	3 510	3 573	3 144	2 114	1 013	1 125	2 592	700	1 482	1 217	489	472
大洋洲	670	676	585	698	657	918	1 248	611	1 016	1 072	1 277	904
其它	0	0	0	0	0	0	0	0	0	0	0	0
全世界	30 169	29 189	30 896	30 831	29 669	31 311	30 600	19 591	29 984	31 148	30 169	25 995

源自国际化肥工业协会（IFA）

表 15.3　世界商用磷矿石输入/千吨

地区	2002	2003	2004	2005	2006	2007	2008	2009	2010	2011	2012	2013
西欧	6 997	6 630	6 580	6 245	5 578	6 002	5 423	2 381	4 861	4 142	3 764	2 832
中欧	2 584	2 664	2 872	2 893	2 872	2 945	2 457	1 100	2 033	2 287	2 159	1 674
东欧中亚	1 387	1 594	2 026	2 132	2 104	2 369	2 877	1 809	2 631	2 716	2 697	2 455
北美	2 648	2 392	2 513	2 625	2 421	2 797	2 755	2 091	2 885	3 272	3 553	3 532
拉美	2 475	2 568	2 915	2 618	2 788	3 549	2 836	1 473	3 058	2 950	3 040	2 944
非洲	235	146	150	31	169	138	225	68	134	104	9	41
西亚	1 700	1 893	1 535	1 790	1 760	1 631	1 408	1 440	1 793	1 709	1 116	1 019
南亚	5 378	4 041	5 296	5 429	5 761	5 730	5 703	5 619	6 799	7 948	7 742	7 092
东亚	4 805	5 586	5 213	5 360	4 943	4 561	5 183	3 137	4 337	4 577	4 167	3 376
大洋洲	1 959	1 675	1 796	1 695	1 254	1 476	1 689	442	1 252	1 018	1 009	962
其它	1	0	0	14	20	115	43	31	204	424	915	68
全世界	30 169	29 190	30 896	30 831	29 669	31 312	30 600	19 590	29 985	31 147	30 169	25 995

源自国际化肥工业协会（IFA）

　　世界磷矿需求不断增长，供求困局日益凸显。各主要产磷国为满足本国需求及保护磷矿资源，相继出台了限制磷矿石的政策。美国从上世纪 80 年代就对磷矿石出口加以限制，1999 年和 2000 年分别出口 27.7 万吨和 17.9 万吨，之后只进口而不出口磷矿；摩洛哥逐渐减少了磷矿石的出口；而加拿大、日本等磷资源缺乏的国家则不断增加磷矿及磷肥的进口量。中国从 2008 年起提高了磷矿及其产品的出口关税并出台了限制磷矿出口的政策，以保障我国磷矿资源的可持续性发展[①]。

①常苏娟，朱杰勇，刘益，等 . 世界磷矿资源形势分析 [J] . 化工矿物与加工，2010(9)：1—5.

15.2 磷矿石中有害元素概论

磷矿石的组成大部分取决于其类型和产地。磷矿石所含杂质很多，金属元素有：镉、钴、铜、铁、铝、镁、锰、镍、铅和锌，以及稀土元素铈、镧和钍等，在酸根离子中则有碳酸盐、硅酸盐（或 SiO_2）、氟根（有时氟全部或部分为氯或酸根所取代）、硫酸盐及有机物等。磷矿石中存在的有害元素可分为两类，一是对湿法磷酸及磷酸盐的生产及设备有害的杂质元素，二是对人体健康及环境有影响的微量有害元素。

15.2.1 磷矿石中有害元素对湿法磷酸及磷酸盐的生产及设备的影响

磷矿石中影响较大的有害杂质是铁、铝、镁，其次是碳酸盐、有机物、分散性泥质、氟和氯等。

磷矿中的倍半氧化物 R_2O_3：倍半氧化物是指磷矿中铁、铝氧化物的总含量，常以 R_2O_3（即 $Fe_2O_3 + Al_2O_3$）表示，R 代表 Fe 与 Al。如果磷精矿中倍半氧化物质量分数大于 3%，会对后续湿法磷酸工艺带来不利影响。磷矿中 60%～90% 的铝和铁会进入磷酸中，致使溶液的黏度增大，P_2O_5 的转化率降低，干扰硫酸钙结晶的生长，降低过滤强度和设备的生产能力。铁、铝还会使磷酸形成淤渣，造成后续浓缩过程中 P_2O_5 的损失较大。铁和铝的磷酸盐还会给磷酸浓缩等后续加工带来困难，导致产品物性不佳和质量下降[1][2]。我国相关标准规定的磷矿石技术指标中对铁、铝倍半氧化物（R_2O_3）有明确的要求。

磷矿中的 MgO：镁是磷矿石中有害组分，它的含量多少直接影响磷酸盐及磷肥的生产质量。磷矿中绝大部分的镁杂质以白云石（$MgCO_3 \cdot CaCO_3$）的形式存在，如果镁的质量分数超过 1%，将会对湿法磷酸以及后续磷产品的生产产生不利影响。矿石中的镁会溶解进入磷酸溶液中，降低磷酸中 H^+ 活性，使磷酸实际浓度降低，酸的密度与黏度增加，影响磷矿的分解反应以及磷酸的浓缩过程。杂质镁与磷酸生成的可溶性磷酸镁盐不仅会降低肥料中水溶性 P_2O_5 含量，而且使肥料产品的物理性能变差，产品黏结，甚至板结[2][3]。磷矿中 MgO 含量已成为评价磷矿质量的主要指标之一。

磷矿中的硅及酸不溶物：磷矿中通常含有不等量的硅，多以 SiO_2 为主的酸不溶物形态存在。磷矿中要含有必需的 SiO_2，但过量的 SiO_2 是有害的，一方面湿法磷酸中呈胶状的硅酸会影响磷石膏的过滤分离；另一方面增加磷矿硬度，降低磨机生产能力，增加设备磨损。磷矿中细小的酸不溶物又称分散性泥质会给磷酸、磷肥生产带来危害。在反应过程中不为硫酸所分解，随磷石膏一起沉淀，堵塞滤饼滤布的孔隙，降低过滤速度，缩短滤布使用周期，给加工过程带来困难。

磷矿中的有机物和碳酸盐：碳酸盐与有机物使反应过程产生气泡，还给磷矿的反应、料浆的输送及过滤造成困难。有机物因碳化而生成极细小的碳粒，使过滤强度降低。

磷矿中的氟和氯：磷矿中的氟在生产过程中一旦进入磷酸就很难再分离出来，会影响

———————————

①李若兰，李海兵，王灿霞，等．云南某中品位胶磷矿铁铝杂质脱除试验研究［J］．化工矿物与加工，2014（10）：7—10.

②殷宪国，何佩蓉，黎慧玲．复盐沉淀法脱除湿法磷酸中镁铝氟杂质的研究［J］．磷肥与复肥，1998（1）：21—23.

③刘荣，郑之银，陈宇，等．化学法脱除磷矿中镁杂质的研究进展［J］．磷肥与复肥，2012，27（4）：11—13.

下游产品的质量和用途，同时易腐蚀设备管道。磷矿中的氯比氟所造成的腐蚀情况更为严重，当其含量稍高时，对设备材料的要求更高。

15.2.2　磷矿石中微量有害元素对人体健康及环境的影响

世界各国磷矿石的潜在有害元素分析见表 15.4。

表 15.4　沉积岩磷矿石的潜在有害元素分析

国家	矿点	反应性	P_2O_5 /%	As	Cd	Cr /mg/kg	Pb	Se	Hg /μg/kg	U /mg/kg	V
阿尔及利亚	Djebel Onk	高	29.3	6	13	174	3	3	61	25	41
布基纳法索	Kodjari	低	25.4	6	<2	29	<2	2	90	84	63
中国	Kaiyang	低	35.9	9	<2	18	6	2	209	31	8
印度	Mussoorie	低	25.0	79	8	56	25	5	1 672	26	117
约旦	El Hassa	中	31.7	5	4	127	2	3	48	54	81
马里	Tilemsi	中	28.8	11	8	23	20	5	20	123	52
摩洛哥	Khouribga	中	33.4	13	3	188	2	4	566	82	106
尼日尔	Parc W	低	33.5	4	<2	49	8	<2	99	65	6
秘鲁	Sechura	高	29.3	30	11	128	8	5	118	47	54
塞内加尔	Taiba	低	36.9	4	87	140	2	5	270	64	237
叙利亚	Khneifiss	中	31.9	4	3	105	3	5	28	75	140
坦桑尼亚	Minjingu	高	28.6	8	1	16	2	3	40	390	42
多哥	Hahotoe	低	36.5	14	48	101	8	5	129	77	60
突尼斯	Gafsa	高	29.2	5	34	144	4	9	144	12	27
美国	Central Florida	中	31.0	6	6	37	9	3	371	59	63
美国	North Carolina	高	29.9	13	33	129	3	5	146	41	19
委内瑞拉	Riecito	低	27.9	4	4	33	<2	2	60	51	32

源自 Van Kauwenbergh，1997[1]

磷矿石中存在的微量有害元素主要有：镉、铅、砷、铬、汞等，都在美国毒害物质与疾病管理署（ATSDR）的有害物质序列表[2]的前 20 名中。

欧盟的化学品法规（REACH）将这些元素和化合物列入高度关注物质（SVHC）范围，目前 SVHC 名录中共有 163 种物质[3]。

对于磷酸盐食品和饲料添加剂中的重金属，联合国粮农组织（FAO）和世界卫生组织（WHO）食品添加剂联合专家委员会（JECFA）对 84 种食品添加剂中重金属和砷推荐限量是[4]：As≤3mg/kg、Pb≤4 mg/kg。

大量的生产和使用磷肥及饲料添加剂磷酸钙，必将会造成磷矿石中的有毒有害微量元素及化合物在生物圈中的释放，对包括动物、植物、土壤、大气及水在内的生态环境产生

①F Zapata，R N Roy. Use of Phosphate Rocks for Sustainable Agriculture. Fertilizer and Plant Nutrition Bulletin 13，FAO，2004.
②ATSDR. Division of Toxicology & Human Health Sciences. Summary Data for 2013 Priority List of Hazardous Substances，2013，1.
③ECHA. Candidate List of substances of very high concern for Authorisation，15 June 2015.
④JECFA. Joint FAO/WHO Expert Committee on Food Additives，Summary and Conclusions. Sixty-third meeting，JECFA/63/SC，June 2004：3-4.

污染，继而危害到人类的身体健康。

欧盟 COM（2013）517 号关于"磷的可持续使用"通讯指出，磷肥中最令人担忧的污染来自镉，尽管其他重金属元素也要监控，一旦进入土壤，镉不易被除掉，只能在植物中迁移和聚积[1]。欧盟将镉列为高危害有毒物质和可致癌物质并进行管制。芬兰、俄罗斯和南非的磷矿石是火成岩，镉含量很低，通常低于 5 mg/kg，但是火成岩磷矿石的产量仅占世界磷矿石产量的 15%；而西北非和中东的磷矿石是沉积岩，镉含量通常要高得多，最差的可达到 120 mg/kg[2]；我国磷矿石中镉元素的含量在世界上属于较低水平。磷矿石含有的有害元素以镉含量最高、毒性最强，在湿法磷肥加工过程中，磷矿石中大约 70%～80%的镉最终会被转移至磷肥中[3]。磷肥被广泛用于农业生产，含有的少量镉随施肥进入土壤，对农作物、土壤、人们健康和环境带来危害。

我国国家标准 GB/T 23349—2009 规定了肥料中砷、镉、铅、铬、汞生态指标要求。

表 15.5　肥料中砷、镉、铅、铬、汞生态指标

项目		指标
砷及其化合物的质量分数（以 As 计）%	≤	0.0050
镉及其化合物的质量分数（以 Cd 计）%	≤	0.0010
铅及其化合物的质量分数（以 Pb 计）%	≤	0.0200
铬及其化合物的质量分数（以 Cr 计）%	≤	0.0500
汞及其化合物的质量分数（以 Hg 计）%	≤	0.0005

我国现有的砷、铅、镉、铬和汞有害元素限量标准的肥料产品包括有机肥料、有机－无机复混肥料和水溶肥料，但未形成统一的肥料产品中有害元素限量标准。

表 15.6　现有肥料产品中砷、铅、镉、铬、汞限量/mg/kg

肥料品种	砷	汞	铅	镉	铬
有机肥料（NY525—2011）	≤15	≤2	≤50	≤3	≤150
有机－无机复混肥料（GB18877—2009）	≤50	≤5	≤200	≤10	≤500
水溶肥料（NY1110—2010）	≤10	≤5	≤50	≤10	≤50

15.3　磷矿石中有害元素检测方法

考虑磷矿石中含有的有毒有害元素对冶炼工艺的危害和对环境、人体的危害，主要集中对下列元素及其化合物：氧化铁、氧化铝、氧化镁、二氧化硅、氟、氯、氧化镉、铅、砷、汞和铬的现有检测技术进行概述。

15.3.1　磷矿石中氧化铁的检测

磷矿石中氧化铁的检测方法有容量法、分光光度法、原子吸收光谱法、X 射线荧光光

[1] European Commission. Consultative Communication on Sustainable Use of Phosphorus. COM（2013）517, Brussels, 7 Aug 2013：12.

[2] Environmental Resources Management, European Commission Directorate General III. Environmental Resources Management, Study on Data Requirements and Programme for Data Production and Gathering to Support a Future Evaluation of the Risks to Health and the Environment from Cadmium in Fertilisers, March 1999：38.

[3] 魏红兵，李权斌，王向东. 磷肥中镉的危害及其控制现状 [J]. 口岸卫生控制，2004，9(6)：23—24.

谱法和电感耦合等离子体发射光谱法。

15.3.1.1　容量法

重铬酸钾容量法：GB/T 1871.2—1995 磷矿石和磷精矿中氧化铁含量测定中的第一法，试样经氢氧化钠碱熔盐酸酸化或直接用王水酸溶后，吸取部分试样溶液，在酸性介质中，滴加三氯化钛溶液将三价铁离子还原为二价，过量的三氯化钛进一步将钨酸钠指示液还原为"钨蓝"，使溶液呈蓝色。在有铜盐的催化下，借助水中的溶解氧，氧化过量三氯化钛，待溶液的蓝色消失后，以二苯胺磺酸钠为指示剂，用重铬酸钾标准滴定溶液滴定，测得氧化铁含量。适用于氧化铁含量大于 0.5% 的测定。

磷酸铁（铝）分离－EDTA 容量法：GB/T 1871.2—1995 磷矿石和磷精矿中氧化铁含量测定中的第二法，试样经氢氧化钠碱熔盐酸酸化或直接用王水酸溶后，吸取部分试样溶液进行蒸干、脱水处理之后，在 pH 为 5.5 的溶液中，呈磷酸铁（铝）沉淀与其他离子分离，然后在 pH 为 1.5～1.8 的酸性溶液中，以磺基水杨酸为指示剂，用 EDTA 标准滴定溶液滴定，测得三氧化二铁含量。适用于氧化铁含量大于 1% 的测定。杨玉琼等人[1]在磷矿石中氧化铁含量测定方法优化中对滴定时溶液的 pH 值进行了研究，认为用磷酸铁（铝）分离-EDTA 容量法测定磷矿石中氧化铁含量，溶液的 pH 值控制不好，会导致测定结果不准确。在显色反应过程中，若 pH 值不同，络合物的络合比会不同，致使其显色也不同。Fe^{3+} 与磺基水杨酸作用，在不同的 pH 值条件下形成紫红色、橙红色和黄色 3 种配合物。要使试样测定结果准确，必须控制溶液的 pH 值在一定范围内，以获得组成稳定、色泽明显的配合物。选择 pH 为 1.5～1.8，用 EDTA 滴定后，溶液显无色（若铁含量高时呈亮黄色）。

重铬酸钾法灵敏度较高，但操作经验要求高。EDTA 法是经典的测定磷矿石中氧化铁的方法，准确度好，且能同时测定氧化铝含量，操作成本低，但需要进行分离，操作手续较繁锁。

15.3.1.2　分光光度法

邻菲啰啉分光光度法：GB/T 1871.2—1995 磷矿石和磷精矿中氧化铁含量测定中的第三法，试样经氢氧化钠碱熔盐酸酸化或直接用王水酸溶后，吸取部分试样溶液，将溶液中的三价铁用抗坏血酸还原为亚铁，在 pH 为 4～5 时，亚铁与邻菲啰啉生成橙红色配合物，于分光光度计波长 510 nm 处测量吸光度，以工作曲线法求出氧化铁含量。适用于氧化铁含量 0.1%～8% 的测定。邻菲啰啉比色法准确度高[2]，若采用低浓度的标准曲线（即取标准系列含铁量在 0～100 μg 范围内），则可大大降低杂质的干扰。

磺基水杨酸光度法[3]：试样经氢氧化钠碱熔盐酸酸化或直接用王水酸溶后，吸取部分试样溶液，在 pH 为 8～11 的氨性溶液中，三价铁与磺基水杨酸生成稳定的黄色配合物，在波长 425 nm 处有最大吸收，颜色深度与铁量成正比，借以光度法测定铁。为了防止磷酸钙沉淀析出，采用在六次甲基四胺介质中显色，在此条件下还可允许较高量锰的存在。钙、镁、铝离子与磺基水杨酸生成无色配合物而消耗显色剂，因此必须加入过量的磺基水

①杨玉琼，余睿，张慧. 磷矿石中氧化铁含量测定方法优化 [J]. 磷肥与复肥，2014，29(6).
②张也轩，李惠仙，张山青. 邻菲啰啉比色法测定磷矿中三氧化二铁 [J]. 云南化工，1985，(04).
③岩石矿物分析编委会. 岩石矿物分析第 2 分册. 北京：地质出版社，2011.

杨酸。

比色法连续测定磷矿石中铁、铝含量[①]：试样经浓硫酸分解后，在一定酸度条件下，试液中的 Fe^{3+} 和 Al^{3+} 与试铁灵 [7－碘－8－羟基喹啉－5－磺酸（ $C_9H_6O_4NIS$ ）] 反应，生成金属—有机配位体络合物，用试剂作参比在同一比色皿中，分别在 365 nm 和 590 nm 的波长下进行比色，在 365 nm 处测得的吸光度代表铁、铝的合量；在 590 nm 处测得的吸光度代表铁的含量，以此测定磷矿中铁、铝的含量。通过用浓硫酸来处理样品，然后再控制溶液的 pH 值来达到消除干扰的目的。

15.3.1.3 原子吸收光谱法

原子吸收法测定氧化铁尚未有相关检测标准。NKKK－日本海事协会官方方法[②]采用原子吸收光谱法测定磷矿石中的三氧化二铁。由于原子吸收光谱法抗干扰能力强，磷矿石经王水分解后可以直接测定，且能同时测定多个元素，大大缩短了检测周期，而准确度又不低于容量法。

太月昆[③]采用原子吸收法测定磷矿中的铁，方法详见 15.3.12.3。

15.3.1.4 X－射线荧光光谱法和电感耦合等离子体原子发射光谱

磷矿石中氧化铁的检测方法还有 X－射线荧光光谱法和电感耦合等离子体发射光谱法，这些方法将在 15.3.12.1 和 15.3.12.2 多元素测定中进一步论述。

15.3.2 磷矿石中氧化铝的检测

磷矿石中氧化铝的测定方法有 EDTA 容量法、分光光度法、电位滴定法、原子吸收光谱法、X 射线荧光光谱法和电感耦合等离子体发射光谱法。

15.3.2.1 容量法

偏铝酸盐分离－EDTA 容量法：GB/T 1871.3－1995 磷矿石和磷精矿中氧化铝含量测定中的第一法，试样经碱熔融，水浸取，铝呈可溶性偏铝酸盐分离后，加入过量 EDTA 溶液，在 pH＝4 的溶液中以 PAN 为指示剂，用硫酸铜标准滴定溶液滴定过量的 EDTA，加入氟化物置换出与铝配合的 EDTA，再用硫酸铜标准滴定溶液滴定，即可求出氧化铝含量。适用于氧化铝含量大于 0.5％的测定。张也轩、陈瑞兰[④]在磷矿中三氧化二铝测定方法的改进中对碱熔熔剂进行了研究。磷矿含钙较高，用强碱熔融后，铝在强碱中形成可溶性的偏铝酸盐，在浸取液中钙镁离子形成大量的氢氧化物沉淀，对铝产生严重的吸附而导致结果偏低。为了避免其他离子形成大量的氢氧化物对铝的吸附，只需加入一定数量的磷酸盐使其转化为溶度积较小的磷酸盐沉淀，从而与铝得到有效的分离。采用磷酸三钠和氢氧化钠熔融，熔样和分离可以一次完成，操作手续简单，分离效果好，并能满足一定的准确度要求。

磷酸铁（铝）分离－EDTA 容量法：GB/T 1871.3－1995 磷矿石和磷精矿中氧化铝含量测定中的第二法，试样经碱熔或酸溶后，将试样溶液进行蒸干、脱水处理，在 pH＝5.5

①潘旭. 比色法连续测定磷矿石中铁、铝的含量 [J]. 磷肥与复肥，1999（6）：62－63.

②万秉忠等. 进出口矿产品检验集萃. 北京：中国标准出版社，2001.

③太月昆. 用原子吸收法连续测定磷矿中的钾、钠、钙、镁、铁等元素 [J]. 化工技术与开发，2000（S1）：154－155.

④张也轩，陈瑞兰. 磷矿中三氧化二铝测定方法的改进 [J]. 云南化工，1980（04）.

的溶液中，呈磷酸铁（铝）沉淀与其他离子分离，然后在 pH 为 1.5～1.8 的酸性溶液中，以磺基水杨酸为指示剂，在用 EDTA 标准滴定溶液滴定氧化铁后的溶液中，加入过量的 EDTA 溶液，在 pH＝4 的溶液中以 PAN 为指示剂，用硫酸铜标准滴定溶液滴定过量的 EDTA，加入氟化物置换出与铝配合的 EDTA，再用硫酸铜标准滴定溶液滴定，根据硫酸铜标准滴定溶液的用量，测得氧化铝含量。适用于氧化铝含量大于 0.5％的测定。

　　酒石酸掩蔽－EDTA 容量法[①]：试样经酸溶或碱熔分解后，于试样溶液中加适量的酒石酸掩蔽钛，同时可抑制磷酸钙的析出和消耗大量钙对滴定终点的影响。加入过量的 EDTA 标准溶液，于 pH 为 5.4～5.7 时将溶液煮沸使铝、铁络合完全。冷却后，以二甲酚橙为指示剂，用硝酸铅标准溶液回滴，测得铁、铝合量，减去三氧化二铁量即得三氧化二铝量。适用于氧化铝含量大于 0.5％的测定。

　　偏铝酸盐分离－EDTA 容量法和磷酸铁（铝）分离－EDTA 容量法只是前处理方法不同，磷酸铁（铝）分离－EDTA 容量法为铁、铝连测法，可减少操作流程，缩短检测周期。因磷矿石中很少含有重金属，且含锰甚微，故酒石酸掩蔽－EDTA 容量法中重金属及锰干扰可不考虑[①]。当试样中含有重金属时，可用氟化物取代法测定铝。

15.3.2.2　分光光度法

　　铬天青 S 分光光度法：GB/T 1871.3－1995 磷矿石和磷精矿中氧化铝含量测定中的第三法，试样经氢氧化钠碱熔法、王水酸溶法或氢氟酸－高氯酸全溶法后，试样溶液以高氯酸加热除氟，以抗坏血酸掩蔽铁、苯羟乙酸掩蔽钛，在乙酸盐缓冲溶液中，在表面活性剂聚乙烯醇存在下，铝和铬天青 S 生成紫红色配合物，于分光光度计波长 620 nm 处测量吸光度，以工作曲线法求出氧化铝含量。适用于氧化铝含量 0.1％～4％的测定

15.3.2.3　电位滴定法

　　用氟电极作指示电极间接测定铝含量的方法国内外已有许多报导，骆美芹等[②]采用电位法测磷铵、磷酸和磷矿中的铝含量。试样用硝酸、高氯酸溶解，冒出高氯酸浓白烟，除去干扰物 HF，测定铝时，钙和硅不干扰，用抗坏血酸掩蔽铁，用乳酸掩蔽钛和镧系元素。采用氟离子选择电极作指示电极，甘汞电极作参比电极，标准 NaF 溶液作滴定剂，测定铝含量。方法操作简便、快速，与络合滴定法比较，误差在 2％以内。

15.3.2.4　原子吸收光谱法

　　原子吸收法测定氧化铝尚未有相关标准。NKKK－日本海事协会官方方法[③]中，磷矿石经王水分解后，直接采用原子吸收光谱法测定磷矿石中的氧化铝。

15.3.2.5　X－射线荧光光谱法和电感耦合等离子体发射光谱法

　　磷矿石中氧化铝的检测方法还有 X－射线荧光光谱法和电感耦合等离子体发射光谱法，这些方法将在 15.3.12.1 和 15.3.12.2 多元素测定中进一步论述。

15.3.3　磷矿石中氧化镁的检测

　　磷矿石中氧化镁的测定方法有 EDTA 容量法、原子吸收光谱法、X 射线荧光光谱法

---

①岩石矿物分析编委会．岩石矿物分析第 2 分册．北京：地质出版社，2011．
②骆美芹，周卫．电位法测磷铵、磷酸和磷矿中的铝含量［J］．化学传感器，1984（02）．
③万秉忠等．进出口矿产品检验集萃．北京：中国标准出版社，2001．

和电感耦合等离子体发射光谱法。

15.3.3.1 EDTA 容量法

沉淀分离－EDTA 容量法：GB/T 1871.5－1995 磷矿石和磷精矿中氧化镁含量测定中的第二法，试样经氢氧化钠碱熔盐酸酸化或直接用王水酸溶后，吸取部分试样溶液，加乙二醇双（2－氨基乙醚）四乙酸（EGTA）和三乙醇胺（TEA）掩蔽钙、铁、铝等干扰离子，在 pH＞12 的碱性溶液中生成氢氧化镁沉淀，过滤后，沉淀为盐酸溶解，在 pH＝10 的溶液中以酸性铬蓝 K－萘酚绿 B 为指示剂，用 EDTA 标准滴定溶液滴定，测定氧化镁的含量。适用于氧化镁含量大于 0.5% 的测定。

方圆等[1]在使用沉淀分离－EDTA 容量法时发现多次出现异常，即滴定时加入指示剂的瞬间，待测试液即呈现终点纯蓝色；对标准样的测试中，又出现结果偏高的现象。通过试验找出了异常现象出现的原因，发现 EGTA 溶液的加入量是关键，认为方法中 EGTA 的配制和加入量需提出精度要求，配制 EGTA 溶液浓度 70 g/L，须修正为 70.0 g/L，加入 EGTA 溶液 12 mL，应修正为 12.0 mL。对氧化钙含量低的试样，应适当减少 EGTA 溶液的用量，可通过标准回收确定用量范围，以保证测定的准确度。

秦安荣[2]提出了在具体操作时要注意的几个问题：①EGTA 的用量是根据磷矿中含 CaO 为 50% 设计的，对于个别磷矿 CaO 超过 50% 者，则相应增加 EGTA 的用量，否则有大量磷酸钙沉淀产生；②待分析的试样溶液中要保持一定的酸度，以免在加入 TEA、EGTA 时产生大量白色沉淀，出现这种情况时必需加入盐酸使其溶解后，再用 25%NaOH 中和、调节方能成功；③当 $Mg(OH)_2$ 沉淀洗涤时，一定要洗净（洗至无氯离子，以硝酸银试之），否则终点不明显；④用 HCl 溶解 $Mg(OH)_2$ 沉淀时，HCl 不宜用得太多，防止 NH_4OH 中和时消耗太多，形成缓冲溶液，终点不明显；⑤Mn^{2+} 有可能为 $Mg(OH)_2$ 沉淀吸附而干扰滴定，使终点难看。经分离后，在滴定之前加入邻菲罗啉溶液掩蔽 Mn^{2+}，获得了十分满意的结果，而且等当点转变清晰，提高了终点的敏锐性。

15.3.3.2 火焰原子吸收光谱法

GB/T 1871.5－1995 磷矿石和磷精矿中氧化镁含量测定中的第一法：试样经氢氟酸－高氯酸全溶法或王水溶样法分解后，试样溶液加入锶盐消除铝、磷等共存离子的干扰，在稀盐酸介质中，使用乙炔－空气火焰，于火焰原子吸收光谱仪波长 285.2 nm 处测量吸光度，以工作曲线法求出氧化镁含量。适用于氧化镁含量 0.1%～10% 的测定。加入锶盐作释放剂[3]，可消除铝及大量磷酸钙等共存元素的干扰。锶盐的加入量与取样量有关，当取样量小于 20 mg，溶液中氯化锶应在 5 g/L 左右；取样量增至 50 mg 时，溶液中氯化锶应增至 15 g/L。

黄绢等[4]对火焰原子吸收光谱法测定磷矿中氧化镁含量的不确定度进行了评定，分析了测量不确定的来源，包括标准曲线拟合引入的不确定度、标准溶液的不确定度、试样称量和预处理的不确定度等。通过评定，标准曲线拟合引入的不确定度最大。

①方圆，许莲芬. 磷矿氧化镁含量测定中异常现象的处理 [J]. 磷肥与复肥，2002，17（2）：63－64.

②秦安荣. 磷矿中氧化镁的测定－NaOH－TEA－EGTA 分离容量法 [J]. 化肥工业，1980（5）.

③岩石矿物分析编委会. 岩石矿物分析第 2 分册. 北京：地质出版社，2011.

④黄绢，刘丽英. 火焰原子吸收光谱法测定磷矿中氧化镁含量的测量不确定度评定 [J]. 广东化工，2009，36（12）：156－160.

15.3.3.3　X一射线荧光光谱法和电感耦合等离子体发射光谱法

磷矿石中氧化镁的检测方法还有 X一射线荧光光谱法和电感耦合等离子体发射光谱法。这些方法将在 15.3.12.1 和 15.3.12.2 多元素测定中进一步论述。

15.3.4　磷矿石中二氧化硅的检测

磷矿石中二氧化硅的测定方法有重量法、容量法、比色法和 X 射线荧光光谱法。

15.3.4.1　重量法

高氯酸脱水重量法：GB/T 1873－1995 磷矿石和磷精矿中二氧化硅含量测定的第一法，此法为仲裁法。试样用氢氧化钠熔融，盐酸浸取，高氯酸蒸发冒烟，使硅酸脱水。过滤，灼烧，称重。用氢氟酸除硅，再灼烧称量残渣，由处理前后的质量之差计算二氧化硅含量。适用于二氧化硅含量大于 1% 的测定。

动物胶凝聚重量法[①]：试样经酸溶一碱熔处理或直接碱熔融，水浸取，加入硼酸消除氟对二氧化硅的干扰。盐酸酸化后，蒸发至湿盐状。加入动物胶凝聚硅酸，过滤、洗涤，灼烧至恒量。适用于二氧化硅含量大于 1% 的测定。钡、锶的硫酸盐大部分同硅酸一起沉淀，应用氢氟酸处理二氧化硅，处理后灼烧温度不宜过高，以免硫酸盐分解影响结果。

聚环氧乙烷凝聚重量法[①]：试样经酸溶一碱熔处理或直接碱熔融，水浸取，加入硼酸消除氟对二氧化硅的干扰。盐酸酸化后，蒸发至湿盐状。加入聚环氧乙烷凝聚硅酸，过滤、洗涤，灼烧至恒量。适用于二氧化硅含量大于 1% 的测定。

15.3.4.2　容量法

GB/T 1873－1995 磷矿石和磷精矿中二氧化硅含量测定的第二法：试样用氢氧化钠熔融，水浸取，酸化，在硝酸溶液中加氯化钾与氟化钾，使硅酸以氟硅酸钾形式沉淀，经过滤洗涤，除去游离酸，用沸水水解生成氢氟酸，用溴百里香酚蓝一酚红作指示剂，用氢氧化钠标准滴定溶液滴定，即可求出二氧化硅含量。适用于二氧化硅含量大于 1% 的测定。氟硅酸钾在水中的溶解度较大[①]，在强酸性溶液中，过量的钾离子和氟离子存在下溶解度大大变小，应严格控制条件，否则容易造成系统误差。

15.3.4.3　比色法

冯晓军等[②]建立了氢氟酸溶矿-硅钼蓝比色法测定磷矿中的二氧化硅的方法：在 116 ℃时，10%HF、54%H_2O 和 36%H_2SiF_6 可形成恒沸三元体系，含有适量水的试样中加入氢氟酸，在 100 ℃左右加热蒸发，SiO_2 可不损失或损失极微。试样用 HF（2+1）加热分解，以饱和硼酸及柠檬酸掩蔽干扰离子，在一定的酸度下，加入钼酸铵使硅酸变成硅钼杂多酸络合物，再用抗坏血酸还原成硅钼蓝。在波长 720 nm 处测定吸光度，以工作曲线法求出二氧化硅含量。在测定磷矿中 SiO_2 的含量小于 25% 时结果令人满意。

15.3.4.4　X一射线荧光光谱法，详见 15.3.12.1。

15.3.5　磷矿石中氟的检测

磷矿石中氟的测定方法有离子选择性电极法、容量法、离子色谱法和 X 射线荧光光

---

①岩石矿物分析编委会. 岩石矿物分析第 2 分册. 北京：地质出版社，2011.
②冯晓军，薛菁. 氢氟酸溶矿-硅钼蓝比色法测定磷矿中的二氧化硅 [J]. 地质试验室，1997，13（4）：266－267.

谱法。

15.3.5.1　离子选择性电极法

GB/T 1872—1995 氟含量的测定　离子选择性电极法：试样用盐酸分解，用柠檬酸—柠檬酸钠缓冲溶液控制溶液 pH 在 5.5～6.0，同时消除铝、铁等离子的干扰。使用电位测量仪，以饱和甘汞电极为参比电极，氟离子选择性电极为指示电极，测量电极电位，以工作曲线法求出氟含量。适用于氟含量 0.5%～5% 的测定。

磷矿石中氟测定的离子选择性电极法还可采用碱溶液酸化的前处理方法[①]：采用氢氧化钠碱熔提取后加盐酸直接酸化，分取溶液，在 pH 为 6～8 的柠檬酸钠介质中，以氟离子选择性电极为指示电极，饱和甘汞电极为参比电极，在离子计上测量溶液的电位差。磷矿石中含有较高量的氟和大量的钙，不宜采用碱熔水提取分取清液的测定方法，否则由于在碱溶液中会有少部分的氟以氟化钙形式共沉淀而使氟的结果偏低。方法适用于氟含量 0.02%～2% 的测定。

张乐[②]用氟离子电极法对磷矿中氟含量测定，采用了标准加入法。试样用盐酸分解，用柠檬酸三钠和盐酸调节溶液 pH 为 5.5～6.0。使用电位测量仪以饱和甘汞电极为参比电极，氟离子选择电极为指示电极，测得试液的电位值后，再加入标准氟溶液测得电位值，得到两个电位值的差，经计算可求出试样氟的含量。测定时，加入标液前后测试溶液的条件非常接近，电极电位漂移等造成的误差较小，适用于组分不清或复杂试样分析。电极不需要校正，不作标准曲线，只需要一种标准溶液。方法操作简便、快速（50 min 即可完成），准确度高，精密度好，为工艺优化提供了保证。

15.3.5.2　容量法

蒸馏分离－硝酸钍容量法[①]：试样用硫酸分解，于 135～145 ℃蒸馏，氟以氟硅酸的形式蒸出而与其他元素分离。馏出液用氢氧化钠溶液吸收，调节 pH 为 3.0～3.2，以二甲酚橙—次甲基蓝为指示剂，用硝酸钍标准溶液滴定。蒸馏温度应保持在 135～145 ℃，温度过低氟蒸馏不完全，温度过高会有大量三氧化硫逸出，导致结果偏高。滴定时 pH 过低，结果偏高，终点不明显；pH 太高则结果偏低，终点亦不明显。方法适用于氟含量大于 0.1% 的测定。

15.3.5.3　离子色谱法

SN/T 2993—2011 磷矿石中氟和氯的测定　离子色谱法：试样经稀硫酸溶解，基体中的氟随水蒸气逸出与样品分离，经吸收液吸收，用离子色谱法测定。以保留时间定性，以外标法进行定量。方法的测定低限为 5 mg/kg。

15.3.5.4　X—射线荧光光谱法

详见 15.3.12.1 中较低稀释比熔样制样 X 射线荧光光谱法测定磷矿石中 12 个主次痕量组分。

15.3.6　磷矿石中氯的检测

磷矿石中氯的测定方法有离子色谱法、氯化银比浊法、硫氰酸汞间接光度法、硝酸汞

---

①岩石矿物分析编委会. 岩石矿物分析第 2 分册. 北京：地质出版社，2011.

②张乐. 磷矿中氟含量的测定 [J]. 磷肥与复肥，2007，22（1）：64—65.

滴定法和火焰原子吸收法。

15.3.6.1　离子色谱法

SN/T 2993—2011 磷矿石中氟和氯的测定　离子色谱法：试样经稀硫酸溶解，基体中的氯随水蒸气逸出与样品分离，经吸收液吸收，用离子色谱法测定。以保留时间定性，以外标法进行定量。方法的测定低限为 10 mg/kg。

15.3.6.2　氯化银比浊法[①]

试样用硝酸加热溶解，在微酸性溶液中，氯与银离子呈乳白色胶状悬浊液，于分光光度计 490 nm 波长处，以空白试验溶液作参比，以比浊法测定度，测量吸光度。方法稳定性较差，要求在 30min 内完成比浊。比浊溶液最好避光放置，以免阳光直接照射时结果不稳定。方法适用于氯含量大于 0.01% 的测定。

15.3.6.3　硫氰酸汞间接光度法[①]

试样用硝酸加热溶解，在酸性介质中，氯离子能取代硫氰酸汞中的 CNS^-，加入铁（Ⅲ）与硫氰酸根作用，间接测定氯离子含量。方法适用于氯含量大于 0.005% 的测定。磷矿石中铁、铝、钙、镁、锰不影响氯的测定；3 mg TiO_2、2 mg F^-、5 mg PO_4^{3-} 也无干扰，大约此量使结果偏低；SO_4^{2-}、I^-、Br^-、S^{2-} 等有干扰，使结果偏高。F^- 可加铝配位（络合）掩蔽，I^-、Br^-、S^{2-} 可在微酸性溶液中加过量硫酸铵煮沸去除、磷、钛等则可以氢氧化钠或磷酸盐沉淀分离。

15.3.6.4　硝酸汞滴定法

郭然等[②]建立了硝酸汞滴定法测定磷矿中氯离子含量的方法：磷矿石用稀硝酸溶解，提取出的氯离子在 pH 为 2.5～3.5 的乙醇环境中，与硝酸汞反应生成难电离的氯化汞，过量的汞离子与二苯偶氮碳酰肼生成蓝紫色的汞配合物以指示终点。方法滴定终点易于判断，分析结果稳定，准确度高，加标回收率在 97.1%～101.4%，相对标准偏差为 1.5%～1.8%。

15.3.6.5　火焰原子吸收法

达刘生[③]采用火焰原子吸收法间接测定磷矿中氯：试样经硝酸溶解后，在试样溶液中加入定量的 Ag^+，试样中的 Cl^- 与 Ag^+ 生成 AgCl 沉淀，沉淀过滤后测定过量部分 Ag^+ 而间接获得试样中 Cl^- 含量，方法简单快速。测定在 0.16～0.80 mol/L 的硝酸介质中进行，具有良好线性关系，共存离子均不干扰测定。

15.3.7　磷矿石中氧化镉的检测

磷矿中氧化镉的测定采用 GB/T 13551—1995 磷矿石和磷精矿中氧化镉含量测定的火焰原子吸收光谱法：试样经王水溶解，在盐酸介质中，使用乙炔—空气火焰，于火焰原子吸收光谱仪波长 228.8 nm 处测量吸光度；同时于波长 226.5nm 处测量背景吸光度并扣除。以工作曲线法求出氧化镉含量。适用于氧化镉含量大于 0.0001% 的测定。

①岩石矿物分析编委会. 岩石矿物分析第 2 分册. 北京：地质出版社，2011.
②郭然，汤丽敏，李莉，等. 硝酸汞滴定法测定磷矿中氯离子含量 [J]. 中氮肥，2013（04）.
③达刘生. 火焰原子吸收法间接测定磷矿中氯 [J]. 岩矿测试，1997，16（1）：80－81.

15.3.8 磷矿石中铅的检测

磷矿石中铅的测定方法有原子吸收光谱法、氢化物发生－原子荧光光谱法、X 射线荧光光谱法和电感耦合等离子体发射光谱法。

15.3.8.1 原子吸收光谱法

GB/T 29875－2013 磷矿石和磷精矿中铅含量测定的原子吸收光谱法：试样用盐酸－硝酸溶解，在稀硝酸介质中，使用乙炔—空气火焰，于原子吸收光谱仪波长 283.3 nm 处测量试样溶液的吸光度，同时扣除背景干扰，以工作曲线法求出磷矿样品中铅的含量。适用于铅含量大于 0.0010% 的测定。

刘国文等[①]采用微波消解法对磷矿石进行前处理，用原子吸收光谱法直接测定磷矿石中铅。与传统酸溶法相比，微波消解的溶样时间短，试样溶解完全。

15.3.8.2 氢化物发生－原子荧光光谱法

封亚辉等[②]提出了采用氢化物发生－原子荧光光谱法测定磷矿石中的微量铅：试样用王水－高氯酸在水浴上加热溶解，在酸性条件下，以盐酸为载流，硼氢化钾为还原剂在原子荧光仪上进行检测，以工作曲线法得出铅的含量。溶样时若碳含量超过 5% 则需要增加高氯酸用量；二氧化硅含量超过 5%，则需要先加入氢氟酸，高氯酸加热挥发氟化硅，然后再用王水溶解。溶样时切忌将溶液蒸干，否则 Pb^{2+} 在高温下可挥发损失使结果偏低。方法操作简便，检出限低，加标回收率在 91.2%～110.8%。

冯晓军等[③]比较了采用电感耦合等离子体发射光谱法、氢化物发生－原子荧光法和石墨炉原子吸收光谱法测定磷矿中铅的效果，认为氢化物发生－原子荧光法测定铅灵敏度高，检出限仅 0.07 $\mu g/L$，共存元素干扰小，线性范围宽，方法简便快捷，是测定微量和痕量铅的一种比较好的方法。

15.3.8.3 X－射线荧光光谱法和电感耦合等离子体发射光谱法

磷矿石中铅检测的 X－射线荧光光谱法和电感耦合等离子体发射光谱法将在 15.3.12.1 和 15.3.12.2 多元素测定中进一步论述。

15.3.9 磷矿石中砷的检测

磷矿石中砷的测定方法有分光光度法、原子荧光光谱法和氢化物发生－原子吸收光谱法。

15.3.9.1 分光光度法

GB/T 29875－2013 磷矿石和磷精矿中砷含量测定的 Ag－DDTC 分光光度法：试样用硝酸、高氯酸溶解，在盐酸介质中，以二氯化锡和碘化钾将砷酸还原为亚砷酸，再用金属锌将亚砷酸还原为砷化氢气体，用二乙基二硫代氨基甲酸银的三乙醇胺－氯仿溶液吸收，生成红色胶体银，于波长 530 nm 处测量其吸光度，以工作曲线法求出磷矿样品中砷的含

---

①刘国文，王旭刚，崔东胜，等. 微波消解－火焰原子吸收光谱法测定磷矿石中铅 [J]. 冶金分析，2010，30 (10)：54－57.

②封亚辉，赵金伟，徐宏平，等. 氢化物－原子荧光法测定磷矿石中的微量铅 [J]. 安徽工业大学学报（自然科学版），2007，24 (2)：169－171.

③冯晓军，梅连平，陈晶亮，等. 采用不同分析仪器测定磷矿中微量铅的方法 [J]. 磷肥与复肥，2012，27 (3)：70－71.

量。适用于砷含量大于 0.0002％的测定。周自宏[①]采用 Ag-DDTC 比色法测定磷矿石中微量砷时，选用盐酸、硫酸溶样，溶样效果较好，不用硝酸，避免了硝酸除不尽而严重干扰砷的测定。

15.3.9.2 原子荧光光谱法

GB/T 29875－2013 磷矿石和磷精矿中砷含量测定的原子荧光光谱法：此法为仲裁法。试样用盐酸－硝酸溶解，在稀酸条件下，三价砷与硼氢化钾反应生成砷化氢，由载气（氩气）带入石英原子化器，砷化氢分解为原子态砷。在特制的砷空心阴极灯的照射下，基态砷原子被激发至高能态，去活化回到基态时，发射出特征波长的荧光，在一定浓度的范围内，其荧光强度与砷的含量成正比，以工作曲线法求出磷矿样品中砷的含量。适用于砷含量大于 0.0002％的测定。王军等[②]采用微波消解技术分解磷矿石试样，原子荧光光谱法同时测定砷和汞，大大缩短了前处理时间，减少了试剂用量。

15.3.9.3 氢化物发生－原子吸收光谱法

王宁伟等[③]研究了用氢化物发生－原子吸收光谱法测定磷矿石中微量砷：试样经氢氧化钠碱熔，用热水和少量稀盐酸浸取，盐酸酸化后过滤，定容。试液加还原掩蔽剂和盐酸，于气态原子化装置反应瓶中，在氢化物发生－原子吸收的条件下通载气进行测定。以硫脲－抗坏血酸－酒石酸混合溶液作还原剂效果好，同时还能掩蔽各种干扰离子，还考察了还原剂的用量和载气流速的影响。方法检出限为 0.032 $\mu g/L$，相对标准偏差小于 0.5％，回收率为 97.5％～101.4％。

15.3.10 磷矿石中汞的检测

磷矿石中汞的测定方法有原子荧光光谱法、原子吸收光谱法和比色法。

15.3.10.1 原子荧光光谱法

GB/T 29875－2013 磷矿石和磷精矿中汞含量测定的原子荧光光谱法，此法为仲裁法：试样用盐酸－硝酸溶解，在稀酸条件下，试样中汞被硼氢化钾还原成原子态汞，由载气（氩气）带入石英原子化器中，在特制的汞空心阴极灯照射下，基态汞原子被激发至高能态，去活化回到基态时，发射出特征波长的荧光，在一定浓度的范围内，其荧光强度与汞含量成正比，以工作曲线法求出磷矿样品中汞的含量。适用于汞含量大于 0.00001％的测定。

15.3.10.2 原子吸收光谱法

GB/T 29875－2013 磷矿石和磷精矿中汞含量测定的氢化物发生－原子吸收光谱法：试样用盐酸－硝酸溶解，在酸性条件下，试样中汞被硼氢化钾还原成原子态汞，由载气（氩气）将汞蒸汽载入原子吸收光谱仪，汞原子蒸汽对波长 253.7 nm 的紫外光具有强烈的吸收作用。在一定浓度的范围内，其吸光度的大小与汞蒸汽浓度成正比，以工作曲线法求出磷矿样品中汞的含量。适用于汞含量大于 0.00001％的测定。

①周自宏. 磷矿石中微量砷的测定 [J]. 广州化工，2011，39（6）：113－119.
②王军，张贤水. 微波消解－原子荧光光谱法测定磷矿石中砷和汞 [J]. 化学工程与装备，2011（9）：215－216.
③王宁伟，柳天舒，朱金连，等. 氢化物发生－原子吸收光谱法测定磷矿石中砷 [J]. 冶金分析，2008 28（4）：68－69.

SNKK（日本新日检协会）采用王水溶样原子吸收光谱法[1]：试样以盐酸、硝酸分解，在高锰酸钾存在下，汞转化为二价汞。用盐酸羟胺还原过剩的氧化剂。在酸性介质中，用氯化业锡将二价汞还原为金属汞，于原子吸收分光光度计波长 253.7 nm 处测量吸光度，适用于磷矿石中汞含量 0.0001％～0.0005％

15.3.10.3　比色法

陈雨珍[2]采用双硫腙比色法测定磷肥、磷矿石中的汞：试样经王水溶解，在弱酸性介质中，双硫腙与汞（II）生成橙红色的配合物，该配合物溶于四氯化碳或二氯甲烷中显色稳定，在 485 nm 波长下，以四氯化碳作参比液测定吸光度，从标准曲线上查得相应的汞含量。在弱酸性介质中有 EDTA 存在下仅有汞、金、铂能与双硫腙作用，而磷矿石中金、铂的含量相当低，对测定影响不大。在检测过程中，汞含量最好控制在 $1～20~\mu g$ 之间，曲线线性较好，萃取效果最佳。回收率在 95％～103％之间，标准偏差在 0.1％～0.2％之间。

15.3.11　磷矿石中铬的检测

Abdulla W. Alshawi[3]首次报道了离子色谱法测定磷矿石中的总铬。方法采用硝酸分解磷矿石，然后进行焦硫酸钾氧化处理，使得所有的铬都转为六价状态。该方法利用了阴离子交换色谱技术，获得铬的分离，并和二苯基卡巴肼柱后反应，然后进行光谱测定。方法提供了快速可靠的磷矿石中总铬的离子色谱法测定程序。

ICP-AES 也有用于磷矿石中铬的测定，详见 15.3.12.2。

15.3.12　磷矿石中多元素的同时检测

X 射线荧光光谱（XRF）和电感耦合等离子体发射光谱（ICP-AES）已成为当今磷矿石多元素分析的基本的、有效的技术方法。ICP-AES 用于测定磷矿石中痕量元素（包括稀土元素）具有明显优势；而磷矿石的主、次量元素分析，XRF 的测定精度更高，直接压片制样 XRF 技术具有更广的应用前景。

15.3.12.1　X—射线荧光光谱

SN/T 1097－2002（2014）规定了出口磷矿石中五氧化二磷、氧化钙、三氧化二铁、氧化铝、氧化镁、二氧化硅和氧化钾的 X—射线荧光光谱测定方法：采用无水四硼酸锂熔样，溴化锂作为脱模剂制备玻璃熔片，测出待测元素的 X—射线荧光强度。根据待测元素的 X—射线荧光强度与待测元素含量之间的定量关系，选用适当的数学校正模式，计算出待测元素的含量。

王宁伟等[4]采用四硼酸锂和偏硼酸锂混合熔剂熔融磷矿样品制成玻璃样品，用磷矿标样经同法测定并对测定结果进行理论 α 系数校正后绘制工作曲线。用波长色散 X—射线荧光光谱仪测定样片中五氧化二磷、氧化钙、三氧化二铁、氧化铝、氧化镁和二氧化硅。

---

①万秉忠等．进出口矿产品检验集萃．北京：中国标准出版社，2001.

②陈雨珍．磷肥、磷矿石中汞含量的测定［J］．云南化工，2005，32（2）：71.

③Abdulla W Alshawi, Roger Dahl. Determination of total chromium in phosphate rocks by ion chromatography［J］．Journal of Chromatography A，1999，850（1－2）：137 - 141.

④王宁伟，朱登峻，朱金连，等．X—射线荧光光谱测定磷矿中五氧化二磷、氧化钙、三氧化二铁、氧化铝、氧化镁和二氧化硅［J］．冶金分析，2006，26（6）：65—67.

王祎亚等[①]运用较低稀释比熔样制片技术，采用波长色散 X 射线荧光光谱法测定磷矿石中 11 个主次量组分（F、Na_2O、MgO、Al_2O_3、SiO_2、P_2O_5、K_2O、CaO、TiO_2、MnO、TFe_2O_3）和 1 个痕量组分（SrO）。以 $LiBO_2$-$Li_2B_4O_7$ 混合熔剂按 5∶1 的稀释比熔样，NH_4NO_3 为氧化剂，LiI 作为脱模剂，制备玻璃熔片，测出待测组分的 X—射线荧光强度。采用标准物质、管理样和人工配置标准样品作为校准样品，各组分的校正都采用经验系数法。方法的精密度和准确度较好，检出限较低，尤其是氟的测定，解决了较低含量、低荧光产额氟组分的分析，同时还能准确测定其他主要成分。

杨发景等[②]采用压片技术，研究了 X 射线荧光光谱标准添加法，并成功地应用于磷矿、重过磷酸钙肥料中的 Mn、Cu、Zn、Mo、Pb 等微量元素的测定，解决了 X 射线荧光光谱标准比较法对测定非金属磷矿和磷肥中的微量元素难以得到大量标准样品的问题。称取试样压制成样片，测试出各被测元素的 X 射线荧光强度，再称取同样量的试样加入被测元素的标准溶液，混匀，干燥后压制成样片，根据二次测得的 X 射线荧光强度值和加入的标准量计算出样品中的被测元素浓度。采用标准添加法测定微量元素，可提高样品中被测微量元素的 X 射线荧光强度，排除其他成份的干扰和基体的影响，提高了该方法的选择性，灵敏度和准确度。

15.3.12.2　电感耦合等离子体发射光谱

ICP-AES 法测定磷矿石中的多元素尚未有相关检测标准。陈加希[③]对 ICP-AES 法同时测定磷矿中钙、镁、铁、铝、锰、铅、锌、钒和铬进行了研究。从仪器参数的选择、溶液酸度的控制、干扰元素的影响等进行了试验。磷矿样品用盐酸和氢氟酸溶解，高氯酸发烟处理，加盐酸微热溶解后定容，在 ICP 光谱仪上测量。大量磷的存在对钙的干扰引起钙的结果偏低，需要加个校正系数。9 个元素的测定范围分别为 Ca（2.5%～40%）、Al（0.2%～3%）、MgO（0.1%～2%）、Mn（0.03%～0.5%）、Pb（0.006%～0.1%）、Zn（0.03%～0.5%）、Cr（0.0006%～0.01%）、V_2O_5（0.0006%～0.01%）、Fe_2O_3（0.1%～2%）。方便快速，稳定性好，而且由于元素间干扰很小，采用强度法分析，结果令人满意。酸溶时用氢氟酸是为了彻底分解地质样品中以硅酸盐形式存在的待测元素，但在溶样时要将氢氟酸赶出，以避免对玻璃进样系统的腐蚀和对一些测定元素的干扰。

吴迎春等[④]采用浓硝酸和浓盐酸混合酸不加氢氟酸加热分解试样，即可实现样品分解完全，稀酸浸取，溶液冷却定容，直接用电感耦合等离子体发射光谱仪测定磷矿石中的磷、镁、铝、铁，省去了赶除氢氟酸的过程，溶样快速，结果准确。方法检出限为磷 100 $\mu g/g$、镁 0.3 $\mu g/g$、铝 20 $\mu g/g$ 和铁 6 $\mu g/g$。经国家一级标准物质分析验证，方法精密度（RSD）小于 5.0%，相对误差小于 1.5%，适用于实际工作中不包括钙和硅在内的磷矿石磷镁铝铁测定。

————————
①王祎亚，许俊玉，詹秀春，等．较低稀释比熔样制样 X 射线荧光光谱法测定磷矿中 12 个主次痕量组分 [J]．岩矿测试，2013，32（1）：58—63.

②杨发景，汤光中，段棋仁，等．X 射线荧光光谱标准添加法测定磷矿、磷肥中 Mn、Cu、Zn、Mo、Pb 等微量元素 [J]．化工技术与开发，2000，(S1)：161—164。

③陈加希．ICP-AES 法同时侧定磷矿中钙、镁、铁、铝、锰、铅、、锌、钒和铬 [J]．云南冶金，1992（04）：54—59.

④吴迎春，岳宇超，聂峰．电感耦合等离子体发射光谱法测定磷矿石中磷镁铝铁 [J]．岩矿测试，2014，33（4）：497—500.

15. 3. 12. 3　原子吸收光谱法

太月昆[1]提出了用原子吸收法连续测定磷矿中的钾、钠、钙、镁、铁等元素。样品经高氯酸－氢氟酸溶解后，在盐酸介质中，加入 $LaCl_3$，对 Al^{3+}、PO_4^{2-} 等干扰离子进行掩蔽，配制混合标样以消除基体干扰，用火焰原子吸收法对磷矿样品中的钾、钠、钙、镁、铁等元素进行连续测定。方法操作简便、重现性好、分析速度快、灵敏度高、试剂安全，各元素测定的 RSD 均在 $0.01\%\sim2.0\%$ 之间，加标回收率在 95% 以上，非常适用于快节奏、大批量的磷矿分析测定。

傅英[2]建立了常压微波消解法前处理磷矿样品，使用原子吸收光谱仪测定磷矿中铅、镉、汞含量的方法。样品的前处理一般有常压湿式消解法、高压微波消解法和常压微波消解法。常压湿式消解法利用强酸与样品反应形成可溶性物质，但操作复杂，外干扰大，样品不易消解完全且污染环境。高压微波消解法通过消解试剂在微波电场作用下产生高热量，样品与消解试剂在此高热量作用下充分反应，然而高压使聚四氟乙烯反应釜产生变形，样品容易损失。常压微波消解法的原理与高压微波消解法相同，其方便、快捷，所用试剂少，消解时间短，消解程度完全，背景值低，还能避免被测元素损失，是一种较优的前处理方法。采用 $HNO_3\text{-}H_2O_2$ 为消解试剂进行常压微波消解，使用原子吸收光谱仪测定磷矿中铅、镉、汞的含量，检出限分别为 $0.0093\ \mu g/g$、$0.0120\ \mu g/g$、$0.0110\ \mu g/g$，加标回收率分别为 $100.06\%\sim100.18\%$、$99.73\%\sim100.18\%$、$99.51\%\sim100.63\%$，相对标准偏差均在 1% 左右。方法检出限低，基体干扰小，快速简便。

---

①太月昆. 用原子吸收法连续测定磷矿中的钾、钠、钙、镁、铁等元素［J］. 化工技术与开发，2000（S1）：154－155.

②傅英. 常压微波消解－原子吸收光谱法测定磷矿中铅、镉、汞［J］. 磷肥与复肥，2014，29（1）：68－69.

第16章　含硫矿物有害元素检测

16.1　含硫矿物资源概况

硫是自然界中分布很广的元素之一，含硫矿物分布非常广泛，种类也很多，以单质硫和化合态硫两种形式出现。大多以硫化物状态存在，自然硫也有分布，但纯硫存在较少，一般常混有杂质[①]。

硫的工业矿物和化合物主要有自然硫、硫铁矿、有机硫、硫化氢、有色金属硫化物及硫酸盐矿物。世界生产的硫主要来自自然硫矿床、酸性天然气、高硫原油、黄铁矿和有色金属硫化物[②]。中国硫资源包括硫铁矿、伴生硫铁矿、自然硫，石油及天然气、煤、油页岩中伴生硫，以及有色金属硫化物、石膏、明矾石等矿[③]，其中硫铁矿、伴生硫铁矿和自然硫是主要硫资源。自然硫因采选技术难以开发利用，硫铁矿和伴生硫铁矿是中国硫资源的主要来源。

硫化物矿是一族以（S^{2-}）为主要阴离子的矿物。硫铁矿是我国最重要的硫化物矿。

硫铁矿是能为工业利用的硫化铁矿物的习俗总称，并非矿物学名称，包括黄铁矿（Pyrite，FeS_2）、白铁矿（Marcasite，FeS_2）和磁黄铁矿（Pyrrhotine，$Fe_{1-x}S$），3 种矿物成分相同，密切共生，只是物理性质不同，统称硫铁矿[④]。我国硫铁矿中含硫量达 53.4% 的黄铁矿分布最为广泛。

某些有色金属硫化物矿的经济意义重大。重要的有辉银矿（Acanthite，Ag_2S）、辉铜矿（Chalcocite，Cu_2S）、铜蓝（Covellite，CuS）、辉锑矿（Stibnite，Sb_2S_3）等。

硫化物族还包括硒化物、碲化物、砷化物、锑化物、硫砷化物和磺酸盐[⑤]。

16.1.1　世界硫资源分布

世界硫资源中天然气、石油和自然硫是硫的主要来源。根据美国地质调查局（USGS）2015 年报告[⑥]，以蒸发岩和火山岩中的元素硫和与天然气、石油、焦油砂及金属硫化物伴生的硫，储量大约在 50 亿吨；石膏和硬石膏中的硫则是非常丰富的；在煤、油页岩和页

---

①岩石矿物分析编委会. 岩石矿物分析：第 2 分册. 北京：地质出版社，2011.

②王利，郭兆熊，张卫峰，等. 世界硫资源供需形势分析与中国的应对策略 [J]. 化肥工业，2007，34（2）：5—9.

③刘向东，王新. 世界硫资源分布及中国硫磺资源状况 [J]. 河北化工，2009，32（9）：50—59.

④曹烨等，熊先孝，李响，等. 中国硫矿床特征及资源潜力分析 [J]. 现代化工，2013，33（12）：5—10.

⑤Klein Cornelis, Cornelius S Hurlbut Jr. Manual of Mineralogy. Wiley，1986：269—293.

⑥U S Geological Survey. Mineral Commodity Summaries 2015：156—157.

岩中富含 6 000 亿吨有机硫，然而，后两类尚未找到低成本的开采方法。硫资源储量的分布主要在北美、中东、欧洲、东亚等地区。中东的液化天然气和加拿大的焦油砂生产可望带来硫的大幅度增产。世界硫主要生产国及产量见表 16.1。

表 16.1　世界硫主要生产国的产量

	产量/千吨	
	2013 年	2014 年估计
美国	9，210	9，770
澳大利亚	860	900
巴西	545	550
加拿大	6，370	6，000
智利	1，700	1，700
中国	10，500	12，000
芬兰	740	740
法国	650	650
德国	3，880	3，900
印度	2，430	2，430
伊朗	1，890	1，900
意大利	740	740
日本	3，300	3，300
哈萨克斯坦	2，850	2，850
韩国	1，300	1，300
科威特	820	820
墨西哥	1，810	1，810
荷兰	515	515
波兰	1，080	1，100
卡塔尔	850	850
俄罗斯	7，250	7，300
沙特阿拉伯	3，900	4，000
南非	270	290
西班牙	270	270
阿联酋	2，000	2，000
乌兹别克斯坦	560	560
委内瑞拉	800	800
其他	3，360	3，360
全球(取整)	70，400	72，400

摘自美国地质调查局（USGS）2015 年矿产品概况报告 Mineral Commodity Summaries 2015[①]

———————————

①U S Geological Survey. Mineral Commodity Summaries 2015：156—157.

中国硫资源十分丰富，储量排在世界前列。已探明矿产地达 750 处，含硫矿物资源储量（硫）约为 14.87 亿吨，其中：硫铁矿（硫）8.5 亿吨；伴生硫铁矿（硫）3.16 亿吨；自然硫 3.21 亿吨。硫铁矿资源储量相对集中在华东、中南、西南三大区，以及山西、内蒙古等省（区）[①]。中国在目前及今后相当一段时期内，仍将以硫铁矿和伴生硫铁矿为主要硫源。

16.1.2　含硫矿物主要用途

硫有许多用途，大多用于农业，经常作为作物养分和生产磷肥的一种原材料。硫是植物、动物和人类生长和健康的必要养分。考虑植物养分时，硫是继氮、磷、钾后，又一个重要肥料养分。硫参与合成氨基酸、蛋白质和酶等重要生物代谢过程，提高作物产量和质量，包括：硫的直接营养作用；硫可提高其他必需养分的利用效率，特别是氮、磷和一些微量元素（如锌、铁、铜、锰和硼）；硫能增加种子的脂肪和蛋白质含量，提高农产品的品质[②]。

含硫矿物最主要的用途是生产硫酸和硫磺。世界硫消费量的 70% 以硫酸形式用于制造化肥，30% 以硫酸和硫磺的形式用于化工等 30 余个工业部门[①]。

硫铁矿是我国主要的含硫矿物资源，主要用于制造硫酸，部分用于化工原料以生产硫磺及各种含硫化合物等。75% 以上的硫酸用来生产化肥外，还广泛地用于化工、轻工、纺织、冶金、石油、医药等工业。随着中国经济的发展，近年来各行业对硫酸的需求量均呈缓慢上升趋势，化肥用项是明显的增长点。根据农业部提出的 2010—2020 年的化肥需求，依照硫铁矿制酸的比例预测，我国 2020 年硫酸生产需求硫铁矿为 1950 万吨[③]。

16.1.3　世界硫的供需现状

以元素硫计，全世界有一半以上的硫产品通过国际渠道交易。中国是最大的进口国，摩洛哥和美国次之；加拿大则是最大的出口国，俄罗斯和沙特阿拉伯紧随其后。

考虑到油气中提取硫的增加，预计到 2019 年，世界硫的供应将比 2014 年增长 27%，而需求增长 16%。阿布扎比、卡塔尔、俄罗斯、沙特阿拉伯和土库曼斯坦会有较大的出口增量。美国硫产量的增加将导致其减少进口[④]。

国际化肥工业协会（IFA）的统计（2002—2013）显示，世界各地区商用硫（各种形态）的进出口贸易量增长了 35%，除个别年份外，呈现小幅稳步增长的态势。西亚、东欧、中亚和北美是主要的净输出地区，非洲和东亚是主要的净输入地区。世界商用硫输出量见表 16.2，输入量见表 16.3。

[①]曹烨等，熊先孝，李响，等．中国硫矿床特征及资源潜力分析 [J]．现代化工，2013，33（12）：5—10.

[②]The Sulphur Institute. Sulphur in Chinese Agriculture. TSI，2012.

[③]任海兵．对我国硫铁矿资源开发及利用的思考 [J]．中国矿产，2010，19（3）：36—39

[④]IAEA Safety Reports Series No 78. Radiation Protection and Management of NORM Residues in the Phosphate Industry. 2013：58.

表 16.2　世界商用硫输出/千吨

地区	2002	2003	2004	2005	2006	2007	2008	2009	2010	2011	2012	2013
西欧	2 090	1 937	2 014	2 029	2 221	2 054	1 986	2 227	1 803	2 158	2 067	2 010
中欧	665	612	642	736	667	768	673	354	638	615	732	649
东欧中亚	3 603	4 573	5 297	5 114	5 105	6 801	5 692	5 937	8 982	8 120	7 617	7 666
北美	8 044	8 239	9 232	9 116	9 179	8 736	8 059	7 855	7 370	7 259	7 233	7 053
拉美	817	1 174	1 285	1 149	1 294	1 240	1 118	1 013	612	559	702	761
非洲	41	31	10	57	188	242	295	200	316	242	290	429
西亚	6 543	6 545	6 442	7 018	7 258	7 630	7 732	8 113	8 475	9 193	10 134	9 300
南亚	0	0	0	0	2	2	151	228	292	200	327	670
东亚	1 466	1 662	1 830	2 051	2 190	2 069	2 229	2 647	2 461	2 513	2 729	2 919
大洋洲	0	0	0	2	3	5	6	6	5	0	0	0
其它	0	0	0	0	0	0	0	0	0	0	0	0
全世界	23 267	24 773	26 754	27 272	28 108	29 548	27 939	28 579	30 953	30 858	31 828	31 457

源自国际化肥工业协会（IFA）

表 16.3　世界商用硫输入/千吨

地区	2002	2003	2004	2005	2006	2007	2008	2009	2010	2011	2012	2013
西欧	1 261	1 081	1 120	1 049	909	791	1 000	662	897	1 027	846	951
中欧	270	242	214	239	296	270	342	165	183	217	162	123
东欧中亚	758	880	970	938	982	1 219	1 304	996	1 410	1 064	1 227	1 084
北美	2 692	2 915	3 011	2 760	2 990	2 924	3 072	2 174	3 045	3 220	2 891	3 056
拉美	2 254	2 027	2 405	2 062	2 178	2 710	3 246	2 071	2 832	3 026	3 584	3 211
非洲	6 273	6 892	6 449	6 881	6 926	7 018	6 567	6 086	7 365	7 401	6 723	7 200
西亚	1 433	1 601	1 472	1 559	1 581	1 540	1 178	1 545	1 549	1 505	1 471	1 527
南亚	2 284	1 847	2 092	2 007	1 869	1 769	1 487	1 403	1 888	1 889	1 819	1 318
东亚	5 073	6 139	8 016	9 027	9 524	10 337	8 804	12 916	11 092	10 427	11 892	11 591
大洋洲	855	845	856	702	743	949	880	560	685	1 078	1 157	1 382
其它	118	305	150	48	111	19	60	3	8	6	55	13
全世界	23 267	24 773	26 754	27 272	28 108	29 548	27 939	28 579	30 953	30 858	31 828	31 457

源自国际化肥工业协会（IFA）

16.2　含硫矿物中有害元素概论

中国含硫矿物资源主要是硫铁矿，本章主要讨论硫铁矿中含有的有毒有害元素。

硫铁矿中除 FeS_2 外，还含有铜、锌、铅、砷、镍、钴、硒、碲等元素的硫化物和氟、钙、镁的碳酸盐与硫酸盐以及少量银、金等杂质。在制硫酸时的主要有害组分有：砷、氟、铅、锌、碳、钙、镁、碳酸盐等。这些有害成分既对制酸生产及设备产生影响，也对人类健康及环境造成危害。

砷在自然界中以砷的化合物形态存在。在制酸生产中，砷化物进入转化器，会引起转化器中的钒催化剂中毒，从而降低 SO_2 转化率，甚至将砷化物带入硫酸产品之中[①]。且排出的放空尾气、含砷废水、酸泥又会引起大气和水源的严重污染，继而引起砷对土壤的污染，使农作物生长受到影响，还会造成农作物及果实的砷污染。因此对高砷硫铁矿要进行砷的脱除。传统硫酸生产中要求硫铁矿中砷含量不超过 0.05%。国内主要硫酸生产厂家针对各自的生产实际，对硫铁矿中的砷的含量都有具体的规定。

　　氟在地壳中以简单氟化物和络合氟化物存在，形态很多。在焙烧硫铁矿时，大多数含氟矿物中的氟几乎都可以转入气相中，生成氟化氢或氢氟酸。氟在制酸过程中会对不锈钢产生点蚀和应力腐蚀破坏、腐蚀玻璃钢管道、损坏干燥塔瓷填料；还会破坏钒催化剂的载体使催化剂粉化[②]。含氟废水的排出，会污染饮用水和影响农作物生长。

　　由于铅、锌的熔点较低，在焙烧过程中，易产生黏结现象；而碳含量较高时，要消耗较多的氧，生成一氧化碳或二氧化碳，影响转化。

　　硫铁矿中的钙、镁碳酸盐脉石，在焙烧过程中，分解出二氧化碳气体，稀释了炉气中二氧化硫的浓度；氧化钙和氧化镁还吸收部分二氧化硫，降低了硫的利用率。

　　为满足硫铁矿制硫酸的工艺要求，我国《硫铁矿和硫精矿》的行业标准 HG/T 2786—1996（2015）里规定了砷、氟、铅＋锌、碳的含量要求，见表 16.4。

表 16.4　硫铁矿技术指标

项目		优等品	一级品	合格品
砷（As）含量,%	≤	0.05	0.10	0.15
氟（F）含量,%	≤	0.05	0.10	
铅锌（Pb＋Zn）含量,%	≤		1.0	
碳（C）含量,%	≤	2.0	3.0	5.0

16.3　含硫矿物中有害元素检测方法

　　针对硫铁矿中含有的有毒有害组分对制酸工艺、环境和人体的危害，本章主要对下列有毒有害元素：砷、氟、铅、锌和碳的现有检测技术进行概述。

16.3.1　硫铁矿中砷的检测

　　硫铁矿中砷含量的测定方法有分光光度法、火焰原子吸收光谱法、氢化物发生－原子荧光光度法和电感耦合等离子体发射光谱法。

16.3.1.1　分光光度法

　　Ag-DDTC 分光光度法：GB/T 2464—1996 硫铁矿和硫精矿中砷含量测定的 Ag-DDTC 分光光度法。试样以氯酸钾－硝酸溶解，在硫酸介质中，以二氯化锡和碘化钾将砷酸还原成亚砷酸，再用金属锌将亚砷酸还原成砷化氢气体，用二乙基二硫代氨基甲酸银的三乙醇胺－氯仿溶液吸收。砷化氢将试剂中银还原为红色胶状元素银，于分光光度计波长 530 nm 处测量其吸光度，以工作曲线法求出砷的含量，适用于砷含量 0.005%～0.50% 的测定。样品的前处理除用酸溶外还有采用碱熔的方法。MT/T 802.4—1999 煤系硫铁矿和

①章孟杰.高砷硫铁矿制酸除砷工艺设计 [J].化学工程与装备，2012(9)：66-68.
②赵信刚.硫铁矿制酸装置净化工序炉气除氟实践 [J].硫酸工业，2008(4)：24-27.

硫精矿中砷含量的测定中，试样用过氧化钠熔融，以水溶解，溶液用硫酸酸化，进行比色测定。郭杨武、钟友强[1]在标准的运用中发现，若用锌粒将砷还原为砷化氢气体，与干扰元素如铜、铁、铅等分离，稍有不慎重复性就较差。

砷钼蓝分光光度法[2]：利用在 1.12 mol/L 的盐酸介质中，砷与钼酸铵生成砷钼蓝络合物，建立了用分光光度法直接测定硫精矿中砷的含量。试样用盐酸—硝酸—氢氟酸—高氯酸溶解处理，在盐酸介质中，砷与钼酸铵生成砷钼杂多酸络合物，被盐酸羟胺和抗坏血酸联合还原生成稳定的络合物砷钼蓝，由于在反应条件下，大多常见的金属离子不干扰测定，磷的干扰又可通过 2 次比色扣除，于分光光度计波长 840.0 nm 处测量吸光度，扣除磷的吸光度后以工作曲线法求出砷的含量，方法灵敏度及选择性都较好。

铋钼蓝分光光度法[3]：利用砷和磷可以同时与铋盐钼酸铵形成各自的杂多酸络合物的特点，用铋钼蓝分光光度法联合测定硫铁矿石中的砷和磷，扣除磷的吸光度来测定砷的量。试样经硝酸—硫酸—氢氟酸—高氯酸处理，将三价砷氧化为五价砷，同时偏磷酸氧化为正磷酸。在硫酸介质中，硫代硫酸钠可将五价砷还原为三价，从而只有磷能够最终生成 P-Bi-Mo 蓝，以试剂空白作参比，于 700 nm 波长处比色可测得磷的吸光度。五价砷和磷与硝酸铋、钼酸铵反应生成各自的杂多酸络合物，再用抗坏血酸还原为 P-Bi-Mo 蓝及 As-Bi-Mo 蓝。用只含有 P-Bi-Mo 蓝的溶液作参比，于 700 nm 波长处比色可测得砷的吸光度，以工作曲线法求出砷的含量。方法具有较高的精密度，加标回收率令人满意。

16.3.1.2　火焰原子吸收光谱法

周含英等[4]采用火焰原子吸收法测定硫铁矿中的砷。试样用硝酸和盐酸分解，在选定的仪器工作条件下直接上机测定吸光度，以工作曲线法求出砷的含量。样品中主要共存元素为铁、钙、镁、锰、锌、硅等，对测定结果均无影响，特别适合于高含量砷的测定。

16.3.1.3　氢化物发生—原子荧光光度法

刘健等[5]采用氢化物发生—原子荧光光度法检测硫铁矿和硫精矿中砷的含量。样品经氯酸钾—硝酸溶解，在酸性条件下，五价砷被硫脲—抗坏血酸还原为三价砷，然后与硼氢化钠与酸作用产生的大量新生态氢反应，生成气态的砷化氢，被载气输入石英管中，受热后分解为原子态砷。在砷空心阴极灯发射光谱激发下，产生原子荧光，其荧光强度与砷含量成正比，与标准系列比较定量。方法检出限 0.2281 μg/L，加标回收率在 90.1％～102.3％之间，为硫铁矿和硫精矿中砷含量提供了一个灵敏度高、方便快捷新检测方法。

16.3.1.4　电感耦合等离子体发射光谱法

郭杨武、钟友强[1]采用 ICP-OES 法分析硫铁矿中的砷含量。试样用硝酸、氯酸钾和硫酸溶解后直接取样分析，选择波长 189.04 nm，基体中的铁不产生干扰，用标准曲线法，根据得到的回归方程计算出砷的含量。方法的相对标准偏差为 5.2％～5.6％，加标回收

①郭杨武，钟友强．ICP—OES 法分析硫铁矿中的砷含量 [J]．硫酸工业，2014(8)：65—66.

②胡郑毛，张先才．分光光度法直接测定硫精矿中砷含量 [J]．金属矿山，2004，(8)：50—51.

③岳秋．硫铁矿石中砷和磷含量的联合测定 [J]．化工矿物与加工，2014(8)：25—27.

④周含英，王盛才，罗岳平，等．空气—乙炔火焰原子吸收法测定硫铁矿中的砷 [J]．广东微量元素科学，2007，14(11)：64—66.

⑤刘健，陈聪，罗爱玲，等．氢化物发生—原子荧光光度法检测硫铁矿和硫精矿中砷含量 [J]．山东化工，2013，42(11)：81—83.

率 97%～103.3%，实际应用效果较好。

16.3.2 硫铁矿中氟的检测

硫铁矿中氟含量的测定方法有离子选择性电极法和分光光度法。

16.3.2.1 离子选择性电极法

GB/T 2465－1996 硫铁矿和硫精矿中氟含量的测定 离子选择性电极法。试样以氢氧化钠、过氧化钠熔融，用水浸取，铁、钛等干扰离子以氢氧化物沉淀分离，以硝酸中和大量碱，用柠檬酸钠－硝酸钾缓冲溶液调节离子强度、控制溶液 pH，同时消除铝的干扰。使用电位测量仪，以饱和甘汞电极为参比电极，氟离子选择性电极为指示电极测定氟，以工作曲线法求出氟的含量。适用于氟含量 0.001%～1% 的测定。也有文献报道[①]采用灼烧除硫后，盐酸分解试样，双管气体吸收器吸收防止氟的损失，用氢氧化钠沉淀分离铁的前处理方法。

16.3.2.2 分光光度法

茜素络合腙比色法[②]：茜素络合腙（1，2－二羟葱醌基 3－甲胺－N，N－二乙酸）与 La（Ⅲ）在 pH 为 4～6 乙酸缓冲溶液中形成红色络合物，当加入微碱性的含氟溶液时则转变成蓝色络合物。对氟的测定因受干扰离子的影响须进行蒸馏分离。试样用硫酸和硝酸分解，通入水蒸汽进行蒸馏，蒸馏液中加入茜素络合剂和硝酸镧，显色 20 min，于分光光度计波长 620 nm 处测定吸光度，以工作曲线法求出氟的含量。适用于氟含量 0.01%～1.0% 的测定。

间接光度法[③]：试样用过氧化钠碱熔分解，在盐酸溶液中，以氯化钡沉淀分离硫酸根，以氢氧化钠沉淀分离铁、铝、钛、锆、稀土元素和磷酸根等干扰组分。在 1.4 mol/L 盐酸介质中，氟离子与锆反应生成无色稳定的 $[ZrF_6]^{2-}$，从而降低游离锆离子的浓度，使锆－二甲酚橙配合物的紫红色随氟量的增加而递减，可借此间接光度法测定氟。锆－二甲酚橙配合物的最大吸收峰在波长 550 nm 处。适用于 0.01% 以上氟的测定。

16.3.3 硫铁矿中铅的检测

硫铁矿中铅含量的测定方法有火焰原子吸收光谱法、EDTA 容量法、间接比色法、电感耦合等离子体发射光谱法和 X 射线荧光光谱法。

16.3.3.1 火焰原子吸收光谱法

GB/T 2467－2008 硫铁矿和硫精矿中铅含量测定的火焰原子吸收光谱法，试样用盐酸－硝酸溶解，在稀盐酸介质中，使用空气－乙炔火焰，于原子吸收光谱仪波长 283.3 nm 处测量吸光度，以工作曲线法求出铅的含量。适用于铅含量 0.01%～1% 的测定。骆彪[④]对溶样方法进行了改进，先用燃烧法除硫，再用酸溶解后直接定容测定。

16.3.3.2 EDTA 容量法

GB/T 2467－2008 硫铁矿和硫精矿中铅含量测定的 EDTA 容量法，试样用盐酸－硝

①湖南化工研究所分析室．氟离子选择电极测定硫铁矿中的氟［J］．分析化学，1978，6（4）：279－280.
②郑晓林．茜素络合腙比色法测定硫铁矿中氟［J］．分析试验室，1986，4（11）：60.
③岩石矿物分析编委会．岩石矿物分析第 2 分册．北京：地质出版社，2011.
④骆彪．原子吸收分光光度法测定硫铁矿中铅锌［J］．云南化工，1994（3）：47－48.

酸溶解，用硫酸作沉淀剂使铅生成硫酸铅沉淀，与铁、铝、铜、锌、钴、镍、钛等元素分离。沉淀用过量的 EDTA 标准溶液在氨性溶液中加热溶解。在 pH 为 5.5～6 的乙酸－乙酸钠缓冲溶液中，以二甲酚橙为指示剂，用铅标准滴定溶液回滴过量的 EDTA，以实际消耗的 EDTA 量求得铅的含量。适用于铅含量大于 0.1% 的测定。

16.3.3.3 间接比色法

敖学华[1]根据 PbO_2 的强氧化性和 MnO_4^- 的稳定性，将矿中铅预氧化为 PbO_2，再控制好条件，PbO_2 将 Mn^{2+} 定量氧化为 MnO_4^-，采用比色法间接测定求得铅的含量。试样中准确加入铅粉加热氧化，用氢氧化钠和硝酸钾熔融，置于硝酸＋磷酸＋ Mn^{2+} ＋蒸馏水中浸取，加入氟化钾和铜试剂消除铁、镍、铜的干扰，沸水浴中保温 30 min，在波长 510 nm 处通过测定 MnO_4^- 的吸光值可求出铅的含量。铅的含量在 0.004～0.04 g 满足线性要求。

16.3.3.4 电感耦合等离子体发射光谱法和 X 射线荧光光谱法

硫铁矿中铅检测的电感耦合等离子体原子发射光谱法和 X 射线荧光光谱法将在 16.3.6.2 和 16.3.6.3 多元素测定中进一步论述。

16.3.4 硫铁矿中锌的检测

硫铁矿中锌含量的测定方法有火焰原子吸收光谱法、分光光度法、EDTA 容量法、电感耦合等离子体发射光谱法和 X 射线荧光光谱法。

16.3.4.1 火焰原子吸收光谱法

GB/T 2468－2008 硫铁矿和硫精矿中锌含量测定的火焰原子吸收光谱法。试样用盐酸－硝酸溶解，在稀盐酸介质中，使用空气－乙炔火焰，于原子吸收光谱仪波长 213.9 nm 处测量吸光度，以工作曲线法求出锌的含量。适用于锌含量 0.01%～1% 的测定。骆彪[2]对溶样方法进行了改进，先用燃烧法除硫，再用酸溶解后直接定容测定。

丁信明[3]对火焰原子吸收光谱法测定硫铁矿和硫精矿中锌含量的测量不确定度进行了评定，分析了测量不确定度的来源有：①测量重复性引入的不确定度；②试样称量引入的不确定度；③标准溶液制备引入的不确定度；④标准曲线引入的不确定度；⑤待测溶液的定容体积引入的不确定度。对各不确定度分量进行了评定，通过比较得出重复性测定引入的不确定度最大，定容体积对不确定度的影响可以忽略不计。

16.3.4.2 分光光度法

PAN 分光光度法：GB/T 2468－2008 硫铁矿和硫精矿中锌含量测定的 PAN 分光光度法。试样用盐酸－硝酸溶解，以氟化钠、氨水、氯化铵及铜试剂沉淀，分离铁、铝、铜、镍等共生元素。在酸性介质中用甲基异丁基甲酮萃取锌的硫氰酸配离子，用 1－（2－吡啶偶氮）－2－苯酚（PAN）与锌离子形成橙红色配合物，于分光光度计波长 560 nm 处测量光度，以工作曲线法求出锌的含量。适用于锌含量 0.01%～0.3% 的测定。

---

①敖学华. 硫铁矿中铅的间接比色测定 [J]. 云南化工，2001，28(1)：32－33.

②骆彪. 原子吸收分光光度法测定硫铁矿中铅锌 [J]. 云南化工，1994(3)：47－48.

③丁信明. 火焰原子吸收光谱法测定硫铁矿和硫精矿中锌含量的测量不确定度评定 [J]. 广东化工，2009，36，(2)：83－85.

二甲酚橙光度法[①]：利用在 pH 为 5.8～6.2 之间，铜锌与二甲酚橙形成红色络合物，加入 $Na_2S_2O_3$ 消除铜的吸收，来测定硫铁矿中低含量的锌。试样用盐酸、硝酸分解，加氨—氯化铵溶液使大量铁离子及少量金属离子沉淀分离。滤液调节酸度，在六次甲基四胺—盐酸缓冲溶液中加硫代硫酸钠掩蔽铜后，再加二甲酚橙，在波长 570 nm 处测定吸光度，以工作曲线法求出锌的含量。

16.3.4.3　EDTA 容量法

李化全、孟令美[②]采用 EDTA 容量法对硫铁矿中的锌含量进行快速分析。试样以硝酸、盐酸溶解，氢氧化钠沉淀铁、钴、镍等干扰离子，在 pH 为 5.5～6.0 范围内以二甲酚橙作指示剂，用 EDTA 标准滴定溶液滴定至溶液由酒红色变为亮黄色，以消耗的 EDTA 量求得锌的含量。若锌含量低于 0.05％时，需在样品中加入一定量的氧化锌基准溶液，使滴定终点更好观测；若锌含量低于 0.01％时，此方法不适用。

16.3.4.4　电感耦合等离子体发射光谱法和 X 射线荧光光谱法

硫铁矿中锌检测的电感耦合等离子体原子发射光谱法和 X 射线荧光光谱法将在 16.3.6.2 和 16.3.6.3 多元素测定中进一步论述。

16.3.5　硫铁矿中碳的检测

硫铁矿中碳含量的测定方法有重量法、容量法和高频—红外碳硫法。

16.3.5.1　重量法

GB/T 2469—1996 硫铁矿和硫精矿中碳含量测定的烧碱石棉重量法。试样在高温纯氧气流或空气流中燃烧，硫、碳分别以二氧化硫和二氧化碳逸出，用铬酸铅和三氧化铬—硫酸混合溶液联合除去二氧化硫。二氧化碳以烧碱石棉吸收，称量。适用于碳含量 0.1％～10％的测定。

MT/T 802.3—1999 煤系硫铁矿和硫精矿中总碳量的测定方法，方法原理与 GB/T 2469—1996 一致．

16.3.5.2　燃烧—酸碱容量法[③]

试样在氧气流中高温灼烧，使碳燃烧成二氧化碳，用一定量的氢氧化钡溶液吸收，过剩的氢氧化钡溶液用盐酸标准溶液滴定，测定碳的含量。试样中的硫在灼烧时所生成的硫的氧化物，用铬酸铅吸收以消除干扰。操作时通入氧气的速度要控制适当，否则会造成结果偏低；回滴过剩的氢氧化钡溶液时，加入盐酸标准溶液的速度不能太快，同时必须不断搅拌，以免溶液中盐酸局部过浓而将碳酸钡沉淀溶解。

16.3.5.3　高频—红外碳硫法

林光西、郭凤云[④]利用高频—红外碳硫仪分析硫铁矿中的碳含量。采用铁屑和钨粒作助熔剂，于氧气流中加热燃烧，在已校准的通道上分析碳的含量。方法简便快速，标准偏

———————————

①李纯毅，康承孝．二甲酚橙光度法连续测定硫铁矿中低含量的铜锌［J］．内蒙古石油化工，1995（S1）：69－71．

②李化全，孟令美．硫铁矿中锌测定方法的改进［J］．硫酸工业，1990（3）：54．

③岩石矿物分析编委会．岩石矿物分析：第 2 分册．北京：地质出版社，2011．

④林光西，郭凤云．高频—红外碳硫仪测定硫铁矿中的碳［J］．分析仪器，2008（3）：62－64．

差为 0.21，RSD 为 2.47%，平均回收率为 99.9%，对硫铁矿中碳含量分析，结果令人满意。

16.3.6 硫铁矿中多元素的同时检测

硫铁矿中多元素分析目前还没有相关的检测标准，仅局限于文献资料报道的检测方法。

16.3.6.1 原子吸收光谱

郭代华[1]采用原子吸收光谱法连续测定硫铁矿中铜、铅、锌。试样用盐酸和硝酸分解，完全溶解后二次蒸干处理，用盐酸溶解可溶性盐类，干过滤，消除硅的干扰，滤液直接用于铜、铅的测定。锌的线性浓度范围很窄，需稀释后与测铜、铅溶液分别于原子吸收光谱仪波长 324.7 nm、283.3 nm、213.9 nm 处，测定铜、铅、锌的吸光度。由于锌灵敏度高，稀释倍数大，用紧密内插法能提高锌的分析精度。

肖晓辉、彭海姣[2]采用高温灼烧除硫的样品前处理方法，用原子吸收光谱法连续测定硫精矿和硫渣中的铜、镉、铅、锌。试样经高温灼烧除硫，王水溶解，在硝酸介质中，使用空气－乙炔火焰，于原子吸收光谱仪波长 324.7、228.8、283.3、213.8 nm 处，分别测量铜、镉、铅、锌的吸光度，以工作曲线法计算出相应的含量。适用于铜含量 0.025%～0.50%、镉含量 0.025%～0.50%、铅含量 0.26%～5%、锌含量 1.0%～10.00% 的测定，加标回收率在 95.00%～105.00%。

16.3.6.2 电感耦合等离子体发射光谱

常平等[3]采用盐酸－硝酸溶解矿样，不需化学分离，直接用电感耦合等离子体原子发射光谱仪测定黄铁矿中 Cd、Co、Cu、Mn、Pb、Zn 和 Ni。用干扰系数校正法消除黄铁矿中铁对上述元素的干扰。

马新蕊[4]采用过氧化钠熔融矿样，盐酸溶解浸出熔块，稀释定容后用电感耦合等离子发射光谱法进行多元素的同时测定，测定硫铁矿中的铁、硫、铜、锌、砷、铅。

马生凤等[5]采用四酸（硝酸－盐酸－氢氟酸－高氯酸）混合溶矿，在王水介质中，用电感耦合等离子体发射光谱法同时测定硫化物矿中 Al、Fe、Cu、Pb、Zn、Ca、Mg、K、Na、Sb、Mn、Ti、Li、Be、Cd、Ag、Co、Ni、Sr、V、Mo 和 S。为扣除共存元素对各分析元素的干扰，采用干扰元素校正系数法。方法用于铁、铜、铅、锌硫化物矿石，含量相对高的铁、铜、锌的单矿物和精矿中的主元素可提高稀释倍数，精密度将更好；含铅、银的硫化物矿石应注意溶样的提取过程，不适合方铅矿等含铅、银高的样品；测定硫化物矿石的 S，测定上限为 10%。

---

①郭代华．硫铁矿中原子吸收连续测定铜、铅、锌 [J]．湖南有色金属，1996，12(1)：54—56.

②肖晓辉，彭海姣．高温灼烧除硫－火焰原子吸收光谱法连续测定硫精矿和硫渣中的铜、镉、铅、锌 [J]．中国无机分析化学，2013，3(1)：39—42.

③常平，王松君，孙春华，等．电感耦合等离子体原子发射光谱法测定黄铁矿中微量元素 [J]．岩矿测试，2002，21(4)：304—306.

④马新蕊．电感耦合等离子发射光谱测定硫铁矿中的铁、硫、铜、锌、砷、铅 [J]．云南化工，2008，35(3)：58—59.

⑤马生凤，温宏利，马新荣，等．四酸溶样－电感耦合等离子体原子发射光谱法测定铁、铜、锌、铅等硫化物矿石中 22 个元素 [J]．矿物岩石地球化学通报，2011，30(1)：65—72.

16.3.6.3　X 射线荧光光谱

王宝玲[1]采用粉末压片法制样，建立了用波长色散 X 射线荧光光谱法测定硫精矿中硫、铁、铅、锌、钼五种元素的方法。样品经研磨，硼酸垫底镶边，在一定压力下压制成圆片状，用 X 射线荧光光谱仪进行测定，并进行相应的基体校正及元素间相互干扰的校正。选用经过多次化学分析的生产样品作为标准样品绘制各组分分析的校准曲线，计算出各元素的含量。

袁汉章等[2]采用低温预氧化，高温熔融的制样方法，以 X 射线荧光光谱法测定硫化物矿中铅、锌、铜、硫。预氧化使具有还原性的硫化物被氧化，避免试样对坩埚的高温腐蚀。试样以四硼酸锂和偏硼酸锂作混合熔剂、硝酸钠作氧化剂，在 700℃ 预氧化，然后加入溴化铵作为脱模剂，高温熔融制成熔片，用 X 射线荧光光谱仪测定，经基体校正后，结果较为满意。

①王宝玲.波长色散 X 射线荧光光谱法测定硫精矿中硫铁铅锌钼 [J].冶金分析，2012，32(7)：75－78.
②袁汉章，刘洋，秦颖.X 射线荧光光谱法测定硫化物矿中的主元素 [J].分析试验室，1992，11(2)：52－54.

第17章 矿产品检测实验室建设

实验室的建设总体要求与一般建筑有很大的不同，在实验室筹建初期，首先应该进行合理规划，需要设计实验室的结构和工艺布局，矿产品检测实验室由于其专业特点的不同更有其特殊性。本章主要介绍矿产品检测实验室建设规划，及其实验室结构、布局和总体要求。

17.1 矿产品检测实验室建设规划

实验室建设包括软件和硬件两部分，软件指实验室的人员、管理、业务、科研能力等，硬件指设备、环境、技术水平等。实验室规划在实验室建设与管理工作中具有十分突出的地位与作用，这是由于规划是一切管理工作，特别是复杂管理工作的核心和基础。没有实验室规划，实验室建设和管理工作将是一盘散沙。一个合理的实验室规划将有助于实验室工作目标要素与资源的有机整合，并将内部损耗降到最低。矿产品作为关系到国计民生的大宗资源性商品，一直是口岸检验检疫机构检验监管的商品，无论是品质还是重量，都要进行法定检验。鉴于矿产品进口总量大、增长速度快、来源集中、价格和品质波动大等特点，做好配套实验室的建设工作显得十分必要。

17.1.1 规划前提

矿产品实验室建设规划前首先要进行调研分析，做好规划前的各项准备工作。

（1）摸清实验室当前现状，为规划的制定提供必要的起点条件。摸清当前实验室各方面情况的基本底数，并对当前情况作出全面、准确的评估，明确规划的基础和水平。

（2）要明确实验室的基本功能和任务，为规划的制定指出明确的方向和目标。无论是综合性实验室的总体规划，还是如矿产品检测单一专业实验室的单独规划，都要有具体的任务，包括所担负的检测任务、科研任务以及与相关专业实验室在某些方面的衔接与交叉等，使实验室能够满足和适应检测业务规模和科研任务的需要，既相互衔接配套，又突出专业特色。

（3）对当前国内外同类型实验室技术装备状况、业务情况和人员的实际情况进行综合分析，为实验室建设规划所要达到的技术装备水平提供依据。在节约经费的前提下，实现实验室技术装备的现代化，使所建成的实验室能够在实验技术、实验方法上是先进的，在实验设施上协调配套、方便使用，同时达到安全、高效的要求。

17.1.2 矿产品实验室建设规划的原则

矿产品实验室建设，无论是新建、扩建、或是改建项目，不单纯是选购合理的仪器设备，还要综合考虑实验室的总体规划、合理布局和平面设计，以及供电、供水、供气、通风、空气净化、安全措施、环境保护等基础设施和基本条件，是一项复杂的系统工程，追求"安全、环保、实用、耐久、美观、经济、卓越、领先"的规划设计理念。

（1）实验室建设规划应与整体发展规划一致。矿产品实验室建设必须根据业务规模、专业方向、科研要求为依据，从经费、队伍建设、实验场地，以及国内外同类实验室的技术水平等方面进行综合考虑。

（2）准确的定位。规划前必须根据业务的发展、人才的培养和科研的需要，对矿产品实验室的功能、目标、空间、容量进行分析和定位。准确定位是做好规划的前提，只有准确的定位才能让有限的资源发挥最大的作用。

（3）不以经费额度定规划。规划要以科学发展观点制定，要具有系统性、阶段性和可持续发展性，不能以实验室建设经费作依据来制定，也不应局限于经费计划。应用长远的眼光，去设置实验室的发展进程。当有一定的经费投入时，就可以根据规划，形成建设计划，有重点、有目的的逐步实施和建设。如果以建设经费定规划的话，不分重点，就很可能形成低水平、分散、重复的建设局面，造成资源浪费。

（4）重视规划的可行性。规划是有时间性的，不能制定得太庞大、不切实际，导致没有实现的可能。规划中所设定的重点设备，必须是能采购或者能制作的。规划必须依据任务、要求和条件等因素，进行调查研究、收集信息和分析比较，使之符合需要和切实可行。

（5）注意相关标准和技术安全规范。设备的选择必须要符合国家或者行业的标准，实现规范化，使之能够满足多学科的使用，提高设备的使用效益。设备的技术安全规范要达到国家要求，以保障实验室和实验人员的安全。同时，要注意"以人为本"的原则，实验室和设备，以及操作过程都要符合安全、环保规程。

17.1.3　矿产品实验室建设规划的内容

明确了矿产品实验室建设规划的前提和原则后，就需要重点策划或设计规划的内容。

（1）目标规划。确定目标是制定实验室建设规划的第一步，就是要按照检测业务和科研的具体指标、要求和条件，遵照留有余地、适当超前的思想，明确提出实验室建设发展的方向和要达到的规模与水平。

（2）任务规划。任务规划是建设实验室最重要的依据。一个实验室的建设项目，应按照实际工作的要求，明确该实验室具体承担什么商品和什么类型的检测工作，用预测方法来估算，并适当留有发展余地。因为这将是确定设备规划、人员定额和实验室建设投资的重要依据。

（3）人员规划。实验室的人员规划应包括人员职称、学历和年龄结构、各类人员的任务和职责。同时，还应考虑实验设备维护管理人员、辅助设施管理人员、行政管理人员的职责和权限。此外，还应考虑实验室人员的培训提高。

（4）技术装备规划。实验室技术装备的核心是设备问题。一方面，要根据实验室的性质、任务所要求的技术条件来决定选购的设备；另一方面，选购的设备和设备的组合也就决定了实验室的技术条件。实验室技术装备规划是实验室建设规划中最重要的部分，实验室功能、任务的完成、技术条件、水准的高低，主要取决于此；而设备则是技术装备规划的重中之重。这里，要特别强调在规划配置仪器设备时，首先要确定配置原则：技术先进、性能稳定、操作简便、价格合理。现代仪器设备的发展趋势，一方面是大型化、精密化、数字化；另一方面又是小型化、简易化的双向发展，而且一代又一代新仪器设备的市场更新周期也越来越短。因此，规划中对仪器设备的选择，一定要把握好以下几点：一要有明确的标准；二要有详细的论证；三要全面掌握实验仪器设备的各方面性能要求，包括实用性、可靠性、节能性、环保性、耐用性、灵敏性、成套性、可维信性和可扩展性9个方面的性能要求；四要进行广泛的艰苦细致的调研工作。调研工作一般分为前期调研和后期调研。前期调研通常在论证前进行，其主要目的是为研究论证提出一个基本的可供参考的仪器设备方案，后期调研则是在研究论证的基础上，根据论证意见有针对性地调查研究。通过上述环节，既全面掌握拟购仪器设备的技术性能，又了解市场价格和厂家资讯，从而制定出先进性与技术性相结合的技术装备规划。

（5）建筑与环境规划。实验室建筑规划包括新建和扩建实验室用房的平面布置图和其工程要求标准，建筑的使用功能和它的环境条件也在必须考虑之列。关于实验室和其附属用房的面积定额，因为各单位的具体条件不同，在实验室用房上形成的差异是很大的，所以，这里不作具体阐述。不过，它们都有一个共同的目标，就是在建筑和环境上满足矿产品分析的需要。关于环境条件，应该看到，随着现代科学技术的高速发展，实验室装备的仪器设备的精密程度和自动化程度日益提高，这就必然对实验室建筑的使用功能和环境条件提出越来越高的要求。这些要求主要是水、电、气、冷、地线、温度、湿度、噪音、灰尘、磁场、辐射、地面负荷、楼面稳定性和"三废"处理（废气、废水、废料）等具体问题。不同种类、不同规格的仪器设备都有不同的要求。因此，在制定时，就要针对实验室的用途进行必要的功能设计，针对仪器设备维持正常运行所要求的安装使用条件和环境进行工艺设计，以保证实验室建成后使用功能齐全，仪器设备安装后正常运转，达到其性能参数指标的要求。

（6）经费规划。实验室建设经费总投资，应包括土建投资（已有实验用房的可列为改造投资）、仪器设备投资、辅助设施（含实验台、通风柜、试剂柜、桌椅、空调等）、图书资料、调研咨询、安装调试、运输保险、还要考虑仪器设备的补充投资、市场价格变动和其它不可预见的因素所必需的后备资金（也称作机动经费）。一般情况下，后备资金约占经费投资总额的10%～20%左右。如果建设周期较长，规划中的经费投资总额还要按不同建设阶段分别列出各阶段的投资额，以便于操作实施。

（7）建设时间规划。时间规划，包括土建工程设计、开工、完成的时间，仪器设备订货、到货初检、安装、调试和验收的时间，一些有特殊要求的实验室，还应考虑技术人员的调配、到位、熟悉技术资料和培训时间等。建设周期较长的实验室，可根据情况划分阶段。在时间规划中，要明确各个不同阶段实验室建设各项工作要完成的主要任务和要达到的主要目的。必要时，还可制订阶段实施计划，作为规划的附件，以保证规划时间的落实。

17.2　矿产品实验室结构及布局

17.2.1　矿产品实验室建筑的组成

矿产品实验室根据日常的使用需求一般将其功能分区分为实验研究区、辅助设施区、办公会议区和公用后勤区4个部分。

17.2.1.1　实验研究区

包括各类分析检测实验室、制样室、前处理室、计算机房等。该区域是矿产品实验室的核心部分，主要承担日常的检测工作的整套流程，以及对实验进度的控制功能。实验室是主要实验场所，根据不同实验室的用途在隔音，防震，防爆等方面均有不同的要求。制样室、前处理室是对矿产品样品进行干燥、溶解等处理的场所，特别是前处理室，需要配置足量的通风柜。计算机房是处理试验数据和对实验室的部分功能进行控制的地方，其建设要求可以参考普通计算机房的设计要求，主要考虑防尘、防静电、恒温恒湿。

17.2.1.2　辅助设施区

对实验研究区起支撑辅助作用，包括资料分析室、气瓶室、天平室、样品存放室、试剂存放室等。分析天平是化学实验室必备的常用仪器，高精度天平对环境有一定要求，主要是气流和风速的影响，天平室应靠近化学实验室，以方便使用，但不宜与高温室和有较强电磁干扰的房间相邻。高精度微量天平宜设在底层。天平室内上空不得敷设管道，以免管道渗漏影响天平的维护和使用。高温室，高温炉和恒温箱是常备设备，一般放置在高温工作台上，但特大型的恒温箱须落地安置为宜，高温炉秘恒温箱须分开放置。纯水室，主要是设计的实验装备有；边台和洗涤台。现代实验室多使用去离子水、水量大且能保证水质。地面需设地漏。气瓶室，实验室用气除不燃气体（氮气、二氧化碳）、惰性气体（氩气、氦气等）外，其他气体具有高压、剧毒、氧化分解、爆炸等危险性气体，例如易燃气体氢气、一氧化碳；剧毒气体为氟气、氯气；助燃气体为氧气等，这些气体不得进入实验室。可以通过管子接到各实验室内。溶液配制室，用于配制各种标准溶液和不同浓度的溶液。在允许的条件下，可由 2 个房间组成，其一设有天平台。另一间作配制试剂和存放试剂之用，一般应配置：通风柜、实验台、试剂柜。

17.2.1.3　办公会议区

包括实验室人员日常办公场所和会议室接待室。办公区域和会议室主要是实验人员的日常办公以及会议讨论、集中学习的场所，根据实验人员数量可以灵活采取大通间或小房间办公的形式。会议室可以结合电教室的形式，在日常会议使用的同时考虑集中学习的使用情况。办公区域适宜紧邻实验区域，以方便实验人员日常工作。

17.2.1.4　公用后勤区

包括矿产品实验室的公共区域，强电间、弱点间、消防间、洗手间、空调机房，各类库房等等。公用后勤区主要是矿产品实验室所属整体建筑物的必要公共用房，使整个建筑供水、供电、通信、采暖制冷以及公共走廊用房。

17.2.2　矿产品实验室建筑结构要素

17.2.2.1　实验室结构类型

实验室的结构主要影响因素为结构类型、建筑模数、平面系数、楼面荷载。在矿产品实验室的设计布局重要综合考虑上述因素。实验室的结构类型主要可分为 3 种：

（1）承重砖墙与钢筋混凝土梁板结构。适用 6 层以下的多层建筑，整体造价低，由于承重墙的因素内部分隔形式限制较多。

（2）钢筋混凝土框架结构。适用与多层和高层建筑，造价适中，由于内部没有承重墙易于灵活分隔，但空间层高受框架梁影响较大。

（3）钢结构。适用于高层建筑，造价高。国内一般采用较少。

三种类型各有特点，根据目前国内实验性质建筑物的特点，适宜采用钢筋混凝土框架结构，在适中的造价基础上方便实验室布局，对日后实验区域的再分隔，布局改变极为便利。

17.2.2.2 实验室设计的平面系数（K 值）

平面系数是衡量建筑物内实验室和办公会议室实用面积的指标。平面系数等于实验室使用面积除以建筑面积（平面系数 K＝实验室使用面积/建筑面积）。建筑面积为一幢建筑物各层外墙所围合的水平面积之和，包括架空层（层高超过 2.2 m）、地下室、屋面通风机房、电梯间、柱子、隔墙等该数据一般为建筑物设计图纸中的建筑面积所示数据。使用面积是指实际有效可利用的实验室面积，该面积不包括公共大厅、走廊、室内停车位、楼梯、电梯间、开水间、厕所、各类管道井，电梯机房、空调机房，隔墙、柱子等面积。

在考虑整个矿产品实验室区域大小时，首先应考虑需要的使用面积是多少，然后再根据平面系数的多少确定建筑面积。如果平面系数规定得不当，就会造成建筑面积过多或过少。

通常情况下，实验室平面系数的分布在 50%～70%之间。钢筋混凝土框架结构的一般性化学、生物、物理实验室，平面系数的幅度大致在 60%～65%之间，其中有大量通风竖井的平面系数在 60%左右。

17.2.2.3 矿产品实验室的建筑模数

1. 开间

开间，即通常规则型房间垂直于窗户方向的宽度。矿产品实验室的开间模数主要取决于实验柜台的布置和实验人员所需的操作活动空间。通常情况下，建筑结构设计的适用于矿产品实验室的开间模数大多数为 3.2～3.6 m，有些物理类实验室，因安置较大尺寸的仪器设备，一般也可选用 3.3～3.6 m 的开间模数（个别特殊者除外）。

从实验人员的活动尺度来看，实验台宽度一般为 0.75 m，两排实验台之间净距为 1.5～1.8 m 之间，两人能在两边坐着或者站着做实验工作，并在必要时中间可以走过一个人。有些物理、电子实验室的实验台桌面宽 0.9 m，实验台之间距离有 1.65 m。图 17-1 列出了一般矿产品实验室的实验台放置间距尺寸。通常开间大小为模数的整数倍。图 17-1 中模数为 4 m，所以开间为 8 m。

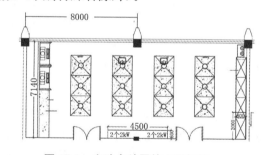

图 17-1　实验台放置的必要间距

2. 进深

进深与开间相对，房间内垂直于开间的房间距离称为进深。矿产品实验室的进深尺寸主要由实验台的长度、采光通风要求、实验室面积要求等方面决定。通常情况下采用框架结构形式时，矿产品实验室的进深尺寸一般为 6～8 m。从节能角度考虑，绝大多数工作时间实验室以自然采光为主，所以进深不宜设置太大。再则进深过大容易导致走廊宽度过窄，影响实验设备的移动。

一般实验室实验台长 2.5 m 左右，通风柜长 1.8 m，水槽 0.7 m，书桌长 1.1～1.2 m，则房间进深为 6～6.2 m。另一边可以设置实验台、烘箱以及药品柜、书桌等设施。

3. 层高

层高是指楼板面到另一层楼板面的高度（通常框架结构楼板厚度在 12 mm 左右）。净高是指楼板面至室内吊顶后顶面的距高。

框架结构矿产品实验室的层高一般在 4 m 左右，层高太高虽然较为宽敞，但对室内的实验设备容量没有帮助，并且不利于建筑保温，造价相对较高，层高也不宜太低，否则不但会显得空间压抑，更有可能满足不了通风柜等设备的安装，因此矿产品实验室层高一般为 3.8～4.2 m。底层的层高一般要求高些，因为要考虑放置较大型的仪器设备等。一般为 4～4.5 m 左右。

4. 门窗

（1）门：一般矿产品实验室 1.2 m 宽的不等扇双扇门可以满足人员出入和大多数器材、设备搬动的要求。平时关上小的一扇，人员由大门出入。但从长远考虑，并且留有一定余地，也可以采用 1.5 m 宽等扇的双扇门以满足特殊设备的需要。实验室的门一般向内开。但有危险性的如石油、有机、高压以及有防爆要求的实验室门应向外开。

（2）窗：矿产品实验室的窗户适宜采用双层中空玻璃，在节能同时起到更好的隔音效果。如果矿产品实验室所处位置在高层，开窗方式要符合高层建筑推窗设计规范。

17.2.2.4　矿产品实验室的结构与楼面荷载

根据荷载性质分为静荷载、动荷载和偶然荷载 3 类。静荷载是作用在结构上的不变荷载，如结构的自重、长期放置设备的重量等；动荷载是作用在结构上的可变荷载，如楼内人员的走动、设备的移动、屋面积灰荷载、雪荷载及风荷载等；偶然荷载是指在结构使用期间不一定出现，其值很大，并且持续时间较短的荷载，如爆炸力、撞击力。

矿产品实验室中对于采用密集架形式的资料室和部分重量较大，对承重有特殊要求的设备要预先提出承重要求并考虑安放位置，以便在建筑结构设计中提前设计相比较后期改造，能够节约建设成本。

根据建筑结构荷载规范（DBJ9—87），关于民用建筑楼面均布动荷载标准值规定为教室、实验室、阅览室、会议室为 2.0 kN/m²、（相当于每平方米楼面承受动荷载 200 kg）。附注中说明荷载较大的实验室按实际情况采用。办公楼活荷载为 1.5 kN/m²。办公楼中的一般资料档案室动荷载为 2.5 kN/m²。档案库动荷载为 5.0 kN/m²。

17.2.3　矿产品实验室平面布局

矿产品实验室平面布局形式较多，一般根据建筑物的整体结构进行布局，框架结构点式建筑可以采用回字形走廊，建筑外围为实验室，中间回字形走廊。以板式框架结构建筑物为例，可以采用单走廊形式，即单侧或两侧布置实验室，中间为公共走廊（如图 17-2 所示）。对于中间有天井的也可采用回字形走廊（如图 17-3 所示）。通常情况下，走道最小净宽不应小于表 17-1 的规定。实验室之间以及实验室与走廊的分隔，形式较多。

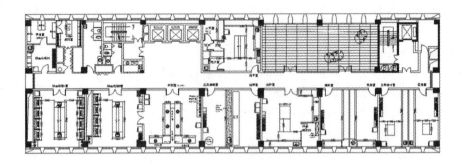

图 17-2 板式结构

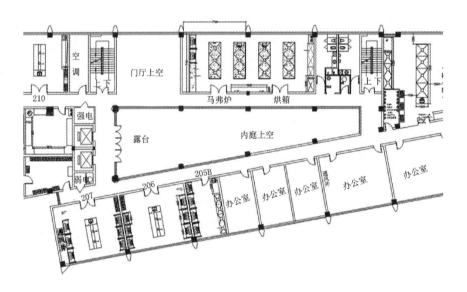

图 17-3 筒式结构

表 17-1 走道最小净宽/m

走道形式	走道最小净宽	
	单面布房	双面布房
单走道	1.30	1.60
双走道或多走道	1.30	1.50

1. 黏土多空砖分隔

通常使用较多的一种形式，建设成本低，适用于位置固定，对隔音、分隔材料强度、墙面安装插座、接口有要求的实验室。

2. 彩钢板分隔

施工便利，可以灵活分隔室内空间，建设成本高，本身所占空间小，适用于实验室内部分分隔，或者大空间的实验室内隔断。

3. 石膏板分隔

施工简单，隔音效果好，但分隔材料强度低，适用于矿产品实验室办公、会议区域的分隔。

4. 玻璃分隔

全玻璃隔断的施工要求高，建设成本也较高，但使用效果感觉通透，利于采光，但要注意建筑消防的规定对玻璃的大面积使用有限制要求。通常情况下，玻璃隔断与砖墙隔断可结合采用，地面以上 1.2 m 为砖墙结构的裙墙，上面为玻璃隔断，这样在保证分隔强度的基础上增加通透性，加大采光能力。

四种隔断方式各有特点，在矿产品实验室建设中可根据不同实验室的用途，以及办公区域的划分，在公共区域采用整体协调的分隔方式，在房间之间，大通间内部灵活选择适宜的分隔方式，在满足实验室要求的基础上增加美观度。

17.3 矿产品实验室设计要求

17.3.1 矿产品实验室设计的基本程序

在条件允许的情况下，可以找专业的实验室设计公司来进行整体设计。一般情况下有三个步骤。

1. 方案设计

根据矿产品实验室建设的任务及基本要求，以建筑方案设计为基础，根据检测流程尽可能方便的原则设计实验室功能布局平面方案，尽可能地将所有可能用到的设备的安装使用条件标注清楚，设计方案要经过专家（包括实际使用人）论证、审核、比较，最终确定一个实施方案或兼顾几个方案的优点进一步做出修改而获得较为满意的设计方案。

2. 初步设计

在方案设计的基础上进一步进行设计的具体实施方案，是进行施工图设计的主要依据。其内容主要包括：设计依据、设计构思、总平面图的方案设计、主要材料用量、三废处理、抗震人防及总概算等。

3. 施工图设计

根据已确认好的初步设计文件，详细给出各有关功能实验室内部设计工程的尺寸、细部做法等指导现场施工安装、安排材料设备，并据此做出详细预算最后阶段的设计工作。其主要内容包括：总平面、建筑、结构、给排水、电气、采暖通风及其他有关的专业设备系统的设计；精确详细地交代它们的位置净距、坐标、标高、构造形式、用料做法、尺寸、坡向、材质型号、设备规格、施工安装的技术要求和特殊部位的检测方法等。

设计的目的是要建立有高效率、功能完善和考虑周全的实验室。在实验室设计时，应充分考虑影响实验室效率和安全的因素，如空间、工作台、储藏柜、通风设施、照明等。特殊实验室应按国家标准有关要求设计。

17.3.2 矿产品实验室主要功能及设计要求

矿产品实验室的主要功能即为检测和鉴定矿产品，包括矿产品化学和物理指标的品质分析，也包括矿产品的种类和结构鉴定。目前，绝大部分实验室对矿产品的检测主要还是集中在对其化学和物理指标的品质分析上，而涉及其种类和鉴定的很少。从总体上来说，完整的矿产品检测实验室应包括化学分析实验室、仪器分析实验室、冶金性能测试室、矿物鉴定室、物理指标检测室、制样室及天平室、高温室、纯水室、气瓶室、贮藏室等一些辅助实验室。应当根据实验要求和实验流程合理地安排这些功能区域的大小和位置，这一点非常重要。

1. 实验室设计要有合理化的空间

实验室设计时应根据实验功能模块及放置设备的需要而考虑空间的合理化分配来决定布局。同时应从发展眼光确定实验室空间大小。有很多因素影响到实验室空间的设计，如工作人员的数量、分析方法和仪器的大小。实验室应是灵活的，让工作人员感到舒适，又不产生浪费。工作空间的大小应保证最大数量的工作人员在同一时间工作。以人流、物流、气流要畅通；清洁区、缓冲区、污染区要分离为实验室设计基本原则。在制定空间分配计划前，应对仪器设备、工作人员数量、工作量、实验方法等因素作全面分析和对空间标准的要求进行评估，并计算区域的净面积和毛面积。特殊功能的区域根据其功能和活动情况不同决定其分配空间的不同。

2. 布局设计要有灵活性和安全性

实验室的设计和大小应考虑安全性，满足紧急清除和疏散出口的建筑规则，针对各实验室情况配备安全设备。距危险化学试剂 30 m 内，应设有紧急洗眼处和淋浴室。所有的实验室和与污染物直接接触的地方均应安装洗手池，将洗手池设在出口处。洗手池应是独立专用的，不能与污染物处理及实验混用。

3. 实验室通风设计

通风是矿产品实验室设计最重要的一个环节，因为矿产品的样品前处理过程中所产生的粉尘和酸雾特备多，为了实验室和人体的安全，必需做好实验室的通风，尤其是制样室和化学分析室。产生空气污染的实验尽可能在通风柜中进行。

4. 电源和通讯设计

电源布局应对实验室所需电源，做充分的考虑和分析，注意以下：

实验室所有仪器所需电量和所需电插座数量，布局合理，使用安全和方便；电插座和电量要满足仪器设备的需要并应充分考虑计算机所需插座；另外，在设计电源时除考虑已满足现在使用需要外，要有足够多的扩展量满足实验室的需要；通讯在实验室实现信息化、网络化，将很大程度上提高实验室的管理质量和工作效率，在实验室设计时应周密设计通讯线路，除充分满足目前的需求外，还应有额外的容量适应仪器的增加和移动。

5. 其他设计和设施的基本要求

（1）实验室设计布局时，开间模数适宜为 3.5～4.0 m，但最少也应该保证开间是 3 000 mm，台间距约为 1 500 mm，合适 2 人间距操作空间。

（2）在实验室空间设计时，应考虑必须为实验室安全运行、设备的清洁和维护，提供或预留有足够的实验区域空间。

（3）实验室墙壁、天花板和地板应当光滑、易清洁、防渗漏并耐酸碱的腐蚀。地板应当防滑、耐磨。

（4）实验台面和通风柜内衬面应是防水的，并可耐酸、碱、有机溶剂和中等热度的作用，放置加热设备的通风柜还需要耐高温。

（5）应保证实验室内所有活动的照明，避免不必要的反光和闪光。

（6）应当有足够的储存空间来摆放随时使用的物品，以免实验台和走廊内混乱。在实验室的工作区外还应当提供另外的可长期使用的储存间。

（7）应当为安全操作及储存化学试剂、压缩气体提供足够的空间和设施，并做好安防措施。

（8）在实验室的工作区外应当有存放外衣和私人物品的设施。

（9）实验室的门应有可视窗，并达到适当的防火等级，向外开启，最好能自动关闭，外门应采取防虫及防啮齿动物的措施。

（10）安全系统应当包括消防、应急供电、应急淋浴以及洗眼设施。

（11）要有可靠和充足的电力供应和应急照明，以保证人员安全离开实验室。备用发电机对于保证重要设备的正常运转及通风都是必要的。

17.3.3　矿产品实验室面积分配

17.3.3.1　矿产品实验室总体布局及设备构成

1. 引用的规章

矿产品检测实验室属专用实验室，以矿产品检测实验建筑为核心，包括情报资料室、学术活动中心、恒温恒湿室、标样室、办公用房等为辅助建筑，包括水、电、气、油、消防、三废、库房等为公用设施，一般实验用房占总实验室面积 30%～60%，辅助用房占 5%～31%，公用设施用房占 5%～18%，行政办公占 10%～29%。每实验室使用面积与建筑模数（实验室空间尺度）有关，根据实验室人员的活动范围及仪器设备布置要求，确定比较合适的建筑模数及几何结构形式，然后计算实验室使用面积。我国实验室开间一般为 3.0 m、3.2 m、3.6 m，进深一般为 6.0 m～9.0 m，这些参数基本上能满足化学实验室、物理实验室等实验室需求。实验室平面系数一般分析实验室在 50%～80%，有管道竖井的实验室平面系数一般在 60%，普通化学、物理实验室平面系数在 60%～65% 之间。综合相关因素，矿产品实验室的平面系数确定在 60%。所需面积还需考虑建筑模数、平面系数、各类用房比例、实验台等实验室家具的体积、实验室人员活动空间、各仪器设备规定的安装空间及工作要求空间等要求。

矿产品实验室的通用仪器设备主要包括样品前处理、有效成分和有毒有害元素分析、结构分析、矿种分析、粒度和水分分析、矿产品的专用仪器设备。因此该实验室配备 X 荧光光谱仪、X 衍射仪、电感耦合等离子光谱仪、电感耦合等离子质谱仪、火花直读光谱仪、碳硫仪、紫外可见光光谱仪、傅立叶红外镜联测定仪、电位滴定仪、离子色谱仪、差热测试仪、比表面积测定仪、孔隙率测定仪、球团矿抗压强度测定仪、球团矿还原率测定仪、球团矿膨胀指数测定仪、球团矿热裂指数测定仪、球团矿转鼓指数测定仪、低温粉化率测定仪、熔滴指数测定仪、矿相显微镜、激光粒度测定仪、烘箱、高温炉、天平等，另需化学实验室、样品前处理、制样、气瓶、纯水、留样、资料试剂、库房、办公等用房。

17.3.3.2　矿产品实验室面积分配

表 17-2 是以某铁矿石实验室为例，说明一个铁矿检测实验室所需要的房间及其建筑面积。

表 17-2　实验室面积分配

	实验室名称	面积/m²
化学分析实验室	化学分析实验室	50
	仪器分析前处理实验室	50
	仪器分析实验室小计	320
	X 荧光光谱及 X 衍射仪室（3 台 4 室）	100
	X 射线样品预处理室（3 室）	50
	电感耦合等离子光谱及电感耦合等离子质谱室（3 台）	50
	火花直读光谱仪	60
	傅立叶红外镜联测室（2 室）	40
	电位滴定仪室（2 台）	20
物理测试实验室	比表面积测定室	30
	孔隙率测定室（3 室）	70
	球团矿抗压强度测定室	30
	球团矿还原率测定室（2 室）	50
	球团矿膨胀指数测定室（3 室）	80
	球团矿热裂指数测定室（3 室）	80
	球团矿转鼓指数测定室（2 室）	60
	低温粉化率测定室（2 套 3 室）	100
	熔滴指数测定室（2 室）	30
	矿相显微镜室（2 室，含前处理室）	60
	粒度测定室（激光、机械）	50
取制样实验室	手工制样室	100
	水分测定室	30
	天平室	10
	烘箱室	20
	筛具储存室	10
	中央控制室	200
	取制样站	1000
	值班室	20
	办公室	30
	更衣室	20
	浴室	30
辅属用房	标样室	20
	样品留存室	20
	标准资料室	20
	试剂室（2 室）	80
	库房	60
办公室	3 室	120
	合计	3170

17.4　矿产品实验室仪器设备

矿产品质量分析是探索矿产品中物质组成、分布状态和量的过程，是清楚认识和准确判断矿产品品质的必然途径。目前除了部分矿产品中主成分普遍仍采用湿化学分析法之外，其他主次量元素分配、物理性能及结构特征的分析都要借用分析仪器来进行。矿产品检测实验室的仪器设备分类主要分为取制样设备、化学分析仪器、物理测试仪器和矿物鉴定仪器四大类。

17.4.1　取制样设备

17.4.1.1　取样设备

取样设备分为从移动矿石流取样和固定场所取样两类。移动矿石流取样机要求能够采取矿石流的全截面，有多种类型，运行方法和结构形式各异，用得最广泛的机型是截取型取样机，安装在带式输送机的卸料端，设计以均匀的速度移动通过矿石流，截取矿石流的全截面采取份样。其中溜槽截取型和斗式截取型在国内应用较多。

固定场所取样设备主要指车厢取样装置，当取样设备在选择的取样位置能穿透矿粉层的整个厚度并取出全柱状矿粉时，允许用针形取样器或螺旋钎子进行现场取样。当矿石流皮带能够停带时，可以采用停带取样框进行手工取样，主要用于校核机械取样系统偏差的参比样。

图 17-4　截取型缩分机

17.4.1.2　缩分设备

矿产品取制样缩分设备也可分手工缩分设备与机械取制样系统在线缩分设备，手工缩分设备结构（即所谓二分器）比较简单。

在线缩分设备大致分为截取型缩分机和旋转缩分机 2 大类。截取型缩分机主要工作原理是电机带动取料斗在物料下落料口作直线往复运动，横扫下落的物料截取一个全断面的子样，通常用于定比缩分。

旋转缩分机的主要工作原理是，电机通过传动装置带动取样旋转管转动，旋转管以恒定的旋转速度将物料通过出料开口均匀送到样品收集装置内。缩分器取样比例的多少可通过调节出料开口的大小来控制，其余经弃料口流出，用于定比缩分。

17.4.1.3　破碎设备

通常把破碎分为粗碎、中碎和细碎三个阶段。粗碎指将铁矿石破碎至小于 31.5～6.35 mm；中碎指将小于 10 mm 的铁矿石破碎至小于 3 mm；细碎指将小于 3 mm 的铁矿石粉碎至小于 0.2 mm。粗碎一般使用颚式破碎机，中碎一般使用对辊破碎机，细碎则有圆盘粉碎机、振动磨、球磨机等多种。

颚式破碎机机体内固定有固定颚板和动颚板，动颚板与偏心轴式曲柄遥感机构的连杆相连。动颚板与固定颚板之间的距离是上口大下口小，动颚板周而复始的运动，铁矿石块就由上至下从大到小不停间断地破碎排出。对辊破碎机原理为两个一定直径的光面轧辊同时相向运转，设备工作时，待破碎的物料自设备顶部给料器倒入受料口内，在双辊相向运转中，达到粉碎效果，粉碎后物料的粒度大小可通过调节双辊之间的间隙来达到。圆盘粉碎机原理为内设两块直立相对的磨盘，其中之一加以固定，另一磨盘转动时使试样粉碎，为防止在粉碎过程中的热磨擦，使试样变质，在固定磨盘后端设有水冷却装置，可连续加料进行粉碎，其附设有防尘系统能有效控制设备运转时的粉尘外扬。振动磨原理为以振动马达提供动力，样品在密封研钵中受钵内料钵快速运动撞击而研细，研钵由钵碗、钵圈、钵心组成，研钵材质有锰钢、铬钢、钨钢等，以钨钢

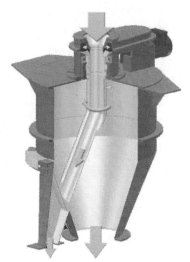

图 17-5　旋转管缩分机

最硬，研磨效率最高，选择合适材质的研钵，可以使＜12 mm 的样品研磨到 100～350 目。球磨机原理为以振动给研钵内几颗球状研媒予动力，使研媒作行星状快速运动，从而使样品受撞击而研细，球状研媒材质可以是刚玉，也可以是硬质合金等其他材料，可将 10 mm 的样品研磨到 1 μm。臼磨机利用槌在研钵作快速垂直运动，可将 8 mm 的样品研细到 35 μm，材质可用瓷、刚玉、玛瑙、铬钢、不锈钢或其他。

17.4.1.4　筛分设备

筛分设备也有手工与机械之分，可以是冲孔筛、编织筛、ISO 标准圆筛，筛具的要求按 ISO 565：1990、ISO 3310-1、ISO 3310-2 等标准进行制作。

机械筛分设备种类比较多，主要分为连续筛分机和套筛筛分机 2 种。连续筛分机又可分为单驱动单层筛和单驱动多层筛，以及多驱动多层筛。连续筛分机在机械取制样设施粒度检测部分使用的比较多，套筛筛分机则单独粒度检测用的较多。连续筛分机一般都是机械振动式，即在垂直平面上的运动轨迹为圆形或直线型（有时为椭圆型），机械筛分机的振动源一般为电机带动偏心轴或直接采用振动电机。套筛筛分机是模拟手工筛分的运动方式，使矿石粒从一侧运动到另一侧或作圆周运动。套筛筛分机根据筛分时是否冲水，还可以分为干筛和湿筛两种类型。

目前也有采用激光粒度仪测量铁矿石目级粒度的有关文献，但仅限于理论研究。其原理是基于激光通过颗粒时发生衍射，其衍射光的角度与颗粒的粒径相关，颗粒越大，衍射光的角度越小，即角度的最大值和颗粒的直径成反比，而散射光随角度的增加呈规律性衰

减，同时散射的规律与粒径/波长比在统计上的关系：不同粒径的粒子所衍射的光会落在不同的位置，因此，通过衍射光的位置可反映出粒径的大小；另一方面，通过适当的光路配置，同样大的粒子所衍射的光会落在同样的位置，所以叠加后的衍射光的强度反映出粒子所占的相对多少，通过分布在不同角度上的检测器测定衍射光的位置信息及强度信息，然后根据米氏理论就可计算出粒子的粒度分布。

17.4.1.5 机械取制样系统

机械取制样系统实际上是用皮带机、溜槽、提升机等输送设备将上述介绍的取样设备、缩分设备、破碎设备、筛分设备按照一定的工艺流程组合的成套设备，并通过 PLC 控制系统实现自动化控制。系统所采用的设备有多有少，有不同的组合，无非是破碎和缩分级数多少和自动化程序有所不同而言。一般成套机械取制样设备包括取样部分、制样部分（破碎也属制样）、水分和粒度测定部分及返矿部分。当然在线的水分和粒度测定部分并不是必要的，也可以改为水分样和粒度样的制备，并入制样部分。目前，成套机械取制样设备，多采取水分样制备。关于机械取制样设备的设计原则，相关标准都有所规定，如 ISO3082 就对取样机、缩分机等的结构、类型有详细的推荐方案。

17.4.2 化学分析仪器

仪器分析是矿产品分析化学的重要手段，常用矿产品分析化学仪器包括电子分析天平、可见－紫外分光光度计、X射线荧光光谱仪（XRF）、原子吸收分光光度计（AAS）、原子荧光分光光度计（AFS）、电感耦合等离子体质谱仪（ICP-MS）、电感耦合等离子体发射光谱仪（ICP-OES）、自动电位滴定仪、微波溶样炉、高频红外碳硫仪及一些常规辅助仪器等。

17.4.3 物理测试仪器

矿产品水分测定设备：水分测定所采用的仪器设备为干燥盘、干燥箱、称量设备。干燥箱炉内任何一点的温度均可控制在（105±5）℃，箱内须有风扇使空气能循环、流通。称量设备精度至少能精确到试验样初始质量的0.05%。一般精度为0.1～1g，称量上限可以10kg。

矿产品其他物理性能还包括矿产品的粒度分布、密度、比表面积、孔隙率、热裂指数和球团矿或烧结矿的还原性能、转鼓指数、抗磨指数、抗压强度等，随着科技的发展，也相应出现了配套的激光粒度仪、筛分仪、真密度测试仪、比表面积测试仪、孔隙率测试仪、热裂指数测试装置、膨胀还原试验装置、转鼓试验机、抗压强度试验机及一些配套装置等。

17.4.4 矿物鉴定仪器

矿物分析仪器从宏观到微观、从粗略到精确、从整体到微区发展至今已比较成熟，基本是从晶体的光学和力学性质差异而诞生，主要有矿相显微镜、扫描电镜、电子探针、X射线衍射仪（XRD）、红外光谱仪、穆斯堡尔谱仪、热重差热分析仪等，成功应用于地质样品、环境试样、矿产和石油勘探等领域，对探索地质历史、地壳演化、资源勘探甚至其他天体的起源等做出了巨大贡献。在经济快速发展的今天，矿产品作为一种资源性商品，质量参差不齐，以次充好、以假乱真现象时有发生。大部分矿物分析仪器也应用到了矿产品的矿相鉴定中，其中尤以矿相显微镜、多晶X射线衍射仪、电子探针和热重差热分析仪最为常用。

附录：矿产品有害元素检测标准列表

项目	标准编号	标准名称
煤　炭		
Cl	ISO 587－1997	固体矿物燃料氯的测定（艾士卡法）
	ASTM D6721－2001（2015）	用氧化水解微电量分析法测定煤中氯的试验方法
	ASTM D4208－2013	用氧弹燃烧/离子选择电极法测定煤中总氯含量的试验方法
	GB/T 3558－2014	煤中氯的测定方法
	SN/T 2087－2009（2012）	煤中氯含量的测定 高效液相色谱法
	SN/T 2087.2－2011	煤中氯的测定 第2部分：氧弹燃烧－自动电位滴定法
F	ISO 11724－2004	固体矿物燃料 煤、焦碳和飞灰中氟总含量的测定
	GB/T 4633－2014	煤中氟的测定方法
	SN/T 3596－2013	进出口煤炭中总氟含量的测定 氧弹燃烧/离子选择电极法
P	ISO 622：1981（E）	固体矿物燃料。磷含量的测定。还原磷钼酸盐光度法
	GB/T 216－2003	煤中磷的测定方法
S	ISO 334－2013	固体矿物燃料中全硫的测定－艾氏卡法
	GB/T 214－2007	煤中全硫的测定方法
	GB/T 25214－2010	煤中全硫的测定方法－红外光谱法
	GB/T 215－2003	煤中各种形态硫的测定方法
N	ISO 12902：2001（E）	固体矿物燃料 碳氢氮的测定 仪器法
	ASTM D3179－02	煤和焦炭氮的测定
	GB/T 19227－2008	煤中氮的测定方法
	GB/T 30733－2014	煤中碳氢氮的测定 仪器法
Cr、Cd、Pb	ISO 15238－2003	固体矿物燃料煤中总镉含量的测定
	GB/T 16658－2007	煤中铬、镉、铅的测定方法
Hg	ISO 15237	固体矿物燃料：煤中汞的总含量测定
	ASTM D3684	氧弹燃烧原子吸收测定煤中汞含量的标准方法
	GB/T 16659－2008	煤中汞的测定方法
	SN/T 3521－2013	进口煤炭中砷、汞含量的同时测定 氢化物发生－原子荧光光谱法
As	ISO 11723：2004	固体矿物燃料 煤中砷和硒的测定 氢化物发生－原子吸收法
	ASTM D4606－2003（2007）	用氢化物发生/原子吸收法测定煤中砷和硒含量的试验方法
	GB/T 3058－2008	煤中砷的测定方法
	SN/T 2263－2009	煤或焦炭中砷、溴、碘的测定 电感耦合等离子体质谱法
Se	ISO 11723：2004	固体矿物燃料 煤中砷和硒的测定 氢化物发生－原子吸收法
	ASTM D4606－2003（2007）	用氢化物发生/原子吸收法测定煤中砷和硒含量的试验方法
	GB/T 16415－2008	煤中硒的测定方法 氢化物发生原子吸收法
Cu、Co、Ni、Zn	GB/T19225－2003	煤中铜、钴、镍、锌的测定方法
U	MT/T 384－2007	煤中铀的测定方法

（续表1）

项目	标准编号	标准名称
多元素	ISO 23380—2013	煤中痕量元素测定选择方法
	ISO/TS 13605—2012	固体矿物燃料 无烟煤和焦炭灰分中主要与次要元素 波长色散X射线荧光光谱法
	ASTM D3683—2011	原子吸收法测定煤和焦炭灰分中痕量元素的标准试验方法
	ASTM D4326—2013	X—射线荧光法测定煤和焦炭灰分中主要和次要元素的标准试验方法
	SN/T 1600—2009	煤中微量元素的测定 电感耦合等离子体原子发射光谱法
	SN/T 2697—2010（2014）	进出口煤炭中硫、磷、砷和氯的测定 X射线荧光光谱法

铁 矿

项目	标准编号	标准名称
S	ISO 4689—2—2004	铁矿石 硫含量的测定 第2部分：燃烧/滴定法
	ISO 4689—3—2004	铁矿石 硫含量的测定 第3部分：燃烧/红外法
	ISO 4689—1986	铁矿石 硫含量的测定 硅酸钡重量法
	ISO 4690—1986	铁矿石 硫含量的测定 燃烧法
	GB/T 6730.16—1986	铁矿石化学分析方法 硫酸钡重量法测定硫量
	GB/T 6730.17—2014	铁矿石 硫含量的测定 燃烧碘量法
	GB/T 6730.61—2005	铁矿石 碳和硫含量的测定 高频燃烧红外吸收法
P	ISO 4687—1—1992	铁矿石 磷含量的测定 第1部分：钼兰光分光光度法
	ISO 2599—2003	铁矿石磷含量的测定滴定法
	JIS M8205—2000	铁矿石荧光X射线分析方法
	JIS M8216—1994	铁矿石磷定量分析方法
	BS 7020—6—2—1993（R2002）	铁矿石分析第6部分：磷含量测定方法第2节：钼兰分光光度测定法
	GB/T 6730.19—1986	铁矿石化学分析方法 铋磷钼蓝光度法测定磷量
	GB/T 6730.20—1986	铁矿石化学分析方法 容量法测定磷量
	GB/T 6730.62—2005	铁矿石 钙、硅、镁、钛、磷、锰、铝和钡含量的测定 波长色散X射线荧光光谱法
	GB/T 6730.18—2006	铁矿石 磷含量的测定 钼蓝分光光度法
	GB/T 6730.63—2006	铁矿石 铝、钙、镁、锰、磷、硅和钛含量的测定 电感耦合等离子体发射光谱法
	SN/T 0832—1999（2011）	进出口铁矿石中铁、硅、钙、锰、铝、钛、镁和磷的测定 波长色散X射线荧光光谱法
	SN/T 2262—2009	铁矿石中铝、砷、钙、铜、镁、锰、磷、铅、锌含量的测定 电感耦合等离子体原子发射光谱法
SiO_2	ISO 2598—1—1992	铁矿石 硅含量的测定 第1部分：重量法
	ISO 2598—2—1992	铁矿石 硅含量的测定 第2部分：还原硅钼酸盐分光光度法
	JIS M8214—1995	铁矿石硅定量分析方法
	BS 7020—5—2—1993（R2002）	铁矿石的分析第5部分：硅含量的测定方法．第2节：还原磷硅酸酯分光光度计测定法
	BS 7020—5—1—1993（R2002）	铁矿石分析第5部分：硅含量测定方法．第1节：重力测定法
	GB/T 6730.10—2014	铁矿石 硅含量的测定 重量法

（续表2）

项目	标准编号	标准名称
	GB/T 6730.62—2005	铁矿石 钙、硅、镁、钛、磷、锰、铝和钡含量的测定 波长色散 X 射线荧光光谱法
	GB/T 6730.9—2006	铁矿石 硅含量的测定 硫酸亚铁铵还原—硅钼蓝分光光度法
	GB/T 6730.63—2006	铁矿石 铝、钙、镁、锰、磷、硅和钛含量的测定 电感耦合等离子体发射光谱法
	SN/T 0832—1999（2011）	进出口铁矿石中铁、硅、钙、锰、铝、钛、镁和磷的测定 波长色散 X 射线荧光光谱法
Al₂O₃	ISO 6830—1986	铁矿石 铝含量的测定 EDTA 滴定法
	ISO 4688—1—2006	铁矿石 铝的测定 第1部分：火焰原子吸收光谱法
	JIS M8220—1995	铁矿石—铝定量分析方法
	BS 7020—8—1—1988（R2005）	铁矿石分析．铝含量的测定方法．滴定分析法
	GB/T 6730.12—1986	铁矿石化学分析方法 铬天青 S 光度法测定铝量
	GB/T 6730.56—2004	铁矿石 铝含量的测定 火焰原子吸收光谱法
	GB/T 6730.62—2005	矿石 钙、硅、镁、钛、磷、锰、铝和钡含量的测定 波长色散 X 射线荧光光谱法
	GB/T 6730.63—2006	铁矿石 铝、钙、镁、锰、磷、硅和钛含量的测定 电感耦合等离子体发射光谱法
	GB/T 6730.11—2007	铁矿石 铝含量的测定 EDTA 滴定法
	SN/T 0832—1999（2011）	进出口铁矿石中铁、硅、钙、锰、铝、钛、镁和磷的测定 波长色散 X 射线荧光光谱法
	SN/T 2262—2009	铁矿石中铝、砷、钙、铜、镁、锰、磷、铅、锌含量的测定 电感耦合等离子体原子发射光谱法
As	ISO 7834—1987	铁矿石砷含量的测定钼兰光分光光度法
	ISO 17992—2013	铁矿石 砷含量的测定 氢化物发生原子吸收光谱法
	GB/T 6730.45—2006	铁矿石 砷含量的测定 砷化氢分离—砷钼蓝分光光度法
	GB/T 6730.46—2006	铁矿石 砷含量的测定 蒸馏分离—砷钼蓝分光光度法
	GB/T 6730.67—2009	铁矿石 砷含量的测定 氢化物发生原子吸收光谱法
	SN/T 2765.2—2013	铁矿石中砷、铬、镉、铅、汞的测定 电感耦合等离子体—质谱法
	SN/T 2765.3—2013	铁矿石中砷、汞含量的同时测定 微波消解—原子荧光光谱法
	SN/T 2262—2009	铁矿石中铝、砷、钙、铜、镁、锰、磷、铅、锌含量的测定 电感耦合等离子体原子发射光谱法
	SN/T 2680—2010	铁矿石中砷、汞、镉、铅、铋含量的测定 原子荧光光谱法
	SN/T 2765.1—2011	进出口铁矿石中砷含量的测定 第1部分：氢化物发生原子吸收光谱法

项目	标准编号	标准名称
Pb	ISO 13311—1997	铁矿石铅含量的测定．火焰原子吸收光谱法
	JIS M8229—1997	铁矿石铅定量分析方法
	BS 7020—17—1988（R2002）	铁矿石分析第17部分：铅和（或）锌含量的测定方法：火焰原子吸收光谱测定法
	GB/T 6730.42—1986	铁矿石化学分析方法 双硫腙光度法测定铅量
	GB/T 6730.54—2004	铁矿石 铅含量的测定 火焰原子吸收光谱法
	SN/T 2765.2—2013	铁矿石中砷、铬、镉、铅、汞的测定 电感耦合等离子体－质谱法
	SN/T 2262—2009	铁矿石中铝、砷、钙、铜、镁、锰、磷、铅、锌含量的测定 电感耦合等离子体原子发射光谱法
	SN/T 2680—2010	铁矿石中砷、汞、镉、铅、铋含量的测定 原子荧光光谱法
Cd	SN/T 2765.2—2013	铁矿石中砷、铬、镉、铅、汞的测定 电感耦合等离子体－质谱法
	SN/T 2680—2010	铁矿石中砷、汞、镉、铅、铋含量的测定 原子荧光光谱法
Cr	ISO 15634—2005	铁矿石 铬含量的测定 火焰原子吸收光谱法
	ISO 9685—1991	铁矿石 镍和铬含量的测定 火焰原子吸收分光光度法
	JIS M8224—1997	铁矿石－铬定量分析方法
	BS 7020—16—1993（R2002）	铁矿石分析第16部分：镍和/或铬含量测定方法：火焰原子吸收光度测定法
	GB/T 6730.30—1986	铁矿石化学分析方法 二苯基碳酰二肼光度法测定铬量
	GB/T 6730.57—2004	铁矿石 铬含量的测定 火焰原子吸收光谱法
	SN/T 2765.2—2013	铁矿石中砷、铬、镉、铅、汞的测定 电感耦合等离子体－质谱法
Hg	SN/T 2765.3—2013	铁矿石中砷、汞含量的同时测定 微波消解－原子荧光光谱法
	SN/T 3004—2011	铁矿中汞含量的测定 微波消解－冷原子吸收分光光度法
	SN/T 2680—2010	铁矿石中砷、汞、镉、铅、铋含量的测定 原子荧光光谱法
K_2O	ISO 13312—2006	铁矿石 钾的测定 火焰原子吸收光谱法
	GB/T 6730.49—1986	铁矿石化学分析方法 原子吸收分光光度法测定钠和钾量
Na_2O	ISO 13313—2006	铁矿石 钠的测定 火焰原子吸收光谱法
	JIS M8207—1995	铁矿石钠定量分析方法
	GB/T 6730.49—1986	铁矿石化学分析方法 原子吸收分光光度法测定钠和钾量
Zn	ISO 13310—1997	铁矿石 锌含量的测定 火焰原子吸收光谱法
	JIS M8228—1997	铁矿石锌定量分析方法
	BS 7020—17—1988（R2002）	铁矿石分析第17部分：铅和（或）锌含量的测定方法：火焰原子吸收光谱测定法
	GB/T 6730.44—1986	铁矿石化学分析方法 1－（2－吡啶偶氮）－2－萘酚光度法测定锌量
	GB/T 6730.53—2004	铁矿石 锌含量的测定 火焰原子吸收光谱法
	SN/T 2262—2009	铁矿石中铝、砷、钙、铜、镁、锰、磷、铅、锌含量的测定 电感耦合等离子体原子发射光谱法

(续表 4)

项目	标准编号	标准名称
Cu	ISO 5418—1—2006	铁矿石 铜含量的测定 第1部分：2，2'—联喹啉分光光度法
	ISO 5418—2—2006	铁矿石 铜含量的测定 第2部分：火焰原子吸收光谱法
	JIS M8218—1997	铁矿石铜定量分析方法
	GB/T 6730.35—1986	铁矿石化学分析方法 双环己酮草酰二腙光度法测定铜量
	GB/T 6730.36—1986	铁矿石化学分析方法 原子吸收分光光度法测定铜量
	SN/T 2262—2009	铁矿石中铝、砷、钙、铜、镁、锰、磷、铅、锌含量的测定 电感耦合等离子体原子发射光谱法
TiO₂	ISO 4691—2009	铁矿石 钛的测定 二氨替吡啉甲烷分光光度法
	JIS M8219—1—2012	铁矿石 钛的测定 — 第1部分：火焰原子吸收光谱法
	JIS M8219—2—2012	铁矿石 钛的测定 — 第2部分：二安替比林甲烷分光光度法
	BS 7020—4—2—1990（R2005）	铁矿石分析第4部分：总铁含量的测定方法．第2节：氯化钛（Ⅲ）还原法
	BS 7020—12—1988（R1998）	铁矿石分析第12部分：钛含量的测定方法：分光光度分析法
	GB/T 6730.22—1986	铁矿石化学分析方法 二安替吡啉甲烷光度法测定钛量
	GB/T 6730.62—2005	铁矿石 钙、硅、镁、钛、磷、锰、铝和钡含量的测定 波长色散 X 射线荧光光谱法
	GB/T 6730.23—2006	铁矿石 钛含量的测定 硫酸铁铵滴定法
	GB/T 6730.63—2006	铁矿石 铝、钙、镁、锰、磷、硅和钛含量的测定 电感耦合等离子体发射光谱法
	SN/T 0832—1999（2011）	进出口铁矿石中铁、硅、钙、锰、铝、钛、镁和磷的测定 波长色散 X 射线荧光光谱法
F	ISO 4694—1987	铁矿石氟含量的测定离子选择电极法
	BS 7020—19—1988（R2005）	铁矿石分析第19部分：氟含量的测定方法：离子选择电极法
	GB/T 6730.27—1986	铁矿石化学分析方法 镧—茜素络合腙光度法测定氟量
	GB/T 6730.26—1986	铁矿石化学分析方法 硝酸钍容量法测定氟量
	GB/T 6730.28—2006	铁矿石 氟含量的测定 离子选择电极法
	GB/T 6730.69—2010	铁矿石 氟和氯含量的测定 离子色谱法
Cl	ISO 9517—2007	铁矿石 水溶性氯化物的测定 离子选择电极法
	GB/T 6730.64—2007	铁矿石 水溶性氯化物含量的测定 离子选择电极法
	GB/T 6730.69—2010	铁矿石 氟和氯含量的测定 离子色谱法
	SN/T 2261—2009	铁矿中水溶性氯化物的测定 电位滴定法
铬 矿		
Fe	ISO 6130—1985	铬矿石 全铁含量的测定 还原后滴定法
	GB/T 24225—2009	铬矿石 全铁含量的测定 还原滴定法
	GB/T 24193—2009	铬矿石和铬精矿 铝、铁、镁和硅含量的测定 电感耦合等离子体原子发射光谱法
	GB/T 24231—2009	铬矿石 镁、铝、硅、钙、钛、钒、铬、锰、铁和镍含量的测定 波长色散 X 射线荧光光谱法
	SN/T 0831—1999（2011）	进出口铬矿中铁、铝、硅、镁、钙的测定 微波溶样 ICP—AES 法
	SN/T 1118—2002（2014）	铬矿中铬、硅、铁、铝、镁、钙的测定 波长色散 X 射线荧光光谱法

项目	标准编号	标准名称
Si	ISO 5997－1984	铬矿石和铬精矿硅含量的测定分子吸收光谱法和重量法
	GB/T 24227－2009	铬矿石和铬精矿 硅含量的测定 分光光度法和重量法
	GB/T 24193－2009	铬矿石和铬精矿 铝、铁、镁和硅含量的测定 电感耦合等离子体原子发射光谱法
	GB/T 24231－2009	铬矿石 镁、铝、硅、钙、钛、钒、铬、锰、铁和镍含量的测定 波长色散 X 射线荧光光谱法
	SN/T 0831－1999（2011）	进出口铬矿中铁、铝、硅、镁、钙的测定 微波溶样 ICP－AES 法
	SN/T 1118－2002（2014）	铬矿中铬、硅、铁、铝、镁、钙的测定 波长色散 X 射线荧光光谱法
Al	ISO 8889－1988	铬矿和铬精矿 铝含量的测量 络合法
	GB/T 24229－2009	铬矿石和铬精矿 铝含量的测定 络合滴定法
	GB/T 24193－2009	铬矿石和铬精矿 铝、铁、镁和硅含量的测定 电感耦合等离子体原子发射光谱法
	GB/T 24231－2009	铬矿石 镁、铝、硅、钙、钛、钒、铬、锰、铁和镍含量的测定 波长色散 X 射线荧光光谱法
	SN/T 0831－1999（2011）	进出口铬矿中铁、铝、硅、镁、钙的测定 微波溶样 ICP－AES 法
	SN/T 1118－2002（2014）	铬矿中铬、硅、铁、铝、镁、钙的测定 波长色散 X 射线荧光光谱法
Ca	ISO 5975－1983	铬矿石 钙和镁含量测定 乙二胺四乙酸（EDTA）滴定法
	GB/T 24221－2009	铬矿石 钙和镁含量的测定 EDTA 滴定法
	GB/T 24226－2009	铬矿石和铬精矿 钙含量的测定 火焰原子吸收光谱法
	GB/T 24231－2009	铬矿石 镁、铝、硅、钙、钛、钒、铬、锰、铁和镍含量的测定 波长色散 X 射线荧光光谱法
	SN/T 0831－1999（2011）	进出口铬矿中铁、铝、硅、镁、钙的测定 微波溶样 ICP－AES 法
	SN/T 1118－2001（2014）	铬矿中铬、硅、铁、铝、镁、钙的测定 波长色散 X 射线荧光光谱法
Mg	ISO 5975－1983	铬矿石 钙和镁含量测定 乙二胺四乙酸（EDTA）滴定法
	GB/T 24221－2009	铬矿石 钙和镁含量的测定 EDTA 滴定法
	GB/T 24193－2009	铬矿石和铬精矿 铝、铁、镁和硅含量的测定 电感耦合等离子体原子发射光谱法
	GB/T 24231－2009	铬矿石 镁、铝、硅、钙、钛、钒、铬、锰、铁和镍含量的测定 波长色散 X 射线荧光光谱法
	SN/T 0831－1999（2011）	进出口铬矿中铁、铝、硅、镁、钙的测定 微波溶样 ICP－AES 法
	SN/T 1118－2002（2014）	铬矿中铬、硅、铁、铝、镁、钙的测定 波长色散 X 射线荧光光谱法
S	GB/T 24224－2009	铬矿石 硫含量的测定 燃烧－中和滴定法、燃烧－碘酸钾滴定法和燃烧－红外线吸收法

（续表6）

项目	标准编号	标准名称
P	ISO 6127—1981	磷含量的测定 还原磷钼酸盐光度法
	GB/T 24223—2009	铬矿石 磷含量的测定 还原磷钼酸盐分光光度法
F、Cl	SN/T 3014—2011	进出口铬矿石中氟和氯的测定 离子选择电极法
锰 矿		
P	GB/T 1515—2002	锰矿石 磷含量的测定 磷钼蓝分光光度法
	GB/T 24197—2009	锰矿石 铁、硅、铝、钙、钡、镁、钾、铜、镍、锌、磷、钴、铬、钒、砷、铅和钛含量的测定 电感耦合等离子体原子发射光谱法
	GB/T 24519—2009	锰矿石 镁、铝、硅、磷、硫、钾、钙、钛、锰、铁、镍、铜、锌、钡和铅含量的测定 波长色散 X 射线荧光光谱法
S	GB/T 14949.9—1994	锰矿石化学分析方法 硫量的测定
	GB/T 24519—2009	锰矿石 镁、铝、硅、磷、硫、钾、钙、钛、锰、铁、镍、铜、锌、钡和铅含量的测定 波长色散 X 射线荧光光谱法
	SN/T 2638.4—2013	进出口锰矿石中硫含量…进出口锰矿石中硫含量的测定 高频感应炉燃烧红外线吸收法
As	GB/T 1516—2006	锰矿石 砷含量的测定 二乙氨基二硫代甲酸银分光光度法
	SN/T 2638.5—2013	锰矿中砷、汞元素测定 微波消解—原子荧光光谱法
	GB/T 24197—2009	锰矿石 铁、硅、铝、钙、钡、镁、钾、铜、镍、锌、磷、钴、铬、钒、砷、铅和钛含量的测定 电感耦合等离子体原子发射光谱法
Cr	GB/T 14949.1—1994	锰矿石化学分析方法 铬量的测定
	GB/T 24197—2009	锰矿石 铁、硅、铝、钙、钡、镁、钾、铜、镍、锌、磷、钴、铬、钒、砷、铅和钛含量的测定 电感耦合等离子体原子发射光谱法
Pb	GB/T 14949.6—1994	锰矿石化学分析方法 铜、铅和锌量的测定
	GB/T 24197—2009	锰矿石 铁、硅、铝、钙、钡、镁、钾、铜、镍、锌、磷、钴、铬、钒、砷、铅和钛含量的测定 电感耦合等离子体原子发射光谱法
	GB/T 24519—2009	锰矿石 镁、铝、硅、磷、硫、钾、钙、钛、锰、铁、镍、铜、锌、钡和铅含量的测定 波长色散 X 射线荧光光谱法
Cu	GB/T 14949.6—1994	锰矿石化学分析方法 铜、铅和锌量的测定
	GB/T 24197—2009	锰矿石 铁、硅、铝、钙、钡、镁、钾、铜、镍、锌、磷、钴、铬、钒、砷、铅和钛含量的测定 电感耦合等离子体原子发射光谱法
	GB/T 24519—2009	锰矿石 镁、铝、硅、磷、硫、钾、钙、钛、锰、铁、镍、铜、锌、钡和铅含量的测定 波长色散 X 射线荧光光谱法
Zn	GB/T 14949.6—1994	锰矿石化学分析方法 铜、铅和锌量的测定
	GB/T 24197—2009	锰矿石 铁、硅、铝、钙、钡、镁、钾、铜、镍、锌、磷、钴、铬、钒、砷、铅和钛含量的测定 电感耦合等离子体原子发射光谱法
	GB/T 24519—2009	锰矿石 镁、铝、硅、磷、硫、钾、钙、钛、锰、铁、镍、铜、锌、钡和铅含量的测定 波长色散 X 射线荧光光谱法

（续表7）

项目	标准编号	标准名称
Si	GB/T 1509—2006	锰矿石 硅含量的测定 高氯酸脱水重量法
	GB/T 24197—2009	锰矿石 铁、硅、铝、钙、钡、镁、钾、铜、镍、锌、磷、钴、铬、钒、砷、铅和钛含量的测定 电感耦合等离子体原子发射光谱法
	GB/T 24519—2009	锰矿石 镁、铝、硅、磷、硫、钾、钙、钛、锰、铁、镍、铜、锌、钡和铅含量的测定 波长色散X射线荧光光谱法
	NF A06—100—1969	Chemical analysis of manganese ores. Gravimetric determination of silicon dioxide
Ni	GB/T 14949.2—1994	锰矿石化学分析方法 镍量的测定
	GB/T 24197—2009	锰矿石 铁、硅、铝、钙、钡、镁、钾、铜、镍、锌、磷、钴、铬、钒、砷、铅和钛含量的测定 电感耦合等离子体原子发射光谱法
	GB/T 24519—2009	锰矿石 镁、铝、硅、磷、硫、钾、钙、钛、锰、铁、镍、铜、锌、钡和铅含量的测定 波长色散X射线荧光光谱法
铜 矿		
Hg	GB/T3884.11—2005	铜精矿化学分析方法 汞量的测定 冷原子吸收光谱法
Pb	GB/T 14353.2—2010	铜矿石、铅矿石和锌矿石化学分析方法 第2部分：铅量测定
	GB/T 3884.7—2012	铜精矿化学分析方法 第7部分：铅量的测定 Na2EDTA滴定法
Cd	GB/T 14353.4—2010	铜矿石、铅矿石和锌矿石化学分析方法 第4部分：镉量测定
As、Bi	GB/T 3884.9—2012	铜精矿化学分析方法 第9部分：砷和铋量的测定 溴酸钾滴定法和二乙基二硫代氨基甲酸银分光光度法
As	GB/T 14353.7—2010	一铜矿石、铅矿石和锌矿石化学分析方法 第7部分：砷量测定
F	GB/T 3884.5—2012	铜精矿化学分析方法 氟量的测定
S	GB/T 3884.3—2012	铜精矿化学分析方法 第3部分：硫量的测定 重量法和燃烧—滴定法
S	GB/T 14353.12—2010	铜矿石、铅矿石和锌矿石化学分析方法 第12部分：硫量测定
Zn	GB/T 3884.8—2012	铜精矿化学分析方法 第8部分：锌量的测定 Na2EDTA滴定法
Mg	GB/T 3884.4—2012	铜精矿化学分析方法 第4部分：氧化镁量的测定 火焰原子吸收光谱法
Sb	GB/T 3884.10—2012	铜精矿化学分析方法 第10部分：锑量的测定 氢化物发生—原子荧光光谱法
Pb、Cd、Hg、As	SN/T 2047—2008	进口铜精矿中杂质元素含量的测定 电感耦合等离子体原子发射光谱法
Pb、Zn、Cd、Ni	GB/T 3884.6—2012	铜精矿化学分析方法 第6部分：铅、锌、镉和镍量的测定 火焰原子吸收光谱法
F、Cl	GB/T 3884.12—2010	铜精矿化学分析方法 第12部分：氟和氯含量的测定 离子色谱法

(续表8)

项目	标准编号	标准名称
\multicolumn{3}{c}{铅锌矿}		
Hg	GB/T 8151.15—2005	锌精矿化学分析方法 汞量的测定 原子荧光光谱法
	SN/T 0681—1997	出口锌精矿中汞的测定
	GB/T 8152.11—2006	铅精矿化学分析方法 汞量的测定 原子荧光光谱法
	YS/T 461.6—2003	混合铅锌精矿化学分析方法 汞量的测定 冷原子荧光光谱法
Cd	GB/T 8151.8—2012	锌精矿化学分析方法 第8部分：镉量的测定 火焰原子吸收光谱法
	GB/T 8152.12—2006	铅精矿化学分析方法 镉量的测定火焰原子吸收光谱法
	YS/T 461.7—2013	混合铅锌精矿化学分析方法 第7部分：镉量的测定 火焰原子吸收光谱法
S	GB/T 8151.2—2000	锌精矿化学分析方法 硫量的测定
	GB/T 8151.2—2000	锌精矿化学分析方法 硫量的测定
	YS/T 461.3—2003	混合铅锌精矿化学分析方法 硫量的测定 燃烧—中和滴定法
F	GB/T 8151.9—2012	锌精矿化学分析方法 第9部分：氟量的测定 离子选择电极法
Pb	GB/T 8151.5—2000	锌精矿化学分析方法 铅量的测定
As	GB/T 8151.7—2000	锌精矿化学分析方法 砷量的测定
	GB/T 8152.5—2006	铅精矿化学分析方法 砷量的测定 原子荧光光谱法
	YS/T 461.4—2003	混合铅锌精矿化学分析方法 砷量的测定 碘滴定法
多元素	SN/T 1326—2003	进出口锌精矿中铝、砷、镉、钙、铜、镁、锰、铅的测定 电感耦合等离子体原子发射光谱法
	GB/T 8151.9—2012	锌精矿化学分析方法 第20部分：铜、铅、铁、砷、镉、锑、钙、镁量的测定 电感耦合等离子体原子发射光谱法
\multicolumn{3}{c}{镍 矿}		
Hg	YS/T 820.18—2012	红土镍矿化学分析方法 第18部分：汞量的测定 冷原子吸收光谱法。
Cu	YS/T 820.6—2012	红土镍矿化学分析方法 第6部分：铜量的测定火焰原子吸收光谱法
Pb	YS/T 820.13—2012	红土镍矿化学分析方法 第13部分：铅量的测定火焰原子吸收光谱法
Zn	YS/T 820.14—2012	红土镍矿化学分析方法 第14部分：锌量的测定火焰原子吸收光谱法
C、S	YS/T 820.16—2012	红土镍矿化学分析方法 第16部分：碳和硫量的测定 高频燃烧红外吸收法
F、Cl	YS/T 820.11—2012	红土镍矿化学分析方法 第11部分：氟和氯量的测定 离子色谱法
As、Sb、Bi	YS/T 820.17—2012	红土镍矿化学分析方法 第17部分：砷、锑、铋量的测定即采用氢化物发生—原子荧光光谱法

（续表 9）

项目	标准编号	标准名称
多元素	SN/T 2763.6—2014	红土镍矿化学分析方法 第 6 部分：镍、钙、钛、锰、铜、钴、铬、锌、磷含量的测定 电感耦合等离子体原子发射光谱法
	YS/T 820.10—2012	红土镍矿化学分析方法 第 10 部分：钙、钴、铜、镁、锰、镍、磷和锌量的测定 电感耦合等离子体原子发射光谱法
	SN/T 2763.1—2011	红土镍矿中多种成分的测定 第 1 部分 X 射线荧光光谱法
	SN/T 2763.7—2014	红土镍矿化学分析方法 第 7 部分：铁、镍、硅、铝、镁、钙、钛、锰、铜和磷含量的测定 波长色散 X 射线荧光光谱法
	YS/T 820.23—2012	红土镍矿化学分析方法 第 23 部分：钴、铁、镍、磷、氧化铝、氧化钙、氧化铬、氧化镁、氧化锰、二氧化硅和二氧化钛量的测定 波长色散 X 射线荧光光谱法
	YS/T 820.19—2012	红土镍矿化学分析方法 第 19 部分：铝、铬、铁、镁、锰、镍和硅量的测定 能量色散 X 射线荧光光谱法
钴 矿		
Pb	YS/T 472.4—2005（2012）	镍精矿、钴硫精矿化学分析方法 铅量的测定 火焰原子吸收光谱法
As	YS/T 472.5—2005（2012）	镍精矿、钴硫精矿化学分析方法 砷量的测定 氢化物发生－原子荧光光谱法
Cd	YS/T 472.1—2005（2012）	镍精矿、钴硫精矿化学分析方法 镉量的测定 火焰原子吸收光谱法
Hg	YS/T 472.3—2005（2012）	镍精矿、钴硫精矿化学分析方法 汞量的测定 氢化物发生－原子荧光光谱法
Mn	YS/T 349.3—2010	硫化钴精矿化学分析方法 第 3 部分：锰量的测定 火焰原子吸收光谱法
钨 矿		
S	GB/T 14352.9—2010	钨矿石、钼矿石化学分析方法 第 9 部分：硫量测定
As	GB/T 14352.10—2010	钨矿石、钼矿石化学分析方法 第 10 部分：砷量测定
	GB/T 6150.13—2008	钨精矿化学分析方法 砷量的测定 氢化物原子吸收光谱法和 DDTC－Ag 分光光度法
	SN/T 3370—2012	钨矿中砷、汞含量的测定 原子荧光光谱法
Hg	SN/T 3370—2012	钨矿中砷、汞含量的测定 原子荧光光谱法
Mo	GB/T 14352.2—2010	钨矿石、钼矿石化学分析方法 第 2 部分：钼量测定
	GB/T 6150.8—2009	钨精矿化学分析方法 钼量的测定 硫氰酸盐分光光度法
Ca	GB/T 6150.5—2008	钨精矿化学分析方法 钙量的测定 EDTA 容量法和火焰原子吸收光谱法
Mn	GB/T 6150.14—2008	钨精矿化学分析方法 锰量的测定 硫酸亚铁铵容量法和火焰原子吸收光谱法
Cu	GB/T 14352.3—2010	钨矿石、钼矿石化学分析方法 第 3 部分：铜量测定
	GB/T 6150.9—2009	钨精矿化学分析方法 铜量的测定 火焰原子吸收光谱法

（续表 10）

项目	标准编号	标准名称
Sn	GB/T 14352.13—2010	钨矿石、钼矿石化学分析方法 第 13 部分：锡量测定
	GB/T 6150.2—2008	钨精矿化学分析方法 锡量的测定 碘酸钾容量法和氢化物原子吸收光谱法
Si	GB/T 6150.12—2008	钨精矿化学分析方法 二氧化硅量的测定 硅钼蓝分光光度法和重量法
Pb	GB/T 14352.4—2010	钨矿石、钼矿石化学分析方法 第 4 部分：铅量测定
	GB/T 6150.10—2008	钨精矿化学分析方法 铅量的测定 火焰原子吸收光谱法
Sb	GB/T 6150.17—2008	钨精矿化学分析方法 锑量的测定 氢化物原子吸收光谱法
Bi	GB/T 14352.11—2010	钨矿石、钼矿石化学分析方法 第 11 部分：铋量测定
	GB/T 6150.15—2008	钨精矿化学分析方法 铋量的测定 火焰原子吸收光谱法
Zn	GB/T 14352.5—2010	钨矿石、钼矿石化学分析方法 第 5 部分：锌量测定
	GB/T 6150.11—2008	钨精矿化学分析方法 锌量的测定 火焰原子吸收光谱法
Fe	GB/T 6150.16—2009	钨精矿化学分析方法 铁量的测定 磺基水杨酸分光光度法
Cd	GB/T 14352.6—2010	钨矿石、钼矿石化学分析方法 第 6 部分：镉量测定
Co	GB/T 14352.7—2010	钨矿石、钼矿石化学分析方法 第 7 部分：钴量测定
Ni	GB/T 14352.8—2010	钨矿石、钼矿石化学分析方法 第 8 部分：镍量测定
Se	GB/T 14352.16—2010	钨矿石、钼矿石化学分析方法 第 16 部分：硒量测定
Te	GB/T 14352.17—2010	钨矿石、钼矿石化学分析方法 第 17 部分：碲量测定
铝土矿		
Si	ISO 6607—1985	铝土矿石。总硅含量的测定。重量和分光光度联合法
	YS/T 575.2—2007 (2014)	铝土矿石化学分析方法 第 2 部分：二氧化硅含量的测定 重量—钼蓝光度法
	YS/T 575.3—2007 (2014)	铝土矿石化学分析方法 第 3 部分：二氧化硅含量的测定 钼蓝光度法
Fe	GB/T 25948—2010	铝土矿 铁总量的测定 三氯化钛还原法
	ISO 10213—1991	铝土矿石．总铁含量测定．三氯化钛还原法
	ISO 6609—1985	铝土矿石。铁含量的测定。滴定法
	YS/T 575.4—2007 (2014)	铝土矿石化学分析方法 第 4 部分：三氧化二铁含量的测定 重铬酸钾滴定法
	YS/T 575.5—2007 (2014)	铝土矿石化学分析方法 第 5 部分：三氧化二铁含量的测定 邻二氮杂菲光度法
Ti	ISO 6995—1985	铝土矿石。钛含量的测定。4,4'二安替吡啉甲烷分光光度法
	YS/T 575.6—2007 (2014)	铝土矿石化学分析方法 第 6 部分：二氧化钛含量的测定 二安替吡啉甲烷光度法
Ca	YS/T 575.7—2007 (2014)	铝土矿石化学分析方法 第 7 部分：氧化钙含量的测定 火焰原子吸收光谱法
Mg	YS/T 575.8—2007 (2014)	铝土矿石化学分析方法 第 8 部分：氧化镁含量的测定 火焰原子吸收光谱法
K、Na	YS/T 575.9—2007 (2014)	铝土矿石化学分析方法 第 9 部分：氧化钾、氧化钠含量的测定 火焰原子吸收光谱法

项目	标准编号	标准名称
Cr	YS/T 575.11—2007（2014）	铝土矿石化学分析方法 第11部分：三氧化二铬含量的测定 火焰原子吸收光谱法
P	ISO 8556—1986	铝土矿石。磷含量的测定。钼蓝分光光度测定法
	YS/T 575.16—2007（2014）	铝土矿石化学分析方法 第16部分：五氧化二磷含量的测定 钼蓝光度法
S	YS/T 575.17—2007（2014）	铝土矿石化学分析方法 第17部分：硫含量的测定 燃烧—碘量法
	YS/T 575.25—2014	铝土矿石化学分析方法 第25部分：硫含量的测定 库仑滴定法
	YS/T 575.24—2009	铝土矿石化学分析方法 第24部分：碳和硫含量的测定 红外吸收法
C	GB 3257.19—1982	铝土矿化学分析方法 非水光度滴定法测定二氧化碳量
	YS/T 575.18—2007（2014）	铝土矿石化学分析方法 第18部分：总碳含量的测定 燃烧—非水滴定法
	YS/T 575.21—2007（2014）	铝土矿石化学分析方法 第21部分：有机碳含量的测定 滴定法
	YS/T 575.24—2009	铝土矿石化学分析方法 第24部分：碳和硫含量的测定 红外吸收法
多元素	YS/T 575.23—2009	铝土矿石化学分析方法 第23部分：X射线荧光光谱法测定元素含量
菱镁矿		
Pb、Cd、As、Hg	SN/T 3917—2014	轻烧镁（菱镁石）中铅、镉、砷、汞的测定
Cl	SN/T 0254—2011	轻烧镁中酸溶氯化物的测定 电位滴定法
萤石		
CaF_2	GB/T 5195.1—2006	萤石氟化钙含量的测定
	SN/T 0328—1994	出口氟石中氟化钙的化学分析方法
	ASTM E815—2004	用络合滴定法测定氟石中氟化钙含量的标准试验方法
	ISO 5439—1978	酸级萤石 有效氟含量的测定 蒸馏后电势滴定法
	ISO 9503—1991	冶金级萤石 有效氟含量的测定 威拉德—温特尔的改进法
碳酸盐	GB/T 5195.2—2006	萤石中碳酸盐含量的测定
	ISO 4283—1993	各类萤石 碳酸盐含量的测定 滴定法
Si	GB/T 5195.8—2006	萤石 二氧化硅含量的测定
	ISO 5438—1993	酸级和陶瓷级萤石 硅含量的测定 还原硅钼酸盐光谱法
	ISO 5437—1988	酸级和陶瓷级萤石 硫酸钡含量的测定 重量法
S	GB/T 5195.4—2006	萤石 硫化物含量的测定 碘量法
	GB/T 5195.5—2006	萤石 总硫含量的测定 燃烧碘量法
	ISO 4284—1993	酸级和陶瓷级萤石 硫化物含量的测定 碘量法

（续表 12）

项目	标准编号	标准名称
	GB/T 5195.6－2006	萤石 磷含量的测定
P	ISO 9438－1993	冶金级萤石 磷总含量的测定 还原磷钼酸盐光谱法
	ISO 6676－1993	酸级和陶瓷级萤石 磷总含量的测定 还原磷钼酸盐光谱法
Fe	GB/T 5195.10－2006	萤石 铁含量的测定邻二氮杂菲分光光度法
	ISO 9061－1998（E）	酸级和陶瓷级萤石 铁含量的测定 邻二氮杂菲光谱法
	GB/T 5195.11－2006	萤石 锰含量的测定 高碘酸盐分光光度法
Mn	ISO 9062－1992	酸级和陶瓷级萤石 锰含量的测定 高碘酸盐光谱法
	SN/T 1404－2004	出口氟石粉中锰含量测定方法 火焰原子吸收分光光度法
As	ISO 9505－1992	所有等级萤石 砷含量的测定 二乙基二硫代氨基甲酸银盐光谱法
多元素	SN/T 2764－2011	萤石中多种成分的测定 X射线荧光光谱法
	SN/T 0945－2000	进出口氟石粉中钾、钠、镁的测定方法
磷 矿		
Fe	GB/T 1871.2－1995	磷矿石和磷精矿中氧化铁含量的测定 容量法和分光光度法
Al	GB/T 1871.3－1995	磷矿石和磷精矿中氧化铝含量的测定 容量法和分光光度法
Mg	GB/T 1871.5－1995	磷矿石和磷精矿中氧化镁含量的测定 火焰原子吸收光谱法和容量法
Si	GB/T 1873－1995	磷矿石和磷精矿中二氧化硅含量的测定 重量法和容量法
F	GB/T 1872－1995	磷矿石和磷精矿中氟含量的测定 离子选择性电极法
	SN/T 2993－2011	磷矿石中氟和氯的测定 离子色谱法
Cl	SN/T 2993－2011	磷矿石中氟和氯的测定 离子色谱法
Cd	GB/T 13551－1995	磷矿石和磷精矿中氧化镉含量的测定 火焰原子吸收光谱法
Pb	GB/T 29875－2013	磷矿石和磷精矿中铅、砷、汞含量的测定
As	GB/T 29875－2013	磷矿石和磷精矿中铅、砷、汞含量的测定
Hg	GB/T 29875－2013	磷矿石和磷精矿中铅、砷、汞含量的测定
多元素	SN/T 1097－2002（2014）	出口磷矿石中五氧化二磷、氧化钙、三氧化二铁、氧化铝、氧化镁、二氧化硅和氧化钾的X－射线荧光光谱测定方法
硫矿		
As	GB/T 2464－1996	硫铁矿和硫精矿中砷含量的测定 Ag－DDTC分光光度法
	MT/T 802.4－1999	煤系硫铁矿和硫精矿中砷含量的测定方法
F	GB/T 2465－1996	硫铁矿和硫精矿中氟含量的测定 离子选择性电极法
Pb	GB/T 2467－2008	硫铁矿和硫精矿中铅含量的测定 火焰原子吸收光谱法和EDTA容量法
Zn	GB/T 2468－2008	硫铁矿和硫精矿中锌含量的测定 火焰原子吸收光谱法和分光光度法
C	GB/T 2469－1996	硫铁矿和硫精矿中碳含量的测定 烧碱石棉重量法
	MT/T 802.3－1999	煤系硫铁矿和硫精矿中总碳量的测定方法